Dezentrale Wärmeversorgung

Holger Fuchs · Christian Groß · Marcus H.V. Lohr · Christoph Meineke

Dezentrale Wärmeversorgung

Der klimaneutrale Weg in die Transformation

Holger Fuchs
Geschäftsführung, Leadership Pioneers GmbH
Nürnberg, Bayern, Deutschland

Christian Groß
Vertrieb, Blue Energy Group AG
Senden, Bayern, Deutschland

Marcus H.V. Lohr
Trierweiler, Deutschland

Christoph Meineke
Wennigsen, Niedersachsen, Deutschland

ISBN 978-3-658-48022-6   ISBN 978-3-658-48023-3   (eBook)
https://doi.org/10.1007/978-3-658-48023-3

Die Deutsche Nationalbibliothek verzeichnet diese Publikation in der Deutschen Nationalbibliografie; detaillierte bibliografische Daten sind im Internet über https://portal.dnb.de abrufbar.

© Der/die Herausgeber bzw. der/die Autor(en), exklusiv lizenziert an Springer Fachmedien Wiesbaden GmbH, ein Teil von Springer Nature 2025

Das Werk einschließlich aller seiner Teile ist urheberrechtlich geschützt. Jede Verwertung, die nicht ausdrücklich vom Urheberrechtsgesetz zugelassen ist, bedarf der vorherigen Zustimmung des Verlags. Das gilt insbesondere für Vervielfältigungen, Bearbeitungen, Übersetzungen, Mikroverfilmungen und die Einspeicherung und Verarbeitung in elektronischen Systemen.
Die Wiedergabe von allgemein beschreibenden Bezeichnungen, Marken, Unternehmensnamen etc. in diesem Werk bedeutet nicht, dass diese frei durch jedermann benutzt werden dürfen. Die Berechtigung zur Benutzung unterliegt, auch ohne gesonderten Hinweis hierzu, den Regeln des Markenrechts. Die Rechte des jeweiligen Zeicheninhabers sind zu beachten.
Der Verlag, die Autoren und die Herausgeber gehen davon aus, dass die Angaben und Informationen in diesem Werk zum Zeitpunkt der Veröffentlichung vollständig und korrekt sind. Weder der Verlag, noch die Autoren oder die Herausgeber übernehmen, ausdrücklich oder implizit, Gewähr für den Inhalt des Werkes, etwaige Fehler oder Äußerungen.

Springer Vieweg ist ein Imprint der eingetragenen Gesellschaft Springer Fachmedien Wiesbaden GmbH und ist ein Teil von Springer Nature.
Die Anschrift der Gesellschaft ist: Abraham-Lincoln-Str. 46, 65189 Wiesbaden, Germany

Wenn Sie dieses Produkt entsorgen, geben Sie das Papier bitte zum Recycling.

Vorwort

Wissen ist nicht gleich Handeln. Diese Erkenntnis beschäftigt viele Geisteswissenschaften schon lange, während zugleich Naturwissenschaften dadurch geprägt sind, methodisch den nie endenden Weg zwischen Irrtum und Erkenntnis zu einem jederzeit stabilen Zustand von aktuell anerkanntem, weil funktionierendem Wissen fortzusetzen.

Insofern wissen wir, dass Wissen nur bedingt unser Handeln bestimmt, dass zugleich unser Wissen aber kein stabiler Zustand, sondern ein laufender Prozess ist, der insbesondere Diskurs mittels Zweifeln und Gegenrede erfordert, da jeder Schaffung von Wissen auch der Irrtum innewohnt.

Einerseits kommt Wissenschaft also selbst zur Erkenntnis, dass die Handlungsentscheidungen des Menschen, vom Individuum, bis zu seinen gesellschaftlichen Organisationsstrukturen, keineswegs alleine auf Wissen basieren, andererseits führen selbst verkürzt als deterministisch empfundene Wissenschaften einen laufenden „Streit", was überhaupt als Wissen gelten kann. Dennoch ist die wichtigste Aufgabe von Wissenschaft, Erkenntnisse für gesellschaftlich/politische Handlungsentscheidungen zu erarbeiten. Dieses Zusammenspiel kann, wie die Eingangsbemerkungen verdeutlichen, nicht einfach sein. Es wird tatsächlich mit wachsender Komplexität unserer Entscheidungen, insbesondere in zunehmend als Krise empfundenen Situationen, erkennbar immer schwieriger.

Das steht im Kontrast zu einer breiten Erwartung außerhalb der Wissenschaft, man könne Problemstellungen deterministisch analysieren, optimieren und zweifelsfrei korrekte Ergebnisse quasi beweisbar „berechnen". Leider erleben wir in gesellschaftlich/politischen Auseinandersetzungen nicht selten sogar die Situation, dass zwei gegensätzliche Positionen eben dieses erwiesene Wissen von sich selbst behaupten. Bei genauer Bewertung ist nicht selten feststellbar, dass nicht nur eine Seite diesen behaupteten Beweis schuldig bleibt, sondern dass dies für beide gilt.

Denn: An dieser Erwartung bestimmbarer, beweisbarer, optimaler Lösungen stimmt meist nichts. Bereits bei einer geringen Komplexität in sogar deterministisch bestimmbaren Systemen ist oft das genaue Gegenteil sogar beweisbar, nämlich, dass kein Optimum existiert. Wer beispielsweise mal versucht hat, das Optimum zwischen Schokoladengenuss und Körpergewicht zu finden, sollte herausgefunden haben, dass es nicht existiert, sondern dass man zwischen zwei gegenläufigen Parametern nur über die Festlegung von Präferenzen zu Entscheidungen kommen kann.

Die meisten realen Entscheidungsprozesse, selbst in alltäglichen Fragestellungen, bewegen sich aber in Umfeldern, deren Zustand und Eigenschaften nur teilweise bekannt sind, die nicht deterministisch sind, für die allenfalls modellierte Aktions- und Reaktionsmechanismen bekannt sind, bei denen Wissenschaftler komplexe Modelle nutzen, die Annahmen benötigen, um wahrscheinliche Ergebniskorridore auszuweisen.

So werden über Annahmen Szenarien bewertet, die gar nicht den Anspruch erheben, eine vollumfängliche Analyse des realen Status quo zu leisten, sondern oft nur zum Ziel haben, klarzustellen, was passieren kann, wenn eine bestimmte Ausgangslage zustande kommt. Dabei sind die Korridore der Ergebnisse Ausdruck sowohl der Grenzen von Modellen als auch der nicht deterministischen Eigenschaften unserer realen Welt.

Was hier zum Ausdruck kommt, ist keineswegs ungewohntes und neues Terrain für die Menschheit, es ist im Gegenteil sogar Alltag. Übersetzt bedeutet das nichts anderes als die nur in Teilen und mit sensorischer Verfälschung mögliche Wahrnehmung unserer Umgebung, die Nutzung von Erfahrungswerten in als ähnlich klassifizierten Situationen, die Abschätzung von Ergebniswahrscheinlichkeiten, die dann unter Abwägung von weiteren Wahrscheinlichkeiten namens Nutzen und Risiken zur Entscheidung führen. So entscheiden wir, eine Treppe herunterzugehen, obwohl die sogar objektivierbaren Risiken den Anlass oft nicht rechtfertigen, in Situationen mit uns nahen Menschen zu bewerten, ob ein schwieriger Wunsch gerade gut platziert ist, ob wir lieber das Portfolio für die Altersvorsorge etwas aufstocken, statt den nächsten Urlaub eine Woche länger zu gestalten – und sehr vieles mehr.

Diese Entscheidungen sind geprägt durch Chancen, Risiken, Irrtümer, Interessenkonflikte, Wahrnehmungsgrenzen, Selbstüberschätzungen und viele weitere kognitive Verzerrungen. Trotzdem treffen wir sie, oft ohne Zweifel, mit Gefühlen der Gewissheit oder Sicherheit. Das ist auch gut so, denn anders wäre der Alltag eines jeden Menschen nicht zu bewältigen.

Sobald aber komplexere gesellschaftlich/politische Entscheidungen zu treffen sind, bei denen das Wissen sowohl vom Umfang als auch der breiten Verfügbarkeit begrenzt und die Interessenkonflikte umso größer werden, wenn es insofern besonders wichtig wäre, diese alltägliche Fähigkeit im Umgang mit Wissen, dessen Grenzen, Unwägbarkeiten, groben Wahrscheinlichkeiten, mit unseren vielen kognitiven Defiziten in den Griff zu bekommen, fallen wir zurück auf den Standpunkt, wir bräuchten eben doch den unanfechtbaren Beweis des absolut Richtigen.

Die Bandbreite der Reaktionen ist dabei breit: Gelingt dieser Beweis nicht, gibt es angeblich keine Grundlage, etwas zu entscheiden, was bereits ein Irrtum ist, denn das bedeutet meist die Ablehnung einer Veränderung und ist damit sehr wohl eine Entscheidung. Gelingt vermeintlich ein Beweis, wird der je nach eigener Interessenlage unkritisch akzeptiert, oder es wird nach einem Gegenbeweis gesucht, der sich oft konstruieren lässt. Wie oft diese Auseinandersetzung mit dem Wissen passiert, dass es gar keinen Beweis geben kann, wäre eine eigene Forschungsfrage wert. Im Ergebnis wird gesellschaftlich/politisch über wissensbasierte Entscheidungen diskutiert, obwohl nichts davon auch nur näherungsweise wirklich stattfindet.

Idealerweise würde die Nutzung wissenschaftlicher Erkenntnisse ganz anders laufen. Wissenschaft kann methodisch abgesicherte valide Erkenntnisse liefern, sie kann kausale oder zumindest sehr wahrscheinlich Zusammenhänge aufzeigen, mittels Szenarien und Modellen erwartbare Ergebniskorridore vorlegen und so einen Raum möglicher, ja notwendiger Entscheidungen aufzeigen, die nur politisch/gesellschaftlich erfolgen können. Also eben gerade da, wo keine wissenschaftliche Optimierung mehr möglich ist, wo es darum geht, über Präferenzen zu entscheiden, Vor- und Nachteile abzuwägen, Gewolltes und nicht Gewolltes von Sachzwängen abzugrenzen, das zu liefern, was man Entscheidungsgrundlage nennt.

Diese Ebenen und mögliche Aufgabenteilung werden aber selten eingehalten. Sobald zu viele Interessen berührt sind und die daraus unvermeidliche öffentliche Aufmerksamkeit entsteht, lässt sich zunehmend erkennen, dass eine medial nicht besser werdende breite Debatte bis tief in die Kompetenzen der Wissenschaft selbst stattfindet. Dabei werden fast alle Erkenntnisse und möglichen validen wissenschaftlichen Vorgaben inkompetent und methodisch ungeeignet erneut debattiert, in Zweifel gezogen, verkürzt oder falsch dargestellt und letztlich beschädigt. Nicht selten erfolgt das absichtlich und ist zur Durchsetzung ökonomischer oder politischer Interessen auch erfolgreich.

Bei sehr langwierigen und aufwendigen Prozessen, insbesondere solchen, die als unangenehme, nachteilige oder gar gefährliche Veränderungen wahrgenommen werden, kann dieses komplexe Zusammenspiel von Wissen und Handeln, von Wissenschaft, Gesellschaft und Politik sehr gut beobachtet werden.

So wird letztlich bereits seit der Industrialisierung die Frage gestellt, ob der Mensch dadurch neben einer dramatischen Skalierung seiner Arbeitsteiligkeit unter exponentiell wachsenden technologischen Möglichkeiten zugleich die Ressourcen seiner natürlichen Umgebung überdehnt, sei es durch die Exploration und irreversible Transformation endlicher Stoffe oder durch die Erzeugung von schädlichen Abfällen und Emissionen.

Diese Debatte über unendliches Wachstum im endlichen Raum hat erstaunliche Züge angenommen. Denn zunächst ist die Antwort auf die Frage unstrittig eine Tautologie, über die nicht weiter zu streiten wäre: Geht nicht, kann nicht gehen. Trotzdem gibt es unverändert die genannten Effekte, und das beginnt beim Wissen selbst. So haben viele Wissenschaftler bereits früh diese Problematik mit konkreten Prognosen hinterlegt, wann welche Folgen eintreten werden. Das war vor allem bei früheren Arbeiten mit wenig Daten und erst beginnenden Erkenntnissen sowie maschinellen Möglichkeiten für komplexere Modelle nur begrenzt möglich. Man mag kritisieren, dass es teilweise vielleicht vermessen oder auch methodisch bezüglich der Unsicherheiten nicht ausreichend dokumentiert wurde. Konsequenz waren oft Prognosen, die nicht eintraten, wobei auch hier erwähnt sei, dass diese oft gar nicht den Anspruch hatten, die „Zukunft" zu „berechnen", sondern Ergebnisräume aufzuzeigen und Systemverhalten zu erkennen.

Bis heute werden solche Erkenntnisse und die daraus entstandenen Folgedisziplinen wegen „falscher Berechnungen" diskreditiert und damit als „Unwissen" komplett abgelehnt. Insbesondere datenbasierte mathematische Modellbildung, gar der Einsatz von KI, gilt für viele ganz grundsätzlich als „Spekulation". Das ist in letzter Konsequenz eine Problemverweigerung, denn es sollte Konsens sein, dass man bei insbesondere sehr wirkmächtigen und langfristigen Entwicklungen nicht abwarten kann, bis man die Ergebnisse evident vorliegen hat. Hier schlägt leider auch die kognitive Verzerrung zu, dass wir Dinge mit kurzfristiger Bedeutung denen der langen Frist gegenüber höher gewichten.

Aus so einer Melange von angeblichem Unwissen und dem höheren Interesse für kurzfristig relevante Themen wird schnell eine Bereitschaft, alles besser mal abzuwarten, bis man es genauer „weiß". Da hilft es auch nicht, wenn eben jene Modelle nonlineares, oft exponentielles Systemverhalten nachweisen und damit deutlich machen, dass Abwarten keine geeignete Strategie ist, dass im Gegenteil jede Strecke des Abwartens und der vermeintlichen Ersparnis von Aufwand ein Vielfaches an Kosten verursachen wird.

Eine weitere Ausweichreaktion in der Wachstumsdebatte ist die Herausnahme von Einzelproblemen aus der systemischen Ebene. So kann man sehr oft nachweisen, dass auf Knappheiten bei Rohstoffen erfolgreich durch Substitution reagiert wurde, dass es singuläre Probleme mit Emissionen oder Abfällen gibt, die mindestens regional gelöst wurden. An der systemischen Wachstumsproblematik ändert das natürlich gar nichts, Substitute bleiben endlich, das eine Emissionsproblem wird durch das nächste abgelöst.

Fast schon bizarr sind definitorische Manöver, die beispielsweise darauf verweisen, dass der ökonomische Begriff des Wachstums, insbesondere des in Geld gemessenen, keiner Grenze unterliege. Das ist unstrittig richtig, sollte aber nicht von dem Ziel ablenken, ökonomisches Wachstum von Ressourcenwachstum zu entkoppeln. Das scheint sogar regional zu gelingen, jedoch bevorzugt in den Regionen mit ganz erheblichem Ressourcenverbrauch der Vergangenheit, global gelingt es bisher nicht.

Eine technisch hervorragende Option, diese Entkopplung zu erreichen, ist die Effizienzsteigerung beim Einsatz von Ressourcen. Dabei kommt der Energieversorgung eine besondere, vermutlich sogar entscheidende Bedeutung zu, denn es gibt vom Recycling „verbrauchter" Ressourcen, über die Transformation von Emissionen und Abfällen bis zur synthetischen Herstellung notwendiger Stoffe viele technologische Lösungen, die letztlich so etwas wie eine Kreislaufwirtschaft ermöglichen könnten – die aber alle Energie benötigen.

Im derzeitigen gesellschaftlichen Fokus steht daher zu Recht, wenngleich für viele eher aus ökonomischer Motivation, die Transformation der Energieversorgung, die sogenannte „Energiewende", ein Begriff mehr, der oft benutzt wird und zugleich schwach definiert ist. Die enorme Aufmerksamkeit ist gut erklärbar durch die damit verbundenen besonders fundamentalen und großen Interessen. Denn: Tatsächlich geht es um weit mehr als die Energieversorgung, deren Bedeutung bereits groß genug ist. Da deren Transformation in der Stromerzeugung die wesentliche Ausgangsform der zukünftigen Energie zum Ziel hat, ist die natürliche Folge eine weitreichende Elektrifizierung von Anwendungen aller Art. Dabei wird sich, nationale Debatten und Befindlichkeiten werden das nicht ändern, die signifikant höhere Effizienz elektrischer Anwendungen durchsetzen, während ineffiziente Umwege über synthetische Kraftstoffe ökonomisch nur wettbewerbsfähig sein dürften, wo der Einsatz von Kraftstoffen nicht substituierbar ist.

Die Rede ist also von einer umfassenden Transformation sowohl der Energieversorgung als auch die vermutlich insbesondere ökonomisch noch viel weitreichendere Transformation unserer industriellen Prozesse bis zu deren Endprodukten. Das ist nach der Digitalisierung seit der Industrialisierung der wohl wirkmächtigste Transformationsprozess. Für Länder mit hohem Industrieanteil in der Ökonomie ist es vermutlich von größerer Bedeutung als die Digitalisierung oder auch die Entdeckung von Öl als wesentlicher Energieträger.

Während in der Öffentlichkeit gerne primär von „Klimapolitik" die Rede ist, geht es also tatsächlich um die Transformation großer Teile der Ökonomie mit weitreichenden Folgen für existierende Unternehmen und Geschäftsmodelle, weit über die Energieerzeugung und Energiebranche hinaus. Daher ist es nicht überraschend, dass die ohnehin bestehende Kontroverse zwischen außerhalb von Randgruppen unstrittiger Notwendigkeit von Klimaschutzmaßnahmen und deren Kosten neue Höhepunkte erreicht und weiter erreichen wird. Das wird noch nicht absehbare Spannungen in und zwischen den Gesellschaften erzeugen, denn einerseits wird immer deutlicher, dass der Klimaschutz in der menschlichen Gesamtbilanz keineswegs etwas „kostet", sondern allenfalls noch in der Lage ist, Schäden zu mindern. Zugleich ist er in der individuellen Bilanz aufgrund der vielen betroffenen Geschäftsmodelle und ökonomischen Einzelinteressen weit über die Energiebranche selbst eben doch „teuer".

In diesem Kontext ist für die „Wärmewende" eine bisher ernüchternde Bilanz festzustellen, die sich nur aus dieser signifikanten und vielfältigen Komplexität der Gesamttransformation mit den vielen Interessenkonflikten erklären lässt. Denn der Wärmesektor ist vom Volumen der größte Energieverbraucher, der zudem einen besonders hohen Anteil fossiler Kraftstoffe benötigt, die zugleich besonders einfach und effizient substituierbar sind. Nicht unerwähnt sollten die im Wärmesektor sehr gute Flexibilisierung des Energiebezugs sowie die Energiespeicherung sein, die für die Herausforderung der mit erneuerbaren Energien steigenden Erzeugungsvolatilität sehr wertvolle Lösungsoptionen bieten kann.

Nicht unerwähnt darf die Tatsache verbleiben, dass bereits vor dem Ukraine-Krieg eine eklatante Krise bezüglich der Versorgung Europas mit Erdgas eintrat, die eine Preiseskalation zur Folge hatte und nun in einer sowohl preislich als auch versorgungstechnisch zumindest volatileren Situation resultiert.

Was wir also an Wissen haben, lässt eigentlich keine Zweifel und auch kein Zögern beim Handlungsbedarf zu: Wir haben sowohl für den Klimaschutz als auch aus ökonomischen Gründen das größte Einsparpotenzial mit den einfachsten technischen Optionen zur Umsetzung. Wir haben zugleich eine geopolitisch schwierige Krise, die Erdgas zur kritischen Größe werden lässt, einen für industrielle Zwecke teilweise essentiellen

Roh- und im Hochtemperaturbereich nicht leicht substituierbaren Brennstoff, der parallel aber in sträflich großen Mengen für simple Wärmeprozesse ineffizient verbrannt wird.

Die tatsächliche politisch/gesellschaftliche Reaktion darauf ist aber keineswegs ein großer Ruck und eine gemeinsame Anstrengung, diese Wärmewende zu priorisieren und mit Hochdruck die überflüssige, ja fast schon schmerzhafte Verschwendung insbesondere von Erdgas so schnell wie möglich abzustellen. Vielmehr wird ausgerechnet die Wärmewende in der öffentlichen Debatte so stark beschädigt, dass im Folgejahr des Höhepunkts der Gaskrise sogar neue Erdgasheizungen auf Rekordniveau installiert werden.

Die eingangs formulierte Feststellung, dass Wissen nicht gleich Handeln ist, könnte keinen klareren Beleg finden. Das vorliegende Werk ist also offensichtlich aktuell, relevant und notwendig. Ebenso ist das schwierige Konzept, dem die Autoren sich stellen, von großer Bedeutung: der interdisziplinäre Ansatz. Es ist mehr als offensichtlich, dass es verschiedener Perspektiven und Disziplinen bedarf, um dieser Diskrepanz zwischen Wissen und Handeln zu begegnen.

Dirk Specht

Inhaltsverzeichnis

1 Die Kommune als Trägerin der Wärmeplanung 1
   1.1   Einführung 2
   1.2   Das Wärmeplanungsgesetz 3
   1.3   Prozess der Wärmeplanung 7
        1.3.1   Eignungsprüfung 9
        1.3.2   Bestandsanalyse 9
        1.3.3   Potenzialanalyse 10
        1.3.4   Zielszenarioentwicklung und Versorgungsgebiete 12
        1.3.5   Umsetzungsstrategie 13
   1.4   Die Landeshauptstadt Hannover als Modellbeispiel für die Wärmewende 13
        1.4.1   Herausforderung 13
        1.4.2   Transformationspfad 14
        1.4.3   Erfahrungen aus Hannover 18
   1.5   Ausblick 19
   Literatur 20

2 Wärmewende – Voraussetzungen für modernes Marktdesign 23
   2.1   Einleitung 24
        2.1.1   Dekarbonisierung, Klimawende und Wettbewerbsfähigkeit ... 25
        2.1.2   Komponenten eines integralen Ansatzes zur Wärmewende ... 25
        2.1.3   Klimawandel & Wettbewerbsfähigkeit 27
        2.1.4   Kriterien internationaler Wettbewerbsfähigkeit 27
        2.1.5   Marktdesign 28
   2.2   Wirtschaftlichkeitsvoraussetzungen für die Transformation 33
        2.2.1   Das Transformationsdilemma 34
        2.2.2   Deflation – technologische und monetäre Perspektiven 35
        2.2.3   Opportunitätskosten und Synergien als Selbstfinanzierungsquellen 37

	2.3	Die Komponenten der Selbstfinanzierung	39
		2.3.1 Infrastruktur	40
		2.3.2 Selbstfinanzierung durch Handeln	41
		2.3.3 Selbstfinanzierung durch Folgenvermeidung	42
	2.4	Innovation als Wettbewerbsfaktor	44
		2.4.1 The Innovator's Dilemma	44
		2.4.2 Phase Change Disruption	47
		2.4.3 Praxisanwendung	50
	2.5	Marktverzerrungen als Transformationsbremse	52
		2.5.1 Allokatives Marktversagen	53
		2.5.2 Asymmetrien	54
		2.5.3 Externe Effekte, Allmende und Free Rider	56
		2.5.4 Falsche Maßzahlen	56
		2.5.5 Steuern, Abgaben, Umlagen	60
	2.6	CO_2-Bepreisung – Anreize zur Dekarbonisierung	63
		2.6.1 CO_2-Preise – Bedeutung und Notwendigkeit	65
		2.6.2 CO_2-Preise – Ausgestaltung	66
		2.6.3 Sektorbezogene CO_2-Abbaupfade	67
	2.7	Energiepreise im internationalen Vergleich	68
	2.8	Ausblick	69
		2.8.1 Carrots and Sticks	70
		2.8.2 Climate Policy Explorer	72
		2.8.3 Empfehlungen Science for Global Transformation	73
		2.8.4 Ansatz des BMWK (Bundesministerium für Wirtschaft und Klimaschutz)	74
	Literatur		75
3	**Geschäftsmodelle und Lösungsansätze für die Wärmewende in der Grundstoffindustrie und im Gebäudesektor**		**79**
	3.1	Einleitung	80
	3.2	Geschäftsmodelle und neue Marktchancen	81
		3.2.1 Geschäftsmodellinnovationen	81
		3.2.2 Geschäftsmodell Kreislaufwirtschaft	83
		3.2.3 From Extraction to Creation	86
	3.3	Systemtransformation – technologische Zukunftspfade	88
		3.3.1 Die Systemtransformationsmatrix	88
		3.3.2 Fokusthema Mining	90
		3.3.3 Fokusthema Energienetze	92
		3.3.4 Fokusthema Müllverbrennung	93
	3.4	KPIs – Wirtschaftlichkeitskennzahlen der Wärmewende	94
		3.4.1 Kennzahlenbaumsystem der Wärmewende	94
		3.4.2 Kennzahlen – sektorielle Wirtschaftlichkeit der Wärmewende	97

		3.4.3	Priorisierung – Effizienz versus Wirtschaftlichkeit	97
	3.5		Sektorenkopplung, Erzeugung und Flexibilität	99
		3.5.1	Grundlast, aktive und passive Flexibilität	100
		3.5.2	Wind, Sonne und Grundlastfähigkeit	101
		3.5.3	Komponenten der Sektorenkopplung	104
		3.5.4	Modell der Sektorenkopplung privater Haushalte	104
	3.6		Gebäudewärme	106
		3.6.1	Kennzeichnung und Besonderheiten des deutschen Wohnungsmarktes	108
		3.6.2	Bestandsaufnahme – Mengengerüste	109
		3.6.3	Anwendungsfelder	115
		3.6.4	Zusammenfassung Wärme im Wohnsektor	124
	3.7		Grundstoffindustrie	125
		3.7.1	Kennzeichnung und Besonderheiten	127
		3.7.2	Mengengerüst	130
		3.7.3	Anwendungsfelder	132
		3.7.4	CO_2-Reduktion in der Zementindustrie	133
		3.7.5	Zusammenfassung Wärme am Beispiel der Zementindustrie	138
	3.8		Anreizgerechte Bilanzierung	139
	3.9		Zusammenfassung und Ausblick	142
		3.9.1	Von Consumers über Prosumers zu Transformatoren	143
		3.9.2	Wohnungspolitik	144
		3.9.3	Synergien	145
		3.9.4	Impact-Finance	146
		3.9.5	Narrative zur Umsetzung der Wärmewende	146
	Literatur			147
4	**Geschichtliche, kulturelle, wirtschaftliche und technologische Impulse zur Gestaltung der Wärmewende**			**153**
	4.1		Einführung	154
	4.2		Zusammenhang Wärmeversorgung und CO_2-Ausstoß	161
	4.3		Die Wärmewende braucht erfahrene Manager	167
	4.4		Die Wärmeversorgung der Zukunft ist erneuerbar und dezentral	169
	4.5		Die Wärmewende aus dem Blickwinkel der Aufklärung	170
		4.5.1	Transformation braucht Aufklärung und hinterfragt bestehende Konventionen	172
		4.5.2	Transformation braucht Bewegung sowie Mission und Vision	172
		4.5.3	Transformation braucht Verhaltensänderung	172
	4.6		Der klimaneutrale Weg in die Transformation	173
		4.6.1	Hybrid denken	174
		4.6.2	Nicht alles bis zum Ende durchplanen	174

	4.6.3	Wert von Daten nutzen	174
	4.6.4	Homo ludens – spielend erfolgreich werden	175
	4.6.5	Bottom up	175
4.7		Revolution als Voraussetzung für Transformation?	181
4.8		Historische Grundlage der Wärmewende	183
4.9		Grenzen des Wachstums	185
	4.9.1	Ölkrise 1973	186
4.10		Das Zeitalter der fossilen Energien – eine Episode, die zu Ende geht?	187
4.11		Europäische Dimension der Wärmewende	190
	4.11.1	Kernergebnisse Kommunenbefragung 2024	191
4.12		Statistische Grundlage der Wärmewende	193
4.13		Energieverbrauch in Deutschland	196
4.14		Anteil erneuerbarer Energien am gesamten Endenergieverbrauch in Deutschland für Wärme und Kälte	197
	4.14.1	Ermittlung des Primärenergieverbrauchs (PEV) in Deutschland nach dem Wirkungsgradprinzip	202
4.15		Physikalische Grundlagen der Wärme- und Kälteproduktion	207
	4.15.1	Unterschiedliche Formen der Energie und ihre möglichen Wechselwirkungen	207
	4.15.2	Differentielle und integrale Energieänderung in Systemen	208
	4.15.3	Innere Energie	209
	4.15.4	Freie Enthalpie	210
	4.15.5	Carnot-Kreisprozess (Dampferzeugung)	210
	4.15.6	Carnot-Kreisprozess (Wärmepumpe)	213
	4.15.7	Coefficient of Performance (COP)	215
4.16		Die Rolle von Synthesegasen für die Wärmewende	217
	4.16.1	Herstellung von Wasserstoff	218
	4.16.2	Synthesegas, H_2/CO	219
	4.16.3	Holzvergasung	220
4.17		Aufbereitung biogener Reststoffe zur Produktion von klimaneutraler Energie	222
4.18		Energiewendetrends 2024	223
	4.18.1	Klimawandel, Kriege und Wahlen	224
	4.18.2	Die weltweite Nachfrage nach Wasserstoff	225
	4.18.3	Der Markt für CCUS reift, aber Flexibilität ist entscheidend	225
	4.18.4	Grüne Kraftstoffe (Green Fuels) kommen auf den Markt	226
	4.18.5	Digitale Transformation unterstützt die Energiewende	226
	4.18.6	Kapital für die Energiewende – ein einzelner Finanzierungsweg reicht nicht aus	226
	4.18.7	Wärmeversorgung soll bezahlbar bleiben	227
4.19		Phasenmodell zur Optimierung von Umsetzungsstrategien	227

4.20	Der Zeitpunkt zum Handeln ist jetzt!.	229
	4.20.1 Joseph-Louis Lagrange „Wir sollten Anwendungen praktisch beurteilen"	229
Literatur.		231

5 Transformationale Führung im Kontext der Energiewende: eine wirtschaftspsychologische Perspektive ... 243

5.1	Einleitung.	244
5.2	Führung	245
	5.2.1 Führungskraft.	246
	5.2.2 Führungserfolg.	246
	5.2.3 Führungsverhalten	247
	5.2.4 Führungsansätze: transaktionale Führung vs. transformationale Führung.	248
	5.2.5 Die Rolle von Narrativen in der transformationalen Führung	249
5.3	Transformative Unternehmen und Organisationen – Evolution der Unternehmensorganisation	252
	5.3.1 Faktoren erfolgreicher Transformation	253
	5.3.2 Selbstverantwortung und Selbstorganisation.	253
	5.3.3 Kollaboration und Kommunikation	253
	5.3.4 Agilität und Anpassungsfähigkeit	254
	5.3.5 Mitarbeitendenengagement und Motivation	254
5.4	Faktoren humanistischer, werteorientierter Führung – ein neues Führungsverständnis	254
	5.4.1 Ethische Grundlagen guter Führung	254
	5.4.2 Humanistische und werteorientierte Führung	256
	5.4.3 Humanistisch orientierte Wirtschaftspsychologie	257
	5.4.4 Moderne Führung in Zeiten des Wandels – humanistische Führung für die Praxis	258
	5.4.5 Die fünf Schlüsselfaktoren des transformationalen Führungsansatzes: eine Analyse	260
	5.4.6 Praktische Auswirkungen humanistischer Führungsansätze auf den Unternehmenserfolg	261
5.5	Notwendigkeit von Innovation im Kontext eines humanistisch orientierten, transformativen Führungsstils	262
	5.5.1 Notwendigkeit von Innovation im Kontext eines humanistisch orientierten, transformativen Führungsstils im Bereich der Energiewende	264
	5.5.2 Transformation mit disruptiver Innovation	265
	5.5.3 Innovation, Führung und der reziproke Determinismus	266
Literatur.		267

Nachwort ... 271

Über die Autoren

Dirk Specht war zuletzt Chefredakteur bei capital.de und danach Digitalchef bei der FAZ. Heute ist er in der Wissenschaft und Lehre im Bereich VWL/Medienökonomie sowie in verschiedenen Aufsichtsratsmandaten tätig.
https://politischeoekonomie.com/authors/dirk-specht/

Christoph Meineke, Geschäftsführer, Bürgermeister a. D. ist seit 2024 Geschäftsführer einer niedersächsischen Metropolregion. Der studierte Volkswirt war rund 15 Jahre lang hauptamtlicher Bürgermeister einer Kommune in der Region Hannover und als Sprecher der parteilosen Bürgermeister Mitglied im Präsidium des Niedersächsischen Städtetages. Er ist u. a. Mitglied im Innovators Club des Deutschen Städte- und Gemeindebundes. https://metropolregion.de/allgemein/christoph-meineke-wird-neuer-geschaeftsfuehrer-der-metropolregion-hannover-braunschweig-goettingen-wolfsburg/

Dipl. Wirtsch.-Ing. Marcus H. V. Lohr Geschäftsführender Gesellschafter der MBC Marketing und Business Consulting GmbH, Trierweiler

https://www.linkedin.com/in/marcus-h-v-lohr-a1015a2/?originalSubdomain=lu

Dr.-Ing. Christian Groß Leiter Technischer Vertrieb
Blue Energy Group AG, Senden
https://www.linkedin.com/in/dr-ing-christian-gross-iee-ectsoc-vde-rheinmain/?originalSubdomain=de

M. Sc. Holger Fuchs Verhaltens- und Organisationspsychologe, Geschäftsführender Gesellschafter
Leadership Pioneers GmbH, Nürnberg
https://www.linkedin.com/in/holger-fuchs-leadership-pioneers/?originalSubdomain=de

Abbildungsverzeichnis

Abb. 1.1	Prozess der kommunalen Wärmeplanung (© dena/ KWW 2024)	8
Abb. 1.2	Strategische Ziele der Wärmeplanung (UBA 2022)	10
Abb. 1.3	Übersicht der Emissionsfaktoren von verschiedenen Energiequellen für Heizzwecke (tab 2024)	11
Abb. 1.4	Wärmewende Hannover (Klimaschutzleitstelle Landeshauptstadt Hannover, 2024)	16
Abb. 1.5	Grüne Fernwärme als Ersatz für das Steinkohlekraftwerk GKH (enercity, 2024)	17
Abb. 1.6	Energieträgerübersicht der Wärmewende am Beispiel Hannover (Hansmann, 2023)	18
Abb. 2.1	Exponentielle Wirkungskette extraktiver Geschäftsmodelle	25
Abb. 2.2	Komponenten eines integralen Ansatzes zur Klimawende	26
Abb. 2.3	Faktoren internationaler Wettbewerbsfähigkeit	28
Abb. 2.4	Einflussfaktoren auf das Marktdesign	29
Abb. 2.5	Das Transformationsdilemma	34
Abb. 2.6	Energiewende – Komponenten des Selbstfinanzierungspotenzials	38
Abb. 2.7	Selbstfinanzierungspotenzial nach Handlungsfeldern	39
Abb. 2.8	Infrastruktur – Klassifizierungskriterien	40
Abb. 2.9	Marktverzerrungen	53
Abb. 2.10	Investitionsalternativen Wärmewende	60
Abb. 2.11	Entwicklung Strompreise (Quelle: BDEW, eigene Darstellung)	62
Abb. 2.12	Entwicklung Industriestrompreise (Quelle: BDEW, 2024)	62
Abb. 2.13	Komponenten anreizkompatibler CO_2-Bepreisung	64
Abb. 2.14	CO_2-Emissionen nach Sektoren (Quelle Agora Energiewende, eigene Darstellung, grau: Abbaupfad)	68
Abb. 2.15	IEA-Energiepreise 2023 im internationalen Vergleich (Quelle: Schiffer, 2024)	69
Abb. 2.16	Handlungsfelder der Wärmewende	70
Abb. 2.17	Carrots & Sticks – zwei Pole der Dekarbonisierung	71
Abb. 3.1	Geschäftsmodellkomponenten	82

Abb. 3.2	Systemtransformationsmatrix	89
Abb. 3.3	Kennzahlenbaum: Wirtschaftlichkeitsparameter der Wärmewende	95
Abb 3.4	ereinfachter Kennzahlenbaum: Wirtschaftlichkeitsparameter der Wärmewende	97
Abb. 3.5	Effizienz und Wirtschaftlichkeit	99
Abb. 3.6	Gasverbräuche saisonalisiert. (Quelle: BNetzA)	100
Abb. 3.7	Anteil Solar 2023 an Stromlast	102
Abb. 3.8	Anteil Wind onshore und offshore 2023 an Stromlast	102
Abb. 3.9	Anteil Solar und Wind an Stromlast 2023	103
Abb. 3.10	CO_2-Reduktion im Wohnsektor	107
Abb. 3.11	Finanzdimensionen des Wohnens	108
Abb. 3.12	Wohngebäudebestand nach Baualtersklassen. (Quelle: dena-Gebäudereport 2024)	110
Abb. 3.13	Energieverbrauch des deutschen Wohnbestandes nach Energieeffizienzklassen	112
Abb. 3.14	Investitionsalternativen energetische Sanierung und Zubau EE im Vergleich	120
Abb. 3.15	Vergleich energetische Sanierung vs. Zubau EE	122
Abb. 3.16	Investitionsalternativen Synthesegas und Batteriespeicher	123
Abb. 3.17	Dekarbonisierungsfelder der Grundstoffindustrie	132
Abb. 3.18	Ansatzpunkte der CO_2-Reduktion in der Zementindustrie	135
Abb. 3.19	Fließbild BHKW im Synthesegasbetrieb. (© Blue Energy Group AG)	137
Abb. 3.20	Prozesskette der Dekarbonisierung im Zement	138
Abb. 3.21	Auswirkungen wohnungspolitischer Maßnahmen	145
Abb. 4.1	Das „Magische Wärmewendeviereck" (Bildquelle: © Groß)	156
Abb. 4.2	Definition Primär- und Sekundärenergie (Quelle: © CG)	158
Abb. 4.3	Primärenergieversorgung nach Energieträgern, Anteile in %, Gesamtversorgung in Mio. t Öläquivalent (ÖE), weltweit 1973 und 2020 (Pfister, 2023)	158
Abb. 4.4	CO_2-Ausstoß (1000–2010) in parts per million (ppm) (Eigene Darstellung)	164
Abb. 4.5	CO_2-Ausstoß im Anthropozän (1960–2023) in ppm (Eigene Darstellung)	165
Abb. 4.6	Rückgang der CO_2-Emissionen von 2022 bis 2023 (Hartz et al., 2024)	166
Abb. 4.7	Segelmanöver „Wende"	168
Abb. 4.8	Abschmelzender Brikdarlsbreen-Gletscher, Norwegen 2004 und 2023 (picture-alliance/dpa)	171
Abb. 4.9	Paretoprinzip (Durst, M. et al., 2020)	174
Abb. 4.10	Allianz für Transformation (Schiemann, 2023a, b, c)	177

Abb. 4.11	Ausbauziele für erneuerbare Energien in Dänemark bis 2050 (Hertle et al., 2024)	183
Abb. 4.12	„Gussstahlfabrik Mayer & Kühne in Bochum 1845" (Stadtarchiv Bochum)	184
Abb. 4.13	Auf einer Autobahn hatten diese Leute am autofreien Sonntag ein Zelt aufgebaut. Foto: Rdb / ullstein bild (Horchert & Der Spiegel, 2018); (25. November 1973)	186
Abb. 4.14	Entwicklung des Endenergieverbrauchs im Verkehrssektor nach Kraftstoffarten (Quelle: Bundesministerium für Verkehr und digitale Infrastruktur (BMDV, 5.3.2024)	189
Abb. 4.15	Anteil des Wärmeverbrauchs (inkl. Kälteanwendungen) am Endenergieverbrauch 2008 und 2021 (UBA, 2024)	194
Abb 4.16	Nettowärmeerzeugung nach Energieträgern (inkl. Fernwärme-/-kälteversorger sowie Einspeisungen von Industrie und Sonstigen (Rink et al., 2024)	194
Abb. 4.17	Endenergieverbrauch 2022 nach Energieträgern und Sektoren (Schwalbe et al., 2024)	195
Abb. 4.18	Energieverbrauch in Deutschland im Jahr 2022 nach Strom, Wärme und Verkehr	198
Abb. 4.19	Erneuerbare Energien: Anteil in den Sektoren Strom, Wärme und Verkehr bis 2023	198
Abb. 4.20	Endenergieverbrauch erneuerbarer Energien für Strom, Wärme und Verkehr im Jahr 2023 sowie die Entwicklung in den Jahren 1990 bis 2023	199
Abb. 4.21	Preisentwicklung von Heizöl, Erdgas, Strom und Braunkohle in den Jahren 2015 bis 2024	200
Abb. 4.22	Instanzenübergreifendes Zusammenspiel und Vorgehensweise zum Aufbau einer zukunftsfähigen Wärmeversorgung (Begemann et. al., 2021). Ein Gebäude mit Schornstein steht für energieintensive Unternehmen	201
Abb. 4.23	Power-to-X (PtX/P2X)-Prozess – Umwandlung von regenerativer Energie (Power) in nachhaltige grüne Produkte (the „X")	203
Abb. 4.24	Kraft-Wärme-Kopplung (KWK) im Energiesystem (Ittershagen, 2023)	204
Abb. 4.25	Kraft-Wärme-Kopplung im Heizkraftwerk Altbach/Deizisau (Walter, 2024)	205
Abb. 4.26	Thermodynamische Zustandsänderungen (Quelle: eigene Darstellung)	209
Abb. 4.27	Prinzip Dampfkraftprozess/Clausius-Rankine (Sielker, 2022)	211
Abb. 4.28	Carnot-Prozess Dampfkraftwerk (Eigene Darstellung gemäß Pitsch, 2012)	212

Abb. 4.29	R&I-Fließbild einer Kompressionswärmepumpe und Darstellung der Wärme- und Exergieströme (Sielker, 2022)	212
Abb. 4.30	Carnot-Prozess Wärmepumpe (Eigene Darstellung gemäß Pitsch 2012)	214
Abb. 4.31	Funktionsschema eines Blockheizkraftwerks (Sabel 2024)	216
Abb. 4.32	Von der Rohstoffaufbereitung zum Strom- und Wärmetransport (Blue Energy Group AG)	221
Abb. 4.33	Chemische Zusammensetzung von Synthesegas im Normalbetrieb nach Optimierung durch das Blue Energy Engineering – BEE (Sautter, 2024)	221
Abb. 4.34	Verfahrensschema der direkten Synthesegasverwendung (Wiemann, 2018)	222
Abb. 4.35	Bioenergiepark Bad Arolsen (Foto ©Blue Energy Group AG)	223
Abb. 4.36	Blue Energy Sticks (Foto ©CG)	223
Abb. 4.37	Jährliche mittlere Tagesmitteltemperatur in Deutschland 1881–2023 (UBA, 15.3.2024)	225
Abb. 4.38	Phasenmodell zur Optimierung der Umsetzungsstrategie	228
Abb. 4.39	Strategieentwicklung – die sechs Stufen der Strategiepyramide (Kaiser, 2021)	228
Abb. 4.40	Joseph-Louis Lagrange (1736–1813) (Bild https://de.wikipedia.org/wiki/Joseph-Louis_Lagrange#/media/Datei:Joseph-Louis_Lagrange.jpeg)	230
Abb. 4.41	Die Neuentdeckung des Feuers (Bild: https://www.geo.de/geolino/mensch/3793-rtkl-geschichte-die-entdeckung-des-feuers)	230
Abb. 5.1	Fachliche Aufgaben vs. Führungsaufgaben auf einer Zeitachse (in Anlehnung an Stroebe, 2004, S. 21)	247
Abb. 5.2	Führungsverhalten. (Eigene Darstellung)	247
Abb. 5.3	Transaktionale Führung vs. transformationale Führung (in Anlehnung an das Institut für Management-Innovation, 2022)	249
Abb. 5.4	Definition transformationale Führung (in Anlehnung an Au, 2016, S. 95)	250
Abb. 5.5	Effektivität von Führungsansätzen (in Anlehnung an das Institut für Management-Innovation, 2022)	251
Abb. 5.6	Fähigkeiten humanistisch orientierter Führungskräfte (in Anlehnung an Frey et al., 2015, S. 65)	255
Abb. 5.7	Fähigkeiten humanistisch orientierter Führungskräfte (in Anlehnung an GfeO, 2017, S. 22)	259

Tabellenverzeichnis

Tab 2.1	Energieimporte Öl und Gas	41
Tab 2.2	Innovationen – Klassifizierung	46
Tab. 3.1	Anteil EE 2023 an Stromlast und Stromerzeugung	103
Tab. 3.2	Sektorenkopplung Gebäudewärme und Verkehr am typischen Haushalt	104
Tab. 3.3	Gebäudemaßzahlen. (Quelle: dena-Gebäudereport 2024)	110
Tab. 3.4	Wärmeverbrauch privater Haushalte 2022. (Quellen: UBA, dena)	111
Tab. 3.5	Wärmeverbrauch des deutschen Wohnbestandes nach Energieeffizienzklasse 2021	112
Tab. 3.6	Gesamtwirtschaftliche und individuelle Kernfragen des Wohnens	114
Tab. 3.7	Vorgaben des Klimaschutzgesetzes für den Gebäudesektor (Quelle: BDEW)	115
Tab. 3.8	Sensitivitätsanalyse Wertminderungen Wohnbestand	122
Tab. 3.9	Einsparpotenziale der Grundstoffindustrie 1. (Quelle: Fraunhofer-Studie, Umrechnung)	131
Tab. 3.10	Einsparpotenziale der Grundstoffindustrie 2. (Quelle: Fraunhofer-Studie, Umrechnung)	132
Tab. 3.11	Zusammensetzung Synthesegas	137
Tab. 4.1	Umrechnungsfaktoren physikalischer Energieeinheiten	159
Tab. 4.2	Brenn- und Heizwerte verschiedener Brennstoffe (Kovacevic 2024)	162
Tab. 4.3	Energiefluss im Kohlekraftwerk (Koschinsky, 2005a, b)	207
Tab. 4.4	Dampfdruck des Kältemittels RT290 Propan als Funktion der Verdampfungstemperatur (Baader, 2024)	215

Boxen

Box 2.1	Redispatch-Maßnahmen	32
Box 2.2	Spannungsfeld zwischen Inflation und Deflation in der Energiewende	35
Box 2.3	Schwarzstartfähigkeit	36
Box 2.4	Schadenskosten	43
Box 2.5	Wissenschaftliche Basis der Phase Change Disruption	47
Box 2.6	Die 10 Phasen der Phase Change Disruption	49
Box 2.7	Carbon Leakage und Wasserbett-Effekt	54
Box 2.8	Kritikpunkte am LCOE-Modell	57
Box 2.9	Kritikpunkte am Merit-Order-System	58
Box 2.10	Das Coase Theorem als Basis der CO_2-Bepreisung	63
Box 2.11	Der CO_2-Preis als Leitinstrument erfolgreicher Klimapolitik	66
Box 3.1	Besonderheiten der Wärmenutzung	80
Box 3.2	Rahmenbedingungen technologischer Entwicklung	82
Box 3.3	Der 12 R-Ansatz der Kreislaufwirtschaft	85
Box 3.4	Das Produktionssystem der Zukunft – From Extraction to Creation	86
Box 3.5	RDF (Refuse-Derived Fuel)	93
Box 3.6	Natürliche CO_2-Senken	96
Box 3.7	Aktive und passive Flexibilität von Energieerzeugungssystemen	101
Box 3.8	Datenquellen Energieverbrauch Wohnen und private Mobilität	105
Box 3.9	Energetische Gebäudesanierung oder Neubau	116
Box 3.10	Dekarbonisierung der Industrie	125
Box 3.11	Besonderheiten der Grundstoffindustrien	128
Box 3.12	Szenarien zur Einsparung von Energie und CO_2-Emissionen in industriellen Prozessen	130

Die Kommune als Trägerin der Wärmeplanung

1

Zusammenfassung

Der Bundesgesetzgeber hat mit dem Wärmeplanungsgesetz (WPG) ein Instrument geschaffen, die Wärmewende auf Länder- und kommunaler Ebene umzusetzen. Auch wenn die notwendigen Schritte gesetzlich festgelegt sind, so ist folgen doch auf individueller Ebene der Gebietskörperschaften erhebliche Aufwendungen zur Umsetzung. Diese sind vielfältiger Natur: planerisch, technisch, finanziell. Sie betreffen aber auch Partizipation, Erwartungs- und Akzeptanzmanagement. Dieser Beitrag soll die wesentlichen Grundlagen der Wärmeplanung im kommunalen Kontext erörtern. Abschließend wird am Beispiel der Landeshauptstadt Hannover, ihrer Stadtwerke und Zivilgesellschaft ein erfolgreicher Einstieg in die Dekarbonisierung kommunaler Wärmeversorgung dargestellt.

Schlüsselwörter

Kommunale Wärmeplanung · Daseinsvorsorge · Digitaler Zwilling · Eignungsprüfung · Energiewende · Kommunale Selbstverwaltung · Kommunalpolitik · Kommunale Unternehmen · Potenzialanalyse · Stadtwerke · Klimaschutzinitiativen · Verteilnetze · Wärmeplanungsgesetz · Wärmewende

---

Adressaten

Der Beitrag richtet sich an kommunale Praktiker, insbesondere an ehrenamtlich Engagierte im Bereich Stadtentwicklung, Klimaschutz und Transformation sowie Mitglieder von Gemeinde-, Stadt und Kreisräten, die sich für ihr politisches Handeln einen Überblick zur kommunalen Wärmeplanung verschaffen müssen.

© Der/die Autor(en), exklusiv lizenziert an Springer Fachmedien Wiesbaden GmbH, ein Teil von Springer Nature 2025
H. Fuchs et al., *Dezentrale Wärmeversorgung*,
https://doi.org/10.1007/978-3-658-48023-3_1

1.1 Einführung

Der Klimaschutz gehört mittlerweile zu den wichtigen Gestaltungsaufgaben der Kommunen. Sie sind sowohl die örtliche, bürgernächste politische Umsetzungsebene im Kampf gegen den Klimawandel im täglichen Lebensumfeld als auch die Einheit, die die Anpassung an die Folgen des Klimawandels lokal gestalten muss. D ie Anstrengungen gegen die Erderwärmung nehmen im kommunalen Handeln sowohl durch die Umsetzung gesetzlicher Regelungen als auch beim Tätigwerden auf eigenverantwortlicher Basis im Rahmen der kommunalen Selbstverwaltung breiten Raum ein. Die Beispiele sind vielfältig: Sei es im strategischen Wirken mit dem Erstellen örtlicher und regionaler Aktionspläne, auf satzungsrechtlicher Ebene mit der Festlegung von Flächennutzungen zum Beispiel für Vorrangflächen zur Gewinnung erneuerbarer Energien, auf organisatorischer Ebene durch die Einrichtung von Klimaschutzleitstellen oder der Schaffung eines Klimaschutzmanagements. Nicht zu vergessen ist auch das demonstrativ politisch proklamative Handeln wie das Ausrufen eines Klimanotstandes. Das Handlungsfeld Klimaschutz in all seinen Facetten ist so in den zurückliegenden Jahren ein fester Bestandteil kommunaler Politik, Verwaltung und zivilgesellschaftlichen Handelns geworden.

Vor Ort wird umgesetzt, was im Pariser Klimaschutzabkommen im Jahr 2015 als zwingend notwendig beschlossen wurde: den Anstieg der globalen Durchschnittstemperatur auf deutlich unter 2 °C über dem vorindustriellen Niveau zu halten. Auch wenn die Zielerreichung auf europäischer Ebene einen entsprechenden Rahmen bekam und im nationalen Kontext korrespondierend Gesetze und Regelungen für Sektoren erlassen worden sind, wirkt das kommunale Agieren als weit mehr als eine von höheren politischen und administrativen Ebenen diktierte Pflichterfüllung. Die Gemeinden, Städte und Landkreise zeichnen sich seit jeher durch eigenverantwortliches, lokales und den individuellen Gegebenheiten entsprechendes Handeln aus. Im Grundgesetz ist dies als elementarer Bestandteil des föderalen Systems im Artikel 28 Abs. 2 verankert, Entsprechungen finden sich in den Verfassungen der Bundesländer. Auch in Österreich ist dieses Recht verfassungsgesichert, die Gemeinden haben dort das Recht auf eigene Gesetzgebung in bestimmten Bereichen (z. B. Gemeindeverordnungen) sowie auf unabhängige Verwaltung und Organisation ihrer inneren Angelegenheiten.

Diese ermöglicht es den Kommunen, in einem vorgegebenen rechtlichen Rahmen über die Nutzung und Entwicklung ihres Gebietes weitgehend selbst zu entscheiden. Wesentliche Bereiche sind die Planungen zur Stadt- und Raumentwicklung, konkretisiert im Baugesetzbuch durch die Flächennutzungs- und Bauleitplanung, Infrastrukturplanung im Bereich Straßen, Verkehrsmittel, Bildungs- und Kinderbetreuungseinrichtungen. Die Absicherung geschieht insbesondere durch satzungsrechtliche Regelungen, die von den kommunalen Vertretungen, also den Gemeinde-, Stadt- und Kreisräten, beschlossen werden. (Formalrechtlich sind diese Teile der Landesexekutive, daher ist die Bezeichnung kommunaler Parlamente eher umgangssprachlich und binnenorganisatorisch zu sehen denn als juristischer Terminus.)

Mit dem 2023 durch den Bundesgesetzgeber beschlossenen Wärmeplanungsgesetz (WPG) und den entsprechenden landesrechtlichen Konkretisierungen werdendie Kommunen nun einerseits verpflichtet, eine kommunale Wärmeplanung aufzustellen. Andererseits erhalten sie aber auch im Rahmen ihrer kommunalen Selbstverwaltungsgarantie ein neues, wenn auch engmaschig formalisiertes Recht, die Wärmewende als Teil des Klimaschutzes auf dem Gebiet ihrer Körperschaft planerisch zu gestalten und verbindlich zu bestimmen (Bundesregierung, 2022).

In der kommunalen Praxis ist die Wärmewende eine multidimensionale Herausforderung. Es bedarf planerischer Kompetenz, politischer Entscheidungsfreudigkeit und Kommunikation, datentechnischer Expertise, gemeinwirtschaftlicher unternehmerischer Qualitäten und, je nach örtlichen Gegebenheiten, weiterer Schlüsselfaktoren. Nicht zuletzt handelt es sich um eine finanzielle Mammutaufgabe. Die kommunalen Spitzenverbände schätzen die Kosten für Aufstellung und Umsetzung der Wärmeplanung auf rund 100 Mrd. Euro. Dazu gehören insbesondere Investitionen in Verteilnetze, Fernwärme, Fernwärmenetzinfrastrukturen, die Erschließung von Potenzialen der Geothermie oder Biogasanlagen, aber auch zur Brückenwirkung klassische, wenn auch emissionsoptimierte Gaskraftwerke und Gas-Rohrleitungen. Dies macht rund ein Sechstel der Gesamtinvestitionen aus, die volkswirtschaftlich für die Energiewende aufgebracht werden müssen (Bundesvereinigung der kommunalen Spitzenverbände, 2023).

In der kommunalen Praxis liegt die Herausforderung nicht nur bei technischen Festlegungen, wie die Wärmeplanung zu erfolgen hat. Die notwendigen Weichenstellungen sind vielfältig. Politische und administrative Prozesse müssen verknüpft werden. Zugleich müssen vielfältige Stakeholder einbezogen werden (bspw. Bosse, Häublein, Kadel, 2023). Das betrifft Akteure des Klimaschutzes ebenso wie die örtliche Wohnungswirtschaft, Versorgungsunternehmen oder Wirtschaftsbetriebe gleichermaßen als Nutzer und Bereitsteller von Wärme.

1.2 Das Wärmeplanungsgesetz

Im Dezember 2023 hat der Deutsche Bundestag nach vergleichsweise kurzer Beratungszeit das „Gesetz für die Wärmeplanung und zur Dekarbonisierung der Wärmenetze" (Wärmeplanungsgesetz; WPG) beschlossen, das zum Jahresbeginn 2024 in Kraft getreten ist (Bundesregierung, 2022). Die Eile der Ampelkoalition hat für Diskussion und Unmut in der Öffentlichkeit gesorgt und ist von den kommunalen Spitzenverbänden kritisiert worden. Insbesondere sind der hohe Zeitdruck und eine für Kommunen nur schwer umsetzbare Fristsetzung sowie Finanzierungsfragen ins Feld geführt worden.

Das Gesetz korrespondierte mit der bereits drei Monate zuvor beschlossenen Novelle des Gesetzes zur Einsparung von Energie und zur Nutzung erneuerbarer Energien zur Wärme- und Kälteerzeugung in Gebäuden (Gebäudeenergiegesetz, GEG), das ursprünglich aus dem Jahr 2020, also aus der Feder der großkoalitionären Vorgängerregierung, stammte und zeitgleich mit dem WPG novelliert in Kraft gesetzt worden ist. Dieses regelt, dass künftig mindestens 65 % erneuerbare Energie bei dezentraler Wärmeerzeugung in Wohngebäuden eingesetzt werden muss. Während das GEG ab dem 1. Januar 2024 für Neubauten in Neubaugebieten gilt, so ist die Verpflichtung für andere Neu- und Bestandsbauten spätestens bei Fristablauf zur Wärmeplanung nach WPG zu erfüllen. Im Zuge der Verhandlungen um die Regierungsbildung von CDU/CSU und SPD ist im Koalitionsvertrag "Verantwortung für Deutschland" eine Novellierung des GEG angekündigt worden, die rechtlichen Grundlagen zur kommunalen Wärmeplanung dürften davon jedoch nicht wesentlich tangiert werden.

Die im Verlauf des Gesetzgebungsverfahrens geführten Diskussionen um den schrittweisen Ausstieg aus den bisher vorherrschenden fossilen Heizsystemen mit dem Ziel, bis 2045 Klimaneutralität im Gebäudebereich zu erreichen, hatten für deutliche Verunsicherung in der Bevölkerung gesorgt und damit dem Vorhaben frühzeitig einen negativen Beigeschmack gegeben und für Ablehnungshaltung in der Öffentlichkeit gesorgt. Die gesetzgeberische Hektik war nicht zuletzt durch den Überfall Russlands auf die Ukraine bedingt und der damit rasch notwendigen Weichenstellung zur Unabhängigkeit von russischen Öl- und Gasvorkommen. In der Diskussion ist aber auch das Klimaschutz-Urteil des Bundesverfassungsgerichts vom 24. März 2021 nicht zu übersehen. Deutschlands höchste verfassungsrechtliche Instanz hatte entschieden, dass die bis dato aktuellen gesetzlichen Schutzrechte und Regelungen nicht ausreichend waren, um die klimabezogenen Grundrechte zu schützen, insbesondere im Hinblick auf zukünftige Generationen. Sie forderten den Gesetzgeber zu einer Präzision der Ziele und Maßnahmen für die Zeit nach 2030 auf. Das Gericht betonte, dass die Freiheitsrechte durch die aktuell erlaubten Emissionsmengen gefährdet werden, weil fast das gesamte Restbudget an Kohlenstoffdioxid, das mit den Zielen des Pariser Abkommens vereinbar ist, bereits bis 2030 aufgebraucht sein wird.

Jedenfalls musste und muss der Unmut vor Ort abgepuffert werden; hier zeigt sich, dass für die die Umsetzung höherrangigen Rechts selbst unter kommunaler, individualisierter Ausgestaltung vor Ort entsprechende Akzeptanz zu schaffen ist. Diese wird oftmals nur über Jahre in diversen Prozess- und vor allem Beteiligungsschritten erreicht.

Das Ziel des WPG ist es, einen wesentlichen Beitrag dazu zu leisten, dass bis spätestens zum Zieljahr 2045 die Erzeugung von und die Versorgung mit Raumwärme, Warmwasser und Prozesswärme unter den Kriterien einer „kosteneffizienten, nachhaltigen, sparsamen, bezahlbaren, resilienten sowie treibhausgasneutralen Wärmeversorgung" erreicht wird und insgesamt Endenergieeinsparungen zu erbringen sind. Hintergrund des Zieljahres ist die Verpflichtung im Bundes-Klimaschutzgesetz („Klimaschutzgesetz. Generationenvertrag für das Klima"; Bundesregierung, 2022), Deutschland bis dahin klimaneutral aufzustellen. Es unterbietet die europäische Zielsetzung („Fit for 55") um ein halbes Jahrzehnt. Mittlerweile haben sich die Wogen geglättet und die Bewertungen sind deutlich positiver. Die Autoren Lahmann und Weil (2024), beide Vertreter des Verbandes Kommunaler Unternehmen (VKU), bewerten:

1.2 Das Wärmeplanungsgesetz

Die kommunale Wärmeplanung beschreibt im Ergebnis einen wirtschaftlich optimalen und gesellschaftlich tragfähigen Transformationspfad hin zu einem klimaneutralen Gebäudebestand im örtlichen Versorgungsgebiet. Sie berücksichtigt dabei den Zustand und das Zusammenspiel der vorhandenen Energienetze und ist daher als integrierte Infrastrukturplanung zu verstehen, welche auf den vorhandenen Planungen der Kommunen und ihrer Unternehmen aufsetzt. Die Zielsetzung der Bundesregierung, dass mit der Verabschiedung des Gesetzes für die Wärmeplanung und zur Dekarbonisierung der Wärmenetze ab Januar 2024 flächendeckend mit der Aufstellung von Wärmeplänen begonnen werden soll, ist daher sehr zu begrüßen.

Hervorzuheben ist, dass nicht der Bundesgesetzgeber die erste gesetzliche Initiative in Deutschland ergriff, sondern einzelne Bundesländer bereits tätig geworden waren, allen voran Baden-Württemberg. Auch sind ländergesetzliche Regelungen zeitlich mitunter deutlich ambitionierter als die Vorgaben des Bundes. Baden-Württemberg, Bayern und Niedersachsen legen den Zeitpunkt der Klimaneutralität auf 2040 fest, entsprechend verkürzen sich dort auch die entsprechenden zeitlichen Vorgaben und erhöhen den Umsetzungsdruck auf die kommunale Ebene und die örtlichen Akteure.

Mithilfe des Gesetzes soll der Anteil von Wärme aus erneuerbaren Energien, aus unvermeidbarer Abwärme oder einer Kombination der beiden, ab 1. Januar 2030 mindestens die Hälfte an der jährlichen Nettowärmeerzeugung in Wärmenetzen betragen. Zudem sollen Wärmenetze zur Verwirklichung einer möglichst kosteneffizienten klimaneutralen Wärmeversorgung ausgebaut und die Anzahl der angeschlossenen Gebäude signifikant gesteigert werden.

Bedenkt man, dass der planerische Prozess und ein verbindliches Ergebnis der kommunalen Wärmeplanung nach Bundesregelung bis spätestens 2045 vorliegen müssen, so bedeutet dies für die kommunalpolitische und -praktische Umsetzung: Vom Inkrafttreten des Gesetzes an bis zum Zieljahr, sind es maximal 21 Jahre. In kommunalpolitischer Zeitrechnung rund vier Wahlperioden kommunaler Vertretungen (Gemeinde- und Stadträte oder Kreistage; in 14 Bundesländern dauern diese Perioden fünf Jahre, prominenteste Ausnahme ist Bayern mit sechs Jahren). In Anbetracht der in Deutschland vorherrschenden Planungs- und Genehmigungszeiträume wird deutlich, dass diese Zeit politisch rascher vergehen wird, als es a priori erscheint. Im bürgermeisterlichen Erfahrungshorizont des Verfassers mit praktischen Beispielen aus der Energiewende: Die Erarbeitung eines Klimaschutzkonzeptes mit entsprechender Bürgerbeteiligung kann sich mitunter eine halbe Arbeitsperiode des kommunalen Rates hinziehen. Die Errichtung eines Windparks mit allen dazugehörigen Diskussionen, Sondierungen, Planungen und verbindlichen Genehmigungsverfahren auf regionaler und kommunaler Ebene kann sich auf zwei bis drei solcher Wahlperioden erstrecken. Nicht zu vergessen sind auch Vorläufe durch Partizipationsprozesse, notwendige Vergabeverfahren für planerische Begleitung, Notwendigkeit der Verfügbarkeit von Planungsbüros und anderem. Bis zum Erreichen der ersten Klimaschutzziele 2030 liegen also noch deutlich weniger als zwei Perioden kommunaler Selbstgestaltung vor den Gebietskörperschaften.

Im föderalen Staatsaufbau ist das Wärmeplanungsgesetz (WPG) Teil der konkurrierenden Gesetzgebung. Verfassungsrechtlich war keine direkte Übertragung der Aufgabe an die Kommunen durch den Bund möglich. Die Länder können abweichend, ergänzend oder konkretisierend tätig werden, sofern eine Öffnungsklausel besteht. Diese eröffnet das Gesetz z. B. für die interkommunale Wärmeplanung (§ 11 Abs. 3 WPG; sofern auf kein anderes Gesetz Bezug genommen wird, entfällt bei folgenden Verweisen der Hinweis auf das WPG) oder bei einem vereinfachten Verfahren in Gemeinden oder Gemeindegebieten unter 10.000 Einwohnern (§ 11, Abs. 3 und § 33). Zugleich können die Länder ein früheres Zieljahr als das bundesgesetzliche 2045 festlegen (§ 1). Daher adressiert das Gesetz auch nicht konkret Städte und Gemeinden, sondern definiert eine „planungsverantwortliche Stelle", die der Landesgesetzgeber näher zu spezifizieren hat. Die Länder können eine planungsverantwortliche Stelle einrichten, dies ist ein „nach Landesrecht für die Erfüllung der Aufgaben nach Teil 2 verantwortlicher Rechtsträger".

In einzelnen Bundesländern wie Baden-Württemberg, Schleswig-Holstein oder Niedersachsen gab es bereits vor Inkrafttreten des Gesetzes die Pflicht zur kommunalen Wärmeplanung, in Niedersachsen beispielsweise durch § 20 des Niedersächsischen Klimagesetzes. Die Anforderungen des Bundesgesetzes liegen jedoch deutlich über den bisherigen Normen der Bundesländer. Zudem entfallen mit der gesetzlichen Verpflichtung zur Durchführung der Wärmeplanung auch finanzielle Fördermöglichkeiten, die der Bund oder die Länder bislang für die sog. freiwillige Leistung Wärmeplanung ausgelobt haben. An dieser Stelle greift das Konnexitätsprinzip, welches besagt, dass die übertragende Instanz dem Übertragenen die Finanzierung der Aufgabenerfüllung finanziell ermöglichen muss. In Niedersachsen beispielsweise greift dieses gem. Art. 57 Abs. 4 der Landesverfassung. Gegenüber den Ländern muss der Bund die Aufgabe monetarisieren. Dazu sind 500 Mio. Euro vorgesehen, welche aber erst nach Änderung des Finanzausgleichsgesetzes weitergereicht werden können.

Bestandsschutz gem. der Ausnahmeregel nach § 5 WPG genießen die Wärmepläne, für die bis zum 01.01.2024 eine Entscheidung oder ein Beschluss zur Durchführung vorliegt, die entweder mit Bundesfördermitteln oder nach in der Praxis verwendeten Leitfäden erstellt wurden und bis 20.6.2026 veröffentlicht wurden. Bei der ersten Fortschreibung bzw. spätestens 2030 sind die Vorgaben jedoch zu berücksichtigen.

Die Wärmeplanung verpflichtet die Länder, dieses strategische Planungsinstrument zu nutzen, es weist aber keine unmittelbare rechtliche Außenwirkung auf – somit sind die Ergebnisse der Planung auch nicht rechtlich einklagbar (§ 3 Abs. 1 und § 23).

Das Gesetz regelt auch den Zeitpunkt der Fertigstellung der Wärmeplanung in den Kommunen. Es teilt die Kommunen in zwei Größenklassen auf. In Städten über 100.000 Einwohner sind die Pläne bis 30. Juni 2026 zu beschließen, bei Kommunen mit einer geringeren Einwohnerzahl bis zum 30. Juni 2028 (§ 4 Abs. 2 WPG sowie § 71 Abs. 8 GEG). Daher ist das GEG aus Sicht von Verbrauchern, Immobilienbesitzern oder Bauherren sowie von Wohnungsbaugesellschaften oder anderen Akteuren des Wohnungsmarktes zwar das unmittelbar nähere Gesetz – das Wärmeplanungsgesetz jedoch die Verpflichtung für die Kommunen, hier entsprechend tätig zu werden, um dem Endkunden gegenüber Planungssicherheit zu schaffen und die örtliche Wärmewende zu gestalten und gegenüber den Einwohnern unterstützend tätig zu werden. Neben der politischen Dimension geht es also um „Erwartungsmanagement", um Unsicherheiten zu nehmen, die aus der politischen Diskussion entstanden sind. Neben den zwei o. g. Größenklassen hat der Gesetzgeber noch eine dritte Größenkategorie eingefügt. Kommunen mit mehr als 45.000 Einwohnern erhalten hier als Soll-Vorschrift besondere Auflagen zur Finanzierung der Strategien und Maßnahmen, um Verbraucher zur Nutzung der Erneuerbaren zu motivieren und um Skaleneffekte zu erzielen, beispielsweise durch Kooperation mit Nachbargemeinden (§ 21). Dies bedarf einer „rechtsförmlichen und grundstücksbezogenen Entscheidung über die Ausweisung von Wärme- oder Wasserstoffnetzen" (§ 26 und 27/1 WPG).

1.3   Prozess der Wärmeplanung

Das WPG hat die Vorgehensweise bei der Wärmeplanung strukturiert und definiert. Das Bundesgesetz orientiert sich an den aus Baden-Württemberg bekannten Abfolgen. Diese beginnt mit dem Beschluss der planungsverantwortlichen Stelle, die Wärmeplanung durchzuführen. Dabei handelt es sich zumeist um einen Gemeinderat, es könnte auf landesgesetzlicher Ebene aber auch beispielsweise die Landkreisebene adressiert werden. Sodann folgen, siehe Abb. 1.1, die

- Eignungsprüfung
- Bestandsanalyse
- Potenzialanalyse
- Entwicklung und Beschreibung des Zielszenarios
- Die Einteilung des beplanten Gebiets in voraussichtliche Wärmeversorgungsgebiete (§ 18) und die Darstellung der Wärmeversorgungsarten für das Zieljahr (§ 19).
- Umsetzungsstrategie und -maßnahmen (§ 20).

In der kommunalen Praxis wird eine „Phase 0" vorgeschaltet, eine Vorphase, die vor allem der Prozessorganisation gilt und den Kick-off vorbereitet. Wichtig dabei ist die Identifikation zentraler Akteure, dies können sowohl kommunale Versorger, Konzessionsnehmer, örtlich tätige Energiegenossenschaften, aber auch wichtige Stakeholder der lokalen Zivilgesellschaft oder kommunale Institutionen wie eine Klimaschutzleitstelle sein. Ebenso dazu gehört der Kompetenzaufbau innerhalb der Verwaltung und der Lokalpolitik. Dies führt auch zur Festlegung von Beteiligungsformaten, die den gesetzlichen Pflichten des WPG entsprechen oder darüber hinausgehen. Auch sind die interkommunalen Aspekte zu beleuchten, beispielsweise wo im Vorfeld eine gemeinsame Erstellung der Planung mit Nachbarkommunen sinnvoll sein kann. Diese sog. Konvoi-Lösungen sind vor allem im ländlichen Raum sinnvoll, um Kapazitäten zu bündeln. Auch bei unmittelbar angrenzenden oder miteinander verflochtenen Strukturen, wie

Abb. 1.1 Prozess der kommunalen Wärmeplanung (© dena/ KWW 2024)

interkommunalen Gewerbegebieten oder sich überlappenden Siedlungsbereichen, kommen Konvoi-Lösungen in der Praxis zum Tragen. Die Verwaltung bereitet sowohl den politischen Beschluss vor, der den formalen Auftakt zur Wärmeplanung gibt. Zugleich muss sie im Zuge er politischen Beratungen auch offenen sein für Anregungen aus dem Gremienprozess oder Modifikationen, die sich daraus ergeben. Zugleich ist der gefasste Beschluss eine Selbstbindung der kommunalen Organe, den eingeschlagenen Weg konsequent zu verfolgen und zum Abschluss zu bringen.

Daher ist in der Frühphase das Hinzuziehen kommunalpraktischer Informationen aus Verwaltung und aus Rat notwendig. Beispielsweise:

- Wo stehen größere Bauleitplanverfahren, insbesondere innerorts, an? Welche Schwerpunkte der Siedlungsentwicklung sollen gesetzt werden, für die die politischen und satzungsrechtlichen Voraussetzungen noch ausstehen oder erst aus der Flächennutzungsplanung in die Bauleitplanung übergehen?
- Wo müssen umfangreiche Straßensanierungen durchgeführt werden, die sich auf die Planung, die Errichtung oder den Betrieb eines Wärmenetzes bereits kurzfristig auswirken könnten?
- Welche Quick-Wins- und No-Regret-Maßnahmen könnte es geben, um frühzeitige Erfolge verzeichnen zu können und der Wärmeplanung und ihrer Umsetzung Akzeptanz und Rückhalt in der Öffentlichkeit geben zu können?

1.3 Prozess der Wärmeplanung

1.3.1 Eignungsprüfung

Die Eignungsprüfung ist die erste grobe Prüfung des Untersuchungsraumes oder einer seiner Teilräume. In dieser soll herausgefiltert werden, welche Bereiche sich nicht für die zentrale Versorgung durch ein Wärme- oder Wasserstoffnetz eignen (§ 14). Eine explizite Datenerhebung ist bei offenkundig negativen Fällen nicht notwendig (Abs. 7). Dies ist mit hoher Wahrscheinlichkeit bei Wärmenetzen der Fall, wenn beispielsweise durch geringe Siedlungsdichte eine Netzerschließung bereits grob überschlägig unwirtschaftlich erscheint. Insbesondere der ländliche Raum wird hier adressiert mit seinen geringen Siedlungsdichten, Splittersiedlungen oder Ortslagen. Auch kann dies der Fall sein, wenn in den Gebieten aktuell kein Wärmenetz besteht und Wärmepotenziale aus erneuerbaren Energien oder unvermeidbarer Abwärme nicht gegeben sind. Bei Wasserstoffnetzen ist die Eignungsprüfung mit hoher Wahrscheinlichkeit negativ, wenn noch kein Gasnetz besteht oder wenn keine konkreten Anhaltspunkte für eine dezentrale Wasserstofferzeugung, -speicherung oder -nutzung vorliegen. Entscheidend für die Abwägung der Wirtschaftlichkeit ist die Einbeziehung von Raum-Lage-Kriterien die eine örtliche Spezifizierung ermöglichen.

In den besagten Gebieten kann eine vereinfachte Planung durchgeführt werden, die jedoch alle fünf Jahre zu überprüfen ist. Dabei ist turnusgemäß zu überprüfen, ob die genannten Kriterien noch gelten.

Ebenso wie die Prüfung zu einem negativen Ergebnis kommen kann, die die Tür zur verkürzten Wärmeplanung öffnet, kann auch das Gegenteil der Fall sein. Der Bundesgesetzgeber eröffnet bei beplanten Gebieten oder Teilgebieten auch die Ausnahme, auf die Wärmeplanung zu verzichten, wenn eine Wärmeversorgung nahezu vollständig oder vollständig aus erneuerbaren Energien, Abwärme oder einer Kombination beider Energiequellen beruht (§ 14 (4)).

1.3.2 Bestandsanalyse

Bei der Bestandsanalyse hat die Kommune zu ermitteln, welchen derzeitigen Wärmebedarf oder Wärmeverbrauch ein beplantes Quartier aufweist. Dazu ist der Wärmebedarf oder Wärmeverbrauch zu ermitteln, einschließlich der eingesetzten Energieträger. Die gesetzlichen Kriterien zur Erhebung lauten „systematisch und qualifiziert" (§ 15 Abs. 2). Zudem sind die Wärmeerzeugungsanlagen und die relevanten Energieinfrastrukturen zu erheben.

In der Praxis bedeutet dies oftmals den Rückgriff auf Daten der Energieversorgungsunternehmen oder der Schornsteinfeger. Kap. 3 des WPG regelt umfangreich den Datenschutz, um das Gesetz den höherrangigen europäischen Datenschutzvorschriften der Datenschutzgrundverordnung kompatibel zu gestalten. Insbesondere dürfen keine personenbezogenen Daten, die hinter den Verbräuchen liegen, veröffentlicht werden.

Gerade in den Bundesländern mit früher Verpflichtung zur Wärmeversorgung sind hier umfangreiche Erfahrungen zur Datenerhebung gesammelt worden, zur Zusammenarbeit mit den entsprechenden Einrichtungen und Kammern sowie zum praktischen Umgang mit Datenschutzfragen. Letztere verlangen insbesondere bei der Datengranulierung, dass mindestens drei Wohneinheiten erfasst werden, um eine Anonymisierung zu gewährleisten.

1.3.3 Potenzialanalyse

Bei der dritten, gesetzlich vorgegebenen Stufe werden die Potenziale der Wärmeversorgung aus erneuerbaren Energien, Abwärmenutzung und zur Speicherung quantitativ und räumlich differenziert erhoben. Auch sind technische, rechtliche oder wirtschaftliche Restriktionen zu berücksichtigen. Eine besondere Rolle nimmt das Abschätzen von Einsparpotenzialen durch energetische Sanierungsmaßnahmen an Gebäuden, industriellen oder gewerblichen Prozessen ein. Kurzum geht es in dieser Planungsstufe triangulär um die Erreichung der drei strategischen Leitziele (Abb. 1.2):

Der Ablauf der Potenzialanalyse ist auf der einen Seite standardisiert, auf der anderen Seite angepasst an die örtlichen Gegebenheiten abzuarbeiten.

Zunächst steht die Erfassung des Wärmebedarfs im Vordergrund. Grundlegend ist die Ermittlung der Wärmebedarfsdaten in den sektoralen Bereichen (z. B. Wohngebäude, Industrie und Gewerbe, öffentliche Einrichtungen). Hier werden sowohl der Energieverbrauch als auch die räumliche Verteilung erfasst. Bestehende Anlagen werden ermittelt, dazu gehören Heizkraftwerke, Blockheizkraftwerke (BHKWs) und Gasthermen. Zudem

Abb. 1.2 Strategische Ziele der Wärmeplanung (UBA 2022)

1.3 Prozess der Wärmeplanung

sind ihr Wirkungsgrad und die Nachhaltigkeit der bestehenden Erzeuger zu bewerten, um festzustellen, ob und wie sie verbessert oder durch klimafreundlichere Optionen ersetzt werden können. Bei der Erfassung ist in der Praxis eine enge Kooperation mit verschiedenen Institutionen notwendig, um die Datenschätze zu heben. Dazu gehören bspw. die Wohnungswirtschaft, Schornsteinfeger und andere. In einigen Bundesländern, wie beispielsweise in Hessen, gibt es öffentlich zugängliche Datenbanken. Je nach Nutzenden können diese jedoch unterschiedlich granuliert sein, vor allem bei kommunalen Abfragen ist eine einheitsscharfe Analyse möglich, wohingegen bei der breiten Öffentlichkeit aufgrund der datenschutzrechtlich notwendigen Anonymisierung gröbere Raster abzurufen sind.

Bei den Prognosen sind Faktoren wie Bevölkerungswachstum oder -schrumpfung, Siedlungs- und Gewerbeflächenentwicklung (ggf. auch Neustrukturierungen im Bestand) sowie zu erwartende Gebäudesanierungen einzubeziehen. Eine nicht zu unterschätzende Rolle bieten oftmals großflächige Industrien wie Logistikflächen oder Rechenzentren. Allerdings zeigt sich nun auch, gerade in städtischen und dicht besiedelten Bereichen, deutliche Flächenkonkurrenz bei der Frage der Erzeugung erneuerbarer Energie (Abb. 1.3).

Vor allem sind in der Potenzialanalyse die vier vorrangig zu nutzenden Energiequellen Geothermie, Solarthermie, Biomasse und Abwärme sowie Wärmepumpen und andere Technologien zu überprüfen. Diese sind stark abhängig von den örtlichen Strukturfragen, insbesondere der Frage der Siedlungsdichte in Abhängigkeit von städ-

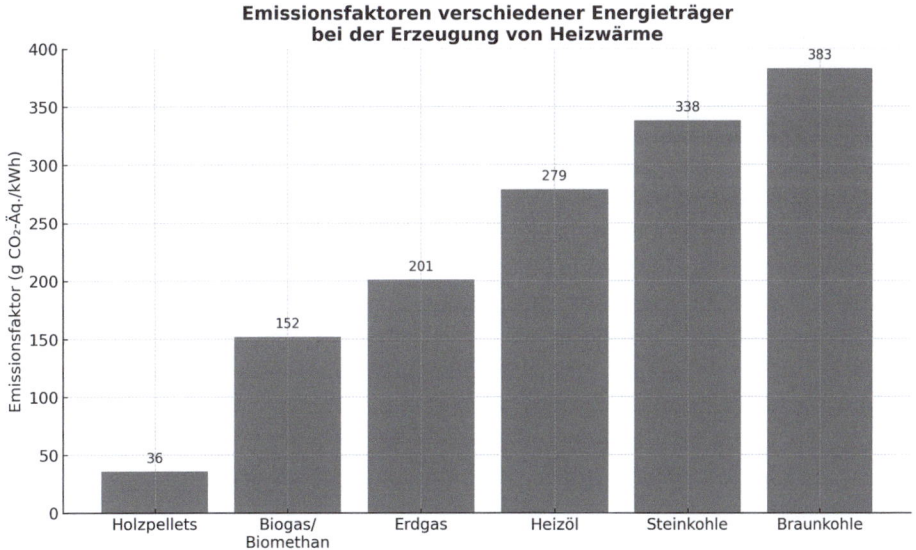

Abb. 1.3 Übersicht der Emissionsfaktoren von verschiedenen Energiequellen für Heizzwecke (tab 2024)

tischer oder ländlicher Struktur bzw. der Industrie- und Gewerbestruktur, da Abwärme eine große Rolle in Industriegebieten spielen kann.

Zur Potenzialanalyse gehört auch die notwendige Entwicklung von Infrastrukturmaßnahmen:

- Fernwärmenetze: Überprüfung der Möglichkeit, neue Fernwärmenetze zu etablieren oder bestehende zu erweitern, um Wärme klimafreundlich an Haushalte und Unternehmen zu verteilen.
- Sanierung von Bestandsgebäuden: Sanierungsempfehlungen für Bestandsgebäude zur Verbesserung der Energieeffizienz, um den Wärmebedarf zu senken und eine bessere Anpassung an nachhaltige Wärmequellen zu ermöglichen.
- Umrüstung von Heizanlagen: Empfehlung zur Umstellung bestehender Heizanlagen auf klimafreundliche Technologien, z. B. von Gasheizungen auf Wärmepumpen.

Zur kommunalwirtschaftlichen Bewertung ist eine Kostenanalyse durchzuführen und Finanzierungsmöglichkeiten zu sondieren. Aufgrund der bundes- und landesrechtlichen Vorgaben laufen die finanziellen Zuschüsse des Bundes und der Länder, die vor Inkrafttreten des Gesetzes bzw. landesrechtlicher Umsetzungen im Rahmen von Förderprogrammen gewährt worden sind, nun sukzessive aus. Stattdessen wird im Rahmen der sogenannten Konnexitätsfinanzierung den Kommunen eine größenabhängige Pauschale im Rahmen des Finanzausgleiches gewährt.

Des Weiteren sind Umwelt- und Sozialverträglichkeitsprüfungen durchzuführen. Dazu gehören vor allem Maßnahmen zur Einbindung der Bevölkerung und von örtlichen Stakeholdern, um die Akzeptanz für die geplanten Änderungen in der Wärmeversorgung zu fördern.

1.3.4 Zielszenarioentwicklung und Versorgungsgebiete

Bei der Entwicklung des Zielszenarios werden die vorangehenden Schritte ausgewertet und übereinandergelegt. Der zeitliche Horizont bezieht sich dabei auf 2045 als Zieljahr, sofern Regelungen der Länder keine frühere Zielerreichung festgesetzt haben. Auch hier ist ein erneuter Beteiligungsschritt vorgesehen.

Anschließend wird das beplante Gebiet in voraussichtliche Versorgungsgebiete eingeteilt (§ 18), die jeweils auf Fünfjahresschritte ab 2030 anzulegen sind. Die zentrale Maßgabe lautet Kosteneffizienz. Diese zeichnet sich aus durch:

- geringe Wärmegestehungskosten (Investitionskosten und Betriebskosten über die Lebensdauer),
- geringe Realisierungskosten,
- ein hohes Maß an Versorgungssicherheit sowie
- geringe kumulierte Treibhausgasemissionen.

Es besteht keine Pflicht zur Nutzung einer Wärmeversorgungsart. Der Energieversorger eines bestehenden Netzes oder ein potenzieller Betreiber eines zukünftigen Netzes kann einen Vorschlag zur künftigen Gestaltung der Infrastruktur abgeben. Außerdem sollen Gebiete mit erhöhtem Energieeinsparpotenzial ausgewiesen werden. Diese können beispielsweise als Sanierungsgebiet nach Baugesetzbuch ausgewiesen werden.

Abschließend ist gem. § 19 auf Basis der bisherigen Stufen darzulegen, aus welchen Elementen die nachhaltige Wärmeversorgung bis zum Zieljahr aussehen kann, abgestuft nach Wahrscheinlichkeiten – von sehr wahrscheinlich bis sehr unwahrscheinlich.

1.3.5 Umsetzungsstrategie

Die planungsverantwortliche Stelle wird vom Gesetzgeber verpflichtet, eine Umsetzungsstrategie zu erarbeiten, den klassischen Maßnahmenkatalog, mit der die klimaneutrale Versorgung des Gebietes oder der identifizierten Teilgebiete erreicht werden kann.

1.4 Die Landeshauptstadt Hannover als Modellbeispiel für die Wärmewende

1.4.1 Herausforderung

Nicht erst mit der landesgesetzlichen Verpflichtung, eine Wärmeplanung durchzuführen, begann in der Landeshauptstadt Hannover die Umsetzung der Wärmewende. Bereits im Jahr 2017 begannen die dortigen Stadtwerke enercity AG mit den Vorarbeiten, die im Zuge des Kohleausstieges notwendig wurden. Im Sommer 2023 hat die Stadt als erste Kommune des Bundeslandes eine kommunale Wärmeplanung vorgelegt. Heiß diskutiert wurde und bundesweite Beachtung fand ein Bürgerbegehren, das eine vorzeitige Stilllegung des Gemeinschaftskraftwerkes Hannover (GKH) forderte. Exemplarisch lässt sich hier ein Transformationspfad der Energie- und Wärmewende am Beispiel einer deutschen Großstadt mit einer halben Million Einwohner nachzeichnen.

Als Gründe dafür, dass die Stadt an der Leine als ein Leuchtturm wahrgenommen wird, seien laut der Vorstandsvorsitzenden von enercity Aurélie Alemany frühzeitiges Agieren, sehr enge Abstimmung mit der Stadt sowie der politische Mut zu einer Anschlusspflicht für Fernwärme zu nennen. Die Zielsetzung des Unternehmens zur Klimaneutralität liegt auf dem Jahr 2040, bei der Fernwärme wird dies bereits fünf Jahre früher angestrebt mit einem Versorgungsmix aus Fernwärme (56 %) sowie Nahwärme (10 %) und 34 % Wärmepumpen (Hoeren, 2024, S. 41 f.).

Das GKH im Stadtteil Stöcken liegt an der Bundesautobahn 2 und dem Mittellandkanal. Von dieser Wasserstraße aus werden 90 % des Steinkohlebedarfes der Anlage gedeckt. Das GKH ist Grundlastträger für Wärme und Strom in der Landeshauptstadt, es versorgt rund ein Viertel der Einwohner der Landeshauptstadt mit Fernwärme. Zugleich deckt es auch industriellen Bedarf ab, insbesondere von Prozess- und Raumwärmebedarf von Volkswagen Nutzfahrzeuge und der Continental AG. Errichtet wurde das zweiblöckige Kraftwerk zwischen 1984 und 1989, die Nennleistung betrug bei maximaler Auslastung 300 MW elektrisch und bei maximaler Wärmeauskopplung 425 MW für Fernwärme. Ursprüngliches Ziel von enercity war es, den ersten Block bis 2025 durch ein neues Biomasseheizwerk zu ersetzen und spätestens 2030 den zweiten abzuschalten.

Die Initiative „hannover erneuerbar" forderte jedoch im Jahr 2020, dass bereits 2026 der zweite Block außer Betrieb gehen müsste. (Für den ersten Blick mit einer thermischen Leistung von rd. 200 MW thermischer Leistung konnte sich enercity noch im Zuge einer freiwilligen Teilnahme bei der 7. Ausschreibungsrunde für stillzulegende Kapazitäten nach dem Kohleverstromungsbeendigungsgesetz eine Bezuschussung sichern.) Dazu startete sie ein Bürgerbegehren auf Grundlage von § 32 des Niedersächsischen Kommunalverfassungsgesetzes, womit beantragt werden kann, „dass Bürgerinnen und Bürger über eine Angelegenheit ihrer Kommune entscheiden" (Abs. 1); der Verwaltungsausschuss der Stadt ließ dieses im Januar des Folgejahres zu. Damit begann eine Sechsmonatsfrist zu laufen. Argumentationsgrundlage war, dass es sich beim GKH mit rd. 1,2 Mio. Tonnen (2020) um den größten singulären Emittenten von CO_2 handelt. Die örtlichen For-Future-Gruppen orchestrierten die Kampagne gemeinsam mit Umweltverbänden und anderen Unterstützern wie der IG Metall. Namhafte Unterstützer wie Ernst-Ulrich von Weizsäcker, Ehrenpräsident des Club of Rome, Aktivistin Luisa Neubauer oder der in Hannover lebende Pianist Igor Levitt machten mit Aktionen auf das Bürgerbegehren aufmerksam. Auch Felix Eckardt, einer der Kläger, die 2021 das Klimaurteil des BVerfG erwirkten, unterstützte die Aktion.

1.4.2 Transformationspfad

Kommunalpolitisch lösten die Beteiligten die Angelegenheit am grünen Tisch unter Federführung des Oberbürgermeisters, der Umweltdezernentin, des Finanzdezernenten, der enercity AG und Vertretern des Bürgerbegehrens. Die Herausforderung war vielfältig: planerisch, technisch, finanziell. Ziel war es, trotz früheren Ausstiegs die Versorgung der hannöverschen Bevölkerung mit Fernwärme nicht zu gefährden. Auch sollte eine Zwischenlösung auf Basis zwischenzeitlicher Gasnutzung, wie sie zum Beispiel beim baugleichen Kraftwerk in Wolfsburg realisiert wird, vermieden werden.

Der Kompromiss beinhaltete Maßnahmen, die aufgrund der Komplexität der Herausforderung strukturell auf die gesamte Stadt wirken. Angestrebt wird nun, Kohle im zweiten Block möglichst ab 2026 nicht mehr einzusetzen. Es waren signifikante flankierende Maßnahmen zur Einsparung von 0,8 Mio. Tonnen CO_2, was etwa der Hälfte des Ausstoßes des GKH in der bisher geplanten Laufzeit entspricht. Dafür verpflichteten sich Stadt und Versorger, je hälftig und aufgeteilt auf drei Haushaltsjahre, 35 Mio. Euro zur

Verfügung zu stellen. Allerdings werden auch Fördermittel von Bund und Land erwartet, um die flankierenden Maßnahmen durchzuführen. Zur Überwachung des Fortschritts oder eventueller Verzögerungen wird ein Beirat eingerichtet.

Zu den flankierenden Maßnahmen gehören:

- eine Offensive zur Abschaltung von Ölheizungen und Anschluss der Gebäude ans Fernwärmenetz oder Einsatz von Wärmepumpen.
- Die Erstellung einer Fernwärmesatzung mit Einführung einer Anschluss- und Benutzungspflicht, „im Rahmen der rechtlichen Möglichkeiten unter Beachtung des Grundsatzes der Verhältnismäßigkeit" (DS 1326/2021, S. 2). Die rechtliche Grundlage bietet § 13 NKomVG in Verbindung mit § 109 des GEG (beide zu Anschluss- und Benutzungszwang).
- Eine Heizungseffizienz-Offensive: Erhöhung der Heizungseffizienz durch hydraulischen Abgleich und smarte Steuerung.

Die Kompromissfindung wurde auch dadurch möglich, dass enercity bereits 62 Quartiere in 32 Stadtteilen identifiziert hatte, die für Fernwärme grundsätzlich geeignet erschienen. Zugleich setzt Hannover als Kommune aus dem bundesweiten Modellprojekt Smart Cities (MPSC) auf eine detaillierte Datenerhebung und -analyse. Mit Modellprojekten wie „Hannovers Internet der Dinge" (HIDD) oder „5G Access to Public Spaces" (5GAPS) ist das Erheben von Daten und ihre Nutzung in einem stadtspezifischen Kontext sowohl administrativ als auch kommunalpolitisch zu einem etablierten Instrument geworden. Die Stadt hat frühzeitig ein umfassendes Wärmekataster entwickelt, das Potenziale für Energieeffizienz und erneuerbare Energien auf Quartiersebene sichtbar macht. Auf Basis dieser Daten und ihrer Integration in einen digitalen Zwilling können Maßnahmen gezielt geplant und Prioritäten gesetzt werden. (Mittlerweile dienen die hannoverschen MPSC-Projekte auch der Umsetzung von Maßnahmen zur Klimaanpassung.)

Die enercity AG benötige rund ein Jahr für die Vorarbeiten zur kommunalen Wärmeplanung. Die baulich-technische Erschließungsdauer schätzt das Unternehmen auf neun Jahre. Der Gasabsatz soll sich um 0,5 TWh reduzieren, was allerdings mit steigenden Netzkosten für die Bestandskunden einhergeht (DS 1326/2021). Die Länge des Fernwärmenetzes soll sich um zwei Drittel erhöhen und die Anzahl der Hausanschlüsse fast vervierfachen. Der Anteil der Fernwärme beträgt damit im Zielkorridor dann rund 50 % (stadt+werk, 2024) (Abb. 1.4).

Wichtiger Aspekt in der kommunalen Diskussion ist der Anschluss- und Benutzungszwang. Dieser ist nicht unumstritten und vielfach Gegenstand gerichtlicher Auseinandersetzungen. In der politischen Debatte vor Ort nahm die Diskussion die später mit Einführung des GEG aufflammenden Diskussionen um das Verbot individueller Heizungslösungen vorweg, jedoch weitaus weniger zugespitzt und stets mit örtlichem Bezug. In der hannoverschen Diskussion musste die Verwaltung daher ausdrücklich darauf hinweisen, dass bis zu einem Stichtag bestehende Anlagen nicht umgebaut werden müssen, der Zwang aber – unter Beachtung gewissen Ausnahmen, die die Satzung regelt – nach

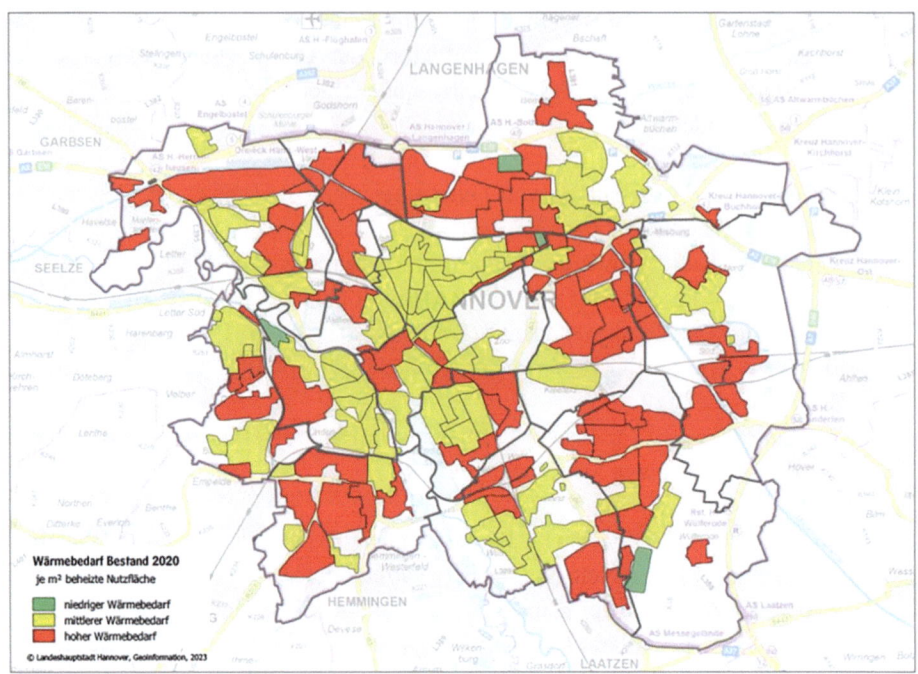

Abb. 1.4 Wärmewende Hannover (Klimaschutzleitstelle Landeshauptstadt Hannover, 2024)

dem Stichtag greift, zum Beispiel, wenn Heizungen defekt sind. Die Praxis zeige aber laut enercity, dass „die Anschlusspflicht an die Fernwärme im Satzungsgebiet nicht als Zwang, sondern eher als Problemlösung wahrgenommen wird." (Hoeren, 2024, S. 42), da die Anschlusspflicht zugleich ein Anschlussrecht darstelle. In Kraft trat die Satzung zum 1. Januar 2023 und gilt als das Herzstück der dortigen kommunalen Wärmeplanung. Rund zwei Drittel des Wärmeverbrauches sollen künftig leitungsgebunden versorgt werden. Kerngebiet der Satzung sind vor allem die verdichteten innerstädtischen Quartiere, hinzu kommen neu entstehende Nahwärmequartiere.

Marc Hansmann, Vorstandsmitglied des hannoverschen Versorgers und selbst ehemaliger Kämmerer der Landeshauptstadt, erklärt: „Die doppelte Infrastruktur von Fernwärme und Gasnetz in den Straßen von Hannover war noch nie sinnvoll – weder betriebs- noch volkswirtschaftlich. Inzwischen erfährt die Fernwärme in Hannover einen Boom, nicht zuletzt aufgrund der zwischenzeitlich stark gestiegenen Energiepreise und Unsicherheiten bei den Gaslieferungen im Zuge des Angriffs Russlands auf die Ukraine. Wir werden mit Anfragen förmlich überrannt (Hansmann, 2024)". Aktuelle Herausforderung ist die Akquise zusätzlicher Baukapazitäten.

Die Stadt hat die Wärmeplanung in allen Stadtteilen vorgestellt und bürgerschaftliche Beteiligung ermutigt (zum Zeitpunkt der Drucklegung des Buches befindet sich das Verfahren im Abschluss, aktuelle Diskussionspunkte sind steigende Fernwärmekosten für den Endverbraucher durch den Netzausbau und die Feinskalierung des Mixes an regenerativen Energien mit Ausstieg aus der Kohlekraft). Auch zentrale Akteure wie Wohnungsbaugesellschaften sind eingebunden worden. Hansmann betont vor allem eine Versachlichung der Debatte – insbesondere, weil die Stadt Ausnahmen vom Anschlusszwang vorsieht, beispielsweise wenn die Wärme zu mindestens 65 % erneuerbar erzeugt wird oder bei Häusern, deren Wärmeleistung weniger als 25 kW beträgt (Abb. 1.5).

Zum Ersatz des Kraftwerkes müssen neben der Infrastruktur zur Wärmeversorgung 14 Erzeugungsanlagen neu errichtet werden. Flagschiff zum Ersatz des Blocks 2 wird eine Anlage der deutschen Tochter des kanadischen Unternehmens Eavor sein, welche geothermische Energie aus mehr als 3000 m Tiefe fördern wird. Ein Medium wird dabei durch mehrere, kilometerlange Bohrungen in den Untergrund geführt (Eavor-Loops^{TM}). Rund 20.000 Wohnungen werden bzw. sollen durch die Anlage mit ihren 30 MW Wärmeleistung versorgt werden, was rund 15 % des jährlichen Fernwärmebedarfs der Stadt entspricht. Jährlich soll die Anlage im Stadtteil Lahe als erste ihrer Art in Deutschland rund 250 Mio. Kilowattstunden produzieren, die Fertigstellung ist zum Frühjahr 2027 geplant. Die Stadt vergibt für das Vorhaben ein Grundstück als Erbbaurecht an das Unternehmen und wird dann auf Basis eines Wärmeliefervertrages mit der Energie versorgt. [https://www.hannover.de/Service/Presse-Medien/Landeshauptstadt-Hannover/Aktuelle-Meldungen-und-Veranstaltungen/Vorbereitungen-f%C3%BCr-Geothermie-Projekt-gestartet].

Als weitere Alternativen zum zweiten Block mit seinen 200 MW Wärmeleistung werden Großwärmepumpen eingesetzt, eine Power-to-Heat-Anlage wird erweitert und ein Speicher wird ihr hinzugefügt, Industrieabwärme und eine Abfallverwertungsanlage ge-

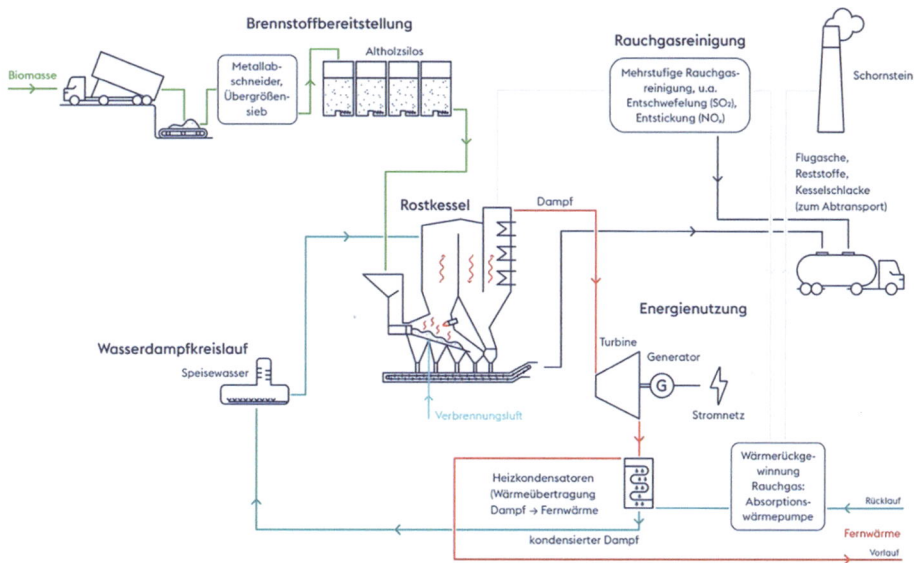

Abb. 1.5 Grüne Fernwärme als Ersatz für das Steinkohlekraftwerk GKH (enercity, 2024)

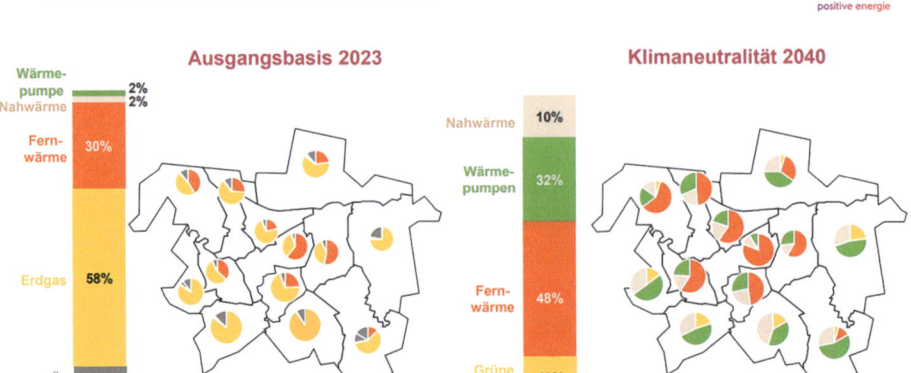

Abb. 1.6 Energieträgerübersicht der Wärmewende am Beispiel Hannover (Hansmann, 2023)

nutzt. Bereits zur Abschaltung von Block 1 hat der Versorger eine bestehende Müll- und eine Klärschlammverwertungsanlage ans Netz angeschlossen, im Bau befinden sich aktuell ein Biomasseheizkraftwerk sowie zwei Biomethan-Blockheizkraftwerke. Insgesamt investiert das Unternehmen 700 Mio. Euro in Bau und Anbindung der Ersatzanlagen und 500 Mio. Euro in den Netzausbau. [stadt+werk, 2024, H. 1]. Mittlerweile zeigt sich aber auch, dass die Diskussion tiefgründiger geworden ist, so sei der einstige Hoffnungsträger Wasserstoff als Lösung für den Endverbraucher innerhalb von rund einem Jahr aus der Diskussion verschwunden (Abb. 1.6).

1.4.3 Erfahrungen aus Hannover

Mit der Kombination aus technologischem Fortschritt, zivilgesellschaftlichem Engagement und politischem Willen lässt sich am Beispiel Hannovers zeigen, wie die Wärmewende lokal gestaltet und die Transformation umgesetzt werden kann. Zwar sind die Zieljahre noch nicht erreicht, aber der Weg zur Zielerreichung scheint geebnet. Vor allem zeigt sich, dass eine klare Zielsetzung, Klimaneutralität bis 2035, Orientierung schafft und das Thema Wärmewende in der Stadtpolitik priorisiert. Einer ebenso konstruktiven wie am Ende partnerschaftlichen Zusammenarbeit mit der Bürgerinitiative dienten die planerischen Vorarbeiten, die aufgrund der politischen Positionierung der Stadt bereits begonnen worden waren. Das Pochen auf Versorgungssicherheit seitens der städtischen Akteure für Bevölkerung und Wirtschaft feuerte zwar die Debatte an, aber zeigte auch klare Grenzen der Transformationsgeschwindigkeit auf. So wurde die Debatte dadurch geerdet, dass Planungs-, Genehmigungs- und Umsetzungszeiten realistisch und für alle Akteure nachvollziehbar dargestellt worden sind und Einzug in die Debatte fanden – nicht nur zur Zielplanung, sondern auch um zu prüfen, welche behördlichen Prozesse sich optimieren und dadurch beschleunigen lassen. Die frühzeitige Institutionalisierung der Wärmeplanung, partizipativ geerdet in den Bezirksräten, in örtlichen Veranstaltungen und Stakeholderdialogen sowie ihre Integration in die Stadtentwicklung ist hervorzuheben. Eine klare Festsetzung durch politischen Willen und Mut, einen Anschluss- und Benutzungszwang zu beschließen, schaffte sowohl Pflichten als auch Rechte.

Teil der Betrachtung muss auch sein, und das ist schwerlich zu übertragen, dass die Stadtwerke Hannover als enercity sich in den zurückliegenden Jahren zu einem bundesweiten Akteur mit Kompetenzen in fast allen Bereichen der regenerativen Energieerzeugung entwickelt haben. Dies betrifft sowohl ihre eigenwirtschaftliche operative Kompetenz als auch ihre Rolle als Planer. Zur systematischen Transformation beraten sie (nach eigenen Angaben) mehr als 300 deutsche Kommunen beim Thema Wärmewende. Die Landeshauptstadt hat dadurch den Vorteil, sowohl Planung, Bau als auch Betrieb aus einer Hand gewährleisten zu können.

1.5 Ausblick

Die Wärmewende wird kommunal gestaltet: In rund 10.500 Gebietskörperschaften in Deutschland steht sie auf der politischen und administrativen Agenda. Drei Felder treffen hier aufeinander: erstens die örtlichen Notwendigkeiten stabiler, sicherer, wirtschaftlicher und für die Verbraucher erschwinglicher Wärme- und Energieversorgung, zweitens die örtlichen Potenziale und die Kompetenzen, sie zu beurteilen, als auch der Auftrag an die Akteure in den Räten, Verwaltungen und der lokalen Zivilgesellschaft, Daseinsvorsorge als örtliche Fürsorge zu leisten. Der bisherige Hauptlieferant für Wärme, das Gas, hat aus Gründen des Klimaschutzes, der Geopolitik und nicht zuletzt aufgrund seiner Endlichkeit selbst bei zeitlich gestrecktem Abschied keine Zukunft. Sein Preis wird aufgrund internationaler und nationaler CO_2-Bepreisungs- und Handelsregime steigen, durch den Umstieg auf alternative Energien und die dadurch geringer werden Kundenzahlen werden auch die Netzentgelte sich verteuern. Hinzu kommen geänderte Abschreibungsmöglichkeiten für Infrastrukturbetreiber, die ebenfalls preistreibend wirken. Auch spielten geopolitische und -strategische Erwägungen eine Rolle, die Abhängigkeit von russischem Gas drastisch zu senken und langfristig auslaufen zu lassen. Dies lässt sich nur durch kluges Planen und Handeln vor Ort mit der Abwägung und strategischen Planung einer Vielzahl an Möglichkeiten der Wärmeversorgung lösen.

Die Debatte um das Gebäudeenergiegesetz und die dadurch vorhandene Verunsicherung in der Bevölkerung und die hinzukommende politische Revisionsdiskussion zeigen aber auch: Ohne die Bevölkerung und die zivilgesellschaftlichen Akteure wird es nicht gehen. Die Debatten entwickeln sich schnell. In Hannover beispielsweise hat sich gezeigt, dass im Zuge der Erstellung der kommunalen Wärmeplanung sich das Thema Wasserstoff sich in der Praxis vom vielbesagten Hoffnungsträger zur Randnotiz entwickelt hat – und aufgrund seiner Kosten und Versorgungsmöglichkeiten fast ausschließlich für den industriellen Bereich noch vorgesehen wird.

Grundlegende Erfahrungen aus vielem Kommunen der Bundesrepublik lauten: Parteipolitik spielt auf örtlicher Ebene oftmals nur eine untergeordnete Rolle. In den Gemeinden vor Ort zeigt sich, wie Wärmewende gelingen kann und wie in der Praxis sowohl rechnerisch klug als auch pragmatisch die Transformation mit Augenmaß gestalten lässt. Es handelt sich um eine gewaltige gesellschaftliche Herausforderung, bei der die jahrzehntelange Entwicklung der Karbonisierung nun in kurzen Zeiträumen und engen politischen Taktungen revidiert werden muss.

Die föderale Struktur und der grundgesetzliche Rahmen der kommunalen Selbstverwaltung geben hier eine gute Handlungsgrundlage, um vor Ort tragfähige und akzeptierte Lösungen und sichtbare Ergebnisse zu erzielen.

Literatur

Bosse, Jan, Eric Häublein, Lisa Kadel (2023). So gelingt die kommunale Wärmeplanung: nachhaltig, sozial und partizipativ. Bürgerbegehren KlimaschutzEin Großteil der Literaturangaben ist im Text nicht zitiert. Bitte fügen Sie die Zitate ein, oder handelt es sich um weiterführende Literatur?Weiterführend, wäre gut, wenn diese bleiben könnte.

Bundesregierung: Klimaschutzgesetz. Generationenvertrag für das Klima (07.11.2022), URL: https://www.bundesregierung.de/breg-de/schwerpunkte/klimaschutz/klimaschutzgesetz-2021-1913672

Bundesvereinigung der kommunalen Spitzenverbände (2023). Stellungnahme zum Entwurf eines Gesetzes zur Änderung des Gebäudeenergiegesetzes und zur Änderung der Heizkostenverordnung sowie zur Änderung der Kehr- und Überprüfungsordnung. Link: https://www.bundestag.de/resource/blob/956356/59dff6bb4fe25c7779692157b3538042/Stellungnahme_Kommunale_Spitzenverbaende.pdf

dena (2024), Kompetenzzentrum Kommunale Wärmewende (KWW). „Prozess der Kommunalen Wärmeplanung" https://www.kww-halle.de/kwp-prozess/prozessskizze-kommunale-waermeplanung)

Enercity (2024). „Biomasse-Heizkraftwerk Hannover-Stöcken: mit Tempo in die Energiezukunft"https://www.enercity.de/magazin/deine-stadt/biomasse-heizkraftwerk

Hansmann, M. (9.11.2023). Enercity AG. „Kommunale Wärmeplanung in einer Großstadt: Beispiel Hannover"https://www.energietage.de/fileadmin/user_upload/Bereich_C_Einzelevents/2023_11_kommunale_Waermeplanung_energate/2023-11-09_Hansmann_Kommunale_Waermeplanung_in_einer_Grossstadt_Beispiel_Hannover.pdf

Hansmann, M. (6/2024). Energate Pro&Contra, S. 2

Hoeren, H.-P (2024). „Warum Hannover ein Vorreiter bei der Wärmeplanung ist." Zeitung für Kommunale Wirtschaft, 05.08.2024.

Klimaschutzleitstelle der Landeshauptstadt Hannover, 2024. „Kommunale Wärmeplanung Hannover" https://www.hannover.de/Leben-in-der-Region-Hannover/Umwelt-Nachhaltigkeit/Klimaschutz-Energie/Klimaschutz-konkret/W%C3%A4rmewende-Hannover/W%C3%A4rmeplanung-Hannover

Lahmann, M./Weil, N. (2024): „Wärmeplanung als neue Herausforderung für niedersächsische Kommunen". In: Niedersächsische Verwaltungsblätter: Zeitschrift für öffentliches Recht und öffentliche Verwaltung.

stadt+werk (3/4 2024), e-paper „Kommunale Wärmeplanung" https://epaper.stadt-und-werk.de/030424_JCr51/#0

Weiterführende Literatur

Nds. GVBl. 25/2023, S. 289 ff https://www.niedersachsen.de/politik_staat/gesetze_verordnungen_und_sonstige_vorschriften/verkundungsblatter_vorjahre/verkundungsblatter_vorjahre/niedersachsisches-gesetz-und-verordnungsblatt-2023-228358.html

Riechel, R. et al. (2022): „Kurzgutachten Kommunale Wärmeplanung", Umweltbundesamt https://www.umweltbundesamt.de/sites/default/files/medien/479/publikationen/texte_12-2022_kurzgutachten_kommunale_waermeplanung.pdf

Schellhorn, M. (2024), Online Fachmagazin tab. „Zukunft Wasserstoffheizung – Teil 2"https://www.tab.de/artikel/tab_Zukunft_Wasserstoffheizung_Teil_2-3669948.html

Wärmewende – Voraussetzungen für modernes Marktdesign

2

Zusammenfassung

In einem modernen Marktdesign des Wärmesektors stehen die Integration erneuerbarer Energien und die Dekarbonisierung im Mittelpunkt. Dies bedingt ein effizientes, technologieoffenes Marktdesign, das sowohl ökologische als auch ökonomische Ziele integriert, mit dem Ziel „profitabel, weil nachhaltig". Ein wichtiger Bestandteil ist die Kombination aus ordnungspolitischen Maßnahmen und marktwirtschaftlichen Anreizen. So sind direkte regulatorische Eingriffe wie Gebote und Verbote notwendig, um kurzfristig Emissionen zu reduzieren und Prozesse zu initiieren. Langfristig muss in dieser Transformation der Markt durch Preissignale und finanzielle Anreize so gestaltet werden, dass die Wettbewerbsfähigkeit von emissionsarmen Technologien erhöht wird. Dazu muss insbesondere die Infrastruktur als Basistechnologie ausgebaut werden, um technologische Innovationen, wie etwa im Bereich der Sektorenkopplung, zu ermöglichen. Investitionen in Basisinfrastruktur führen nicht nur zu ökologischen, sondern auch zu wirtschaftlichen Synergieeffekten, die wiederum den gesellschaftlichen Konsens für die Dekarbonisierung fördern. Ein wesentlicher Aspekt dieses Transformationsprozesses ist die Förderung neuer Geschäftsmodelle, die

---

Adressaten

Die Adressaten dieses Textes sind in erster Linie Fachleute und Entscheidungsträger aus den Bereichen Energiewirtschaft, Umweltpolitik und Klimaschutz, die sich mit der Gestaltung eines nachhaltigen Energiemarktes befassen. Dazu gehören: Regulierungsbehörden und Politiker auf allen Ebenen, Kommunen, Unternehmen und Investoren im Energiesektor, Forschung und Wissenschaft, Berater, Nichtregierungsorganisationen (NGOs), Interessenverbände und Medien sowie interessierte Privatleute.

© Der/die Autor(en), exklusiv lizenziert an Springer Fachmedien Wiesbaden GmbH, ein Teil von Springer Nature 2025
H. Fuchs et al., *Dezentrale Wärmeversorgung*,
https://doi.org/10.1007/978-3-658-48023-3_2

es Unternehmen ermöglichen, emissionsarme Technologien profitabel zu skalieren. Diese neuen Geschäftsmodelle setzen auf eine enge Verzahnung von technologischem Fortschritt und wirtschaftlichen Anreizen, um sowohl die Selbstfinanzierungspotenziale als auch die Marktakzeptanz zu erhöhen. Das Kapitel zeigt die Potenziale der Selbstfinanzierung, die als Grundlage für zukunftsfähige Geschäftsmodelle und wirtschaftliches Wachstum genutzt werden können. In diesen Potenzialen liegen Anreize für Unternehmen, in emissionsarme Innovationen zu investieren, ohne auf dauerhafte staatliche Unterstützung angewiesen zu sein. Dies ermöglicht es dem Markt perspektivisch, die Transformationskosten zunehmend eigenständig zu tragen, was sowohl die Wettbewerbsfähigkeit als auch die gesellschaftliche Akzeptanz der Wärmewende fördert.

Schlüsselwörter

CO_2-Bepreisung · Dekarbonisierung · Doppelte Dividende · Energieeffizienz · Erneuerbare Energien · Geschäftsmodelle · Infrastruktur · Innovation · Klimafolgekosten · Marktdesign · Opportunitätskosten · Sektorenkopplung · Selbstfinanzierungspotenzial · Skalierung · Synergien

2.1 Einleitung

Die Wärmewende ist integraler und wesentlicher Teil der Energiewende.

Die internationale Wissenschaftsgemeinde, Science for Global Transformation, hat auf dem G-20-Gipfel in Brasilien 2024 den Kontext der Energiewende wie folgt beschrieben, übersetzt durch die Akademie der deutschen Wissenschaften, Leopoldina.

> „Der Prozess der Energiewende erfordert kontinuierliche Innovation und internationale Zusammenarbeit, um eine nachhaltige und widerstandsfähige Zukunft zu erreichen, die technologische, wirtschaftliche, ökologische und soziale Dimensionen in Einklang bringt, um eine sauberere und gerechtere Welt zu schaffen. Der Übergang von fossilen Energieträgern zu bezahlbaren und sauberen Energiesystemen ist eine wesentliche Voraussetzung für die Bekämpfung des Klimawandels, der Ressourcenverknappung und der globalen Energiesicherheit. Die Einbeziehung sozialer und wirtschaftlicher Erwägungen ist nach wie vor von entscheidender Bedeutung, um den universellen Zugang zu nachhaltiger, sauberer, bezahlbarer und zuverlässiger Energie zu gewährleisten und damit das Problem der Energiearmut anzugehen, das in vielen Teilen der Welt nach wie vor besteht. Da die Energiewende ein komplexes Thema ist, müssen die G20-Länder sicherstellen, dass der Übergang gerecht und ausgewogen erfolgt."
> Science for Global Transformation (2024)

Dieses Kapitel entwickelt, wie ein modernes Marktdesign gestaltet sein sollte, um zukunftsfähige Geschäftsmodelle zu beschleunigen, die einen technologisch wirksamen und wirtschaftlich attraktiven Klimaschutz in Deutschland bewirken, der als Exportmodell genutzt werden kann.

2.1.1 Dekarbonisierung, Klimawende und Wettbewerbsfähigkeit

Energie ist die Basis menschlicher Zivilisation, und Wärme ist der wesentliche Teil des Energieverbrauchs. In der industriellen Vergangenheit wurde der Energiehunger vorwiegend fossil durch energiehaltige Erdrohstoffe befriedigt. Heute bewirkt der damit verbundene CO_2-Ausstoß zunehmend negative Folgen, die messbar exponentiell wirkende Kosten nach sich ziehen. Diese Wirkungskette von Extraktion bis zu exponentiellen Klimawandelfolgekosten zeigt Abb. 2.1.

Die Wärmewende ist ein zentraler Bestandteil der Klimawende (Abschn. 4.12 Statistische Grundlage der Wärmewende), insbesondere durch die Beheizung von Gebäuden und industrielle Prozesse. Die Umstellung auf CO_2-arme Technologien reduziert den Energiebedarf und senkt die Emissionen. Die Wärmewende ist somit unerlässlich, um die Klimaziele zu erreichen und den CO_2-Ausstoß signifikant zu reduzieren.

2.1.2 Komponenten eines integralen Ansatzes zur Wärmewende

Abb. 2.2 zeigt einen systemischen Ansatz zur Klimawende und CO_2-Reduktion, der sechs zentrale Aspekte in den Fokus rückt:

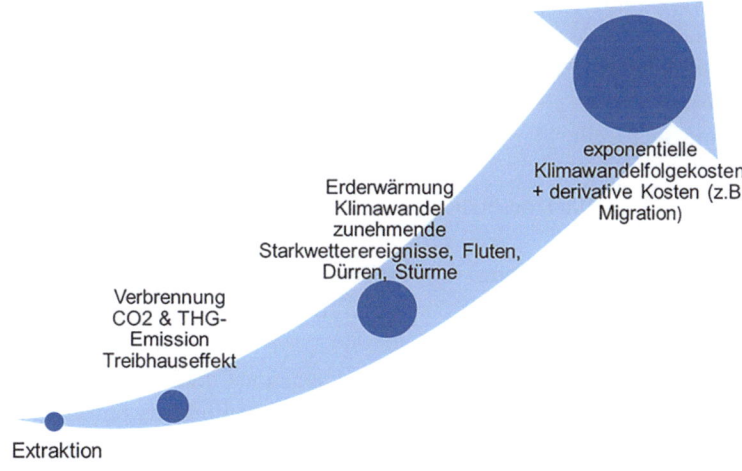

Abb. 2.1 Exponentielle Wirkungskette extraktiver Geschäftsmodelle

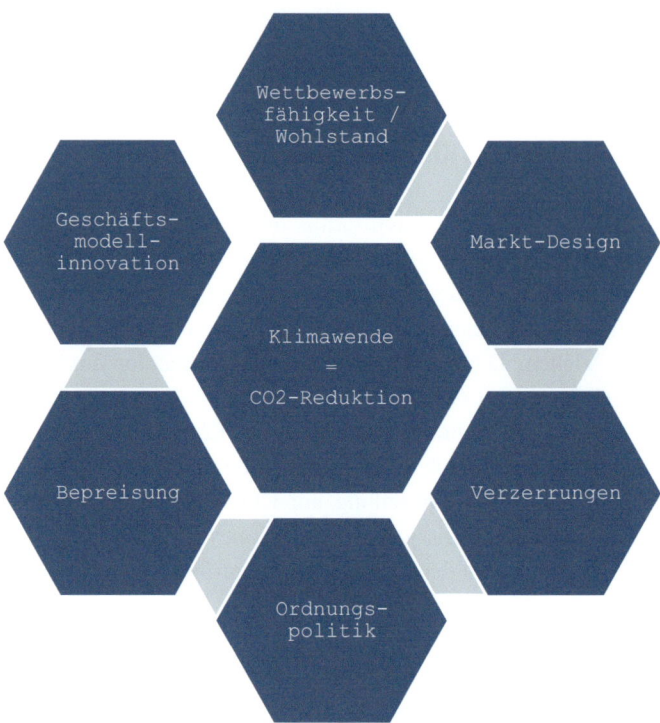

Abb. 2.2 Komponenten eines integralen Ansatzes zur Klimawende

1. **Wettbewerbsfähigkeit und Wohlstand:** Die Transformation muss ökonomisch attraktiv gestaltet sein. Verzichtsmodelle sind schwer verkäuflich.
2. **Marktdesign:** Märkte müssen so gestaltet werden, dass Klimaschutz attraktiv und wirksam ist.
3. **Verzerrungen:** Es gilt, Marktverzerrungen zu beseitigen, die diesen Zielen im Wege stehen.
4. **Ordnungspolitik:** Klare gesetzliche Rahmen können lenkungswirkende und zielkonforme Anreize setzen.
5. **Bepreisung:** CO_2 muss angemessen bepreist werden, um Kosten in marktwirtschaftliche Entscheidungen zu internalisieren und diese Entscheidungen der Marktakteure nicht zu verzerren.
6. **Geschäftsmodellinnovation:** Unternehmen können auf dieser Basis neue Geschäftsmodelle entwickeln, die Klima- und Wirtschaftsziele in Einklang bringen.

Diese Elemente sind miteinander verknüpft und sind so zu gestalten, dass sie nachhaltigen Wohlstand und Klimaschutz vereinbaren.

2.1.3 Klimawandel & Wettbewerbsfähigkeit

Wissenschaftliche Studien und Berichte, wie die der **Internationalen Energieagentur (IEA)** oder von **Agora Energiewende**, haben das Spannungsfeld zwischen der Klimawende und dem wirtschaftlichen Wohlstand umfassend untersucht. Häufig wird argumentiert, dass die Umstellung auf erneuerbare Energien und klimaneutrale Technologien erhebliche Investitionen erfordert und kurzfristig zu höheren Kosten führen könnte, was sich negativ auf Arbeitsplätze, Unternehmensgewinne und den Lebensstandard auswirken kann (Agora Energiewende, 2022). Gleichzeitig betont die IEA, dass die langfristigen Vorteile der Energiewende – wie neue Arbeitsplätze in der grünen Wirtschaft und eine stabile Energieversorgung – die anfänglichen Kosten überwiegen können, wenn die richtigen politischen Rahmenbedingungen geschaffen werden (IEA, 2022).

Eine zentrale Lösung für die Energiewende sowie die Vereinbarkeit von Klimaschutz und Wohlstand liegt darin, Geschäftsmodelle neu zu gestalten. Diese sollten ökologische und ökonomische Ziele integrieren. Michael E. Porter und Claas van der Linde (1995) betonten, dass Umweltfreundlichkeit und Wettbewerbsfähigkeit sich nicht ausschließen, sondern durch Innovationen gestärkt werden können. Unternehmen können durch die Entwicklung klimafreundlicher Produkte und Dienstleistungen neue Märkte erschließen und langfristig ihre Wettbewerbsfähigkeit sichern (Porter & van der Linde, 1995). Diese Transformation erfordert jedoch Investitionen in Innovation, erneuerbare Energien und nachhaltige Technologien, was den Übergang zu einer kohlenstoffarmen Wirtschaft unterstützt (BCG, 2024). Der Fokus liegt darauf, dass Wohlstand und Klimaschutz sich gegenseitig stärken können, anstatt im Widerspruch zueinander zu stehen.

2.1.4 Kriterien internationaler Wettbewerbsfähigkeit

> „Eine moderne und leistungsfähige Infrastruktur ist eine zentrale Voraussetzung für die erfolgreiche grüne und digitale Transformation Europas." (BMWK, 2023)

Abb. 2.3 greift den Ansatz von Nusser (2008) zum Zweck der Analyse der wichtigsten Einflussfaktoren der internationalen Wettbewerbsfähigkeit auf.

Dieses Drei-Säulen-Konzept zur Bewertung der internationalen Wettbewerbsfähigkeit verdeutlicht, dass die internationale Wettbewerbsfähigkeit durch eine Kombination aus drei zentralen Faktoren entsteht: gesamtwirtschaftliche Standortvorteile, sektorspezifische Standortvorteile und Stärken in den betrieblichen Leistungsprozessen.

1. **Standortvorteile bei gesamtwirtschaftlichen Faktoren**
   Diese Faktoren umfassen wirtschaftliches Wachstum, die Qualität der Infrastruktur, Energiepreise, Arbeitsmarktflexibilität sowie die Steuer- und Abgabenstruktur. Auch soziale Sicherungssysteme und Außenhandelspolitik spielen eine Rolle.

Abb. 2.3 Faktoren internationaler Wettbewerbsfähigkeit

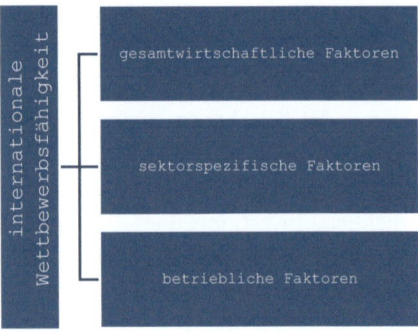

2. **Standortvorteile bei sektorspezifischen Faktoren**
   Hier geht es um spezifische Produktionsfaktoren und den Wissenstransfer in bestimmten Branchen, wie die Verfügbarkeit qualifizierten Personals, den Zugang zu Technologietransfer sowie Kooperationen innerhalb von Clustern.
3. **Stärken bei betrieblichen Leistungsprozessen**
   Betriebe, die ihre Innovations-, Technologie- und Finanzierungsstrategien optimieren, ihre Marktstruktur und Wettbewerbsvorteile stärken, und ihre Prozesse effizienter gestalten, tragen direkt zur Wettbewerbsfähigkeit bei.

Diese drei Säulen führen nach Nusser (2008) durch positive Rückkopplungseffekte zur dauerhaften internationalen Wettbewerbsfähigkeit auf Unternehmensebene, wenn die Bereiche Forschung, Entwicklung, Produktion, Marketing und Vertrieb durch diese drei Faktoren gefördert werden. Ein Fokus liegt auf Technologie- und Qualitätsvorteilen, Effizienz in den Produktionsprozessen und einer schnellen Reaktionsfähigkeit auf Marktveränderungen, was letztlich zu gesteigerten Investitionen und Wachstumsimpulsen führt.

Im Umkehrschluss bedeutet dies, dass es schwer ist, auf unteren Stufen der Einflussmöglichkeit das zu kompensieren, was auf den oberen Stufen dysfunktional ist.

2.1.5 Marktdesign

„Auf Energiemärkten entscheidet sich, welche Energieträger und Technologien in welchem Umfang genutzt werden. Um sicherzustellen, dass das Marktergebnis mit den gesellschaftlichen Zielen übereinstimmt, muss ein Staat Regeln festlegen, also sozusagen den Markt ‚designen'." (ESYS, 2022).

2.1 Einleitung

Abb. 2.4 zeigt die wesentlichen Zusammenhänge bezüglich eines funktionalen Marktdesigns.

Auf Märkten bestimmen Angebot und Nachfrage die Preise und somit die Verteilung von Gütern, ein Prozess, der in der Ökonomie als Ressourcenallokation bezeichnet wird. Staatliche Eingriffe in diese Prozesse haben das Potenzial, die Marktpreise zu beeinflussen, um politische und gesellschaftliche Ziele zu erreichen oder Marktverzerrungen zu verursachen. Besonders in Bezug auf negative externe Effekte, wie Umweltschäden, sind solche Eingriffe darauf ausgelegt, die gesellschaftliche Wohlfahrt zu maximieren, indem Marktversagen korrigiert wird (Mankiw, 2021). Der Staat agiert dabei in einem Spannungsfeld unterschiedlicher Zielsetzungen.

Ein wesentliches Ziel staatlicher Eingriffe ist die effiziente Ressourcenallokation. Gerade bei strategischen Projekten wie der Energiewende strebt der Staat danach, Ressourcen so zu verteilen, dass der Übergang zu nachhaltigen Energiesystemen unterstützt wird (Stiglitz & Rosengard, 2015). Darüber hinaus strebt der Staat eine gerechte Verteilung von Gütern an, um soziale Ungleichheiten zu verringern und die gesellschaftliche Stabilität zu fördern (Stiglitz & Rosengard, 2015).

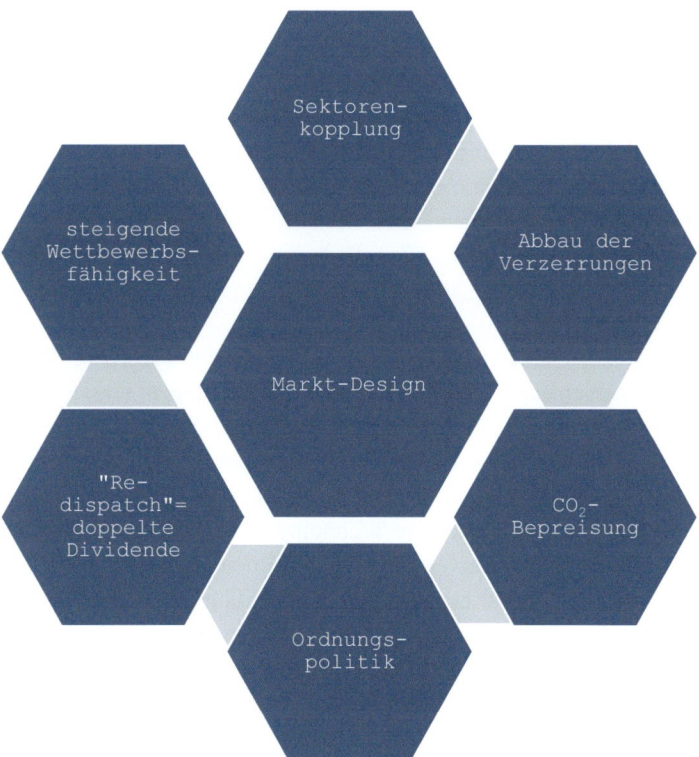

Abb. 2.4 Einflussfaktoren auf das Marktdesign

Ein weiteres Ziel staatlicher Interventionen ist die Einnahmengenerierung. Hierbei erhebt der Staat Steuern, Abgaben und Umlagen, um die nötigen Mittel zur Finanzierung öffentlicher Aufgaben, wie Infrastruktur, Bildung oder das Gesundheitssystem, sicherzustellen (Stiglitz & Rosengard, 2015). Schließlich verfolgt der Staat durch ordnungspolitische Maßnahmen zusätzliche gesellschaftliche Ziele, darunter Umweltschutz, Verbraucherschutz und die Förderung von Innovationen (Mankiw, 2021).

Im Folgenden werden die einzelnen Parameter eines funktionierenden Marktdesigns beschrieben. Den Haupteinflussfaktoren Abbau der Verzerrungen und CO_2-Bepreisung werden eigene Abschnitte gewidmet.

Sektorenkopplung

Wärme kann auch Strom sein und Strom kann Wärme sein.

Energie kann in verschiedenen Formen genutzt werden, zum Beispiel als Strom oder Wärme. Die Sektorenkopplung ist ein zentraler Aspekt der Energiewende, da sie die Integration und Flexibilisierung der Sektoren Strom, Wärme, Mobilität und Industrie ermöglicht (IRENA, 2022). Dies spielt eine wichtige Rolle bei der effizienten Nutzung des steigenden Anteils erneuerbarer Energien. Durch die Verknüpfung der Sektoren können überschüssige Energien aus Quellen wie Wind- und Solarenergie in anderen Bereichen genutzt werden, etwa im Heizsektor oder in der Elektromobilität (Clean Energy Wire, 2022). Dies trägt zur Reduzierung des Bedarfs an fossilen Brennstoffen bei und fördert die Dekarbonisierung der Gesamtwirtschaft.

Damit die Sektorenkopplung ihre Vorteile in Bezug auf Flexibilität, Effizienzsteigerung und Dekarbonisierung voll entfalten kann, ist ein unverzerrter Wettbewerb zwischen verschiedenen Energieträgern notwendig (ESYS, 2022).

Eine Potenzialbetrachtung hinsichtlich der Sektorenkopplung wird in Kap. 3.5 vorgenommen.

Abbau der Verzerrungen

Die Transformation zu einer nachhaltigen und klimaneutralen Wirtschaft wird durch vielfältige Marktverzerrungen behindert. Diese Verzerrungen entstehen insbesondere dann, wenn die tatsächlichen ökonomischen und ökologischen Kosten, insbesondere externe Effekte wie Umweltbelastungen, nicht in den Marktpreisen berücksichtigt werden. Externe Effekte wie die Emission von Treibhausgasen bleiben häufig unberücksichtigt, was dazu führt, dass emissionsintensive Technologien und Produktionsmethoden gegenüber klimafreundlichen Alternativen bevorzugt werden (Bruegel, 2023). Diese Marktverzerrungen verlangsamen die beabsichtigte Umstellung auf nachhaltige Energien und Technologien, da diese ohne Berücksichtigung externer Effekte nicht wettbewerbsfähig sind und anfangs zum Markteintritt oft höhere Investitionskosten erfordern.

Die Internalisierung dieser externen Kosten, beispielsweise durch CO_2-Bepreisung oder andere Formen der ordnungspolitischen Eingriffe, ist eine zentrale Maßnahme zur Korrektur solcher Marktverzerrungen (Springer, 2022). Durch die Internalisierung werden die tatsächlichen ökologischen Kosten emissionsintensiver Technologien sichtbar gemacht, und klimafreundliche Alternativen können ihre Wettbewerbsfähigkeit verbessern. Solche Instrumente, wie Steuern oder Subventionen, sind ein bewährtes Mittel, um ein Marktumfeld zu schaffen, in dem emissionsarme Technologien gefördert und begünstigt werden (NBER, 2018).

Allerdings können auch staatliche Eingriffe selbst Quelle von Marktverzerrungen sein. Subventionen für bestimmte Technologien oder Sektoren können international zu Handelskonflikten führen und die Einhaltung internationaler Handelsregeln erschweren. Dies verdeutlicht die Notwendigkeit, ordnungspolitische Maßnahmen mit internationalen Handelsregeln in Einklang zu bringen, um den globalen Wettbewerb nicht zu verzerren (Bruegel, 2023). Die Herausforderung besteht darin, Maßnahmen zu entwickeln, die sowohl dem Klimaschutz als auch den Anforderungen des internationalen Handels gerecht werden.

Das Thema der Verzerrungen wird in Abschn. 2.5 ausführlich behandelt.

CO_2-Bepreisung

„Die Bepreisung von Kohlenstoff ist das effizienteste politische Instrument, um private Investitionen von fossiler Energie auf klimafreundliche Alternativen zu lenken."

Dem Thema CO_2-Bepreisung ist ein eigener Vertiefungsabschnitt unter Abschn. 2.6 gewidmet.

Ordnungspolitik im Rahmen der Klimawende – ein Phasenmodell

„Deutschland kann seine Klimaziele erreichen, wenn es Ordnungsrecht und CO_2-Bepreisung schrittweise kombiniert (Edenhofer, 2018)."

Die phasenweise Kombination aus Ordnungspolitik und CO_2-Preisen bietet einen vielversprechenden Ansatz zur Erreichung der Klimaziele. Edenhofer und Flachsland (2018) argumentieren in ihrem Hintergrunddossier, dass Deutschland seine Klimaziele erreichen kann, wenn Ordnungsrecht und CO_2-Bepreisung strategisch verknüpft werden. Ein sektorales Zielsystem, das auf spezifische Emissionseinsparungen in einzelnen Bereichen wie Elektrizität, Industrie, Wärme und Mobilität abzielt, könnte ineffizient sein. Stattdessen sollte ein sektorübergreifendes Ziel verfolgt werden, das die Emissionsreduktion insgesamt fokussiert.

Ordnungspolitik als Initialzündung

In der ersten Phase der Umsetzung empfiehlt die Studie, durch ordnungspolitische Maßnahmen, wie beispielsweise Regulierungen und Standards, einen Anreiz für Investitionen in emissionsarme Technologien zu schaffen. Diese Maßnahmen können sowohl rechtliche Vorgaben als auch Förderprogramme umfassen, die darauf abzielen, Innovationen in den entscheidenden Sektoren voranzutreiben, (Edenhofer & Flachsland, 2018). Solche politischen Interventionen schaffen eine Grundlage, die Investoren und Unternehmen ermutigt, in nachhaltige Technologien zu investieren, ohne dass sofort die vollständige Marktregulierung durch CO_2-Preise greift.

Übergang zur Marktlösung durch CO_2-Preise
In der zweiten Phase sollte dann ein stabiler CO_2-Preis implementiert werden, der die externen Kosten der CO_2-Emissionen widerspiegelt. Hierbei spielt das EU-Emissionshandelssystem (EU ETS) eine entscheidende Rolle, obwohl es derzeit Unsicherheiten in Bezug auf die Preisentwicklung gibt. Ein verlässlicher CO_2-Preis würde Unternehmen motivieren, emissionsarme Technologien zu wählen, basierend auf den tatsächlichen Kosten der Emissionen. Edenhofer & Flachsland (2018) warnen jedoch vor der Gefahr, dass ohne eine klare, langfristige Perspektive der CO_2-Preise Unternehmen zögern könnten, in neue Technologien zu investieren. Daher ist es essenziell, dass die Politik die Rahmenbedingungen so gestaltet, dass ein stabiler und vorhersehbarer Markt für CO_2-Emissionen entsteht. Dazu könnten Maßnahmen gehören, die die Preisschwankungen im EU ETS verringern und ein vertrauenswürdiges Investitionsumfeld schaffen.

Die schrittweise Einführung dieser Maßnahmen könnte die Unsicherheiten im Investitionsumfeld verringern und gleichzeitig die Innovationskraft fördern. Ein solcher integrativer Ansatz könnte es Deutschland ermöglichen, nicht nur die eigenen Klimaziele zu erreichen, sondern auch als Vorreiter in der globalen Klimapolitik zu agieren.

Es ist jedoch unerlässlich, dass diese politischen Maßnahmen klar kommuniziert und konsequent umgesetzt werden, um das Vertrauen der Investoren zu stärken.

Diese Ansätze werden u. a. durch die laufenden Berichte des IPCC (2021), der OECD (2022), Agora-Energiewende (Agora, 2021) oder den Klimaschutzberichten der Bundesregierung (2023) unterstützt.

Redispatch oder doppelte Dividende
Der Begriff **Redispatch** beschreibt die Notwendigkeit, Energieflüsse kurzfristig anzupassen, um die Netzstabilität sicherzustellen (Box 2.1 – Redispatch-Maßnahmen). Diese Maßnahmen führen oft dazu, dass fortschrittliche, erneuerbare Energien, die kosteneffizienter und nachhaltiger sind, abgeschaltet werden müssen. Dies wird als Systemdienstleistung auf die Netzentgelte aufgeschlagen und an die Endkunden weiterverrechnet. Diese Redispatch-Kosten symbolisieren eine negative Rückverteilung von finanziellen Lasten, die durch ineffiziente Marktstrukturen und eine mangelnde Integration erneuerbarer Energien entstehen.

> **Box 2.1 – Redispatch-Maßnahmen**
> Redispatch-Maßnahmen dienen dazu, kurzfristige Eingriffe in die Stromproduktion vorzunehmen, um Überlastungen im Stromnetz zu verhindern. Dabei werden sowohl konventionelle als auch erneuerbare Stromerzeuger angewiesen, ihre Produktion zu erhöhen oder zu drosseln, je nachdem, wo im Netz Engpässe

auftreten (Bundesnetzagentur, 2023). Die durch diese Maßnahmen entstehenden Redispatch-Kosten werden über die Netzentgelte an die Endkunden weitergegeben. Im Jahr 2023 beliefen sich die Redispatch-Kosten in Deutschland auf 3,1 Mrd. Euro, was im Vergleich zu den Vorjahren eine Reduktion darstellt, jedoch weiterhin eine erhebliche finanzielle Belastung für das Netzmanagement bedeutet (Zeitung für kommunale Wirtschaft, zfk, 2023).

Diese Kosten entstehen einerseits durch die Abregelung von erneuerbaren Energien, wie etwa Wind- und Solaranlagen, um die Netzstabilität zu gewährleisten. Andererseits müssen konventionelle Kraftwerke, wie Kohle- und Gaskraftwerke, hochgefahren werden, um fehlende Energie auszugleichen, was zusätzliche Betriebskosten verursacht (Zeitung für kommunale Wirtschaft, 2023). Diese Aufwendungen spiegeln sich in den Netzentgelten wider und belasten die Verbraucher indirekt durch höhere Strompreise.

Dem gegenüber steht das Konzept der **doppelten Dividende,** das aufzeigt, dass CO_2-Bepreisung nicht nur zur Reduktion von Emissionen beitragen kann (erste Dividende), sondern gleichzeitig wirtschaftliche Vorteile generiert (zweite Dividende). Die wirtschaftlichen Erträge kann man beispielsweise zur Senkung anderer Steuern, Abgaben und Umlagen oder zur Förderung von Innovationen verwenden. Diese Erträge können als positive Rückverteilung betrachtet werden, da sie sowohl Umweltvorteile schaffen als auch Wirtschaft und Bevölkerung zugutekommen (ESYS, 2022).

2.2 Wirtschaftlichkeitsvoraussetzungen für die Transformation

In der Wirtschaft wird die Vorteilhaftigkeit rentabler Entscheidungen dadurch entschieden, ob der in Geld bewertete Nutzen höher ist als die Kosten bzw. die Ausgaben. Der folgende Abschnitt geht darauf ein, wie sich die Rahmenbedingungen auf solche Entscheidungen auswirken.

Hierzu wird zunächst das Transformationsdilemma als Erklärungsbeitrag der in der Praxis langsamen Transformation dargelegt. Danach wird untersucht, dass einerseits die Modellannahme eines sinkenden Geldwerts in Bezug auf die Klimawende nicht uneingeschränkt gültig ist und andererseits, dass viele ausgabenrelevante Kriterien in den subjektiven Entscheidungen nicht hinreichend berücksichtigt werden. Dies gilt insbesondere für Opportunitätskosten und Synergien, deren Auswirkungen nicht vom jeweiligen Entscheider beeinflusst werden können.

Eine detaillierte Analyse der konkreten Anwendung von Maßzahlen erfolgt im Abschn. 2.5 Verzerrungen.

2.2.1 Das Transformationsdilemma

Das Transformationsdilemma liefert wesentliche Erklärungen für den schleppenden Verlauf von Transformationen, insbesondere, wenn diese mit großen Investitionen verbunden sind, wie dies bei der Energie- und Wärmewende der Fall ist.

Abb. 2.5 zeigt dies schematisch anhand einer Matrix. Die nicht symmetrischen Wirkungen der Parameter Zeit, Geld und Anreiz führen zu diesem Transformationsdilemma. Auf Basis dieser Wirkungsweisen lassen sich Lösungshinweise zur Unterstützung der Transformation gewinnen.

Traditionelle Investitionen werden meist aufgrund kurzfristiger Refinanzierungserwartungen getätigt. Besonders rentabel werden Investitionen, wenn sie ihr Geld bereits verdient haben, d. h. buchhalterisch bereits abgeschrieben sind und trotzdem noch positive Cashflows erwirtschaften (der Lebenszyklus ist länger als die Amortisationsdauer >1). Das ist in der Abbildung im oberen linken Quadranten zu beobachten, man spricht von Cashcows. Beruhen diese Geschäftsmodelle allerdings auf nicht nachhaltigen Geschäftsmodellen, schaden sie dem Gemeinwohl (Allmende-Problem).

Gerade Investitionen in Energie, Infrastruktur, Gebäude und Grundstoffindustrieanlagen sind sehr langfristig. Nicht selten betragen Nutzungs- und Abschreibungsdauern 30 bis 50 Jahre. Wenn im Rahmen einer notwendigen Transformation solche Investitionen durch bewusste Entscheidung obsolet werden, bedeutet dies einen bilanziellen Verlust in Höhe der Abschreibung der Restbuchwerte (Quadrant unten links). Das geschieht bei sog. *Impairment-Tests*. Die Wirkungsweise ist Folgende: Die ganz oder teilweise Abschreibung der Altanlage führt zu einer Verringerung des Anlagevermögens, einem Buchverlust und damit einem Verlust des Eigenkapitals. Dadurch verschlechtern sich die gesamten Erfolgsmaßgrößen hinsichtlich der Finanzmärkte, und die Wettbewerbsfähigkeit sinkt.

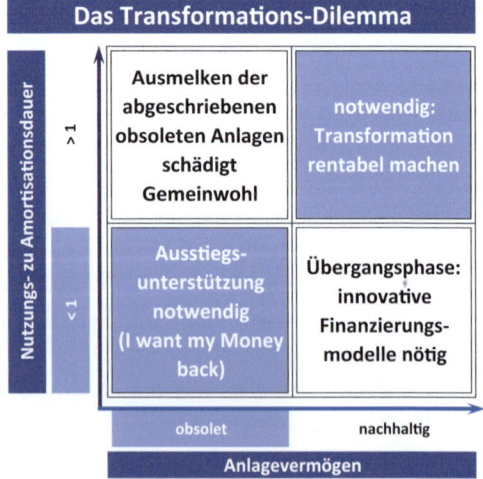

Abb. 2.5 Das Transformationsdilemma

Übergangsgeschäftsmodelle sind im Quadranten unten rechts zu finden, sie erleben möglicherweise gar nicht die Endphase ihres Lebenszyklus, weil sie durch die Transformation überflüssig gemacht werden. Beispiele hierfür könnten das „Mining" sein, bis genügend Material in der Kreislaufwirtschaft ist. Weitere Beispiele wären Gaskraftwerke und Sektorenkopplungskraftwerke als Reservekapazität. Auch hier braucht es möglicherweise Anreize, weil diese zwar einen wichtigen systemischen Beitrag leisten könnten, aber die Lebenszyklusfinanzierung dafür nicht sicher ist.

Das **Zielsystem der Transformation** ist im Quadranten oben rechts zu finden.

2.2.2 Deflation – technologische und monetäre Perspektiven

Deflation wird in der Kommunikation im Allgemeinen negativ belegt (Box 2.2). Dies belastet auch die Transformation der Wärmewende.

> **Box 2.2 – Spannungsfeld zwischen Inflation und Deflation in der Energiewende**
> In der Energiewende wird das Spannungsfeld zwischen Inflation und Deflation besonders sichtbar. Während die fossilen Brennstoffe durch hohe, wiederkehrende Kosten und Inflationsrisiken geprägt sind, bieten erneuerbare Energien ein deflationäres Potenzial, da sie nach der Installation kaum OPEX (Betriebskosten) verursachen. Zudem sinken die CAPEX-Ausgaben (Investitionen) für Technologien wie Wind- und Solarenergie sowie Batterien weiterhin aufgrund der technologischen Fortschritte und Skalierung.
>
> Daher erscheint es sinnvoll, zwischen technologischer und monetärer Deflation zu unterscheiden.
>
> Bei technologischer Deflation bekommt man mehr Güternutzen für sein Geld.
>
> $$\text{Technologische Deflation} := \text{Gütermenge/Geldmenge} > 1$$
>
> Aus der monetären Perspektive muss man weniger für das Gleiche bezahlen.
>
> $$\textbf{Monet}\text{äre Deflation} := \text{Geldmenge/Gütermenge} < 1$$

Technologische Sicht

Deflation kann auf technologische Innovationen zurückgeführt werden, die zu erheblichen Kostensenkungen führen. Exponentielle technologische Entwicklungen, wie sie durch empirische Trends wie Moore's Law und Swanson's Law beschrieben werden, treiben diese Kostensenkungen voran. Dies gilt insbesondere für Schlüsseltechnologien im Bereich der erneuerbaren Energien, wie Solar- und Windkraft, deren Betriebskosten (OPEX) nach der Installation minimal sind (Swanson, 2016). Im Gegensatz zu fossilen Brennstoffen, deren Kosten vor allem durch wiederkehrende Importkosten geprägt sind, verursachen erneuerbare Energien nach der anfänglichen Investition (CAPEX) kaum laufende Kosten. Zudem sinken die Investitionsausgaben für erneuerbare Technologien aufgrund des technologischen Fortschritts kontinuierlich (Moore, 1965).

Swanson's Gesetz zeigt beispielsweise, dass die Kosten für Solarenergie in einem Zeitraum von zehn Jahren um 80 % gesunken sind. Diese deflationäre Dynamik ist ein wesentlicher Treiber für die Kosteneffizienz erneuerbarer Energien im Vergleich zu fossilen Brennstoffen, die durch hohe OPEX belastet sind (Swanson, 2016). Dies macht erneuerbare Energien langfristig kosteneffizienter und wettbewerbsfähiger.

Monetäre Sicht
Auf der monetären Seite entsteht das negative Bild der Deflation vor allem durch Fehlsteuerungen, wie die Entwertung von Kapital oder das Platzen von Blasen (z. B. Immobilien- oder Finanzmarkt). Deflation erhöht den Schuldendienst für Unternehmen und Haushalte, da Schulden zum Nennwert beglichen werden müssen, während die Preise für Güter und Dienstleistungen sinken.

Dies kann zu einer wirtschaftlichen Stagnation führen. Dennoch birgt Deflation, wenn sie technologisch bedingt ist, Potenzial zur Verbesserung der Lebensqualität, da mehr Wert für weniger Geld geschaffen wird, wie es bei der Nutzung erneuerbarer Energien sichtbar wird.

Dieses Spannungsfeld bezogen auf die Energie- und Wärmewende erzeugt Unsicherheiten bei der Marktallokation, insbesondere in Szenarien, in denen die traditionellen geldpolitischen Modelle nicht mehr ausreichend sind, um diese Dynamiken zu erklären.

Ingo Sauer (2023) schlägt hinsichtlich der Stabilität unseres Geldsystems vor, nicht nur die leicht zu messende Passivseite der Zentralbank zu beachten (Geldmengen-Aggregate), sondern auch deren Aktivseite, welche die Qualität des Geldes ausmacht. Das entspricht wirtschaftlich der besseren Vorbereitung auf die Schwarzstartfähigkeit des Geldsystems. Zu den Parallelen der Schwarzstartfähigkeit des Energiesystems siehe Box 2.3 – Schwarzstartfähigkeit.

Box 2.3 – Schwarzstartfähigkeit
Schwarzstartfähigkeit bezeichnet die Fähigkeit eines Energiesystems, sich ohne externe Stromquelle nach einem vollständigen Blackout eigenständig wieder hochzufahren. Diese Fähigkeit ist entscheidend, um das Netz nach einem Totalausfall wieder in Gang zu setzen, indem bestimmte Kraftwerke (typischerweise Wasserkraftwerke oder Notstromaggregate) unabhängig vom Netz gestartet werden und nach und nach weitere Systeme versorgen.

Interessanterweise gibt es eine Parallele zum Geldsystem: Auch unser Finanzsystem ist auf Vertrauen und externe Impulse angewiesen, um in Krisenzeiten wieder stabil zu werden. Im Fall einer Banken- oder Finanzkrise bedarf es einer „Schwarzstartfähigkeit", etwa durch Zentralbanken, die mit Liquiditätsspritzen und Notfallmaßnahmen wie Zinssenkungen oder Anleihekäufen das System wieder in

> Bewegung bringen. So wie das Stromnetz ohne einen Schwarzstart nicht spontan zur Stabilität zurückfinden kann, ist auch das Finanzsystem ohne gezielte Eingriffe nicht in der Lage, sich selbst zu regenerieren. Beide Systeme basieren also auf externen Starthilfen, um nach einem Zusammenbruch wieder funktionsfähig zu werden und systemische Stabilität zu gewährleisten (BIS, 2016).

2.2.3 Opportunitätskosten und Synergien als Selbstfinanzierungsquellen

Die Idee, dass Opportunitätskosten und Synergien als Selbstfinanzierungsquelle für die Klimawende dienen können, ist ein zentrales Argument in der ökonomischen Analyse der Klimapolitik. Es geht darum, dass durch gezielte Investitionen in Klimaschutzmaßnahmen sowohl Kosten vermieden als auch neue wirtschaftliche Potenziale freigesetzt werden können (doppelte Dividende). Dies ermöglicht langfristig eine teilweise oder sogar vollständige Refinanzierung der Transformationskosten.

Die Abb. 2.6 stellt ein schematisches Modell zur Analyse der potenziellen Vorteile und Opportunitätskosten der Klimatransformation dar. Sie unterteilt sich in zwei Hauptkategorien: den Nutzen und die Opportunitätskosten, die verschiedene Aspekte der Energiewende und des Klimawandels beschreiben.

Auf der einen Seite steht das Entscheidungskriterium Nutzen, der sich in Wettbewerbs- und Synergieeffekte gliedert. Wettbewerbsvorteile entstehen im Rahmen der Klimapolitik als Enabler und Booster für Innovationen, die langfristig die Wettbewerbsfähigkeit stärken (siehe Abschn. 3.3. Eine Vorreiterrolle bei nachhaltigen Technologien könnte darüber hinaus neue Exportmärkte erschließen und einen Exportmultiplikator erzeugen. Ein weiterer Vorteil liegt in der Einsparung von Fossilimporten, was die nationale Autonomie und die Resilienz der Energieversorgung stärkt. Die Synergieeffekte der Klimatransformation umfassen zudem die Stärkung der Infrastruktur sowie die Reduktion von CO_2-Emissionen, was neben ökologischen Vorteilen auch die Widerstandsfähigkeit der Gesellschaft gegen zukünftige klimatische Herausforderungen erhöht (Stern, 2007; Edenhofer et al., 2015).

Auf der anderen Seite stehen die Opportunitätskosten, die durch Unsicherheit, Zögern oder Nicht-Handeln in der Klimapolitik entstehen können. Diese Kosten steigen kontinuierlich und manifestieren sich vor allem in Form von Klimafolgeschäden, wie der Zerstörung von Infrastrukturen und Vermögenswerten durch Extremwetterereignisse und den damit verbundenen steigenden Instandsetzungskosten. Weitere Folgeeffekte sind wachsende Migration aufgrund klimatischer Veränderungen oder des steigenden Meeresspiegels. Zudem entstehen Kompensationskosten, wenn durch mangelnde Klimaschutzmaßnahmen teure Technologien wie Carbon Capture (CO_2-Abscheidung und -Speicherung) notwendig werden, um Klimaziele dennoch zu erreichen und negative Effekte a posteriori zu reduzieren. Es besteht auch die Gefahr, dass Kipppunkte im

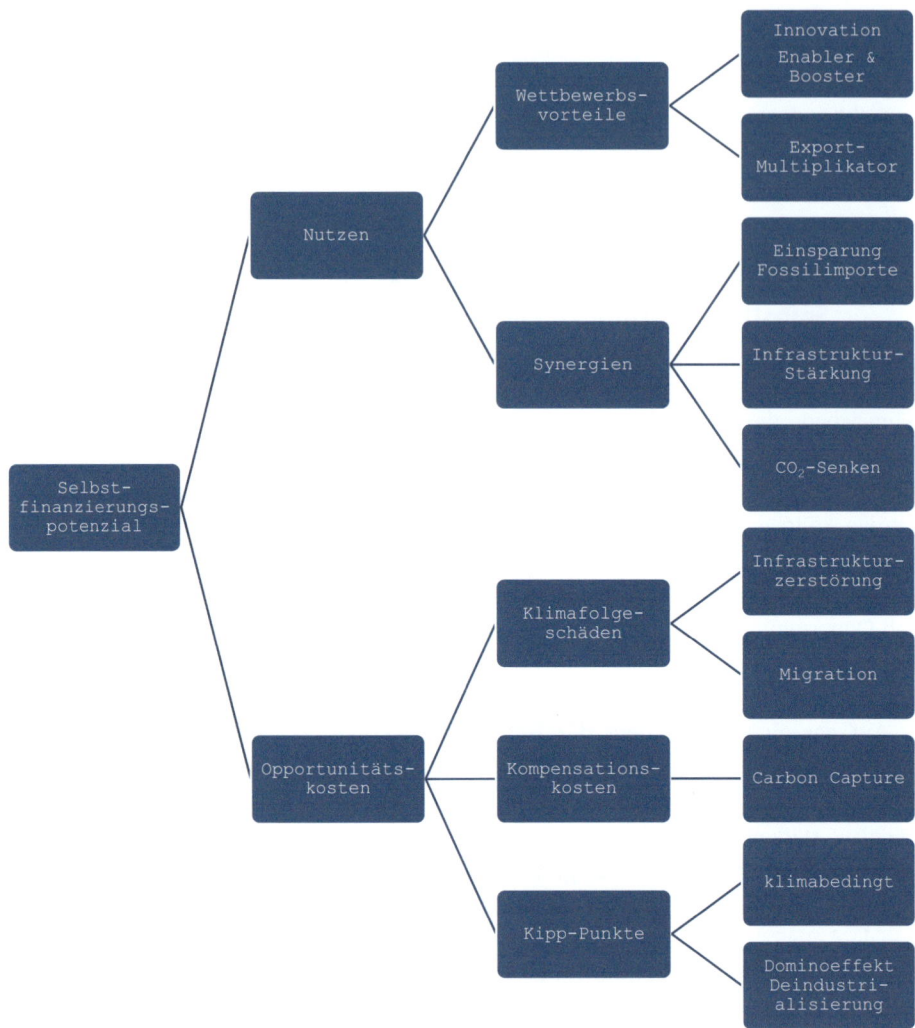

Abb. 2.6 Energiewende – Komponenten des Selbstfinanzierungspotenzials

Klimasystem überschritten werden, deren Folgen irreversibel und kostspielig sein könnten (Stern, 2007; Flachsland & Edenhofer, 2020).

Die theoretischen Grundlagen dieser Ansätze basieren auf Arbeiten zur ökonomischen Bewertung des Klimawandels, wie sie unter anderem von Nicholas Stern und Ottmar Edenhofer entwickelt wurden. Stern (2007) betonte die Notwendigkeit schneller und umfassender Maßnahmen, um langfristige Kosten zu minimieren. Edenhofer und Flachsland (2020) argumentieren in ihren Arbeiten zur CO_2-Bepreisung, dass ambitionierte Klimapolitik unverzichtbar ist, um Wohlstand und ökologische Stabilität zu sichern.

2.3 Die Komponenten der Selbstfinanzierung

Wenn man die wesentlichen dieser Komponenten nach den Kriterien Infrastruktur, Handeln und Folgenvermeidung strukturiert, ergibt sich eine Gliederung gemäß Abb. 2.7.

Die jeweiligen Einzelmaßnahmen wurden qualitativ nach Voraussagegenauigkeit geordnet. Der Investitionsbedarf für Infrastruktur oder erneuerbare Energie lässt sich vergleichsweise gut quantifizieren. Modelle für Export und CO_2-Bepreisung verlangen weitere Parameter, und die Entwicklungen von Carbon Capture, die Folgen von Deindustrialisierung, Klimaschäden und Kipppunkten sind nur sehr schwer in einem genauen Korridor abzuschätzen. Die Schwierigkeit liegt darin, dass die vermuteten Kosten zunehmen, je unsicherer die Prognosequalität.

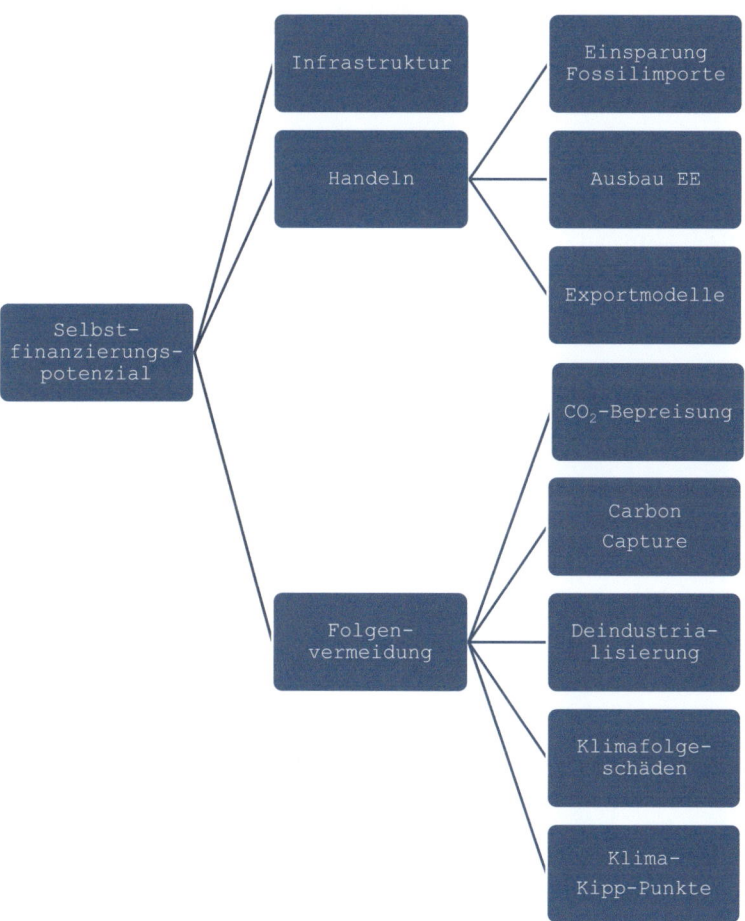

Abb. 2.7 Selbstfinanzierungspotenzial nach Handlungsfeldern

2.3.1 Infrastruktur

Infrastruktur ist die Basis der Wettbewerbsfähigkeit, siehe Abschn. 2.2.3 Kriterien internationaler Wettbewerbsfähigkeit.

Infrastruktur umfasst sämtliche Einrichtungen, Systeme, Institutionen und sowohl materielle als auch immaterielle Strukturen, die der Versorgung der Bevölkerung und der Funktionsweise der Wirtschaft in einem Staat dienen. Sie bildet die Grundlage für das öffentliche Leben und wirtschaftliche Aktivitäten (Wikipedia contributors, Infrastruktur).

Die Infrastruktur kann in die bestehende und die zukünftig notwendige Infrastruktur unterschieden werden, Abb. 2.8.

In beiden Kategorien zeigt Deutschland zunehmende Defizite, im Bereich der bestehenden Infrastruktur Instandhaltungsdefizite und Probleme durch Entwertung des Kapitalstocks sowohl im privaten als auch im industriellen Bereich und im Bereich der zukünftig relevanten Infrastruktur Investitionsrückstände.

Eine Studie des Instituts der deutschen Wirtschaft (IW) hebt hervor, dass Deutschland in den nächsten zehn Jahren rund 600 Mrd. € in Bildung, Infrastruktur und Klimaschutz investieren muss, um wettbewerbsfähig zu bleiben und die Herausforderungen der Dekarbonisierung zu meistern. Ein bedeutender Teil dieser Investitionen entfällt auf den Klimaschutz, insbesondere auf die energetische Sanierung von Gebäuden, den Ausbau des Strom-, Wasserstoff- und Wärmenetzes sowie die Förderung von erneuerbaren Energien und Energieeffizienz (IW, 2024).

Die Studie betont, dass ohne diese Investitionen Deutschland seine Rolle als Vorreiter in der Klimatransformation verlieren könnte. Es fordert daher ordnungspolitische Refor-

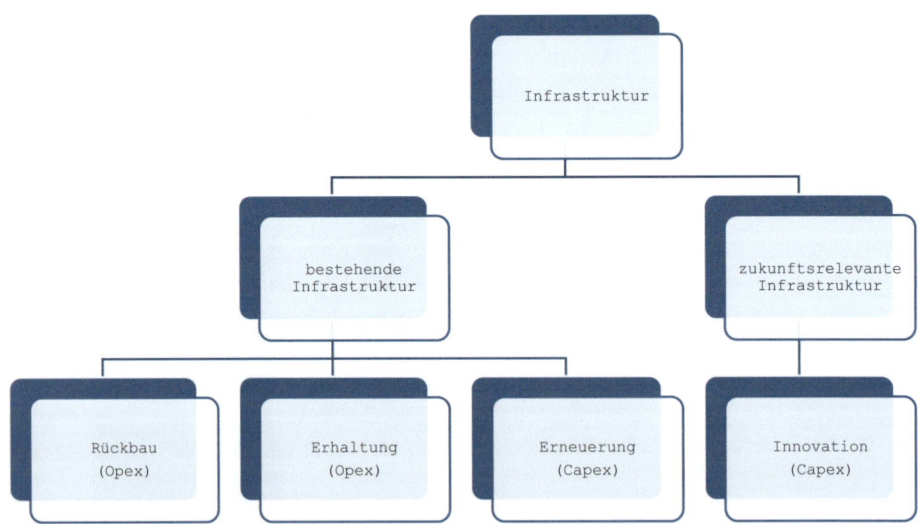

Abb. 2.8 Infrastruktur – Klassifizierungskriterien

men, um die Steuer- und Bürokratiebelastungen für Unternehmen zu verringern und so den Standort Deutschland zu stärken (IW, 2024). Gleichzeitig wird vorgeschlagen, einen Infrastrukturfonds einzurichten, der von der Schuldenbremse ausgenommen ist, oder eine „Goldene Regel" einzuführen, die es dem Staat erlaubt, Kredite für Investitionen aufzunehmen.

2.3.2 Selbstfinanzierung durch Handeln

Durch aktives Handeln lassen sich Selbstfinanzierungspotenziale heben. Dies wird im Folgenden anhand der Einsparung von Fossilimporten, dem Ausbau erneuerbarer Energien und Exportgeschäftsmodellen dargestellt.

Einsparung von Fossilimporten Hier können relativ klare ökonomische Modelle herangezogen werden, um den Effekt von reduzierten Importen fossiler Energieträger auf Preise, Handelsbilanzen und geopolitische Abhängigkeiten zu berechnen. Diese sind aufgrund etablierter Marktmechanismen und Preisentwicklungen im Energiesektor vergleichsweise gut modellierbar.

Tab. 2.1 zeigt die Importe von Öl und Gas von 2021 bis 2023. Auf Basis der Außenhandelsstatistiken der Deutschen Bundesbank wurden die Einheiten zur Vergleichbarkeit vereinheitlicht, die Durchschnittspreise errechnet und auf Basis der Taxonomie des BAFA (n. d.) die entsprechenden CO_2-Emissionen errechnet.

Die Importeuros werden jeweils in CO_2-Emissionen konvertiert. In gegenläufiger Analogie zur doppelten Dividende (Abschn. 2.1.5) verursachen Fossilimporte zweimal Kosten. Die Reduzierung solcher Importe verspricht eine mehrfache Dividende: Kosten-

Tab 2.1 Energieimporte Öl und Gas. (Quellen: Statistisches Bundesamt)

	2021	2022	2023	3 Jahre	Durchschnitt
TWh in Öl	923	1.017	840	2.780	927
TWh in Gas	1.554	788	578	2.920	973
TWh Öl+Gas	2.477	1.805	1.418	5.700	1.900
Mio. € in Öl	34.161 €	59.971 €	42.174 €	136.306 €	45.435 €
Mio. € in Gas	38.982 €	67.877 €	24.843 €	131.703 €	43.901 €
Mio. € Öl+Gas	73.143 €	127.849 €	67.018 €	268.010 €	89.337 €
€/MWh Öl	37,00 €	58,98 €	50,21 €	49,03 €	
€/MWh Gas	25,08 €	86,11 €	42,99 €	45,10 €	
t CO2 Öl	245.560.000	270.470.000	223.420.000	739.450.000	246.483.333
t CO2 Gas	312.390.000	158.430.000	116.170.000	586.990.000	195.663.333
t CO2 ges Öl+Gas	557.950.000	428.900.000	339.590.000	1.326.440.000	442.146.667
CO2-Kosten bei 45 €/t					
CO2 in Mio. €	25.108 €	19.301 €	15.282 €	59.690 €	19.897 €

einsparung, CO_2-Reduktion (sofern der Ersatz durch EE erfolgt) und steigende Resilienz und Autarkie der Energieversorgung,

Das BAFA (2024) definiert die CO_2-Emissionen nach t CO_2 je MWh eines Energieträgers. Hier wurde mit 201 kg CO_2/MWh Gas und 266 kg CO_2 für leichtes Heizöl/Diesel gerechnet.

Im Ergebnis wurden nur durch die beiden Importenergieträger Öl und Gas in den letzten 3 Jahren rd. 268 Mrd. € ausgegeben und rd.1326 Mio. t CO_2 emittiert, was bei der in 2024 wirkenden Bepreisung von 45 €/t CO_2 etwa 60 Mrd. € entsprechen würde. Mit anderen Worten: Im Durchschnitt der letzten 3 Jahre betrug die Summe aus Importausgaben und CO_2-Preisen rund 110 Mrd. € pro Jahr.

Ausbau erneuerbarer Energien (EE) Der Ausbau der erneuerbaren Energien kann ebenfalls relativ gut prognostiziert werden, da es hierfür sowohl Erfahrungswerte aus bereits umgesetzten Projekten als auch klare politische Zielvorgaben gibt. Technologische Entwicklungen, Kostensenkungen und die Skalierung von Solaranlagen und Windenergie sind bereits gut dokumentiert. Zunehmende Use Cases von Batteriespeichern und Wasserstofftechnologie sind ebenfalls zu beobachten.

Exportmodelle Die Entwicklung von Exportmodellen im Kontext von Umwelttechnologien, insbesondere im Bereich der erneuerbaren Energien und klimafreundlicher Technologien, ist aufgrund guter Datenlage ebenfalls vergleichsweise gut abzuschätzen. Länder wie China, die in diesem Bereich führend sind, haben gezeigt, wie Innovationen global exportiert werden können (vgl. die Umsetzung durch China, Abschn. 2.5.3).

2.3.3 Selbstfinanzierung durch Folgenvermeidung

Das Selbstfinanzierungspotenzial durch Folgenvermeidung setzt an den Emissionen für CO_2 an. Diese werden in Zukunft zunehmend bepreist, das heißt, Emissionsvermeidung bedeutet damit direkte Kostenvermeidung.

CO_2-Bepreisung, siehe Abschn. 2.6: Die Einführung oder Anpassung von CO_2-Preisen unterliegt klaren ökonomischen Regeln, insbesondere im Rahmen von marktbasierten Instrumenten wie Emissionshandelssystemen (ETS). Insbesondere sind die Massenströme bekannt.

Das Finanzierungspotenzial ergibt sich aus der Menge und dem Preis.

$$ € = \frac{t\,CO_2}{MWh} \times MWh \times \frac{€}{t\,CO_2} $$

Die aktuellen Emissionsmengen Deutschlands nach Sektoren liegen 2022 bei knapp 742 Mt pro Jahr und 2023 bei rund 673 Mt, (Agora, 2024). Das bedeutet ein Finanzierungspotenzial von rd. 7 Mrd. € je 10 €/t CO_2-Preis.

2.3 Die Komponenten der Selbstfinanzierung

Die Schwierigkeit besteht darin, dieses Finanzierungspotenzial hinsichtlich der Klimaschäden und gesellschaftlichen Folgekosten paretoeffizient zu verteilen, (vgl. allokatives Marktversagen Abschn. 2.5.1).

Hierbei sind auch die benannten weiteren enormen Schadenspotenziale zu vermeiden:

- Opportunitätskosten der Deindustrialisierung
- Opportunitätskosten der Klimafolgeschäden
- Opportunitätskosten der Kipppunkte

Deindustrialisierung Es ist schwieriger vorherzusagen, in welchem Umfang und in welchen Sektoren Deindustrialisierungsprozesse stattfinden werden, da diese von vielen Faktoren abhängen, darunter technologische Entwicklung, geopolitische Verschiebungen und gesellschaftliche Akzeptanz.

Klimafolgeschäden Die genauen Kosten und Ausmaße von Klimafolgeschäden sind aufgrund der komplexen und nichtlinearen Natur des Klimawandels schwer vorherzusagen. Extreme Wetterereignisse, deren Häufigkeit und Intensität statistisch messbar zunehmen, machen eine genaue Prognose schwierig. Allerdings werden die Schäden von Extremwetterereignissen an der Infrastruktur immer häufiger und im Einzelfall immer teurer, Kosten von einzelnen Ereignissen in Höhe von 1 % der Gesamtwirtschaftsleistung sind keine Einzelfälle mehr, (Box 2.4 – Schadenskosten).

> **Box 2.4 – Schadenskosten**
> Die Prognos AG hat die Starkwetterereignisse der letzten Jahre in Deutschland analysiert. Allein die Kosten der Ahr- und Erfttal-Flut, eines lokal begrenzten Ereignisses im Jahr 2021, belaufen sich auf rund 40 Mrd. €, (Prognos, Flut 2022). Das entspricht 1 % der gesamten Wirtschaftsleistung (BIP, Bruttoinlandsprodukt).
> Auch die Kosten der Dürren, die sich ebenfalls immer öfter wiederholen, liegen in einer ähnlichen Größenordnung (20 Mrd. €), (Prognos, Flut und Hitze, 2022).
> Als Konsequenz werden Rückversicherer immer zögerlicher, solche Risiken zu versichern (Zeit Online, 2023).

Klima-Kipppunkte Klima-Kipppunkte, wie das Abschmelzen des grönländischen oder antarktischen Eisschildes, das Auftauen der Permafrostböden oder das Verschwinden des Amazonas-Regenwaldes oder die Auswirkungen auf die Biodiversität sind schwer in all ihren Folgen modellierbar, da sie von komplexen Wechselwirkungen im Klimasystem abhängen, die oft nichtlinear und teilweise irreversibel sind. Dies dann auch noch ökonomisch zu bewerten, erhöht diese Komplexität. Allerdings lässt sich anhand einiger Makrokennzahlen bereits grob abschätzen, dass die Schäden enorm sein werden.

Das vollständige Abschmelzen des Nordkappeneises wird die Meeresspiegel um 7 m ansteigen lassen, das der Antarktis um weitere 60 m. Derzeit lebt etwa die Hälfte der Menschheit in küstennahen Bereichen. Für die wirtschaftliche Adaptation an solche Veränderungen ist es daher notwendig, diese Effekte maximal zu retardieren.

Hier ergeben sich Verstärkungen zum Konzept der **doppelten Dividende,** das zeigt, wie Klimapolitik eine finanzielle Rückverteilung durch proaktives Handeln generieren kann, vgl. Abschn. 2.2.4.5.

Die durch die CO_2-Bepreisung generierten Einnahmen könnten beispielsweise zur Senkung der Lohnnebenkosten verwendet werden, was die Beschäftigung fördern und somit weitere positive wirtschaftliche Effekte erzeugen könnte. Gleichzeitig könnte ein Teil dieser Mittel in die Förderung von Innovationen fließen, wodurch Synergien weiter gestärkt und neue Wachstumssektoren geschaffen werden könnten. Diese positiven Rückverteilungseffekte ließen sich somit als Motor für den wirtschaftlichen Wandel hin zu einer nachhaltigeren, innovativeren und wettbewerbsfähigeren Wirtschaft nutzen, die auch international anwendbar wäre.

2.4 Innovation als Wettbewerbsfaktor

Innovation, verstanden als Erneuerung, ist das unterscheidende Merkmal des Homo sapiens zur biologischen Evolution anderer Spezies, die hauptsächlich durch Anpassung und natürliche Selektion geprägt ist. Während die Evolution biologischer Arten auf zufälligen Mutationen und der Selektion von Anpassungen basiert, zeichnet sich der Mensch durch gezielte und bewusste Innovation aus. Diese Fähigkeit, bewusst neue Werkzeuge, Technologien und Systeme zu entwickeln, hat die Geschichte der Menschheit maßgeblich geprägt und ist ein Schlüssel zur gesellschaftlichen und wirtschaftlichen Entwicklung.

Wirtschaftlich und gesellschaftlich betrachtet, ist Innovation ein zentraler Treiber des wirtschaftlichen Wachstums und der Produktivitätssteigerung. Sie führt zur Einführung neuer Produkte, Dienstleistungen und Produktionsmethoden, die bestehende Märkte verändern oder völlig neue Märkte schaffen.

Energiebereitstellung war immer eine treibende Innovationskraft, und Innovation förderte Energietechnologie.

2.4.1 The Innovator's Dilemma

Clayton M. Christensen (1997) bietet in seinem Werk eine fundierte Erklärung, basierend auf Innovationstheorie, Empirie und spezifischen Maßzahlen, warum Wirtschaftssysteme oft falschen Anreizen folgen. Dies führt dazu, dass bahnbrechende Innovationen von erfolgreichen Unternehmen häufig unterlassen werden, was das Wachstum in Industriegesellschaften zunehmend stagnieren lässt. In seinem wegweisenden Buch *The*

Innovator's Dilemma erklärt Christensen, warum etablierte Unternehmen scheitern können, selbst wenn sie erfolgreich in bestehenden Märkten agieren. Sie fokussieren sich oft zu stark auf profitable Produkte und ignorieren disruptive Technologien, die anfangs in Nischenmärkten beginnen, sich jedoch stetig verbessern und letztendlich den gesamten Markt umwälzen (Christensen, 1997).

Christensens Konzepte hatten einen tiefgreifenden Einfluss auf das Innovationsverständnis, insbesondere im Silicon Valley. Große Technologieunternehmen wie Intel, Apple, Netflix und Amazon haben seine Theorie aufgegriffen und ihre Innovationsstrategien angepasst. Anstatt Innovationen innerhalb ihrer bestehenden Organisationsstrukturen zu entwickeln, folgten sie Christensens Empfehlung, autonome Abteilungen zu schaffen, die sich gezielt auf disruptive Technologien konzentrieren (Christensen Institute, n. d.). Diese Herangehensweise, insbesondere befürwortet von Persönlichkeiten wie Andy Grove (Intel), Steve Jobs (Apple), Reed Hastings (Netflix) und Jeff Bezos (Amazon), führte zu bedeutenden Erfolgen in der Technologiebranche (Harvard Business School, n. d.).

Während viele Unternehmen induktive, produktbezogene Innovationen und Geschäftsmodelle umsetzen, lieferte Christensen eine deduktive theoretische Grundlage, um das Scheitern und den Erfolg von Innovationen besser zu verstehen.

Christensen unterscheidet 4 grundlegende Arten von Innovationen:

- Potenzielle Innovationen im Sinne von Grundlagenforschung sowohl in Universitäten als auch Wirtschaft,
- disruptive Innovationen im Sinne von Durchbruchinnovationen,
- unterstützende Innovationen (*sustaining innovations*) und
- Effizienzinnovationen (*efficiency innovations*).

Die Tab. 2.2 beschreibt diese 4 verschiedenen Typen von Innovationen und deren Auswirkungen auf den Markt, die Wirtschaft und die Unternehmen und vergleicht sie hinsichtlich ihrer Umsetzbarkeit, ihres wirtschaftlichen Potenzials und ihrer langfristigen Effekte.

Potenzielle Innovationen zeichnen sich dadurch aus, dass sie noch nicht klar definiert sind, sowohl in ihrer Realisierbarkeit als auch in ihrem Marktpotenzial. Der mögliche Nutzen ist unsicher, da weder die Zielgruppe noch die Kostenstruktur klar sind. Solche Innovationen erfordern häufig hohe Investitionen in Forschung und Entwicklung und haben meist einen langfristigen Zeithorizont, ohne kurzfristig Effekte zu erzielen.

Disruptive Innovationen hingegen stellen konkrete Neuerungen dar, die bestehende Märkte radikal verändern können. Sie zielen darauf ab, neue Technologien oder Produkte für bisher vernachlässigte Kundengruppen zugänglich zu machen. Diese Innovationen haben oft ein hohes Kapitalanforderungsprofil und benötigen länger, um ihren Effekt zu entfalten. Disruptive Innovationen haben das Potenzial, neue Arbeitsplätze zu schaffen, und werden oft als Motor für langfristiges Wirtschaftswachstum betrachtet.

Tab 2.2 Innovationen – Klassifizierung

Innovationsklassifizierung nach Clayton M. Christensen	Potentielle Innovationen	Disruptive Innovationen	Unterstützende Innovationen	Effizienz-Innovationen
Kennzeichnung	vielleicht möglich	vorhanden und skalierbar	inkrementell besser	inkrementell billiger
Anwendungsgebiet	unklar	neu konkret	Bestehendes besser machen	Bestehendes billiger machen
Erfolgswahrscheinlichkeit	niedrig	unklar	hoch	hoch
Kunden	unklar	bisherige Nicht-Käufer	bestehende Klientel	bestehende Klientel
Arbeitsplätze	Forschung/Entwicklung	Jobmotor	+/-	Abbau von Arbeitsplätzen
Kapitalbedarf & Cash Flow	Kapital-Bedarf mittel bis hoch	Kapital-Bedarf hoch	Kapital-Bedarf niedrig	Free Cash Flow
Renditeaussicht - kurzfristig	negativ	unbekannt	moderat positiv	hoch
Renditeaussicht - langfristig	unbekannt	hoch	fallend	fallend
Entscheidunshorizont	langfristig	langfristig	kurzfristig	kurstfristig
Erfolgs-Maßzahlen	langfr. expon.	langfr. expon.	kurzfristig	kurzfristig
Reale Entscheidungskriterien	kurzfristig	kurzfristig	kurzfristig	kurzfristig
Entscheidungsergebnis	nein	kaum	ja	ja

Unterstützende Innovationen sind weniger revolutionär, sondern verbessern bestehende Produkte oder Dienstleistungen inkrementell. Sie richten sich an bestehende Kunden und haben häufig geringere Investitionsanforderungen. Solche Innovationen liefern kurzfristig positive Effekte und wirken sich moderat auf den Arbeitsmarkt aus.

Effizienzinnovationen zielen auf die Reduktion von Kosten durch Optimierung bestehender Prozesse ab. Sie verbessern die Effizienz von Unternehmen, können jedoch oft zu einem Abbau von Arbeitsplätzen führen, da Automatisierung und Rationalisierung im Vordergrund stehen. Der wirtschaftliche Nutzen dieser Innovationen ist meist kurzfristig und auf sofortige Kostensenkungen ausgelegt.

Insgesamt zeigt die Tabelle, dass verschiedene Innovationstypen unterschiedliche strategische Implikationen für Unternehmen haben. Während disruptive Innovationen langfristige Marktentwicklungen vorantreiben, zielen unterstützende und Effizienzinnovationen eher auf kurzfristige Verbesserungen bestehender Strukturen ab.

Es handelt sich um einen materiellen Unterschied, ob disruptive Innovationen oder Effizienzinnovationen finanziert werden. Die richtigen Maßzahlen sind wesentlich für den Erfolg. Weil aber die Maßzahlen für die Erfolgsbewertung von Potenzial- und disruptiven Innovationen ebenfalls kurzfristig sind, haben diese bei konkurrierenden Entscheidungen geringere Finanzierungschancen.

Dieser Ansatz hatte damit nachhaltigen Einfluss auf die Innovationsstrategien und das allgemeine Risikomanagement in der Tech-Industrie und prägt bis heute das Verständnis von Marktdynamiken und Innovationsprozessen.

Heute besteht eine **Innovationsdynamik** wie nie zuvor. Konvergierende, d. h., sich ergänzende und verstärkende Innovationen, an denen seit Jahrzehnten geforscht wurde, eröffnen jetzt eine emergierende Dynamik neuer Geschäftsmodelle, die als Phase Change Disruption im Folgenden beschrieben wird.

2.4.2 Phase Change Disruption

In der aktuellen Debatte um technologische Disruptionen und nachhaltige Transformationen hat das Konzept der Phase Change Disruption, wie es von Arbib und Seba vertreten wird, einen praxisnahen Zugang zur Beschreibung exponentieller Innovationsverläufe und Marktumbrüche entwickelt. Obwohl dieser Ansatz noch nicht in der Breite in die Energiewende gefunden hat, bietet er wertvolle Einblicke in die Dynamik von disruptiven Prozessen, die sowohl theoretisch unterlegt als auch praktisch anwendbar sind. Hier wird das Konzept in den breiteren Kontext etablierter Innovations- und Transformationsmodelle eingebettet, um eine umfassendere Analyse der aktuellen wirtschaftlichen und technologischen Veränderungen zu ermöglichen, siehe Box 2.5 – Wissenschaftliche Basis der Phase Change Disruption.

> **Box 2.5 – Wissenschaftliche Basis der Phase Change Disruption**
> 1. **Technologische S-Kurven (Technology Life Cycle)**
>   Das Konzept der technologischen S-Kurven stammt aus der Technologietheorie und beschreibt den typischen Entwicklungsverlauf neuer Technologien. In der Regel beginnen Innovationen in einer Phase des langsamen Wachstums, gefolgt von einer Phase exponentieller Akzeptanz, um schließlich eine Sättigung zu erreichen, wenn die Technologie ausgereift ist. In dieser letzten Phase kommt es oft zu einer Disruption, bei der neue Technologien die bestehende ablösen, und eine neue S-Kurve beginnt (Foster, 1986).
>   Foster war einer der Pioniere bei der Anwendung der S-Kurven-Analyse auf technologische Innovationen. Er argumentierte, dass jede Innovation zunächst auf Widerstand stößt, bevor sie exponentiell wächst, sobald ihre Effizienz und ihr Nutzen erkannt werden. Sobald die Technologie ihren Höhepunkt erreicht hat und die Verbesserungen zunehmend marginal werden, setzt eine Sättigung ein, was den Weg für eine neue, disruptive Technologie ebnet, die dann den nächsten Innovationszyklus in Gang setzt.
> 2. **Adoptionszyklen und die Diffusion von Innovationen**
>   Das Modell der Diffusion von Innovationen wurde vom Soziologen Everett M. Rogers in seinem Buch *Diffusion of Innovations* (1962) beschrieben. Es erklärt, wie sich Innovationen über die Zeit hinweg innerhalb einer sozialen Gruppe oder eines Marktes verbreiten. Rogers identifizierte fünf Hauptgruppen von Anwendern: Innovatoren, frühe Anwender, frühe Mehrheit, späte Mehrheit und Nachzügler. Diese Anwendergruppen folgen einer ähnlichen Verteilungskurve,

wobei die Verbreitung der Innovation typischerweise langsam beginnt, dann exponentiell zunimmt und schließlich stagniert, wenn die Mehrheit der Bevölkerung die Innovation angenommen hat. Dieses Muster ähnelt der S-Kurve, bei der eine langsame Anfangsphase gefolgt von einem exponentiellen Wachstum und einer Abflachung der Kurve auftritt (Rogers, 1962).

3. **Gartner Hype Cycle**

Der Gartner Hype Cycle ist ein Modell, das die Dynamik der öffentlichen Wahrnehmung von neuen Technologien beschreibt. Es unterteilt die Akzeptanz neuer Technologien in fünf Phasen: Technologieauslöser, Gipfel der überzogenen Erwartungen, Tal der Enttäuschungen, Pfad der Erleuchtung und schließlich das Plateau der Produktivität. Dieses Modell verdeutlicht, dass Innovationen anfangs oft überbewertet werden, was zu überzogenen Erwartungen führt. Danach durchlaufen sie eine Phase der Enttäuschung, wenn die Technologie die Erwartungen nicht sofort erfüllt. Schließlich stabilisieren sich die Erwartungen, und die Technologie wird realistisch eingeschätzt, wodurch sie eine breite Akzeptanz erreicht und produktiv genutzt wird.

Das Modell zeigt, dass technologische Entwicklungen oft durch Höhen und Tiefen in der öffentlichen Wahrnehmung verlaufen, bevor sie ihren langfristigen Nutzen voll entfalten können. Dies verdeutlicht die Herausforderungen, denen sich Unternehmen und Märkte stellen müssen, wenn sie neue Technologien einführen oder adaptieren wollen.

4. **Transformationsmodelle in der Wirtschaft**

Wirtschaftliche Transformationsmodelle beruhen auf der Annahme, dass Märkte und Industrien zyklische Phasen des Wandels durchlaufen, in denen etablierte Technologien von neuen, disruptiven ersetzt werden. Diese Transformationen folgen oft dem Muster einer S-Kurve, bei der zunächst eine langsame Anpassung stattfindet, die sich beschleunigt, bis schließlich eine Sättigung erreicht wird. Ein zentrales Konzept in diesem Bereich ist Joseph Schumpeters Theorie der „schöpferischen Zerstörung", die beschreibt, wie Innovationen alte Technologien verdrängen und Industrien grundlegend umwälzen. Schumpeter argumentiert, dass diese Prozesse nicht nur notwendige Elemente des wirtschaftlichen Fortschritts sind, sondern auch die Quelle von Wachstum und Entwicklung (Schumpeter, 1942).

Die Idee der schöpferischen Zerstörung zeigt sich in vielen modernen Transformationen, sei es durch den Übergang von fossilen Brennstoffen zu erneuerbaren Energien, von analoger zu digitaler Technologie oder von traditionellen Produktionsmethoden zu Industrie 4.0. Diese Umwälzungen manifestieren sich in ähnlichen Mustern: Alte Geschäftsmodelle werden herausgefordert und verdrängt, während neue, effizientere und oft umweltfreundlichere Lösungen an Bedeutung gewinnen.

2.4 Innovation als Wettbewerbsfaktor

> **Technologische Singularität (Ray Kurzweil):**
> Nach Ray Kurzweil folgen technologische Innovationen einem exponentiellen Verlauf und erreichen irgendwann einen Punkt, an dem der Fortschritt so schnell verläuft, dass er disruptive Veränderungen in allen Bereichen der Gesellschaft und Wirtschaft bewirkt. Diese Phase wird als technologische Singularität bezeichnet. Laut Kurzweil wird diese Singularität durch Fortschritte in der künstlichen Intelligenz, Nanotechnologie und Biotechnologie erreicht, die zusammen transformative Auswirkungen auf alle Lebensbereiche haben werden (Kurzweil, 2024).
>
> Kurzweil prognostiziert, dass die Singularität in naher Zukunft liegt und die Menschheit eine tiefgreifende Verschmelzung von biologischer und technologischer Intelligenz erleben wird, was eine neue Ära des menschlichen Fortschritts einläutet.

Das Konzept der S-Kurve und die Idee von Technologiezyklen sind in der Innovationsforschung fest verankert. Wissenschaftliche Modelle wie die von Foster, Rogers und Christensen bieten umfassende Erklärungen dafür, wie Technologien Märkte durchlaufen und wie diese Phasen verstanden und gesteuert werden können. Diese Konzepte bieten eine fundierte Grundlage, um die Disruption durch Phasenübergang von Arbib und Seba besser in die Praxis einzuordnen.

Das Konzept der Disruption durch Phasenübergang (Phase Change Disruption) besteht aus 10 Phasen (siehe Box 2.6), ist mit empirischen Daten und Modellen unterlegt, und der Ansatz wird für Zukunftssimulationen genutzt.

> **Box 2.6 – Die 10 Phasen der Phase Change Disruption nach Arbib und Seba (2020)**
> 1. **Gleichgewicht des Status quo:** Dies ist der anfängliche Zustand, in dem bestehende Technologien, Marktstrukturen und Geschäftsmodelle stabil und etabliert sind.
> 2. **Technologiefähigkeit und Kostenkurven verbessern sich:** Innovationen beginnen, sich zu entwickeln, was zu Verbesserungen in den Nutzungsmöglichkeiten potenzieller neuer Technologien führt, oft zu niedrigeren Kosten.
> 3. **Konvergenz von Technologien schafft neue Möglichkeiten:** Verschiedene technologische Fortschritte beginnen zu konvergieren und ermöglichen neue Anwendungen und Geschäftsmodelle, die zuvor nicht möglich waren. – *Beispiele, die uns im Rahmen der Energiewende interessieren, sind die Entwicklung billiger grüner Energie, Batteriespeichertechnologie, die Möglichkeiten der Datenverarbeitung, Datenspeicherung und Vernetzung für die Bildung von Plattformgeschäftsmodellen.*

4. **Markteintritt neuer Spieler:** Wenn neue Technologien lebensfähig werden, beginnen neue Akteure und Start-ups, in den Markt einzutreten, oft mit disruptiven Geschäftsmodellen und Strategien. Disruption erfolgt in der Regel von der Seite durch Neulinge, nicht aus der Mitte durch die „Positionsinhaber".
5. **Disruptionspunkt:** Dies ist der Zeitpunkt, an dem die neuen Technologien oder Geschäftsmodelle beginnen, den Markt signifikant zu beeinflussen, was zu einer bemerkbaren Auswirkung auf bestehende Akteure führt.
6. **Beschleunigung und Feedbackschleifen:** Die Verbreitung neuer Technologien beschleunigt sich. Positive Feedbackschleifen verstärken das Wachstum und die Auswirkung der disruptiven Technologien weiter.
7. **Der etablierten Spieler kollabieren:** Etablierte Akteure, die sich nicht schnell genug anpassen, erleben bedeutende Herausforderungen oder einen Rückgang, da die neue Technologie den Markt übernimmt. – *Innovator's Dilemma*
8. **Neue Technologien entstehen exponentiell in einer S-Kurve:** Das Wachstum der neuen Technologie folgt einer S-Kurve, anfangs langsam, dann schnell und schließlich stabilisierend, wenn sie ausreift oder sie verschwindet.
9. **Das neue System hat höhere Fähigkeiten:** Die disruptive Technologie reift und führt zu einem neuen System, das in Leistung, Kosten oder anderen Metriken dem alten System überlegen ist. – *Auto/Pferd, MRT/Röntgen, Fernsehen/Radio, Digitalfotografie/Analogfotografie, digital/analog, erneuerbar/fossil, ...*
10. **Das neue System bildet das neue Gleichgewicht auf einem höheren Niveau als der Status quo vor dem Disruptionspunkt:** Die neue Technologie und Geschäftsmodelle werden zum neuen Status quo und etablieren eine höhere Basislinie für Leistung, Kosten oder andere Schlüsselmetriken. Dieses neue Gleichgewicht ist fortschrittlicher als der vorherige Status quo.

Das Konzept beschreibt eine fundamentale und schnelle Veränderung von Märkten und Technologien, die in Form eines Phasenübergangs stattfindet, in Analogie zu chemischen Zustandsänderungen. Es geht um die Vorstellung, dass technologische Veränderungen nicht linear, sondern exponentiell und in klaren Phasen erfolgen. Diese Transformationen vollziehen sich typischerweise, wenn neue Technologien oder Geschäftsmodelle bestimmte Kipppunkte erreichen, ab denen die bestehende Ordnung schnell und unumkehrbar abgelöst wird.

2.4.3 Praxisanwendung

Prominente Beispiele für einen disruptiven Phasenübergang im Kontext der Energiewende sind die Verdrängung von fossilen Brennstoffen durch erneuerbare Energien wie

2.4 Innovation als Wettbewerbsfaktor

Solar- und Windkraft in Kombination mit Batteriespeichern oder Wasserstoff oder der Übergang von Verbrennungsmotoren zu Elektrofahrzeugen.

Die Hebel zur Umsetzung liegen in funktionierenden Marktdesigns und innovativen rentablen Geschäftsmodellen. In dieser Lesart bedeutet Nachhaltigkeit nicht Kosten, sondern sie ist die Voraussetzung für zukünftig rentable Geschäftsmodelle.

Diese Zukunft wird mit der bisherigen Lesart, dass Nachhaltigkeit im Wesentlichen Kosten bedeutet, voraussichtlich nicht in Deutschland entschieden. Hinweise darauf gibt die praktische Umsetzung der oben genannten Innovationsansätze in unterschiedlichen Ländern. Diese kann man nicht nur im Herkunftsland der Theorien, USA, sehen, sondern insbesondere an der Entwicklung von China und Indien beobachten.

China und Indien, die beiden bevölkerungsreichsten Länder der Erde mit etwa 35 % der Weltbevölkerung, setzen in ihren wirtschaftlichen Strategien stark auf technologische Innovationen. Diese Strategien basieren auf Theorien der disruptiven Innovation und der Phasenübergangsdisruption. In China wird dieser Übergang durch massive Investitionen in grüne Technologien und den Energiesektor unterstützt. Laut dem World Economic Forum investiert China jährlich mehrere Billionen Dollar in klimafreundliche Technologien und verfolgt ambitionierte Ziele im Ausbau erneuerbarer Energien. Mit dem 14. Fünfjahresplan plant China verstärkte Investitionen in Wind- und Solarenergie und hat bis 2050 rund 26 Billionen US-Dollar für grüne Investitionen vorgesehen (World Economic Forum, 2024; IEA, 2024). Diese umfangreichen Investitionen, in Kombination mit Chinas führender Rolle in der Produktion von Solar-PV und Elektrofahrzeugen, verdeutlichen, wie das Land innovative Technologien nutzt, um seine globale Marktposition zu stärken und die angestrebte Kohlenstoffneutralität bis 2060 zu erreichen.

Bezogen auf die Bevölkerung bedeuten diese 26.000 Mrd. US-Dollar in China, umgerechnet auf Deutschland, etwa 1500 Mrd. Dollar. In Relation zum Bruttoinlandsprodukt (BIP) nach Kaufkraftparität entspricht dies etwa 6000 Mrd. Dollar, was rund der Wirtschaftsleistung Deutschlands von 1,5 Jahren entspricht (Wikipedia, *Liste der Länder nach Bruttoinlandsprodukt*).

Auch Indien verfolgt ehrgeizige Ziele. Das Land plant, jährlich 35 Mrd. US-Dollar bis 2030 zu investieren, um seine Kapazitäten im Bereich erneuerbare Energien, grüner Wasserstoff und Energiespeicherung auszubauen. Indien hat seine Ziele hinsichtlich erneuerbarer Energien bereits vor 2030 übertroffen, unterstützt durch verschiedene staatliche Programme, darunter Subventionen, Produktionsanreize und steuerliche Vergünstigungen. Besonders der Ausbau von Batteriespeicheranlagen und die Förderung von grünem Wasserstoff sind zentrale Bestandteile der indischen Innovationspolitik (World Economic Forum, 2023). Diese Maßnahmen unterstützen den Übergang zu einer kohlenstoffarmen Wirtschaft und positionieren Indien als globalen Energieakteur.

Beide Länder, die die Dynamik der Weltwirtschaft maßgeblich beeinflussen, verdeutlichen, wie disruptive Technologien und Phasenübergänge die wirtschaftliche Position auf dem globalen Markt stärken können.

Im Folgenden werden zwei besonders praxisrelevante Einflussfaktoren dargestellt, die funktionale Marktdesigns und innovative Geschäftsmodelle beeinflussen – Marktverzerrungen und CO_2-Bepreisung.

2.5 Marktverzerrungen als Transformationsbremse

Im Kontext des Klimawandels ist es von entscheidender Bedeutung, dass die durch den Ausstoß von Treibhausgasen verursachten Schäden vollständig in die Preisbildung einfließen. Die folgende prägnante Zusammenfassung basiert auf ESYS, 2022.

Da die Schadenbepreisung ohne staatliche Intervention nicht automatisch geschieht, handelt es sich um ein klassisches Beispiel für allokatives Marktversagen. In der ökonomischen Theorie werden solche Schäden, die Dritten entstehen, als negative externe Effekte bezeichnet. Damit diese externen Kosten in die Entscheidungen der Marktteilnehmer einbezogen werden, ist eine Internalisierung erforderlich. Der Staat verfügt über verschiedene Instrumente, um diese Kosten in die Marktpreise zu integrieren. Eine Möglichkeit besteht in der Erhebung von Steuern, Abgaben oder Umlagen, durch die die externen Kosten direkt in den Preis aufgenommen werden. Alternativ können auch ordnungsrechtliche Vorgaben und Regulierungen genutzt werden, um unerwünschte Effekte indirekt durch eine veränderte Kostenstruktur, etwa durch den Einsatz von Filtern, zu verhindern.

Ein effektives Marktdesign korrigiert nicht nur allokatives Marktversagen, sondern sorgt auch dafür, dass staatliche Einnahmen effizient generiert und gesellschaftliche Ziele optimal umgesetzt werden. Ökonomisch betrachtet erfordert dies den Einsatz zweier unterschiedlicher Instrumentensätze: Zur Internalisierung externer Effekte des Klimawandels kommen umweltpolitische Instrumente zum Einsatz. Diese umfassen sowohl ordnungsrechtliche Maßnahmen, die Preise indirekt über veränderte Produktionskosten beeinflussen, als auch direkte Mechanismen wie den Europäischen Emissionshandel, der externe Kosten unmittelbar im Preis abbildet. Im Gegensatz dazu werden Maßnahmen zur Finanzierung öffentlicher Haushalte mithilfe finanzwissenschaftlicher Instrumente umgesetzt. Obwohl diese Instrumente unterschiedliche Ziele verfolgen, können sie durch ihre Wechselwirkung unerwünschte Effekte hervorrufen, wenn diese nicht im Marktdesign berücksichtigt werden.

Ein Beispiel für diese Wechselwirkungen ist die Sektorenkopplung. Ein zentraler Grundsatz für das Marktdesign im Energiesektor lautet, dass Energieträger unter gleichen Wettbewerbsbedingungen gehandelt werden sollten. Nur so kann gewährleistet werden, dass emissionsarme Technologien, die weniger Treibhausgase freisetzen als konventionelle, keine Wettbewerbsnachteile erleiden und sich langfristig auf dem Markt durchsetzen können. Ein solcher Ansatz fördert einen unverfälschten Wettbewerb, der klimaschonende Technologien begünstigt, ohne Vorentscheidungen für oder gegen spezifische Technologien zu treffen. Dies stärkt das „Entdeckungsprinzip des Marktes" und

2.5 Marktverzerrungen als Transformationsbremse

Abb. 2.9 Marktverzerrungen

schafft Raum für technologische Innovationen, die zur Reduktion der Treibhausgasemissionen beitragen.

Abb. 2.9 verdeutlicht die wesentlichen Komponenten von Marktverzerrungen, die dieses Ziel behindern und im Folgenden näher ausgeführt werden.

2.5.1 Allokatives Marktversagen

Da die transparente lenkungswirkende Preisfunktion ohne ein Eingreifen des Staates nicht geschieht, handelt es sich hierbei um ein allokatives Marktversagen (ESYS, 2022).

Allokatives Marktversagen bezeichnet eine ineffiziente Zuteilung von Ressourcen im Markt. Es tritt auf, wenn Güter und Dienstleistungen nicht optimal verteilt werden, sodass keine paretoeffiziente Allokation erreicht wird. Ein Zustand der Paretoeffizienz bedeutet, dass es nicht mehr möglich ist, den Wohlstand eines Marktteilnehmers zu steigern, ohne dass ein anderer schlechter gestellt wird. Potenzielle Ursachen für diese Ineffizienzen liegen etwa in externen Effekten, Informationsasymmetrien, asymmetrischer Marktmacht oder der Schwierigkeit, öffentliche Güter gerecht und ohne Missbrauch zur Verfügung zu stellen.

Effekte wie das **Carbon Leakage** und der **Wasserbetteffekt** (siehe Box 2.7) haben zu marktverzerrenden Maßnahmen und politischen Eingriffen geführt, insbesondere im Kontext der internationalen Klimapolitik und des EU-Emissionshandelssystems (EU ETS). Ziel ist jeweils die Gewährleistung der Integrität der CO_2-Märkte und der Erfolg von Klimaschutzmaßnahmen.

> **Box 2.7 – Carbon Leakage und Wasserbetteffekt**
>
> **Carbon Leakage** bezeichnet das Phänomen, bei dem Unternehmen ihre Produktion in Länder mit weniger strengen Emissionsvorschriften verlagern, um den höheren Kosten durch CO_2-Bepreisung oder andere Klimaschutzmaßnahmen zu entgehen. Dies führt zu der Modellannahme einer Verlagerung von Emissionen, ohne dass die globalen Emissionen tatsächlich reduziert werden. Dieses Problem hat Regierungen dazu veranlasst, spezifische politische Eingriffe vorzunehmen, um den Wettbewerb zu schützen und zu verhindern, dass Unternehmen abwandern.
>
> Der **Wasserbetteffekt** tritt auf, wenn Maßnahmen zur Reduzierung von Emissionen in einem Sektor oder einer Region zu einer Erhöhung der Emissionen in einem anderen Bereich führen. Dies kann geschehen, weil Emissionshandelssysteme wie das EU ETS eine feste Menge an Emissionsrechten festlegen. Wenn beispielsweise ein Sektor seine Emissionen reduziert und dadurch Zertifikate freisetzt, können andere Sektoren diese Zertifikate kaufen und ihre eigenen Emissionen erhöhen. Dadurch wird die beabsichtigte Reduktion neutralisiert.

Politische Maßnahmen zur Verhinderung von Carbon Leakage umfassen beispielsweise die Zuteilung kostenloser Emissionszertifikate im EU ETS für emissionsintensive und international wettbewerbsfähige Industrien. Diese Regelung zielt darauf ab, die Wettbewerbsfähigkeit europäischer Unternehmen zu schützen, während gleichzeitig Anreize für Emissionsreduktionen bestehen bleiben.

Um dem Wasserbetteffekt entgegenzuwirken, wurde die Marktstabilitätsreserve (MSR) im EU ETS eingeführt, die überschüssige Zertifikate aus dem Markt nimmt, wenn die Nachfrage gering ist, um den Wasserbetteffekt zu minimieren. Diese Maßnahme ist ein direkter politischer Eingriff zur Vermeidung von marktverzerrenden Effekten.

Diese Effekte zeigen, wie sensibel Emissionshandelssysteme gegenüber Marktverzerrungen sein können und wie wichtig es ist, diese Systeme kontinuierlich zu überwachen und anzupassen.

2.5.2 Asymmetrien

Asymmetrien können erhebliche Verzerrungen im Marktdesign verursachen und dadurch die Effizienz und Fairness der Märkte beeinträchtigen. In Märkten, in denen Akteure ungleiche Macht, Informationen, Zeithorizonte oder Erwartungen haben, entstehen strukturelle Ungleichgewichte, die das Marktverhalten und die Ergebnisse verzerren. Die wichtigsten Formen von Asymmetrien – Machtasymmetrien, Informationsasymmetrien, Zeitsymmetrien und Erwartungsasymmetrien – sind in verschiedenen Märkten und Sektoren anzutreffen und spielen eine zentrale Rolle bei der Gestaltung und Regulierung moderner Märkte.

Machtasymmetrien treten auf, wenn einige Marktteilnehmer eine überlegene Marktmacht besitzen, was ihnen ermöglicht, Preise oder Bedingungen zu ihren Gunsten zu beeinflussen. Dies führt oft zu Oligopolen oder Monopolen, in denen wenige große Unternehmen den Markt dominieren und kleine Wettbewerber verdrängen. Solche Machtkonzentrationen können verhindern, dass der Markt effizient arbeitet, da die mächtigeren Akteure den Wettbewerb verzerren, Innovationen behindern und den Marktzugang erschweren. Ein klassisches Beispiel sind Energie- oder Telekommunikationsmärkte, in denen große Unternehmen durch ihre Marktposition erhebliche Einflussmöglichkeiten haben.

Informationsasymmetrien entstehen, wenn Marktteilnehmer ungleiche Informationen besitzen. Typischerweise haben Verkäufer oft mehr Informationen über die Qualität und den Zustand von Gütern als Käufer. Dieses Ungleichgewicht kann zu Problemen wie *adverse selection* (negativen Ausleseprozessen) und *moral hazard* (moralischem Risiko) führen. Informationsasymmetrien können den Markt ineffizient machen, da informierte Teilnehmer Preisvorteile erlangen, während weniger informierte Teilnehmer Entscheidungen auf unvollständiger Grundlage treffen müssen.

Zeitsymmetrien beziehen sich auf die unterschiedliche Verfügbarkeit und Nutzung von Zeit durch verschiedene Akteure im Markt. Einige Teilnehmer können kurzfristig agieren und von schnellen Gewinnen profitieren, während andere an langfristigen Strategien interessiert sind. Dies kann zu einer Verzerrung führen, wenn kurzfristige Akteure den Markt destabilisieren, indem sie auf schnelle Gewinne setzen, während langfristig orientierte Akteure mit nachhaltigen Strategien im Nachteil sind.

Erwartungsasymmetrien treten auf, wenn Marktteilnehmer unterschiedliche Erwartungen an die zukünftige Marktentwicklung haben. Dies ist besonders relevant in Märkten mit hoher Unsicherheit, z. B. in Technologie- oder Rohstoffmärkten, wo unterschiedliche Erwartungen über zukünftige Preise oder Entwicklungen die Marktbewegungen erheblich beeinflussen können. Akteure mit besseren Informationen oder Erfahrungswerten können durch diese Asymmetrie Entscheidungen treffen, die anderen Marktteilnehmern erhebliche Nachteile bringen.

Die verschiedenen Formen von Asymmetrien führen zu einer signifikanten Verzerrung von Marktdesigns und beeinflussen die Effizienz und Fairness von Märkten. Um diesen Verzerrungen entgegenzuwirken, sind regulatorische Eingriffe erforderlich. Effiziente Märkte erfordern Maßnahmen zur Reduzierung von Asymmetrien, um faire Wettbewerbsbedingungen zu schaffen und Marktverzerrungen zu minimieren.

2.5.3 Externe Effekte, Allmende und Free Rider

Externe Effekte sind Auswirkungen auf Außenstehende, die im Preis nicht berücksichtigt sind. Ein typisches Beispiel sind Schäden, die durch Treibhausgase verursacht werden. Der Staat kann durch Steuern und Abgaben bewirken, dass die externen Effekte eingepreist werden und auf diese Weise ein allokatives Marktversagen verhindern – im Falle von Treibhausgasen durch einen CO_2-Preis (ESYS, 2022).

Die **Allmende** beschreibt den Zustand der Preislosigkeit bei der Nutzung von Gemeingütern, also Gütern, die allen zur Verfügung stehen, aber nicht in privatem Besitz sind. Dieses Phänomen wirkt in zwei wesentlichen Richtungen: Zum einen werden natürliche Ressourcen, die die Erde über Jahrmillionen hinweg gebildet hat, oft als kostenlos betrachtet. In wirtschaftlichen Kalkulationen werden lediglich die Kosten für die Extraktion dieser Ressourcen und die Rechte zur Nutzung berücksichtigt, ohne den eigentlichen Wert der Ressource selbst zu bepreisen. Diese Rechte werden dabei nach unterschiedlichen Kriterien vergeben und bepreist. Zum anderen werden die durch wirtschaftliche Aktivität entstehenden Abfälle, einschließlich Treibhausgasen, nicht mit einem angemessenen Preisschild versehen.

Diese beiden Formen der fehlenden Bepreisung führen dazu, dass die Allgemeinheit die entstehenden Kosten trägt: im ersten Fall durch den entgangenen Nutzen der Ressourcen, im zweiten Fall durch den erlittenen Schaden aufgrund der Umweltbelastung. Dieses Grundproblem der Allokation wird auch als Tragik der Allmende bezeichnet, da der Schaden für die Gesellschaft in der Regel größer ist als der individuelle Nutzen derjenigen, die von der Ressourcennutzung profitieren. Diese Tragik ist die Basis vieler wirtschaftlicher Probleme, die zu einer Fehlallokation von Ressourcen führen.

Eng damit verbunden ist das **Free-Rider-Phänomen.** Es beschreibt die Problematik, dass Individuen oder Unternehmen von öffentlichen Gütern profitieren, ohne die Kosten dafür zu tragen, da es nicht möglich ist, diese Nutzer von der Inanspruchnahme auszuschließen. Dies führt zu einer Trittbrettfahrermentalität, bei der der Nutzen auf Kosten anderer gesteigert wird.

2.5.4 Falsche Maßzahlen

Im Folgenden werden zwei unser Energiesystem stark prägende Entscheidungskonzepte betrachtet, die LCOE (Levelized Cost of Energy) und das Merit-Order-Prinzip. Obwohl diese primär für den Strommarkt gelten, sind diese auch für die Wärmewende relevant, weil Strom und Wärme über die Sektorenkopplung verbunden sind und Strom einen wesentlichen Teil der Wärme ersetzen soll.

LCOE – Levelized Cost of Energy/Electricity
Das Konzept der Levelized Cost of Energy (LCOE) ist ein breit anerkanntes Instrument zur Bewertung der Kosten der Energieerzeugung und wird häufig zur Vergleichbarkeit

von Technologien herangezogen. Es basiert auf einem betriebswirtschaftlichen Ansatz der Unternehmensbewertung, der auf der Discounted-Cashflow (DCF)-Methode fußt. Dabei werden die gesamten Kosten über den Lebenszyklus einer Anlage (Investitions- und Betriebskosten) auf die erzeugte Energie bezogen, um eine einheitliche Vergleichsbasis zu schaffen, siehe Formel, Fraunhofer ISE 2024.

$$LCOE = \frac{I_0 + \sum_{t=1}^{n} \frac{A_t}{(1+i)^t}}{\sum_{t=1}^{n} \frac{M_{t,el}}{(1+i)^t}}$$

LCOE Stromgestehungskosten in EUR/kWh
I_0 Investitionsausgaben in EUR
A_t Jährliche Gesamtkosten in EUR im Jahr t
$M_{t,el}$ Produzierte Strommenge im jeweiligen Jahr in kWh
i realer kalkulatorischer Zinssatz
n wirtschaftliche Nutzungsdauer in Jahren
t Jahr der Nutzungsperiode (1, 2, ...n)

Trotz seiner weiten Anwendung gibt es mehrere Kritikpunkte an diesem Ansatz, insbesondere in Bezug auf die Bewertung erneuerbarer Energien im Vergleich zu fossilen Energien (Box 2.8).

> **Box 2.8 – Kritikpunkte am LCOE-Modell:**
> 1. Veränderung der Investitionskosten (CAPEX): Das LCOE-Modell berücksichtigt nicht die fortschreitende Verbilligung der Investitionskosten für erneuerbare Energien, insbesondere bei Photovoltaik und Windkraft. Diese Kosten sind in den letzten Jahrzehnten signifikant gesunken, und dieser Trend wird sich voraussichtlich fortsetzen (IRENA, 2019). Die vernachlässigte Abbildung dieser Entwicklung führt zu einer Verzerrung in der Bewertung des gesamten Anlagenbestands.
> 2. Veränderung der Betriebskosten (OPEX): Für fossile Energien werden durch steigende Rohstoffpreise, regulatorische Vorgaben und CO_2-Preise höhere Betriebskosten erwartet. Diese exponentiellen Kostensteigerungen werden im LCOE-Modell nicht adäquat berücksichtigt, was zu einer Verzerrung zugunsten fossiler Kraftwerke führt (Lazard, 2020).
> 3. Diskontierungszins: Der im LCOE-Modell verwendete Diskontierungszins reflektiert das Investitionsrisiko. Erneuerbare Energien, die durch geringe Betriebskosten und langfristige Preisstabilität ein niedrigeres Risiko aufweisen, sollten einen geringeren Diskontierungszins haben als fossile Energien, die

durch volatile Rohstoffpreise und steigende regulatorische Anforderungen höheren Risiken ausgesetzt sind. Dies wird im Modell jedoch unzureichend abgebildet (Jenkins & Thernstrom, 2017).
4. Kosten-Nutzen-Betrachtung: Das LCOE-Modell berücksichtigt nur die Kosten der Energieerzeugung, vernachlässigt jedoch den wirtschaftlichen Nutzen, der durch Eigenproduktion entsteht. In einer dezentralisierten Energiewirtschaft spielt der Unterschied zwischen Erzeugungskosten und Marktpreisen für überschüssige Energie, die gespeichert oder verkauft werden kann, eine wichtige Rolle, die im Modell fehlt (IRENA, 2019).
5. Struktur der Grenzkosten: Erneuerbare Energien weisen, nachdem die Anlagen errichtet wurden, Null-Grenzkosten auf, während fossile Energien durch steigende Kosten belastet sind. Diese langfristigen Unterschiede werden im LCOE-Modell nicht ausreichend abgebildet, was zu einer strukturellen Benachteiligung erneuerbarer Energien führt (Lazard, 2020).

Das gegenwärtige LCOE-Konzept führt dazu, dass die Kosten fossiler Energien systematisch unterbewertet werden, während die wirtschaftlichen Vorteile erneuerbarer Energien unzureichend abgebildet sind. Dies begünstigt eine Fortsetzung der Investitionen in fossile Infrastrukturen, die zunehmend zu *stranded assets* führen, also zu noch betriebsfähigen, aber nicht mehr wettbewerbsfähigen Anlagen (Christensen, 1997).

Das LCOE-Modell trägt somit zur Erhaltung des Status quo bei und erschwert den Markteintritt für erneuerbare Energien, die technologisch und wirtschaftlich überlegen sind. Dies bestätigt das beschriebene Innovationsdilemma, bei dem alte Technologien den Markteintritt neuer, überlegener Lösungen behindern.

Merit-Order
Das Merit-Order-Prinzip basiert auf der Priorisierung von Kraftwerken nach ihren Grenzkosten, wobei Kraftwerke mit den niedrigsten Grenzkosten zuerst in das Stromnetz einspeisen. Der Strompreis wird letztlich von dem Kraftwerk mit den höchsten Grenzkosten bestimmt, das zur Deckung der Nachfrage benötigt wird. Dieses System hat jedoch mehrere Schwächen, insbesondere in Bezug auf erneuerbare Energien und langfristige Kosten (Box 2.9).

> Box 2.9 – Kritikpunkte am Merit-Order-System:
> 1. **Unvollständige Berücksichtigung von Kernenergie-Kosten:** Kernkraftwerke werden oft zu günstig bewertet, da langfristige Kosten, wie die Endlagerung radioaktiven Materials und Sicherheitskosten, nicht vollständig in die Grenzkosten einbezogen werden. Diese sogenannten „Ewigkeitskosten" verzerren die tatsächliche Wirtschaftlichkeit der Kernkraft und führen zu unangemessen niedrigen Preisen (Eyl-Mazzega & Mathieu, 2021).

2. **Erneuerbare Energien und Grenzkosten:** Erneuerbare Energien wie Wind- und Solarenergie haben nahezu keine Grenzkosten, sobald sie installiert sind. Allerdings wird dieser Vorteil im Merit-Order-System nicht angemessen an den Markt weitergegeben, da das Modell auf der Preissetzung durch die teuersten Kraftwerke basiert (Agora Energiewende, 2021).
3. **Preissteigerung durch Preissetzung:** Da der Strompreis durch die Grenzkosten des teuersten Kraftwerks bestimmt wird, das zur Deckung der Nachfrage benötigt wird (oft Gaskraftwerke), führt dies zu ineffizient hohen Preisen. Auch wenn andere Anbieter mit niedrigeren Grenzkosten operieren könnten, beeinflussen die hohen Grenzkosten von Gaskraftwerken den gesamten Markt (European Commission, 2020).

Zur Optimierung des Merit-Order-Systems gibt es mehrere Ansatzpunkte, wie die Reduzierung der Spitzenlasten durch smarte Technologien wie Peak Shaving, die den Bedarf an teurer Spitzenlastenergie senken. Darüber hinaus könnten Reservekraftwerke, wie Gaskraftwerke, durch angemessene Vorhaltevergütungen ihre Stabilisierungsrolle übernehmen, ohne den Strompreis unnötig zu erhöhen (Eyl-Mazzega & Mathieu, 2021).

Ein weiterer wichtiger Aspekt ist der maximale Ausbau erneuerbarer Energien. Erneuerbare Energien haben das Potenzial, die Stromproduktion zu dominieren, insbesondere bei der Erreichung der Generation-on-Demand-Parität. Dazu sind beschleunigte Genehmigungsverfahren und die Bereitstellung von Flächen für erneuerbare Energien erforderlich. Länder wie Oman investieren bereits in großem Umfang in erneuerbare Energien, um sich auf die postfossile Ära vorzubereiten (Agora Energiewende, 2021).

Die **Merit-Order** wird seit den Marktverzerrungen durch den Beginn des Ukraine-Krieges am 24.2.2022 intensiv diskutiert und teilweise neu geregelt, insbesondere was den Einsatz von Gaskraftwerken betrifft. Die Bundesnetzagentur, in Zusammenarbeit mit europäischen Regulierungsbehörden und im Rahmen von EU-weiten Reformen, beschäftigt sich mit der Anpassung der Strommarktmechanismen, um auf die veränderte Energielandschaft zu reagieren (FFE, 2022).

Erweiterte Maßzahlen für die Wärmewende

Beide Konzepte, LCOE und Merit-Order, sind nicht nur im Kontext Strom, sondern auch bezüglich der Wärmewende relevant. Die Wärmewende zielt auf die Dekarbonisierung des Wärmesektors ab, indem fossile Brennstoffe durch erneuerbare Energien, Elektrifizierung und energieeffiziente Technologien ersetzt werden sollen. Gegenüber Strom weist die Wärmeproduktion eine Dynamik auf, zum Beispiel durch die Einbeziehung von Speichersystemen, saisonale Schwankungen und die Notwendigkeit der Vorhaltung von Kapazitäten. Um eine erfolgreiche Wärmewende zu gewährleisten, müssen neue Bewertungsmaßstäbe entwickelt werden, die nicht nur die kurzfristigen Grenzkosten be-

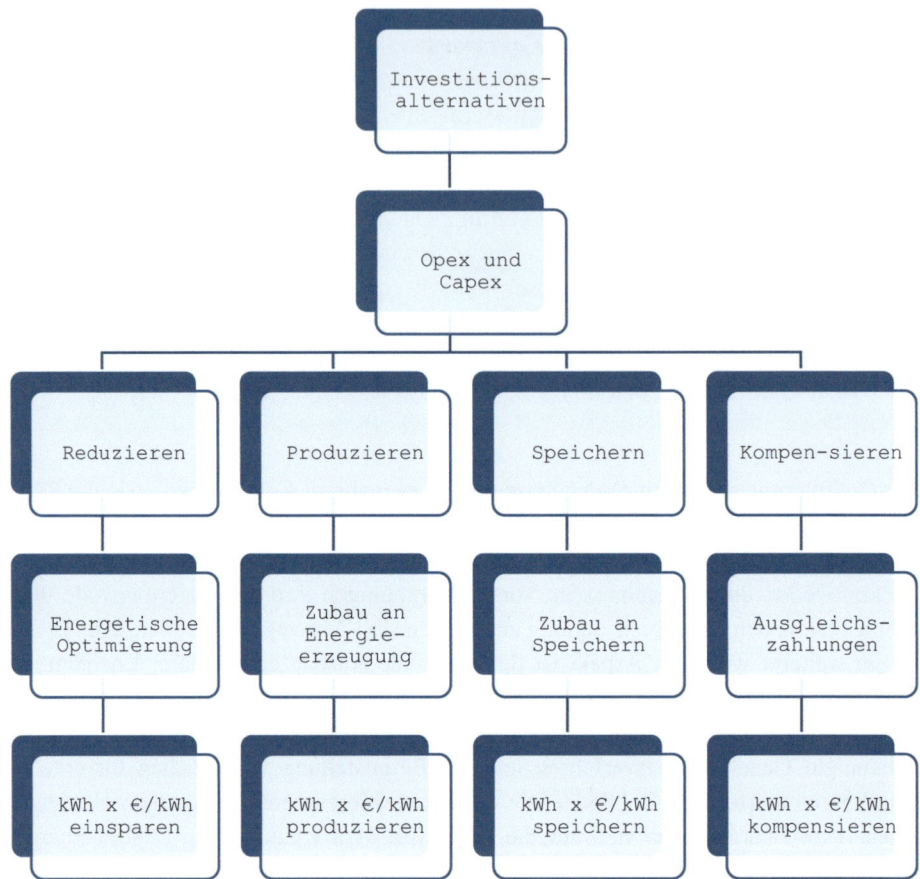

Abb. 2.10 Investitionsalternativen Wärmewende

trachten, sondern auch die langfristigen, systemischen und volkswirtschaftlichen Vorteile erneuerbarer Energien und effizienter Wärmeerzeugungstechnologien erfassen.

Abb. 2.10 verdeutlicht die kommunizierenden Röhren der Handlungsalternativen bezüglich der Wärmewende: reduzieren, produzieren, speichern und kompensieren. Da es am Ende immer um eine Optimierungsaufgabe der kWh und ihres Preises geht, der auch die CO_2-Schäden berücksichtigen muss, wird deutlich, wie wichtig transparente verzerrungsfreie Preissignale der Energie und der CO_2-Emissionen sind.

2.5.5 Steuern, Abgaben, Umlagen

Neben direkten ordnungspolitischen Eingriffen wie Verboten sind Steuern, Abgaben, Umlagen auch infolge von Subventionen ein wesentlicher Parameter für Marktverzerrungen.

2.5 Marktverzerrungen als Transformationsbremse

Dies wird im Folgenden am Beispiel der Stromanalysen des BDEW verdeutlicht. Das Beispiel Strom ist relevant, weil in der Elektrifizierung durch erneuerbare Energien aufgrund der technischen Wirkungsgradvorteile ein wesentlicher Hebel zur Primärenergieproduktion und Dekarbonisierung liegt.

Der BDEW (Juli 2024) unterscheidet in seinen Analysen des Strompreises folgende Komponenten:

1. **Beschaffung, Vertrieb:** Dies sind die Kosten für den tatsächlichen Stromkauf und den Vertrieb durch die Stromversorger.
2. **Netzentgelt inklusive Messung und Messstellenbetrieb:** Kosten für den Betrieb und die Wartung der Stromnetze sowie die Messung und Abrechnung des Stromverbrauchs.
3. **Mehrwertsteuer:** Die Mehrwertsteuer auf den Strompreis, die in Deutschland 19 % beträgt. Sie wirkt kumulativ auch auf die im Folgenden beschriebenen Abgaben, Aufschläge, Umlagen und die Stromsteuer, also steuersystematisch eine Steuer auf eine Steuer.
4. **Konzessionsabgabe:** eine Abgabe, die Kommunen für die Nutzung von öffentlichen Wegen durch Stromnetze erheben.
5. **EEG-Umlage:** Diese Umlage zur Förderung erneuerbarer Energien entfiel ab dem 1. Juli 2022.
6. **KWK-Aufschlag:** Dieser Beitrag dient der Förderung der Kraft-Wärme-Kopplung (KWK).
7. **§ 19 StromNEV-Umlage:** eine Umlage zur Finanzierung der Netzkostenausgleichung für Großverbraucher.
8. **Offshore-Netzumlage:** Diese deckt die Kosten für den Netzausbau von Offshore-Windparks.
9. **Umlage für abschaltbare Lasten:** Dient der Stabilisierung des Stromnetzes, indem Unternehmen, die sich bereit erklären, ihren Stromverbrauch bei Bedarf zu reduzieren, vergütet werden.
10. **Stromsteuer:** Eine staatliche Abgabe auf den Stromverbrauch.

Die Aufzählung verdeutlicht die Komplexität der Zusammensetzung des Strompreises für Endkunden.

Sowohl bei privaten Haushalten als auch für die Industrie betrugen die 8 Positionen, die direkt nichts mit der Erzeugung und Verteilung des Stroms zu tun haben (Steuern, Abgaben, Umlagen und Aufschläge), im Jahr 2021 etwa die Hälfte der Stromkosten.

Abb. 2.11 beschreibt die Strompreise für Haushalte und Industrie nach deren Zusammensetzung zwischen Erzeugung und Netzentgelten einerseits und Steuern, Abgaben, Umlagen und Aufschlägen andererseits. Basisjahr ist 2021 vor der Energiepreiskrise infolge des Ukrainekrieges. Vergleichsperiode ist das erste Halbjahr 2024, nachdem die politischen Maßnahmen getroffen wurden.

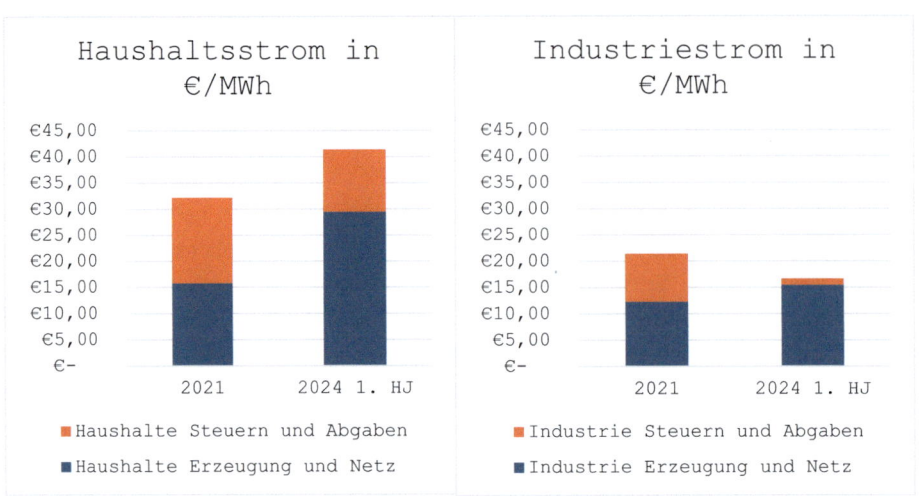

Abb. 2.11 Entwicklung Strompreise (Quelle: BDEW, eigene Darstellung)

Strompreis für die Industrie

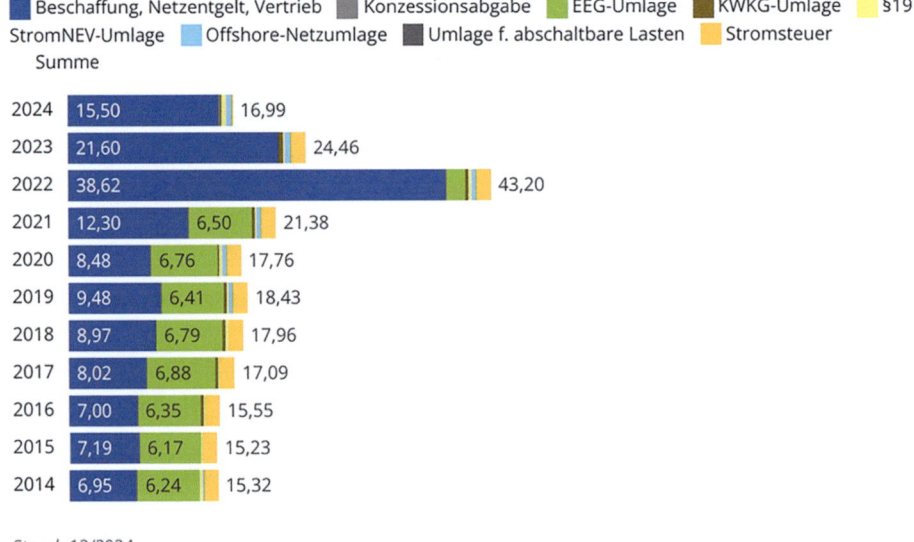

Abb. 2.12 Entwicklung Industriestrompreise (Quelle: BDEW, 2024)

Abb. 2.12 zeigt am Beispiel des Industriestrompreises, der keine Mehrwertsteuer als durchlaufenden buchhalterischen Posten trägt, wie stark und in welcher Geschwindigkeit die Politik die nicht mit der Energie verbundenen Kosten in Form von Steuern, Abgaben und Umlagen infolge der Energiepreiskrise gesenkt hat. Die gesamten Umlagekosten für die Industrie gingen von 2021 von 9,08 ct/kWh (42,5 %) auf 1,49 ct/kWh (8,9 %) im Jahr 2024 zurück. Zwischen 2014 und 2020 betrug das Verhältnis im Durchschnitt 52,3 %:

2.6 CO_2-Bepreisung – Anreize zur Dekarbonisierung

Das Instrument der CO_2-Bepreisung wurde unter Abschn. 2.1.5 als wesentliche Voraussetzung eines funktionalen Marktdesigns vorgestellt. Hier wird dieses Instrument detaillierter dargestellt.

Abb. 2.13 fasst die wesentlichen Komponenten eines effektiven CO_2-Bepreisungssystems zur **anreizkompatiblen CO_2-Bepreisung** zusammen und kann sich auf grundlegende wissenschaftliche Theorien zur CO_2-Bepreisung stützen.

Ronald Coase trug wesentliche Grundlagen zur CO_2-Bepreisung bei, Box 2.10.

> **Box 2.10 – Das Coase-Theorem als Basis der CO_2-Bepreisung (Coase, 1960)**
> Coase, der 1991 den Nobelpreis für Wirtschaftswissenschaften erhielt, stellte 1960 die Theorie auf, dass Marktteilnehmer unter bestimmten Bedingungen negative externe Effekte wie Umweltverschmutzung durch Verhandlungen und Eigentumsrechte effizient internalisieren könnten, solange Eigentumsrechte klar definiert sind und Transaktionskosten gering sind.
>
> **Externe Effekte:** Coases Arbeit ist entscheidend für das Verständnis, warum CO_2-Bepreisung notwendig ist. CO_2-Emissionen sind ein klassisches Beispiel für einen negativen externen Effekt, bei dem die Kosten der Emissionen (Klimawandel, Umweltschäden) nicht von den Verursachern, sondern von der Gesellschaft getragen werden. Die Bepreisung von CO_2 ist ein Mechanismus, um diese externen Kosten zu internalisieren, indem die Emittenten für ihre Verschmutzung zahlen müssen.
>
> **Marktbasierte Mechanismen:** Das Coase-Theorem argumentiert, dass, wenn Eigentumsrechte an Emissionen definiert sind und Marktteilnehmer über den Preis für Emissionen verhandeln können, eine effiziente Lösung gefunden werden kann. Dies bildet die theoretische Grundlage für Emissionshandelssysteme, wie das EU ETS, wo Emissionszertifikate wie Eigentumsrechte gehandelt werden, um Emissionen effizient zu reduzieren.

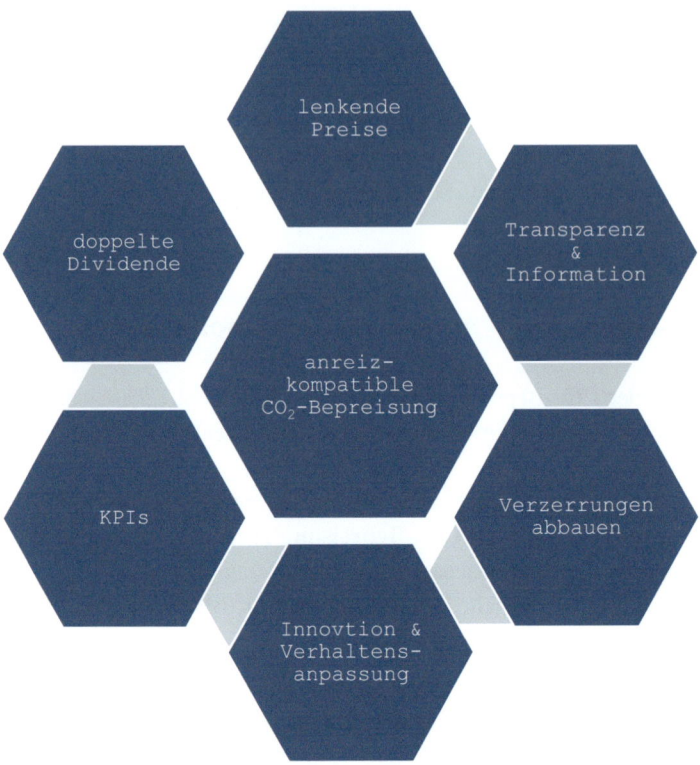

Abb. 2.13 Komponenten anreizkompatibler CO_2-Bepreisung

> **Transaktionskosten:** Ein zentrales Element der Arbeit von Coase ist das Konzept der Transaktionskosten. Für den CO_2-Markt bedeutet das, dass die Effektivität eines Emissionshandelssystems oder einer CO_2-Steuer davon abhängt, wie einfach es ist, Emissionsrechte zu handeln und zu überwachen, und wie hoch die administrativen Kosten sind. Niedrige Transaktionskosten führen zu effizienteren Märkten.

Aufbauend auf Coase sind u. a. der Nobelpreisträger William Nordhaus, der Stern-Report, IPCC-Berichte, OECD-Studien und das EU-Emissionshandelssystem zu nennen, die diese Ansätze weiterentwickelt haben.

Lenkende Preise sind ein zentraler Bestandteil solcher Systeme und werden durch William Nordhaus' DICE-Modell (Dynamic Integrated Climate-Economy Model) unterstützt. Das Modell zeigt, dass ein globaler CO_2-Preis die effizienteste Methode ist, um die wirtschaftlichen Kosten des Klimawandels zu internalisieren. Durch CO_2-Bepreisung können Emissionen effizienter gesteuert und Entscheidungen hin zu umweltfreundlicheren Alternativen gelenkt werden (Nordhaus, 1992).

Ein zentraler Aspekt eines erfolgreichen CO_2-Bepreisungssystems sind **Transparenz und Information.** Laut dem IPCC (2021) ist Transparenz entscheidend, um die Akzeptanz von CO_2-Bepreisungsmechanismen bei der Bevölkerung und den betroffenen Unternehmen zu erhöhen. Ohne klare Informationen über die Preisstrukturen und die Verwendung der Einnahmen könnte es Widerstand gegen solche Maßnahmen geben.

Das **Abbauen von Verzerrungen** ist ein weiterer bereits oben behandelter entscheidender Punkt, wie die OECD (2013) und der Stern-Review (2006) betonen. Subventionen für fossile Brennstoffe verzerren den Energiemarkt und schaffen ein ungünstiges Umfeld für saubere Technologien. Eine faire CO_2-Bepreisung kann diese Marktverzerrungen beseitigen und so den Wettbewerb zwischen emissionsarmen und emissionsintensiven Technologien ausgleichen.

Ein weiterer wichtiger Hebel wirksamer CO_2-Bepreisung ist die Förderung von **Innovation und Verhaltensanpassung.** Laut dem Stern-Review (2006) schafft die Bepreisung von CO_2 Anreize für technologische Innovationen, indem sie den Wettbewerb zwischen emissionsarmen und traditionellen Technologien stimuliert. Dies führt zu signifikanten Verhaltensänderungen bei Unternehmen und Konsumenten.

Aus Umsetzungssicht betonen die OECD und andere Experten die Bedeutung von **KPIs (Key Performance Indicators),** um den Erfolg von CO_2-Bepreisungssystemen zu überwachen. KPIs ermöglichen es, den Fortschritt bei der Reduzierung von Emissionen, die wirtschaftliche Effizienz und die soziale Akzeptanz von Maßnahmen zu bewerten.

Als Ergebnis einer konsequenten CO_2-Bepreisung steht das Konzept der **doppelten Dividende,** siehe Abschn. 2.2.4.5. Die OECD und der Stern-Report argumentieren, dass CO_2-Bepreisung nicht nur Emissionen reduzieren, sondern auch zur Senkung anderer verzerrender Steuern führen kann. Diese Steuersenkungen steigern die wirtschaftliche Effizienz und fördern gleichzeitig die Beschäftigung.

2.6.1 CO_2-Preise – Bedeutung und Notwendigkeit

Wie der Nobelpreisträger William Nordhaus betonte, ist ein global einheitlicher CO_2-Preis unverzichtbar für eine kosteneffektive Dekarbonisierung der Weltwirtschaft. Ohne einen angemessenen CO_2-Preis sind alle Alternativen mit höheren Kosten verbunden (Edenhofer et al., 2018). Derzeit existieren weltweit etwa 70 CO_2-Bepreisungssysteme, die insgesamt rund 15–24 % der globalen Treibhausgasemissionen abdecken (World Bank, 2024).

> „Unter Ökonomen besteht ein breiter Konsens, dass ein sektorübergreifender und weltweiter CO_2-Preis das kosteneffektivste Instrument zur Emissionsreduktion ist".
> Edenhofer, O., & Flachsland, C. (2018, S. 3).

Ein einheitlicher CO_2-Preis ist eine wichtige Voraussetzung für die kosteneffiziente Reduzierung von Treibhausgasemissionen, da CO_2 unabhängig von der Quelle immer die gleiche Wirkung auf das Klima hat. Derzeit sind jedoch die CO_2-Bepreisungen zwischen verschiedenen Energieträgern und Sektoren stark unterschiedlich. So unterliegt etwa die Verbrennung von Kohle und Gas in Haushalten, der Industrie oder der Stromerzeugung sehr unterschiedlichen Steuersätzen und Abgaben. Diese Inkohärenz verringert die Effektivität der Preissignale und führt zu Wettbewerbsverzerrungen zwischen den Sektoren (Levinger & Schwarz, 2023).

2.6.2 CO_2-Preise – Ausgestaltung

Das EU ETS (Europäisches Emissionshandelssystem) ist das zentrale Instrument zur Reduzierung von Treibhausgasen in der Europäischen Union. Allerdings wird das Preissignal des EU ETS häufig als instabil und unzureichend kritisiert, um die erforderlichen Investitionen in emissionsarme Technologien voranzutreiben. Es mangelt an Transparenz und Klarheit bezüglich der zukünftigen Preisentwicklung, was für Investoren Unsicherheit schafft und dazu führt, dass der CO_2-Preis keine verlässlichen Rahmenbedingungen für langfristige Investitionen bietet (Edenhofer, 2018). Daher sind neben einem stabilen CO_2-Preis auch weiterhin ordnungspolitische Maßnahmen notwendig, um die Dekarbonisierung voranzutreiben und Emissionsziele sicher zu erreichen.

Das KfW-Research-Papier von Levinger und Schwarz (2023) formuliert die CO_2-Bepreisung als ökonomisch sinnvollen stabilen und langfristigen Rahmen für die Transformation (Box 2.11).

> **Box 2.11 – Der CO_2-Preis als Leitinstrument erfolgreicher Klimapolitik**
> „Volkswirtschaftlich effizient können Treibhausgasemissionen dann reduziert werden, wenn die nächste Einheit dort eingespart wird, wo dies am günstigsten ist, unabhängig davon, an welchem Ort, durch welche Technologie, in welchem Sektor wirtschaftlicher Aktivität und durch welchen Emittenten dies geschieht. Nach diesem Prinzip sind die – jeweils nach dem Stand der technischen Möglichkeiten – am tiefsten hängenden Früchte zuerst zu ernten. Durch technologischen Fortschritt wird es über die Zeit möglich, notwendige Einsparungen günstiger zu erzielen.
>
> Im Gegensatz zur Nutzung ordnungsrechtlicher Maßnahmen wie Geboten, Verboten, Auflagen oder Grenzwerten werden keine Informationen darüber benötigt, wo die Minderung der Emissionen am kostengünstigsten ist. Ein CO_2-Preis sendet vielmehr Preissignale, an denen die Akteure ihr individuelles Handeln ausrichten, und sorgt auf diese Weise für die Koordination aller Einzelentscheidungen. Dies ist besonders wichtig, weil der gesellschaftlich vereinbarte Transformationsprozess sich über einen langen Zeitraum erstrecken wird. Die große Stärke des Instruments

> liegt darin, dass durch einen steigenden CO_2-Preis für die Marktakteure kontinuierlich Anreize bestehen, dem Transformationspfad zu folgen. Ein CO_2-Preis bietet auch eine wertvolle Einnahmequelle für den Staat, die für einen sozialen Ausgleich eingesetzt werden kann."
>
> Levinger, H., & Schwarz, M. (2023, S. 2).

2.6.3 Sektorbezogene CO_2-Abbaupfade

Globale und einheitliche CO_2-Preise sind der Schlüssel für eine kosteneffiziente Dekarbonisierung, da sie über Sektorengrenzen hinweg gleiche Anreize setzen und sicherstellen, dass Emissionen dort reduziert werden, wo es am rentabelsten ist. Ein weltweit koordinierter CO_2-Preis würde auch den internationalen Wettbewerb ausgleichen. In der gegenwärtigen Situation, in der CO_2-Preise und Regulierungen zwischen Ländern und Sektoren stark variieren, entstehen tatsächliche Wettbewerbsverzerrungen, da Unternehmen in Ländern mit niedrigen oder gar keinen CO_2-Kosten einen wirtschaftlichen Vorteil gegenüber Unternehmen in Ländern mit höheren CO_2-Preisen haben.

Eine internationale Koordination, möglicherweise durch bi- oder multilaterale Abkommen, könnte den Weg zu einer global einheitlichen CO_2-Bepreisung ebnen und dabei helfen, das wirtschaftliche Potenzial der Dekarbonisierung voll auszuschöpfen (Levinger & Schwarz, 2023).

Preissignale und Rahmenbedingungen führen zu Handlungen im Markt. Bezogen auf die Dekarbonisierung bedeutet dies, dass aus Vorgaben und Preisen Mengen werden, die Mengen an eingespartem CO_2.

In Abb. 2.14 sind die unterschiedlichen CO_2-Abbaupfade in Deutschland nach Sektoren in Millionen Tonnen (MT) pro Jahr dargestellt. Die Daten stammen von der Agora Energiewende (Agora, 2024) und sind bis 2023 Realdaten und zeigen danach den Verlauf zu den Sektorzielen im Jahr 2030.

Insgesamt oszilliert Deutschland um einen Jahresausstoß von rd. 700 MT.

Anhand der unterschiedlich starken negativen Steigung erkennt man, dass die ordnungspolitischen und CO_2-Preisimpulse zu sehr unterschiedlichen mengenmäßigen Auswirkungen der CO_2-Reduktion führen.

Die hinter Abb. 2.14 zu vermutenden Rahmenbedingungen der CO_2-Bepreisung beschrieben Edenhofer und Flachsland (2018) wie folgt:

> „Ein einheitlicher weltweiter CO_2- Preis dürfte sich jedoch zumindest kurz- und mittelfristig politisch nicht durchsetzen lassen. Die Staaten könnten aber ihre CO_2-Preise koordinieren und schrittweise anheben. Transferzahlungen zur Kompensation der entsprechenden Kosten können dabei eine wichtige Rolle spielen und sind grundsätzlich in der Architektur des Pariser Klimaabkommens, etwa durch den Green Climate Fund, angelegt."
>
> Edenhofer, O., & Flachsland, C. (2018, S. 3)

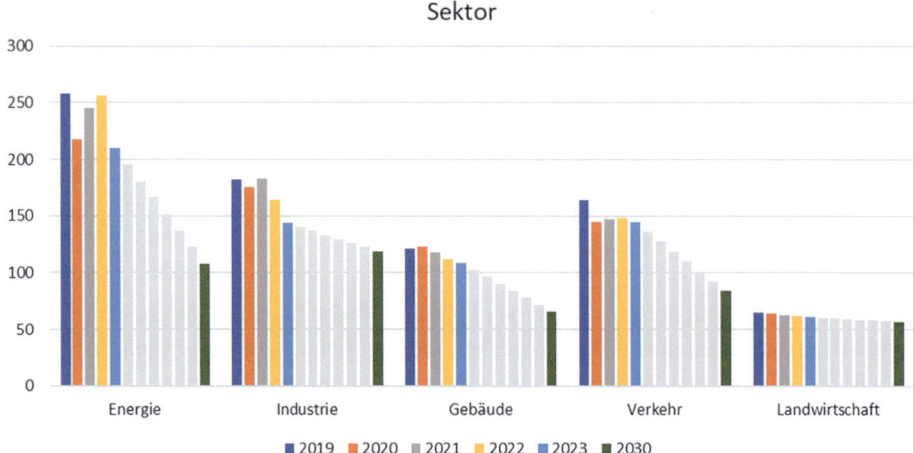

Abb. 2.14 CO_2-Emissionen nach Sektoren (Quelle Agora Energiewende, eigene Darstellung, grau: Abbaupfad)

2.7 Energiepreise im internationalen Vergleich

Das Ergebnis der bisherigen Überlegungen findet seinen Niederschlag aggregiert in den tatsächlichen Energiepreisen, und Energiepreise beeinflussen wirtschaftliche Entscheidungen.

Die Energiepreise enthalten die jeweiligen Rahmenbedingungen aus Gestehung, Netzentgelten zur Verteilung und politischen Zusatzbelastungen und Rahmenbedingungen.

Die Energiepreise Deutschlands sowohl für Haushalte als auch für die Industrie sind im internationalen Vergleich hoch. Eine im ew-Magazin für die Energiewirtschaft 10/2024 veröffentlichte Vergleichsanalyse auf Basis von Zahlen der IEA verdeutlicht den hierdurch entstehenden Wettbewerbsnachteil für die Energieformen Strom und Gas (Schiffer, 2024).

Die Zahlen aus der Analyse wurden in Abb. 2.15 neu gegliedert, um die Kostennachteile Deutschlands gegenüber dem Durchschnitt der OECD-Länder und gegenüber den USA als führender Industrienation zu verdeutlichen.

Die Unterschiede in den Strompreisen sind nicht primär durch Produktionskosten bedingt, sondern resultieren vor allem aus der Preispolitik, einschließlich Steuern, Abgaben, Umlagen sowie den Markt- und Angebotsstrukturen. Anstatt auf komplexe Förderprogramme oder unpopuläre Regulierungen zu setzen, könnte die Energiewende durch eine Neugestaltung der Strompreispolitik zur Skalierung der Elektrifizierung wesentlich beschleunigt werden. Eine solche Reform wäre nicht nur aus ordnungspolitischer Sicht sinnvoll, um mehr Transparenz zu schaffen, sondern inzwischen auch

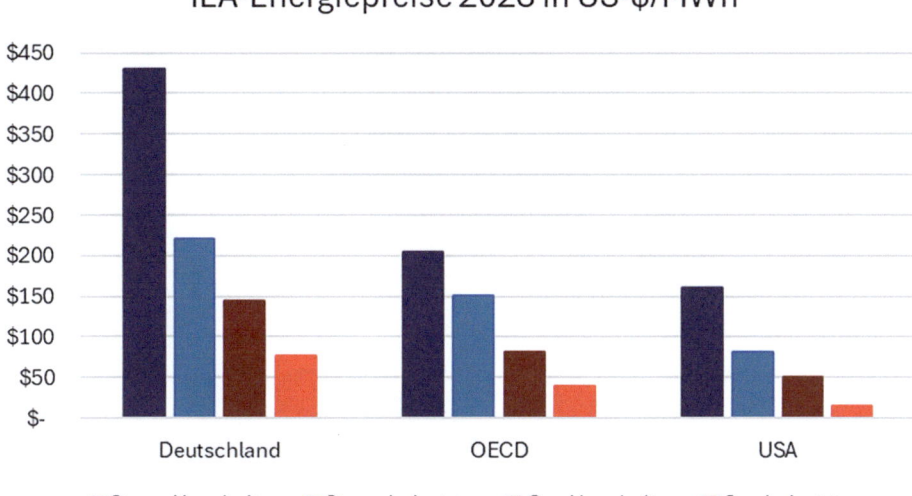

Abb. 2.15 IEA-Energiepreise 2023 im internationalen Vergleich (Quelle: Schiffer, 2024)

aus Wettbewerbsgründen geboten. Eine wettbewerbsfähigere Preisgestaltung würde zudem die Akzeptanz der Energiewende erhöhen und den Übergang zu erneuerbaren Energien erleichtern.

2.8 Ausblick

Durch die technologische und politisch-gesellschaftliche Dynamik wird die Wärmewende an Bedeutung gewinnen. Die Handlungsoptionen der Politik, Wissenschaft, Wirtschaft und Bevölkerung und die Auswirkungen dieser Handlungsoptionen auf die einzelnen Sektoren und die Standortattraktivität einerseits und die Erfüllung der Klimaziele andererseits werden aufgrund ihrer wirtschaftlichen Relevanz zunehmend diskutiert werden.

Abb. 2.16 zeigt die drei großen Handlungsfelder der Wärmewende: Ordnungspolitik, Wirtschaftspolitik und internationale Ansätze.

> „Der Klimawandel wird von allen Staaten weltweit gemeinsam beeinflusst und wird sich auf nationalstaatlicher Ebene nicht lösen lassen (Levinger, Schwarz, 2023, S. 1)."

Damit die internationale Ebene nicht als Vorwand genutzt werden kann, auf nationaler Ebene zu warten, sind die Handlungsalternativen auf nationaler Ebene so zu gestalten, dass sie sichtbar zu Problemlösungen führen, die auch wirtschaftlich erfolgreich sind.

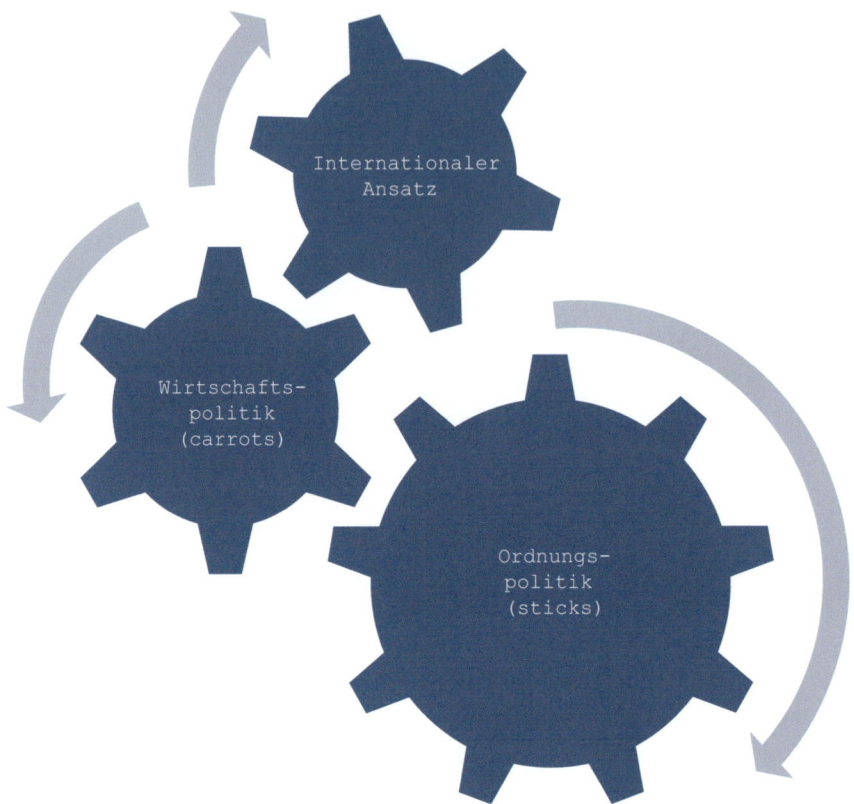

Abb. 2.16 Handlungsfelder der Wärmewende

Durch die Dynamiken neuer Technologien und deren Kombinationen ergeben sich auf der Potenzialseite neue Umsetzungsmöglichkeiten im Sinne des Machbaren, die vorher allenfalls denkbar waren. Andererseits wird vor dem Hintergrund zunehmender gesellschaftlicher Kosten und damit einhergehender Polarisierung die Wirksamkeit von Handlungsalternativen hinterfragt.

2.8.1 Carrots and Sticks

Abb. 2.17 zeigt die zwei Pole auf dem Weg zur Dekarbonisierung: **Ordnungspolitik** und **Wirtschaftspolitik,** auch als *sticks* und *carrots* bezeichnet, auf Deutsch Peitsche und Zuckerbrot. In Anlehnung an Edenhofer und Flachsland (2018) wird als Reihenfolge gewählt, in einer Anfangsphase zuerst die Ordnungspolitik und danach die Wirtschaftspolitik zu gewichten.

2.8 Ausblick

Abb. 2.17 Carrots & Sticks – zwei Pole der Dekarbonisierung

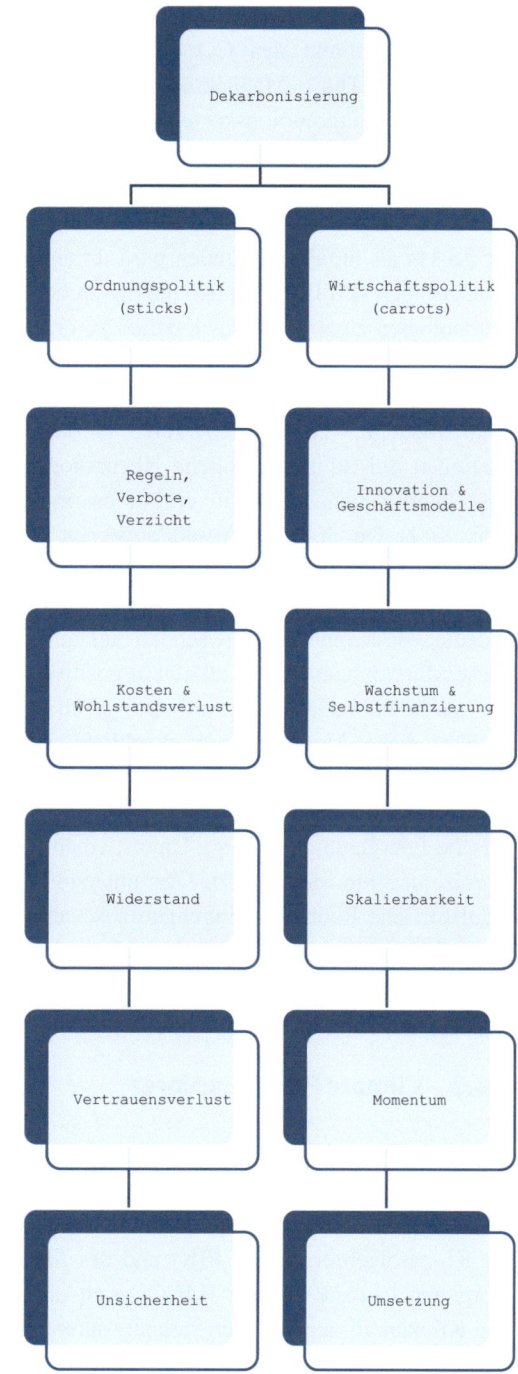

Der **ordnungspolitische Ansatz** umfasst Maßnahmen wie Regeln, Verbote und Verzicht, die direkt den CO_2-Ausstoß reduzieren sollen (Edenhofer, Flachsland & Knopf, 2021). Diese Maßnahmen führen häufig zu Kosten und Wohlstandsverlusten, da sie erhöhte Produktionskosten und Einschränkungen im Verbrauch nach sich ziehen. Das kann Widerstand bei Unternehmen und Bürgern auslösen, die sich wirtschaftlich belastet fühlen (Flachsland, Edenhofer & Gawel, 2020). Dies wiederum kann zu einem Vertrauensverlust in politische Institutionen führen, insbesondere wenn die Verteilung der Lasten als unfair empfunden wird. In einem solchen Klima der Unsicherheit neigen Unternehmen und Bürger dazu, inaktiv zu bleiben und Investitionen in klimafreundliche Technologien zu zögern, was letztlich zu einem Zustand der Unsicherheit führt, in dem keine weiteren Fortschritte erzielt werden (Europäische Kommission, 2015).

Im Gegensatz dazu setzt der **wirtschaftspolitische Ansatz** auf Innovation und Geschäftsmodelle, die durch Anreize gefördert werden. Eine CO_2-Bepreisung, Subventionen für klimafreundliche Technologien oder Steuervergünstigungen motivieren Unternehmen, selbst in emissionsarme Innovationen zu investieren (Edenhofer et al. 2021). Durch diesen Ansatz entstehen Wachstum und Selbstfinanzierung, da nachhaltige Geschäftsmodelle langfristig profitabel sind und neue Märkte erschließen können. Diese Technologien bieten zudem das Potenzial für eine hohe Skalierbarkeit, was bedeutet, dass Innovationen schnell auf andere Sektoren ausgeweitet werden können. Diese Marktdynamik führt zu einem positiven Momentum, das den Dekarbonisierungsprozess beschleunigt und eine breite gesellschaftliche Akzeptanz findet. Durch die Erzeugung dieses Momentums wird schließlich die Umsetzung der Klimaziele ermöglicht (Flachsland et al., 2020).

Zur Förderung des Übergangs zu einem CO_2-armen Energiesystem will die Europäische Energieunion (Energy Union) einen integrierten Energiemarkt schaffen, der auf Anreize und Innovation setzt. Dies unterstützt den wirtschaftspolitischen Ansatz, indem regulatorische Rahmenbedingungen geschaffen werden, die Investitionen in emissionsarme Technologien fördern und die Dekarbonisierung beschleunigen (European Commission, 2015).

2.8.2 Climate Policy Explorer

Welche Politikmaßnahmen beim Klimaschutz wirken und welche nicht, wurde erstmals systematisch im Rahmen des „Climate Policy Explorer" wissenschaftlich untersucht.

Der „Climate Policy Explorer", ein Projekt unter der Leitung des Potsdam-Instituts für Klimafolgenforschung (PIK) und des Mercator Research Institute on Global Commons and Climate Change (MCC), zielt darauf ab, die Wirkung einer breiten Palette von Klimapolitikmaßnahmen zu analysieren, die bisher kaum untersucht wurden. In Zusammenarbeit mit internationalen Partnern wie der Universität Oxford und der OECD wird so eine systematische Evaluierung politischer Ansätze in verschiedenen Sektoren und Regionen, einschließlich der oft vernachlässigten Entwicklungsländer, durchgeführt.

Eine zentrale Erkenntnis ist, dass der Erfolg nicht von der Menge an Maßnahmen abhängt, sondern von der richtigen Kombination, insbesondere von Regulierung und preisgestützten Instrumenten wie CO_2-Steuern.

Mit einem innovativen Ansatz, der Methoden des maschinellen Lernens integriert, wurden 1500 Politikmaßnahmen von 1998 bis 2022 untersucht, die von energetischen Bauvorschriften über Kaufprämien für klimafreundliche Produkte bis hin zu CO_2-Steuern reichen. Aus diesen 1500 Maßnahmen wurden nur 63 Fälle erfolgreicher Klimapolitik identifiziert, die zu nennenswerten Emissionsminderungen von durchschnittlich 19 % führten. Darunter ist das Beispiel Chinas, das im Industriesektor auf Basis eines Pilotprojektes zeigte, wie nach der Einführung von Emissionshandelssystemen nach einigen Jahren effektiv Emissionen reduziert werden konnten. Die Analyse zeigte, dass die entscheidenden Erfolgsfaktoren auch der Abbau von Subventionen auf fossile Brennstoffe und stärkere Finanzierungshilfen bei Energieeffizienzmaßnahmen waren.

Der „Climate Policy Explorer" gibt als begleitendes Dashboard zusätzlichen Überblick über die Ergebnisse, Analyse und Methoden und steht als interaktives Angebot öffentlich zur Verfügung. http://climate-policy-explorer.pik-potsdam.de/

https://www.pik-potsdam.de/de/aktuelles/nachrichten/was-wirklich-wirkt-erfolgs-check-fuer-die-klimapolitik-aus-zwei-jahrzehnten

2.8.3 Empfehlungen Science for Global Transformation

Auf dem G20-Klimagipfel in Brasilien 2024 wurde von „Science for Global Transformation" folgender Empfehlungskatalog hinsichtlich der Energiewende aufgestellt, übersetzt durch die deutsche Akademie der Wissenschaften, Leopoldina (Science for Global Transformation, 2024):

1. Die Energiewende sollte saubere Energiequellen wie Sonnen- und Windenergie, Wasserkraft und Geothermie sowie Emissionsminderungen und negative Emissionen durch technologische und naturbasierte Ansätze integrieren.
2. Die Gesamtanstrengungen zur Emissionsminderung im Rahmen der Energiewende sollten auf der verstärkten Nutzung emissionsarmer Energiequellen, einschließlich Kernenergie und erneuerbarer Energien, in einem von Land zu Land unterschiedlichen Energiemix sowie auf dem fortschreitenden Kohleausstieg basieren.
3. Kohlenstoffabscheidung, -nutzung und -speicherung sowie marktbasierte Ansätze, wie z. B. die Bepreisung von CO_2 auf globaler Ebene, sollten zur Minimierung der CO_2-Emissionen aus fossilen Brennstoffen eingesetzt werden, während wir uns von diesen Quellen abwenden und eine emissionsarme Energiezukunft anstreben.
4. Biokraftstoffe und nachhaltiger Wasserstoff könnten insbesondere in Sektoren wie Transport und Schwerindustrie eingesetzt werden.
5. Energiequellen aus dem Meer, einschließlich Gezeiten-, Wellen- und Wärmeenergie, könnten ebenfalls für die Stromerzeugung in Betracht gezogen werden.

6. Batterien könnten als Ergänzung zu traditionellen erneuerbaren Energiequellen für die Speicherung und den Transport von Energie sowie für Lösungen zur Grundlaststromerzeugung eingesetzt werden.
7. Steigerung der Energieeffizienz und Gewährleistung einer gerecht gestalteten Senkung der Energienachfrage, die entscheidend für eine deutliche Senkung der CO_2-Emissionen und die Eindämmung des Klimawandels sind.
8. Für nachhaltige und saubere Energielösungen sollten umfassende Recyclingverfahren für die in erneuerbaren Energiesystemen verwendeten Materialien eingeführt werden.
9. Die Sensibilisierung der Öffentlichkeit für die Grundsätze der Verringerung, der Wiederverwendung und des Recyclings sowie die Einbeziehung von Interessengruppen sollten gefördert werden, um die soziale Akzeptanz zu erhöhen und die Unterstützung der Bevölkerung für saubere Energieprojekte zu gewinnen.
10. Um den Erfolg der Energiewende zu gewährleisten, sollte ein ständiger internationaler Dialog eingerichtet werden, der regelmäßigen Austausch und das Teilen von Best Practices zwischen den Ländern ermöglicht.
11. Soziale und wirtschaftliche Erwägungen sollten die Schaffung von Arbeitsplätzen, technologischen Fortschritt, gleichberechtigten Zugang zu Energie, öffentliche Beteiligung und Umweltgerechtigkeit einschließen.

2.8.4 Ansatz des BMWK (Bundesministerium für Wirtschaft und Klimaschutz)

Nach dem BMWK unter der Regierung Scholz/Habeck bis zum 6. Mai 2025 (Einflüsse der Regierung Merz/Reiche sind unberücksichtigt) hat das Strommarktdesign der Zukunft auch als Basis der Wärmewende mehrere zentrale Funktionen, die entscheidend für ein sicheres, bezahlbares und nachhaltiges Stromsystem sind. Zu diesen Funktionen gehören (BMWK, 2024):

1. **Koordination:** Der Strommarkt soll den kostengünstigsten Einsatz der verfügbaren Kapazitäten sowie der Nachfrage gewährleisten.
2. **Investitionsrahmen:** Das Marktdesign soll die notwendige Investitionssicherheit bieten, um Investitionen in neue Technologien und Kapazitäten zu ermöglichen.
3. **Räumlicher Ausgleich:** Lokale Signale im Marktdesign sollen Angebot und Nachfrage an die begrenzten Transportkapazitäten des Stromnetzes anpassen.
4. **Zeitlicher Ausgleich:** Durch Flexibilität in Angebot und Nachfrage soll der Strommarkt das Gesamtsystem kostenoptimiert steuern.

Literatur

Agora, E. (2021). *Klimaneutrales Deutschland 2045: Wie Deutschland seine Klimaziele erreichen kann.* Verfügbar unter: https://www.agora-energiewende.de/veroeffentlichungen/klimaneutrales-deutschland-2045/

Agora, E. (2024). Die Energiewende in Deutschland: Stand der Dinge 2023. Rückblick auf die wesentlichen Entwicklungen sowie Ausblick auf 2024. https://www.agora-energiewende.de/fileadmin/Projekte/2023/2023-35_DE_JAW23/A-EW_317_JAW23_WEB.pdf

Arbib, J., & Seba, T. (2020). *Rethinking Humanity.* RethinkX.

Bank for International Settlements (BIS) (2016). *Financial Stability Implications of a Shift in the Market Structure of Derivatives Trading.* Verfügbar unter: https://www.bis.org/fsi/fsipapers16.pdf

Boston Consulting Group (BCG) (2024). *Transformationspfade für das Industrieland Deutschland.* https://media-publications.bcg.com/Transformation-Paths-for-German-Industry.pdf

Bruegel (2023). *Climate versus trade: Reconciling international subsidy rules with industrial decarbonisation.* Verfügbar unter: https://www.bruegel.org/policy-brief/climate-versus-trade-reconciling-international-subsidy-rules-industrial

Bundesamt für Wirtschaft und Ausfuhrkontrolle (BAFA). (n. d.). Informationsblatt CO_2-Faktoren: Bundesförderung für Energie- und Ressourceneffizienz in der Wirtschaft – Zuschuss. Verfügbar unter https://www.bafa.de

Bundesministerium für Wirtschaft und Klimaschutz (BMWK 2023). Grenzüberschreitende Infrastrukturinvestitionen in Europa: Transformation gemeinsam stärken, verfügbar unter: https://www.bmwk.de/Redaktion/DE/Schlaglichter-der-Wirtschaftspolitik/2023/04/06-grenzuueberschreitende-infrastrukturinvestitionen-in-europa.html

Bundesministerium für Wirtschaft und Klimaschutz (BMWK 2024). *Optionen für das zukünftige Strommarktdesign.* Verfügbar unter: https://www.bmwk.de/Redaktion/DE/Publikationen/Energie/20240801-strommarktdesign-der-zukunft.html

Bundesnetzagentur (2023). *Bericht zum Redispatch nach Artikel 13 Verordnung (EU) 2019/943.* Verfügbar unter: https://www.bundesnetzagentur.de/SharedDocs/Downloads/DE/Sachgebiete/Energie/Unternehmen_Institutionen/Versorgungssicherheit/Engpassmanagement/Redispatch-Bericht2021.pdf?__blob=publicationFile&v=1

Bundesregierung (2023). *Klimaschutzbericht 2023: Fortschrittsbericht zur Erreichung der Klimaschutzziele Deutschlands.* Verfügbar unter: https://www.bmuv.de/themen/klimaschutz-anpassung/klimaschutz/nationale-klimapolitik/klimaschutzbericht

Bundesverband der Energie- und Wasserwirtschaft (BDEW). *BDEW Strompreisanalyse Juli 2024.* Abgerufen am 20.10.2024, von https://www.bdew.de/service/daten-und-grafiken/bdew-strompreisanalyse/

Christensen, C. M. (1997). *The Innovator's Dilemma: When New Technologies Cause Great Firms to Fail.* Harvard Business Review Press.

Christensen Institute. (n. d.). *Disruptive Innovation.* Verfügbar unter: https://www.christenseninstitute.org/theory/disruptive-innovation/

Clean Energy Wire (2022). *Sector Coupling: Shaping an Integrated Renewable Power System.* Verfügbar unter: https://www.cleanenergywire.org/factsheets/sector-coupling-shaping-integrated-renewable-power-system

Coase, R. H. (1960). „The Problem of Social Cost." *Journal of Law and Economics.*

Edenhofer, O. (2018). *Eckpunkte einer CO_2-Preisreform für Deutschland.* MCC und PIK.

Edenhofer, O., Flachsland, C., & Knopf, B. (2021). *Options for a Sustainable Energy Transition.* Cambridge University Press.

Edenhofer, O., & Flachsland, C. (2018). *Eckpunkte einer CO_2-Preisreform für Deutschland: Hintergrunddossier.* MCC und PIK, Hertie School of Governance.

Edenhofer, O., Pichs-Madruga, R., Sokona, Y., et al. (2015). *Climate Change 2014: Mitigation of Climate Change. Contribution of Working Group III to the Fifth Assessment Report of the IPCC.* Cambridge University Press.

ESYS. (2022). CO_2 bepreisen, Energieträgerpreise reformieren: Wege zu einem sektorenübergreifenden Marktdesign. Verfügbar unter: https://energiesysteme-zukunft.de/publikationen/detail/co2-bepreisen-energietraegerpreise-reformieren.

European Commission (2015). *A framework strategy for a resilient energy union with a forward-looking climate change policy* (Document 52015DC0080). Communication from the Commission to the European Parliament, the Council, the European Economic and Social Committee, the Committee of the Regions, and the European Investment Bank. Verfügbar unter: https://eur-lex.europa.eu/legal-content/EN/TXT/?uri=CELEX:52015DC0080

Flachsland, C., & Edenhofer, O. (2020). *CO_2-Bepreisung: Eine unverzichtbare Komponente der Klimapolitik.*

Flachsland, C., Edenhofer, O., & Gawel, E. (2020). *Carbon pricing and policy design.* Annual Review of Resource Economics.

Forschungsgesellschaft für Energiewirtschaft (FFE) (2022). *Veränderungen der Merit-Order und deren Auswirkungen auf den Strompreis.* Abgerufen am 22.10.2024, von https://www.ffe.de/veroeffentlichungen/veraenderungen-der-merit-order-und-deren-auswirkungen-auf-den-strompreis/

Foster, R. (1986). *Innovation: The Attacker's Advantage.* Summit Books.

Gartner. (n. d.). *Gartner Hype Cycle.* Verfügbar unter: https://www.gartner.com/en/research/methodologies/gartner-hype-cycle

Harvard Business School. (n. d.). *The Innovator's Dilemma: When New Technologies Cause Great Firms to Fail.* Verfügbar unter: https://www.hbs.edu/faculty/Pages/item.aspx?num=46

Institut der deutschen Wirtschaft (IW) (2024). *Wir müssen dringend investieren.* Verfügbar unter: https://www.iwkoeln.de/presse/in-den-medien/michael-huether-wir-muessen-dringend-investieren.html

Intergovernmental Panel on Climate Chane (IPCC). (2021). „Climate Change 2021: The Physical Science Basis." *Sixth Assessment Report.*

International Energy Agency (IEA) (2024). *World Energy Investment 2024: China.* Verfügbar unter: https://www.iea.org/reports/world-energy-investment-2024/china

International Energy Agency (IEA) (2022). World Energy Outlook 2022. Verfügbar unter: https://www.iea.org/reports/world-energy-outlook-2022

International Renewable Energy Agency (IRENA) (2022). *Sector Coupling for Decarbonisation.* Verfügbar unter: https://coalition.irena.org/-/media/Files/IRENA/Coalition-for-Action/Publication/IRENA_Coalition_sector_coupling_2022.pdf

International Renewable Energy Agency (IRENA) (2019). *Renewable Power Generation Costs in 2019.* Verfügbar unter: https://www.irena.org/-/media/Files/IRENA/Agency/Publication/2020/Jun/IRENA_Power_Generation_Costs_2019.pdf

Jenkins, J. D., & Thernstrom, S. (2017). *Deep Decarbonization of the Electric Power Sector: Insights from Recent Literature.* Energy Innovation Reform Project.

Kurzweil, R. (2024). *The Singularity is Nearer.* Viking.

Lazard (2020). *Levelized Cost of Energy and Levelized Cost of Storage – 2020.* Lazard's Annual Energy Analysis. Verfügbar unter: https://www.lazard.com/media/kwrjairh/lazards-levelized-cost-of-energy-version-140.pdf

Levinger, H., & Schwarz, M. (2023). *Globaler CO_2-Preis: Der schwierige Weg zu einer effektiven internationalen Antwort auf den Klimawandel* (Nr. 417). KfW Research Fokus Volkswirtschaft. Verfügbar unter https://www.kfw.de/PDF/Download-Center/Konzernthemen/Research/PDF-Dokumente-Fokus-Volkswirtschaft/Fokus-2023/Fokus-Nr.-417-Februar-2023-CO2-Preis.pdf

Mankiw, N. G. (2021). *Grundzüge der Volkswirtschaftslehre* (8. Aufl.). Schäffer-Poeschel.

Moore, G. E. (1965). *Cramming more components onto integrated circuits*. Electronics, 38(8), 114–117.

National Bureau of Economic Research (NBER) (2018). *The impact of carbon pricing on technological innovation*. Verfügbar unter: https://www.nber.org/papers/w24645

Nordhaus, William D. (1992). „An Optimal Transition Path for Controlling Greenhouse Gases." Science.

Nusser, Michael (2008): Internationale Wettbewerbsfähigkeit forschungs- und wissensintensiver Unternehmen, Wirtschaftsdienst, ISSN 0043-6275, Springer, Heidelberg, Vol. 88, Iss. 9, pp. 594–603, https://doi.org/10.1007/s10273-008-0842-2

Organisation for Economic Co-operation and Development (OECD) (2013). „Effective Carbon Prices." *OECD Publishing.*

Organisation for Economic Co-operation and Development (OECD) (2022). *Climate Action Monitor 2022: Tracking progress towards net zero.* Verfügbar unter: https://www.oecd.org/climate-change/

Porter, M. E., & van der Linde, C. (1995). Toward a New Conception of the Environment-Competitiveness Relationship. *Harvard Business Review.*

Prognos AG (2022). *Klimawandelfolgen in Deutschland: Detailuntersuchung Flut.* Verfügbar unter: https://www.prognos.com/sites/default/files/2022-07/Prognos_KlimawandelfolgenDeutschland_Detailuntersuchung%20Flut_AP2_3b_.pdf

Prognos AG (2022). *Klimawandelfolgen in Deutschland: Vergleich Flut und Hitze.* Verfügbar unter: https://www.prognos.com/sites/default/files/2022-07/Prognos_KlimawandelfolgenDeutschland_Vergleich%20Flut%20und%20Hitze_AP2_3c.pdf

Rogers, E. M. (1962). *Diffusion of Innovations*. Free Press.

Sauer, I. (2023). The lessons from 1923 for the Euro-Area: Enlightening of the dark side of (in-)solvent central banks' balance sheets. SSRN-id4620462.

Schumpeter, J. A. (1942). *Capitalism, Socialism and Democracy*. Harper & Brothers.

Schiffer, H.-W. (2024). Erdgas- und Strompreise in Deutschland im internationalen Vergleich. *ew – Magazin für die Energiewirtschaft,* 10, S. 10–18.

Shiller, R. J. (2000). *Irrational Exuberance*. Princeton University Press.

Science for Global Transformation 2024 – Science20 Brasil – Communiqué, 30. Juli 2024, verfügbar unter: https://www.leopoldina.org/fileadmin/redaktion/Publikationen/G7-Statements/2024_S20_Communique_Signed_web.pdf

Springer (2022). *Economic and ecological impacts of environmental policies.* Environmental Science and Pollution Research, 29, 18632–18640. Verfügbar unter: https://link.springer.com/article/https://doi.org/10.1007/s11356-022-21940-1#citeas

Stern, N. (2006). „Stern Review on the Economics of Climate Change." *HM Treasury.*

Stern, N. (2007). *The Economics of Climate Change: The Stern Review.* Cambridge University Press.

Stiglitz, J. E., & Rosengard, J. K. (2015). *Economics of the Public Sector* (4. Aufl.). W. W. Norton & Company.

Swanson, R. M. (2016). *Swanson's Law and the future of solar energy*. National Academy of Engineering.

Wikipedia contributors. (n. d.). Infrastruktur. In Wikipedia, Die freie Enzyklopädie. Abgerufen am 19.10.2024, von https://de.wikipedia.org/wiki/Infrastruktur

Wikipedia contributors. (n. d.). *Liste der Länder nach Bruttoinlandsprodukt.* Abgerufen am 18. Oktober 2024, von https://de.wikipedia.org/wiki/Liste_der_L%C3%A4nder_nach_Bruttoinlandsprodukt

World Bank (2024). *State and Trends of Carbon Pricing 2024.* Verfügbar unter: https://www.worldbank.org/en/news/press-release/2024/05/21/global-carbon-pricing-revenues-top-a-record-100-billion

World Economic Forum (2024). *China's financing of the green transition.* Verfügbar unter: https://www.weforum.org/agenda/2024/05/china-financing-green-transition/

World Economic Forum (2023). *India's renewable energy goals.* Verfügbar unter: https://www.weforum.org

Zeitung für kommunale Wirtschaft (2023). *Mehr Redispatch-Maßnahmen, aber geringere Kosten.* Verfügbar unter: https://www.zfk.de/politik/deutschland/redispatch-kosten-wirbel-weniger-veranschlagt

Zeit Online (2023, August). *Rückversicherung: Naturkatastrophen, Klimawandel und die steigenden Schäden.* Verfügbar unter: https://www.zeit.de/wirtschaft/2023-08/rueckversicherung-naturkatastrophen-klimawandel-schaeden

Geschäftsmodelle und Lösungsansätze für die Wärmewende in der Grundstoffindustrie und im Gebäudesektor

Marcus H.V. Lohr

Zusammenfassung

Das Kapitel „Geschäftsmodelle und Lösungsansätze für die Wärmewende in der Grundstoffindustrie und im Gebäudesektor" analysiert die Dekarbonisierung als zentrales Element der Klimastrategien in energieintensiven Sektoren. Am Beispiel des Gebäudesektors und der Zementindustrie wird untersucht, wie Geschäftsmodelle zur Dekarbonisierung nicht nur ökologische, sondern auch wirtschaftliche Vorteile schaffen können. Der Text strukturiert sich entlang verschiedener Geschäftsmodellinnovationen, von der Kreislaufwirtschaft bis zur Sektorenkopplung, und zeigt auf, wie technologische Transformationspfade, wie etwa die Integration erneuerbarer Energien und Flexibilitätsmaßnahmen, zur Effizienzsteigerung und CO_2-Reduktion beitragen. Die Analyse betont die Rolle der Digitalisierung, intelligenter Energiemanagementsysteme und innovativer Technologien (z. B. Wärmepumpen, Power-to-X) zur Optimierung des Energieverbrauchs. Gleichzeitig wird die Bedeutung von marktorientierten Anreizsystemen und flexiblen, ressourceneffizienten Netzwerken hervorgehoben, um die Wärmewende sozialverträglich und wirtschaftlich tragfähig zu gestalten.

Adressaten
Die Adressaten dieses Textes sind in erster Linie Fachleute und Entscheidungsträger aus den Bereichen Energiewirtschaft, Umweltpolitik und Klimaschutz, die sich mit der Gestaltung eines nachhaltigen Energiemarktes befassen. Dazu gehören: Regulierungsbehörden und Politiker auf allen Ebenen, Kommunen, Unternehmen und Investoren im Energiesektor, Forschung und Wissenschaft, Berater, Nichtregierungsorganisationen (NGOs), Interessenverbände und Medien sowie interessierte Privatleute.

© Der/die Autor(en), exklusiv lizenziert an Springer Fachmedien Wiesbaden GmbH, ein Teil von Springer Nature 2025
H. Fuchs et al., *Dezentrale Wärmeversorgung*,
https://doi.org/10.1007/978-3-658-48023-3_3

> **Schlüsselwörter**
>
> Anreizsysteme · CO_2-Reduktion · Dekarbonisierung · Digitalisierung im Energiemanagement · Energieeffizienz · Energieintensive Industrien · Energiemanagementsysteme · Erneuerbare Energien · Flexibilität im Energiesystem · Gebäudesektor · Grundstoffindustrie · Geschäftsmodellinnovation · Klimastrategien für die Industrie · Kreislaufwirtschaft · Marktdesign · Nachhaltige Geschäftsmodelle · Power-to-X · Rekarbonisierung · Technologien · Sektorenkopplung · Technologische Transformation · Wärmewende

3.1 Einleitung

Das vorliegende Buchkapitel leitet auf Basis des vorangestellten Kapitels „Wärmewende – Voraussetzungen für modernes Marktdesign" konkrete Handlungsansätze ab.

Die aktuelle Klima-, Energie- und Wärmewende setzt im Wesentlichen an der Dekarbonisierung an, da die CO_2-Emissionen als Pars pro Toto für die Treibhausgase negative externe Effekte unserer Wirtschaftsmodelle sind. Das lateinische Präfix „de-" steht für weg von, herab oder entfernen.

Das lässt sich auf vier Entwicklungsstufen bringen:

1. Dekarbonisierung bedeutet Anschubkosten und muss finanziert werden.
2. Dekarbonisierung wird zu Entlastung oder Schonung und wird skaliert.
3. Dekarbonisierung ist Folge profitabler Geschäftsmodelle.
4. Aus Dekarbonisierung folgende Nachhaltigkeit ist Voraussetzung für Rentabilität.

Im Folgenden wird anhand einer vertiefenden Analyse des Gebäudesektors und der Zementindustrie als Pars pro Toto für die energieintensive Industrie untersucht, wie der Wärmebedarf nachhaltig und rentabel gedeckt werden kann. Die beiden Sektoren Gebäude und Zement wurden ausgewählt, weil sie starke Wechselwirkungen haben und sich dadurch die Synergien der Sektorenkopplung zeigen lassen. Beide Sektoren gehören zu den größten Primärenergieverbrauchern unserer Volkswirtschaft, und beide Sektoren decken wichtige Bedarfe – das Grundbedürfnis nach Wohnen und Funktionalität einerseits und Grundmaterialien für die Wirtschaft andererseits. Außerdem stellen sie einen wesentlichen Bestand des Kapitalstocks einer Volkswirtschaft dar.

Box 3.1 geht auf einige Besonderheiten der Wärmenutzung ein, die Einfluss auf Lösungen der Wärmewende haben.

> **Box 3.1 – Besonderheiten der Wärmenutzung**
> - Nach dem 2. Hauptsatz der Thermodynamik ist Wärme physikalisch die flüchtigste und damit technisch am schwierigsten verwertbare Form der Energie.

> - Bei der Nutzung der Wärme besteht die technische Herausforderung, dass man entweder eine maximale Nutzung der Wärme mit optimiertem technischen Wirkungsgrad erzielen oder Wärmeentwicklung durch Kühlung vermeiden möchte.
> - Wärme wird überwiegend durch fossile kohlenstoffbasierte Moleküle erzeugt. Dabei wird CO_2 freigesetzt.
> - Wärme hat bezüglich der Klimawirkungen in Form von CO_2-Äquivalenten den größten Anteil an den deutschen Emissionen.

3.2 Geschäftsmodelle und neue Marktchancen

„Der Wettbewerb wird in Zukunft nicht zwischen Produkten oder Prozessen stattfinden, sondern zwischen Geschäftsmodellen (Gassmann, 2017)."

Geschäftsmodelle sind Ergebnis und Gestalter des Marktdesigns gleichermaßen. Bezogen auf transformative Veränderungen wie die Wärmewende sind Geschäftsmodelle der Transmissionsmechanismus. Nach Gassmann et al. (2017) machen Produkt- und Prozessinnovationen 90 % der Innovationen multinationaler Konzerne aus, nur 10 % entfallen auf (disruptive) Geschäftsmodellinnovationen.

3.2.1 Geschäftsmodellinnovationen

Wettbewerbsfähigkeit ist eine komparative Größe und dynamisch über die Zeit. Das bedeutet, man kann sich nicht auf einem Status quo ausruhen. Sowohl Wissen, Kompetenzen und Innovationen als auch bestehende Infrastrukturen müssen stetig weiterentwickelt werden. „Wir befinden uns im Zeitalter der temporären Wettbewerbsvorteile: Erfolg bleibt nur, wenn seine Wurzeln stetig hinterfragt werden." (Gassmann et al., S. 6).

Gassmann et al. entwickeln ein „magisches Dreieck" um den Kunden (WER) in der Mitte (Abb. 3.1). Dieses Dreieck der umsetzungsorientierten Geschäftsmodellentwicklung enthält das Nutzenversprechen (WAS bieten wir den Kunden an?), die Wertschöpfungskette (WIE stellen wir die Leistung her?) und die Ertragsmechanik (Wie wird WERT erzielt?).

Diese Fragen basieren auf den 5 entscheidenden Fragen des Managements von Peter F. Drucker (1997).

1. Was ist unsere Mission?
2. Wer ist unser Kunde?
3. Worauf legt der Kunde Wert?
4. Was sind unsere Ergebnisse?
5. Was ist unser Plan?

Abb. 3.1 Geschäftsmodell-komponenten

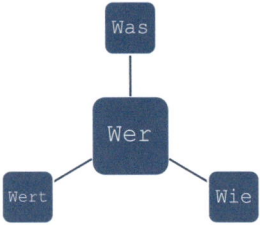

Drucker leitete bereits die Notwendigkeit der transformationalen Führung ab, vgl. Kap. 5.

Wer wettbewerbsfähig sein will, muss die handelnden Akteure verstehen. Das gelingt am besten, wenn man deren Geschäftsmodell und deren treibende Einflussparameter berücksichtigt:

- Nach Clayton M. Christensen et al. (2016) ist die Basis erfolgreicher Geschäftsmodelle das Verständnis der Aufgabe, die der Kunde tatsächlich erledigen möchte („Job to be done"), statt nur den Kunden als Maßstab zu nehmen.
- Die Branchenlogik führt gemäß Christensen zum Innovator's Dilemma, vgl. Abschn. 2.4.1, das durch die Blue-Ocean-Strategie (Kim und Mauborgne, 2005) aufgegriffen wird, indem unberührte Märkte („blue ocean") durch Innovationen erschlossen werden.
- Prozessorientierte und technisch getriebene Industrien denken oft zu stark in Produkten und internen Prozessen („inside out"), statt vom Nutzenversprechen ausgehend in Geschäftsmodellen („outside in").
- Entscheidungen basieren oft auf ungeeigneten Metriken, vgl. hierzu Abschn. 2.5.4.
- Silodenken behindert innovative Geschäftsmodelle, da mangelnde Zusammenarbeit zwischen Abteilungen und Stakeholdern im Allgemeinen die Innovation und Transformation verlangsamt.
- Gassmann sieht eine Herausforderung darin, dass es oft an systematischen Werkzeugen für kreatives Denken mangelt. Er befindet, dass nicht kreatives Verhalten im Laufe der Zeit erlernt wird, was Innovationen behindert (Gassmann et al., S. 17).

Box 3.2 – Rahmenbedingungen technologischer Entwicklungen – beschreibt drei wesentliche Rahmenbedingungen: die Entwicklungen zu Null-Grenzkosten sowie das Leapfrogging.

> **Box 3.2 – Rahmenbedingungen technologischer Entwicklung**
> **Replication @ zero marginal cost.**
> Die Internetrevolution hat dazu geführt, dass die Replikation von Informationen zu nahezu Grenzkosten Null möglich wurde, was viele etablierte Geschäftsmodelle

disrumpiert hat (Rifkin 2014). Unternehmen können Inhalte und digitale Produkte ohne signifikante zusätzliche Kosten skalieren, was zu einem rasanten Wachstum von Plattformen und digitalen Dienstleistungen führte.

Creation @ zero marginal cost.
Ähnlich wird die Revolution der künstlichen Intelligenz (KI) dazu führen, dass die Erstellung neuer Inhalte zu Grenzkosten null möglich wird, was voraussichtlich erneut viele traditionelle Geschäftsmodelle erschüttern wird (Schwab, 2017). KI-Systeme ermöglichen es, kreative Prozesse zu automatisieren, was dazu führen kann, den Arbeitsaufwand für Aufgaben wie die Erstellung von Texten, Bildern und sogar Musik dramatisch zu reduzieren.

Leapfrogging
Das Konzept des Leapfrogging beschreibt das Überspringen ganzer Entwicklungsstufen, was in einigen Bereichen bereits deutlich sichtbar ist. China hat dies im Mobilitätssektor eindrucksvoll demonstriert. Anstatt in den Wettbewerb zu treten und den technologischen Rückstand bei Verbrennungsmotoren aufzuholen, setzte das Land auf Elektromobilität und autonomes Fahren durch den Ansatz „Transport as a Service". Dieser Sprung wurde durch eine strategische First-Principle-Analyse ermöglicht (Wu, 2021). Ebenso zeigt sich bei der Energieversorgung in Entwicklungsländern ein Sprung zu dezentralen erneuerbaren Energiequellen, die bei nahezu Grenzkosten null arbeiten können (IRENA, 2019).

Vertikale Integration und Plattformgeschäftsmodelle wie bei Amazon und Tesla verdeutlichen den Gegenpol zur Silobildung. Diese Unternehmen eliminieren Schnittstellen in der Wertschöpfungskette und behalten den gesamten Wertschöpfungsprozess in einer Hand, was die Effizienz steigert und die Kontrolle über die Wertschöpfung maximiert (Gawer, 2014).

3.2.2 Geschäftsmodell Kreislaufwirtschaft

Die Kreislaufwirtschaft, oft als das Geschäftsmodell der Natur beschrieben, basiert auf dem Prinzip der vollständigen Wiederverwertung von Materialien (Geissdoerfer et al., 2017). Physikalisch bedeutet das: bis zu dem Punkt, an dem sie ihre maximale Entropie erreichen. Im Gegensatz zur Natur hat sich die menschliche Wirtschaft in den letzten Jahrhunderten von diesem Modell entfernt und auf lineare Wirtschaftsweisen, die durch Wegwerfen und Entsorgen charakterisiert sind, umgestellt. Dies begann mit der Sesshaftwerdung des Menschen und verschärfte sich mit der Industrialisierung. Während frühere Abfälle größtenteils biologisch abbaubar waren, haben moderne Gesellschaften zunehmend nicht abbaubare Materialien produziert, die nicht in natürliche Kreisläufe integriert werden können (Kirchherr, Reike, & Hekkert, 2017). Dies führt zu sichtbarem Müll und zur Umweltverschmutzung durch Kunststoffe, chemische Abfälle und andere nicht organische Materialien.

Ein relevanter Zusammenhang zwischen Müll und Klimawandel ist die Verschwendung von Ressourcen, insbesondere fossiler Brennstoffe und nicht erneuerbarer Rohstoffe, die ohne Rücksicht auf ökologische Kosten und zukünftige Generationen ausgebeutet werden (Ghisellini, Cialani, & Ulgiati, 2016). Diese ressourcenintensive Wirtschaftsweise trägt nicht nur zur Erschöpfung natürlicher Ressourcen bei, sondern verstärkt auch den Klimawandel durch CO_2-Emissionen. Der Unterschied zwischen sichtbarem Müll und unsichtbarem CO_2 ist dabei entscheidend: Während Müll physisch wahrgenommen wird, bleiben die Auswirkungen von CO_2, das bei der Verbrennung fossiler Energieträger entsteht, oft unsichtbar (Stahel, 2016).

Ein nachhaltigerer Ansatz, der den Umgang mit Ressourcen und Abfällen grundlegend ändern könnte, liegt in der Kreislaufwirtschaft. Diese basiert auf den drei Prinzipien Effizienz, Suffizienz und Konsistenz (Bocken, de Pauw, Bakker, & van der Grinten, 2016). Effizienz strebt danach, den Ressourcenverbrauch pro Produkteinheit durch technologische Innovationen zu minimieren. Allerdings kann der sogenannte Rebound-Effekt diesen Fortschritt konterkarieren: Wenn Effizienzgewinne durch erhöhten Konsum wieder aufgehoben werden, wird der Gesamteffekt neutralisiert (Sorrell, 2007).

Suffizienz zielt darauf ab, nicht nur Prozesse effizienter zu gestalten, sondern den gesamten Ressourcenverbrauch durch veränderte Konsummuster zu reduzieren (Princen, 2005). Diese Strategie erfordert ein Umdenken in Bezug auf Lebensstile und gesellschaftliche Werte, indem sie auf weniger Konsum und mehr Bewusstsein setzt.

Der dritte Ansatz, Konsistenz, hat das Ziel, geschlossene Stoffkreisläufe zu schaffen, bei denen Materialien entweder vollständig wiederverwendet oder in natürliche Kreisläufe integriert werden können. Konsistente Wirtschaftssysteme produzieren keinen Abfall, sondern schließen alle Ressourcenströme, sodass eine dauerhafte Nachhaltigkeit erreicht werden kann (McDonough & Braungart, 2013).

Das bedeutet, dass eine nachhaltige Kreislaufwirtschaft nur dann langfristig erfolgreich sein kann, wenn eine Balance zwischen Effizienz, Suffizienz und Konsistenz erreicht wird. Effizienz alleine reicht nicht aus, um die Umweltauswirkungen des Konsums zu mindern, und Suffizienz erfordert tiefgreifende gesellschaftliche Veränderungen. Die Konsistenz bietet die Perspektive einer abfallfreien Zukunft, in der menschliche Wirtschaftssysteme im Einklang mit der Natur agieren.

Der aktuelle Ansatz der Komponenten der Kreislaufwirtschaft ist ein sogenannter 10-R-Ansatz. Dieser wird gemeinhin in einem Kreislaufdiagramm dargestellt, Reike, D., Vermeulen, W. J. V., & Witjes, S., (2018).

Box 3.3 zeigt eine Weiterentwicklung um zwei weitere R: Reeducate und Reprice. – Das hat insbesondere etwas mit anreizkompatiblen Allokationswirkungen und entsprechend unterstützenden Narrativen zu tun. Je früher man in einem Wertschöpfungszyklus nachhaltig denkt und handelt, desto größer ist der Effekt, daher werden diese beiden neuen R hier an den Anfang des Kreislaufs gestellt.

3.2 Geschäftsmodelle und neue Marktchancen

Box 3.3 – Der 12-R-Ansatz der Kreislaufwirtschaft

1. **Reeducate:** Zur Anpassung von Verhalten und Geschäftsmodellen gehört das Verständnis der Zusammenhänge, ganzheitlich (ökologisch, ökonomisch, sozial und technologisch).
2. **Reprice:** Preise sind anreizkompatibel zu gestalten und nicht avers zur Zielsetzung.
3. **Rethink:** Überdenken von Produkt- und Geschäftsmodellen, um Abfall zu vermeiden und Ressourceneffizienz zu fördern.
4. **Refuse:** Verweigerung des Einsatzes unnötiger Produkte und Materialien, um Abfall zu vermeiden.
5. **Reduce:** Reduzierung des Verbrauchs von Ressourcen und der Entstehung von Abfällen.
6. **Reuse:** Wiederverwendung von Produkten oder Materialien, um ihre Lebensdauer zu verlängern.
7. **Repair:** Reparatur defekter Produkte, um ihre Nutzungsdauer zu verlängern.
8. **Refurbish:** Aufarbeitung und Modernisierung gebrauchter Produkte, um sie wieder nutzbar zu machen.
9. **Remanufacture:** Wiederherstellung gebrauchter Produkte zu einem Zustand „wie neu".
10. **Repurpose:** Umnutzung von Produkten oder Materialien für einen anderen Zweck als den ursprünglich vorgesehenen.
11. **Recycle:** Rückführung von Materialien in den Produktionsprozess zur Herstellung neuer Produkte.
12. **Recover:** Rückgewinnung von Energie oder Materialien aus Abfallprodukten.

Der Zusammenhang mit der Energiewende ergibt sich aufgrund der Sekundäreffekte der Dekarbonisierung. Studien, wie die von Kandpal, V., Jaswal, A., Santibanez Gonzalez, E. D. R., & Agarwal, N. (2024), betonen, dass die Dekarbonisierung und die Umstellung auf nachhaltige Produktionssysteme durch digitale Technologien und dezentrale Netzwerke ermöglicht werden.

Die **Sharing Economy** und **Municipal Sharing** bieten eine wertvolle Ergänzung zur Kreislaufwirtschaft, da sie Ressourcen effizienter nutzen und den Bedarf an Neuproduktion reduzieren, Perdomo, Meinecke (2022). In der Sharing Economy werden Produkte, Dienstleistungen oder Infrastrukturen gemeinschaftlich genutzt, was ihre Auslastung erhöht und die Lebensdauer von Gütern verlängert. Beispiele wie Carsharing, Fahrradverleihsysteme oder der gemeinschaftliche Zugang zu Werkzeugen illustrieren dies. Solche Ansätze vermeiden nicht nur Abfälle, sondern senken auch den Ressourcenverbrauch und die Umweltbelastung durch Herstellung und Entsorgung.

Municipal Sharing, bei dem Kommunen aktiv Sharing-Angebote gestalten, bietet zusätzliche Vorteile: Städte können durch geteilte Mobilität, wie kommunales Carsharing, oder Plattformen für Bürgerinitiativen die Kreislaufwirtschaft fördern. Darüber hinaus stärkt die öffentliche Hand durch gemeinsinnbasierte Modelle soziale Bindungen und demokratisch legitimierte Strukturen, die den Gemeinwohlaspekt hervorheben. Beispielsweise ermöglichen kommunale Sharing-Plattformen nicht nur eine effizientere Ressourcennutzung, sondern fördern auch Innovationen in Bereichen wie Energie, Mobilität und nachhaltiger Infrastruktur.

Insgesamt tragen die Sharing Economy und Municipal Sharing dazu bei, das Konzept der **Konsistenz** in der Kreislaufwirtschaft zu unterstützen, indem sie geschlossene Nutzungskreisläufe schaffen und auf kollektive Ressourcennutzung statt auf individuellen Konsum setzen. Sie ergänzen die Prinzipien der Kreislaufwirtschaft ideal, indem sie Suffizienz fördern und den Ressourcenverbrauch gesellschaftlich neu organisieren.

3.2.3 From Extraction to Creation

Die Weiterentwicklung und Skalierung des Kreislaufmodells erfolgt durch technologische Disruption. Geschäftsmodelle und Ausrichtungen moderner Volkswirtschaften werden sich grundlegend ändern. Das Zeitalter der engpassorientierten Extraktion erfährt eine Transformation zu einem Zeitalter der Kreation („building blocks") in allen Dimensionen menschlicher Existenz. Dieser Übergang „from extraction to creation" baut auf den Grundlagen wirtschaftlicher und technologischer Theorien auf (Box 3.4). Die etablierten Konzepte der Kreislaufwirtschaft, der Ressourceneffizienz und des technologischen Wandels bilden die Basis für den Gedankengang, dass sich Produktionssysteme und Wertschöpfungsprozesse zunehmend von ressourcenintensiver Extraktion hin zu innovativen im Sinne von erschaffenden kreativen Ansätzen entwickeln.

Dieser Wandel wird oft durch technologische Innovationen vorangetrieben, die Effizienz und Nachhaltigkeit verbessern, wie im Konzept der Industrie 4.0 und durch Technologien wie additive Fertigung oder erneuerbare Energien beschrieben.

Die Konsistenzstrategie der Kreislaufwirtschaft beschreibt bereits den Übergang von linearen, extraktionsbasierten zu geschlossenen, ressourcenschonenden Systemen. Auch die Digitalisierung und Modularisierung von Produktionssystemen, wie in der Literatur zur Industrie 4.0 diskutiert (Pentek/Otto, 2015), zeigt Wege auf, wie Produktion und Konsum flexibler und weniger ressourcenintensiv werden können.

Jedoch greifen diese Konzepte bisher oft nicht integral genug, um den nächsten technologischen und wirtschaftlichen Wandel vollständig zu beschreiben. Hier setzen die Überlegungen von Arbib und Seba an, die im Rahmen des Konzepts „From Extraction to Creation" einen erweiterten Ansatz präsentieren (Box 3.4).

Box 3.4 – Das Produktionssystem der Zukunft – From Extraction to Creation
Das Produktionssystem der Zukunft wird auf Grundlage technologischer Innovationsdynamiken fundamentale Veränderungen erfahren. Dies betrifft vor allem

den Übergang von zentralisierten, hierarchischen Top-down-Systemen hin zu dezentralen, vernetzten Strukturen (Schwab, 2017). Zentrale Produktionsmodelle, die auf der Zerstörung natürlicher Ressourcen basieren, werden zunehmend durch konstruktive Ansätze ersetzt (Rifkin, 2014). Dieser Wandel wird einen Übergang von kostenintensiver Rohstoffextraktion hin zu effizienteren, bausteinbasierten Produktionsmethoden ermöglichen (Seba, 2014). Diese neuen Systeme basieren auf der Nutzung von digitalen und physikalischen Bausteinen wie Bits (Informationen), Photonen und Elektronen (Energie), Molekülen (Produktion) und DNA (Lebensmittel, Pharmazie) (Arbib & Seba, 2020).

Ein zentraler Aspekt dieser Entwicklung ist der Wechsel von ressourcenengpassorientierten Ansätzen hin zu einem System des Überflusses, das auf flexiblen Bausteinen basiert, die in vielfältiger Weise kombiniert werden können (Benkler, 2006). Diese Transformation führt dazu, dass der physische Transport von Gütern zunehmend durch den Transfer von Daten, Informationen und Wissen ersetzt wird (Brynjolfsson & McAfee, 2014). Darüber hinaus verschiebt sich die Marktmacht von den Produzenten hin zu den Konsumenten, da Produktionsmethoden dezentraler und flexibler werden (Schwab, 2017). Lokale Produktionskapazitäten werden durch den Bausteinansatz gestärkt, während der Verbrauch fossiler Brennstoffe durch die Nutzung physischer Energiespeicher, wie etwa Batterien, zurückgedrängt wird (Seba, 2014). Der Übergang zu Null-Grenzkosten-Modellen und die damit verbundene Entstehung von Deflation im Produktionssektor stellen weitere signifikante Veränderungen dar (Rifkin, 2014).

Auch auf geopolitischer Ebene könnten diese technologischen Entwicklungen zu Entspannung und Stabilisierung beitragen (Arbib & Seba, 2020). Die Deflation auf den Gütermärkten wird das Geldsystem beeinflussen, indem sie den Bedarf an physischen Güterströmen und den damit verbundenen Geldflüssen reduziert (Rifkin, 2014). Das traditionelle Modell, in dem Geld im Wesentlichen physischen Güterströmen folgt, wird sich durch diese Entwicklungen transformieren (Brynjolfsson & McAfee, 2014).

Die Auswirkungen dieser Veränderungen betreffen auch betriebliche und gesellschaftliche Organisationsformen. Dezentrale Netzwerkstrukturen, die modular aufgebaut sind, erweisen sich als widerstandsfähiger gegenüber äußeren Störungen und haben klare Wettbewerbsvorteile gegenüber starren, zentralisierten Systemen (Benkler, 2006). Diese dynamischeren Strukturen sind besser in der Lage, sich rasch an veränderte Bedingungen anzupassen, was langfristig zur Disruption traditioneller Produktionsmodelle führen könnte (Seba, 2014). Zudem wird die Machtverschiebung hin zu den Konsumenten auch eine potenzielle Demokratisierung von wirtschaftlichen Machtverhältnissen fördern (Rifkin, 2014).

Gleichzeitig bergen diese Entwicklungen auch Risiken, insbesondere in Bezug auf die Geschwindigkeit des technologischen Wandels und die Inkompatibilität

> zwischen bestehenden und neuen Systemen (Brynjolfsson & McAfee, 2014). Die disruptiven Veränderungen erfolgen schneller als alle bisher bekannten historischen Anpassungsprozesse, was Unternehmen und Gesellschaften vor neue Herausforderungen stellt (Seba, 2014).

Die Konzepte von Arbib und Seba erweitern den etablierten Rahmen der Kreislaufwirtschaft und der Effizienztheorien um die Vorhersage, dass technologische Disruptionen die herkömmlichen extraktionsbasierten Wirtschaftsmodelle obsolet machen.

Eine weitere Dynamik entsteht durch die zunehmende Verschmelzung von Informationsnetzwerken mit den technologischen Möglichkeiten des Produktionssystems, wenn diese Kontrolle in den Händen weniger Akteure liegt (Zuboff, 2019). Die Integration von digitaler Information und Produktionssystemen führt dazu, dass diejenigen, die die Informationsnetzwerke besitzen und steuern, auch die Kontrolle über das gesamte Produktionssystem und die organisatorischen Strukturen erlangen könnten (Lanier, 2013). Diese Konzentration von Macht birgt die Gefahr, dass eine kleine Gruppe von Akteuren nicht nur die Produktion kontrolliert, sondern auch die sozialen und wirtschaftlichen Prozesse, die das Produktionssystem organisieren und steuern (Benkler, 2006).

Die digitale Transformation eröffnet zwar enorme Chancen für Effizienzsteigerungen und Innovation, birgt jedoch auch die Gefahr der Monopolisierung (Zuboff, 2019). Diejenigen, die den Zugang zu Daten, Netzwerken und den entsprechenden technologischen Infrastrukturen kontrollieren, haben die Möglichkeit, nicht nur die Produktion, sondern auch die Entscheidungsprozesse zu dominieren (Morozov, 2013). Diese Art der Machtkonzentration könnte zu einem Ungleichgewicht führen, das demokratische und wettbewerbsorientierte Wirtschaftsstrukturen gefährdet (Lanier, 2013).

Diese Rahmenbedingungen betreffen auch die Wärmewende.

3.3 Systemtransformation – technologische Zukunftspfade

Durch die Dynamiken neuer Technologien und deren Kombinationen ergeben sich neue Umsetzungsmöglichkeiten im Sinne des Machbaren, die vorher nicht umsetzbar waren.

Dieser Abschnitt behandelt die Systematisierung der Systemtransformation als Matrix und beschreibt die Herausforderungen der beiden Bereiche Mining und Energienetze, weil diese wichtige Voraussetzungen für die Wärmewende darstellen.

3.3.1 Die Systemtransformationsmatrix

Abb. 3.2 zeigt die Systemtransformation in Form einer Matrix, anhand der man zukünftige technologische Entwicklungspfade auf Basis des Status quo entwickeln kann.

3.3 Systemtransformation – technologische Zukunftspfade

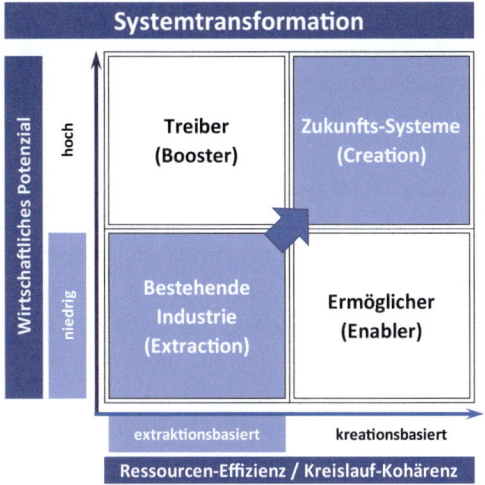

Abb. 3.2 Systemtransformationsmatrix

Der Weg obsolet werdender Heritage Industries zu den Geschäftsmodellen der nächsten Generation umfasst den gesamten Methodenkasten intelligenter Organisationsformen. Dieser beinhaltet Forschung und Innovation (insbesondere neue Geschäftsmodelle), Bildung und Change-Management, transsektorale strategische Partnerschaften zwischen allen Beteiligten (Regierungen, Bildungseinrichtungen, Forschung, Wirtschaft, Verbrauchern), nachhaltige Investitionen und Infrastruktur sowie regulatorische Anpassungen.

Zukunftssysteme: Hierbei handelt es sich als Zielsysteme um smarte, datengetriebene, dezentrale und nachhaltige Geschäftsmodelle. Ihre Nachhaltigkeit basiert auf einem Kreislaufmodell, das Ressourcen optimal nutzt und Abfälle minimiert. Wirtschaftliche Effizienz entsteht durch anreizkompatible Gestaltung, die Nachfrage und Angebot in Einklang bringt (Rifkin, 2014). Dazu müssen Ökosysteme entwickelt werden, die solche Geschäftsmodelle begünstigen und fördern (Benkler, 2006). Auf dem Weg zu dieser Transformation gilt es jedoch, die Widerstände des Status quo zu überwinden.

Bestandsindustrien: Perspektivisch führt für diese „Heritage Industries" kein Weg an einer Transformation vorbei. Um dies sozial verträglich zu gestalten und gesellschaftliche Verwerfungen zu vermeiden, müssen Transformationsprozesse so strukturiert werden, dass sie breite gesellschaftliche Akzeptanz finden (Schwab, 2017). Die Herausforderungen liegen in den bestehenden narrativen, erfolgsorientierten und vergütungsbasierten Systemen unserer Gesellschaft sowie in der enormen Aufgabe, den veralteten Kapitalstock („stranded assets") bilanziell schonend abzubauen und gleichzeitig in neue Technologien zu investieren (Brynjolfsson & McAfee, 2014). Bestehende Industrien und ihre Stakeholder haben ein Eigeninteresse daran, ihr produktives Geschäftsmodell so lange wie möglich aufrechtzuerhalten. Gemäß Clayton Christensen investieren sie zunächst in Effizienz- und Unterstützungsinnovationen und fordern im Anschluss oft Rettungssubventionen, um sich den Herausforderungen des Marktes zu entziehen (Christensen, 1997). Es sind sowohl neue Technologien als auch Kompetenzen für den Rückbau obsoleter Technologien erforderlich.

Enabler: Geschäftsmodelle in dieser Kategorie zeichnen sich durch eine hohe Ressourceneffizienz und ein großes Kreislaufpotenzial aus, während ihr wirtschaftliches Potenzial kurzfristig begrenzt bleibt. Diese Enabler fördern andere Industrien durch technologische Fortschritte, die langfristig disruptives Potenzial haben, jedoch im gegenwärtigen Maßsystem oft vernachlässigt werden (Christensen, 1997). Gemäß Arbib und Seba (2020) eröffnen diese Technologien jedoch enorme Chancen für eine transformative Wirkung.

Booster: Booster-Geschäftsmodelle zeichnen sich durch ein geringes Kreislaufpotenzial, aber ein hohes ökonomisches Potenzial aus. Sie maximieren bestehende Technologien oder Geschäftsmodelle durch Skalierung und Effizienzsteigerung (Seba, 2014). Booster-Geschäftsmodelle sind häufig in etablierten Sektoren zu finden, in denen traditionelle Methoden weiterhin starkes Wachstum und hohe Rentabilität ermöglichen. Um jedoch rechtzeitig in Richtung der Zukunftssysteme zu steuern, sind klare regulatorische Vorgaben notwendig (Rifkin, 2014).

3.3.2 Fokusthema Mining

An der Schnittstelle zwischen Booster und Enabler ergibt sich ein zukunftsrelevanter Entscheidungsknoten, möglicherweise ein Paradox, mit erheblicher Relevanz für die Energie- und Wärmewende und die Zukunftsfähigkeit Europas.

Das Paradox besteht darin, dass die Kreislaufwirtschaft – die eigentlich auf das Schließen von Materialkreisläufen und die Minimierung von Ressourcennutzung abzielt – in der Anlaufphase zunächst zusätzliche Rohstoffe erfordert. Aufgrund der globalen Nachfrage nach Massenströmen müssen allerdings noch weitere Rohstoffe in das System eingebracht werden, bevor eine Kreislaufsuffizienz erreicht werden kann.

Im Sinne der Bausteinökonomie und einer langfristig funktionierenden Kreislaufwirtschaft müssen Ressourcen also zunächst nach herkömmlichen, extrahierenden Methoden in den Materialkreislauf integriert werden. Nur so kann ein stabiles Fundament geschaffen werden, das es ermöglicht, in Zukunft auf Neubeschaffung zu verzichten und auf vollständig zirkulierende Ressourcenkreisläufe zurückzugreifen.

Dies ist besonders anschaulich bei den Grundstoffen für Batterien als Stromspeicher (Lithium, Kobalt, Nickel, Grafit) oder für sogenannte seltene Erden für technologische Produkte, zum Beispiel Steuerungstechnik, oder für Kupfer und Aluminium für die Elektrifizierung (Transformatoren, Elektromotoren und Leitungsnetze).

3.3 Systemtransformation – technologische Zukunftspfade

Das White Paper des World Economic Forum, **„Securing Minerals for the Energy Transition"** (2024), behandelt die Bedeutung kritischer Rohstoffe für den Übergang zu einer CO_2-armen Energieversorgung.

- **Herausforderung:** Kritische Mineralien, wie Lithium, Kobalt, Kupfer und Nickel, sind essenziell für saubere Energietechnologien. Es besteht jedoch ein wachsendes Ungleichgewicht zwischen Angebot und Nachfrage.
- **Hindernisse:** Zu den größten Barrieren gehören hohe Investitionskosten, langer Lebenszyklus, lange Genehmigungsverfahren, eine unzureichende Infrastruktur und der Mangel an qualifizierten Arbeitskräften. Die Marktrisiken werden durch Preisvolatilität und geopolitische Spannungen verstärkt.
- **Lösungen:** Um die Versorgung mit diesen Rohstoffen sicherzustellen, werden stärkere öffentliche und private Investitionen benötigt. Dazu zählen direkte finanzielle Unterstützung für Bergbauprojekte, Innovationsförderung sowie eine Verbesserung der regulatorischen Rahmenbedingungen. Internationale Zusammenarbeit und harmonisierte ESG-Standards sind ebenfalls hilfreich.
- **Maßnahmen:** Neben der Erhöhung des primären Angebots an Rohstoffen durch neue Bergbauprojekte ist auch eine Steigerung des sekundären Angebots durch Recycling notwendig.
- **Zukunft:** Ein kooperatives Vorgehen zwischen der Industrie, Regierungen und anderen Akteuren ist notwendig, um die Versorgung zu sichern, Innovationen zu fördern und eine gerechte Energiewende zu gewährleisten.

Im Ergebnis könnte man damit den physischen Massenstrom fossiler Energieträger, die nur ein einziges Mal Verwendung finden, indem sie verbrannt werden, ersetzen durch eine einmalige Inbetriebnahme von Speicher-, Transport- und Steuerungsmedien in unseren Wirtschaftskreislauf, die entsprechend wiederzuverwenden sind und im Falle von Solar, Wind und Batterien quasi keine OPEX-Belastung verursachen.

Diese Logik führt zur Schlussfolgerung, dass die Minenkapazität (Extraktion) für diese Basisgrundstoffe für eine Übergangsphase ausgebaut werden müsste.

Hier wirken aktuelle Rahmenbedingungen in Europa vorhersehbar bremsend und nachteilig für die internationale Wettbewerbsfähigkeit Europas. Westlich demokratische Gesellschaften sehen weitere Berg- und Tagebauaktivitäten auf eigenen Flächen kritisch, andere Länder sehen darin ein exportfähiges Geschäftsmodell. Möglicherweise läuft Europa von der Abhängigkeit der fossilen Rohstoffe in eine Abhängigkeit der Zukunftsrohstoffe.

Bergbau ist eine komplexe Grundstoffindustrie mit langen Genehmigungs- und Vorlaufzeiten, hohen Investitionen und entsprechend langen Lebenszyklen. – Es ist in Europa wahrscheinlich, dass gerade diese lange Lebenszyklus- und Amortisationsdauer aus Geschäftsmodellperspektive zu lang ist, um rentabel zu sein. Damit besteht das Investitionsrisiko, dass diese zusätzliche letzte Schaufel der Extraktion auf dem Weg zur Kreislaufsuffizienz selbst zum obsoleten Geschäftsmodell werden könnte („stranded assets").

Dies wirkt sich negativ auf die Finanzierbarkeit und Investitionstätigkeit für diese kreislauffähigen Grundstoffe aus, es sei denn, man denkt die Geschäftsmodelle weiter. Möglicherweise könnte man die Rechte an den Materialien an die Minen knüpfen und den Minen eine vertikale Integration mit der aufbereitenden Kreislaufwirtschaft ermöglichen.

3.3.3 Fokusthema Energienetze

Bezogen auf Energienetze ergibt sich folgende Optimierungsaufgabe.

Die beiden Haupteinflussgrößen für Energienetze sind Kosten und Energieflüsse, hier am Beispiel von Strom und Gas als relevante Parameter für die Wärmewende.Undefined control sequence

$$\text{Kosten} = \frac{€}{\text{kWh}} \times \text{kWh Strom}$$

$$\text{Kosten} \frac{€}{\text{Nm}^2} \times \text{Nm}^3 \text{ Gas}$$

Die hohen Vorabkosten und die hohen Fixkosten von Übertragungs- und Verteilnetzen müssen sich nach bisherigen Geschäftsmodellen (Energy-Only Market) grundsätzlich durch den Betrieb rechnen, also darüber, wie viel über die Netze transportiert und verteilt wird. Bei der langen Nutzungsdauer von Netzen ist dies hinsichtlich kurzfristiger betriebswirtschaftlicher Optimierung eine Herausforderung.

Das Stromnetz hat bislang aufgrund mangelnder Speicher (Verbrauch = Erzeugung) ein Zusatzproblem. Wenn dieses Gleichgewicht zu stark abweicht, müssen technisch bedingt sehr schnell entweder Lasten abgeworfen oder Leistung zugeschaltet werden.

Das Transformationsdilemma erzwingt nun eine Gleichzeitigkeitsaufgabe: Einerseits wird das Stromnetz enorm ausgebaut werden müssen, was zu steigenden Kosten führt. Gleichzeitig gibt es den Trend zur Dezentralisierung. Daher weiß niemand, wie sich die über das Netz fließenden genutzten kWh entwickeln.

Diese Arithmetik gilt auch für die existierenden Gasnetze: Wenn man mit Strom heizt, verbraucht man weniger Gas. Damit werden die Kosten für das Gasnetz pro kWh oder Nm^3 höher. Gleichzeitig muss eine neue Infrastruktur für Nah- und Fernwärmenetze aufgebaut werden. Die volkswirtschaftlich schlechteste Lösung wäre, bestehende Gasnetze zurückzubauen. Man weiß bei der technologischen Entwicklungsdynamik nicht, welche Potenziale sich noch zu ihrer Nutzung ergeben, etwa bezüglich der technischen Nutzung für Wasserstoff.

3.3 Systemtransformation – technologische Zukunftspfade

An beiden wesentlichen Energienetzen, Strom und Gas, wird klar, dass es eine Weiterentwicklung geben muss, vom Energy-Only Market (vergütet wird nur, was produziert bzw. durchgeleitet wird) hin zu einem Capacity Market, der auch Flexibilitäts-, Vorab- und Vorhaltekosten vergütet. Dies gilt für Netze, für Erzeugungsanlagen, für Speicher.

Der Vollständigkeit halber sei darauf hingewiesen, dass die Mechanismen dieser Geschäftsmodelle auch für alle neuen oder komplementären Transport- und Verteilsysteme wirken, dazu gehören im Rahmen der Wärmewende insbesondere Nahwärme, Fernwärme und Geothermie, die auch eine doppelte Funktion im Rahmen der Lithiumgewinnung für die Batterieelektrik hat.

3.3.4 Fokusthema Müllverbrennung

In Deutschland spielt die Müllverbrennung eine wichtige Rolle im Abfallmanagement als Primäraufgabe und der Energiegewinnung als Kopplungsergebnis. Im Jahr 2022 betrug die gesamte Abfallmenge in Deutschland rund 400 Mio. t, wobei 25 Mio. t in thermischen Anlagen behandelt wurden. Das ist relevant für die Wärmewende.

Diese Anlagen umfassen sowohl klassische Müllverbrennungsanlagen als auch RDF-Anlagen (Box 3.5).

Box 3.5 – RDF (Refuse-Derived Fuel)

Auf Deutsch werden RDFs oft als Ersatz- oder Sekundärbrennstoffe bezeichnet. Darunter versteht man Brennstoffe, die aus sortiertem und aufbereitetem Abfall hergestellt werden. Dabei handelt es sich um nicht recycelbare Abfallfraktionen, die einen hohen Brennwert besitzen und sich für die thermische Verwertung eignen.

Eigenschaften und Herstellung:

- Materialien: RDF besteht aus Abfällen wie Kunststoffen, Papier, Holz, Textilien und anderen brennbaren Bestandteilen, die nicht für das Recycling geeignet sind.
- Herstellung: Der Abfall wird sortiert, zerkleinert und oft getrocknet, um die brennbaren Bestandteile zu isolieren. Dieser aufbereitete Abfall kann dann als Brennstoff in Kraftwerken, Zementöfen oder speziellen RDF-Anlagen genutzt werden.

Nutzung:

- Energieerzeugung: RDF wird häufig in Kraftwerken und industriellen Anlagen eingesetzt, um Strom und Wärme zu erzeugen. Dabei ersetzt RDF teilweise fossile Brennstoffe wie Kohle oder Gas, was zu einer Reduktion von CO_2-Emissionen beitragen kann.

> • Industrielle Prozesse: Besonders die Zementindustrie nutzt RDF, um die benötigte Prozesswärme zu erzeugen, da die hohen Brenntemperaturen von RDF effizient genutzt werden können.

Deutschland verfügt über 68 Müllverbrennungsanlagen, die rund 20 Mio. t Restabfall jährlich verarbeiten können. Zusätzlich gibt es etwa 32 Anlagen für Ersatzbrennstoffe (Refuse-Derived Fuel, RDF), die weitere 4,7 Mio. t Müll thermisch verwerten können.

Die thermische Behandlung des Abfalls wird nicht nur zur Reduzierung des Abfallvolumens genutzt, sondern auch zur Energieerzeugung. Dabei wird die freigesetzte Energie in Form von Wärme und Strom genutzt. Schätzungen zufolge werden etwa 70 % der gewonnenen Energie als Wärme und 30 % als Strom bereitgestellt, was etwa 3,7 % des gesamten Endenergieverbrauchs in Deutschland ausmacht (UBA, 2024d Thermische Behandlung).

3.4 KPIs – Wirtschaftlichkeitskennzahlen der Wärmewende

Die Aussage „Was gemessen wird, wird erreicht" ist tief in der Managementpraxis verankert. Schon Peter F. Drucker betonte, wie wichtig es ist, Ziele und Leistungen messbar zu machen. In „The Practice of Management" (1954) und später in „Management: Tasks, Responsibilities, Practices" (1974) argumentierte er, dass ohne klare Messgrößen keine zielgerichtete Steuerung eines Unternehmens möglich sei. Diese Grundidee wurde später von Robert Kaplan und David Norton aufgegriffen und weiterentwickelt. In „The Balanced Scorecard: Translating Strategy into Action" (1996) zeigten sie auf, wie entscheidend die Messung von Kennzahlen für die effektive Umsetzung von Unternehmensstrategien ist. Die Einführung der Balanced Scorecard ermöglichte es Unternehmen, Strategien systematisch zu messen und somit gezielt zu steuern.

3.4.1 Kennzahlenbaumsystem der Wärmewende

In Abschn. 2.4.3 wurde das Selbstfinanzierungspotenzial aus Nutzen und Opportunitätskosten entwickelt (vgl. Abb. 2.6). Diese beiden Kriterien gelten auf der hier betrachteten Sektoren- und Subjektebene nur indirekt, denn sie sind von diesen nicht unmittelbar beeinflussbar, sondern als Ergebnis des gesamtwirtschaftlichen Handelns als Rahmenbedingungen hinzunehmen. Das Schema wird im Folgenden daher zunächst um die Entscheidungskriterien auf sektoraler und Subjektebene weiterentwickelt (Abb. 3.3).

3.4 KPIs – Wirtschaftlichkeitskennzahlen der Wärmewende

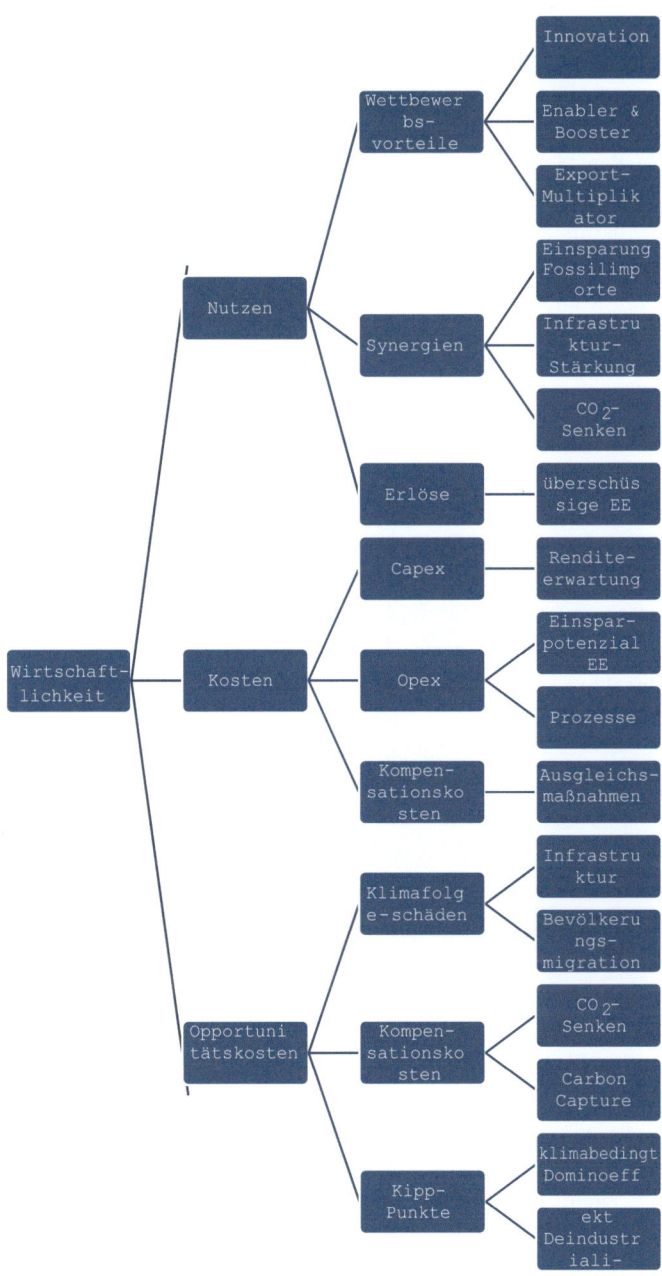

Abb. 3.3 Kennzahlenbaum: Wirtschaftlichkeitsparameter der Wärmewende

Das Ergebnis ist ein Kennzahlenbaum zur wirtschaftlichen Bewertung von Maßnahmen der Wärmewende, der die wesentlichen Einflussfaktoren auf allen Ebenen der Standortwettbewerbsfähigkeit berücksichtigt. Geistige Vorlage ist das Du-Pont-Schema aus dem Jahr 1919, das als Urmodell der Kennzahlensysteme in der Literatur dient (Wikipedia. Du-Pont-Schema).

Wesentliche Punkte wie Innovation, Enabler und Booster, Exportmultiplikator, Fossilimporte, Infrastrukturstärkung und Klimafolgeschäden wurden bereits behandelt.

Für den Punkt der CO_2-Senken besteht eine Wirkung sowohl als Synergiepotenzial als auch in Form von Kompensationskosten, siehe Box 3.6 – Natürliche CO_2-Senken.

Box 3.6 – Natürliche CO_2-Senken
Natürliche CO_2-Senken, wie die Ozeane oder die Photosynthese an Land, haben ein natürliches Potenzial, das als Natursystemleistung zur Verfügung steht. Dieses Potenzial beträgt etwa 20 Gigatonnen pro Jahr und deckt somit etwa die Hälfte der weltweiten CO_2-Emissionen ab. Diese Fähigkeit kann als Synergiepotenzial angesehen werden, da neben der Kohlenstoffbindung weitere positive Effekte, wie die Verbesserung der Biodiversität, Wasserqualität oder Bodengesundheit, auftreten (MIT Climate Portal, 2021; McKinsey & Company, 2023).

Das bedeutet im Umkehrschluss: Wenn diese Natursystemdienstleistung geschwächt wird, fehlt deren Beitrag im Gigatonnen-Bereich.

CO_2-Senken könnten in Zukunft auch technologisch als Kostenfaktor zur Kompensation von Emissionen relevant werden, indem sie als Reserve genutzt werden, beispielsweise durch den Anbau schnell wachsender Biomasse, die zur Energiegewinnung verbrannt wird, während das freigesetzte CO_2 aufgefangen und eingelagert wird. Solche Ansätze könnten ein wichtiger Bestandteil eines umfassenderen Klimaschutzes werden, bei dem eine Art „Kohlenstoff-Zentralbank" eine zentrale Rolle spielt (PIK, 2024).

Das Thema Carbon Capture & Storage (CCS) als CO_2-Senke wird häufig als Maßnahme zur Kompensation von CO_2-Emissionen betrachtet. Derzeit sind die hierfür notwendigen Energieaufwände jedoch so hoch, dass CCS wirtschaftlich noch nicht konkurrenzfähig ist. Studien zeigen, dass der Energiebedarf für das Abscheiden, Transportieren und Speichern von CO_2 einen signifikanten Anteil der gewonnenen Energie beansprucht, was die Kosten in die Höhe treibt (IEA, 2020). Dennoch könnten CCS-Verfahren in Zukunft an Bedeutung gewinnen, wenn technologische Fortschritte erzielt werden und überschüssige erneuerbare elektrische Energie in größerem Umfang zur Verfügung steht. Dies würde die Energiekosten senken und CCS wirtschaftlicher machen (Global CCS Institute, 2022). Eine Integration mit der zunehmenden Nutzung erneuerbarer Energien

3.4 KPIs – Wirtschaftlichkeitskennzahlen der Wärmewende

könnte so den Weg ebnen, CCS als Teil einer umfassenden Klimastrategie zu nutzen (Bui et al., 2018).

Im nächsten Betrachtungsschritt werden die Parameter auf die begrenzt, die durch die entscheidenden Wirtschaftssubjekte beeinflussbar sind.

3.4.2 Kennzahlen – sektorielle Wirtschaftlichkeit der Wärmewende

Die Reduzierung der Parameter aus Abb. 3.3 auf die direkten Einflussmöglichkeiten der Sektoren und Wirtschaftssubjekte ist in Abb. 3.4 dargestellt.

Diese Einflussparameter werden im Einzelnen im Rahmen der weiteren Ausführungen auf ihre Lösungsbeiträge zur Wärmewende untersucht.

Zu beachten ist, dass Kompensationskosten sowohl auf gesamtwirtschaftlicher Ebene anfallen werden (vgl. Abschn. 2.3.3) als auch auf Ebene der hier näher betrachteten Wirtschaftssubjekte und Sektoren, wenn andere Maßnahmen nicht ausreichen.

3.4.3 Priorisierung – Effizienz versus Wirtschaftlichkeit

Das Prinzip „Efficiency First" stammt aus der energiepolitischen Debatte und wurde insbesondere in Europa als Leitprinzip für die Gestaltung der Energiewende etabliert. Es basiert auf der Überlegung, dass die Steigerung der Energieeffizienz die kostengünstigste

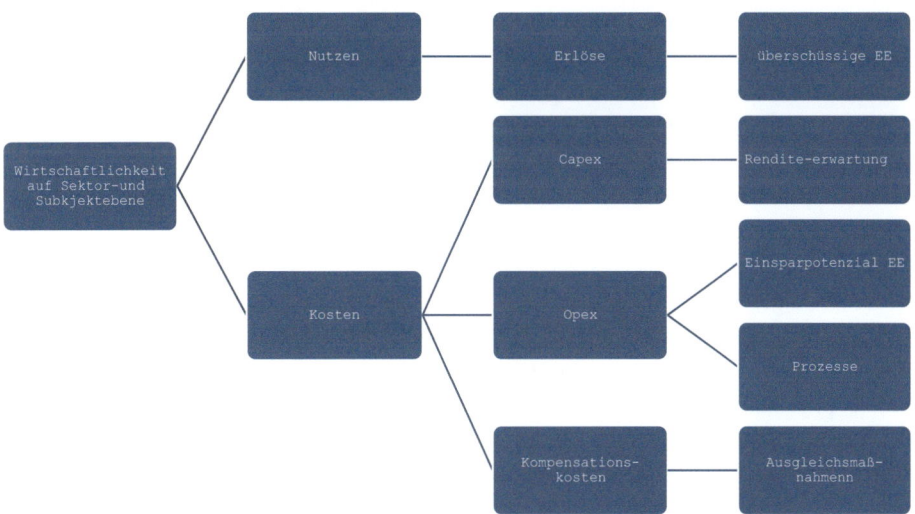

Abb 3.4 Vereinfachter Kennzahlenbaum: Wirtschaftlichkeitsparameter der Wärmewende

und ökologisch sinnvollste Maßnahme ist, um die Klimaziele zu erreichen. Die Europäische Kommission hat dieses Prinzip als Kernbestandteil ihrer Energiepolitik eingeführt und in der *Energy Union Framework Strategy* (2015) verankert. Unterstützt wurde dies von Organisationen wie der European Climate Foundation, die in ihrem Bericht *Efficiency First: A New Paradigm for the European Energy System* (2016) betont, dass Energieeinsparungen der effizienteste und umweltfreundlichste Weg sind, um die Energiewende zu unterstützen. Auch das Regulatory Assistance Project (RAP) förderte diesen Ansatz und hob in seinem Bericht *Efficiency First: From Principle to Practice* (2017) die praktische Umsetzung des Prinzips hervor.

Die Internationale Energieagentur (IEA) unterstützt das Prinzip „Efficiency First" ebenfalls und beschreibt Energieeffizienz als „die erste Brennstoffquelle" (IEA, 2014). In ihrem *Energy Efficiency Market Report* (2014) unterstreicht die IEA die Schlüsselrolle der Energieeffizienz bei der Erreichung globaler Klimaziele.

Anhand des Grundprinzips „Efficiency First" werden im Folgenden zwei wesentliche Ansätze verglichen. Abb. 3.5 schematisiert, wie beide Ansätze jeweils von der Effizienz zur Wirtschaftlichkeit gelangen. Dabei spielen nicht nur wirksame Erzeugung und Vermeidung, sondern auch Speicher- und Flexibilitätspotenziale sowie Ausbauziele und Skalierung eine Rolle.

Auf der linken Seite steht der Ansatz der energetischen Effizienz. Hier geht es zunächst um den Fokus auf den Wirkungsgrad der genutzten Energie („Wirkungsgrad First"). Im nächsten Schritt werden wirksame Einheiten identifiziert, die dazu beitragen, den maximalen energetischen Nutzen zu erzielen. Bei der Erzeugung bedeutet dies Maximierung, beim Verbrauch Minimierung. Diese wirksamen Einheiten werden mit dem entsprechenden Deckungsbeitrag pro Einheit multipliziert. Die Summe dieser Faktoren ergibt schließlich die Wirtschaftlichkeit des Ansatzes auf Basis der energetischen Effizienz.

Auf der rechten Seite steht der Ansatz der Gesamtsystemeffizienz als Hauptkriterium, bei dem der ökonomische Wert stärker im Vordergrund steht, der auch die jeweils wirkenden Signale des Preissystems beinhaltet. Dieser Ansatz wird durch den Grundsatz „Wirtschaftlichkeit First" geleitet. Hier wird zunächst der Deckungsbeitrag pro Einheit berücksichtigt, welcher mit den skalierbaren Einheiten multipliziert wird. Diese skalierbaren Einheiten ermöglichen es, das Gesamtsystem auf Basis der wirkenden Preissignale optimiert zu gestalten.

In beiden Ansätzen ergibt sich eine Wirtschaftlichkeit, basierend auf der Effizenz des Gesamtsystems aus technologischer Effizienz und Preissignalen.

Die physikalischen Einflussfaktoren unterscheiden sich in beiden Ansätzen nicht. Die Unterschiedlichkeit beider Ansätze ergibt sich jeweils durch eine unterschiedliche Reihenfolge zur Erreichung und durch die Art der Einbeziehung der Preissysteme.

Im Ansatz der Efficiency First (links) werden die verzerrenden Preissysteme (vgl. Abschn. 2.6) als exogen hingenommen (Wirtschaftlichkeit durch Druckwirkung), im Ansatz Gesamtsystemeffizienz (rechts) werden sie als gestalterische Komponente zur Skalierung verstanden (Wirtschaftlichkeit durch Sogwirkung).

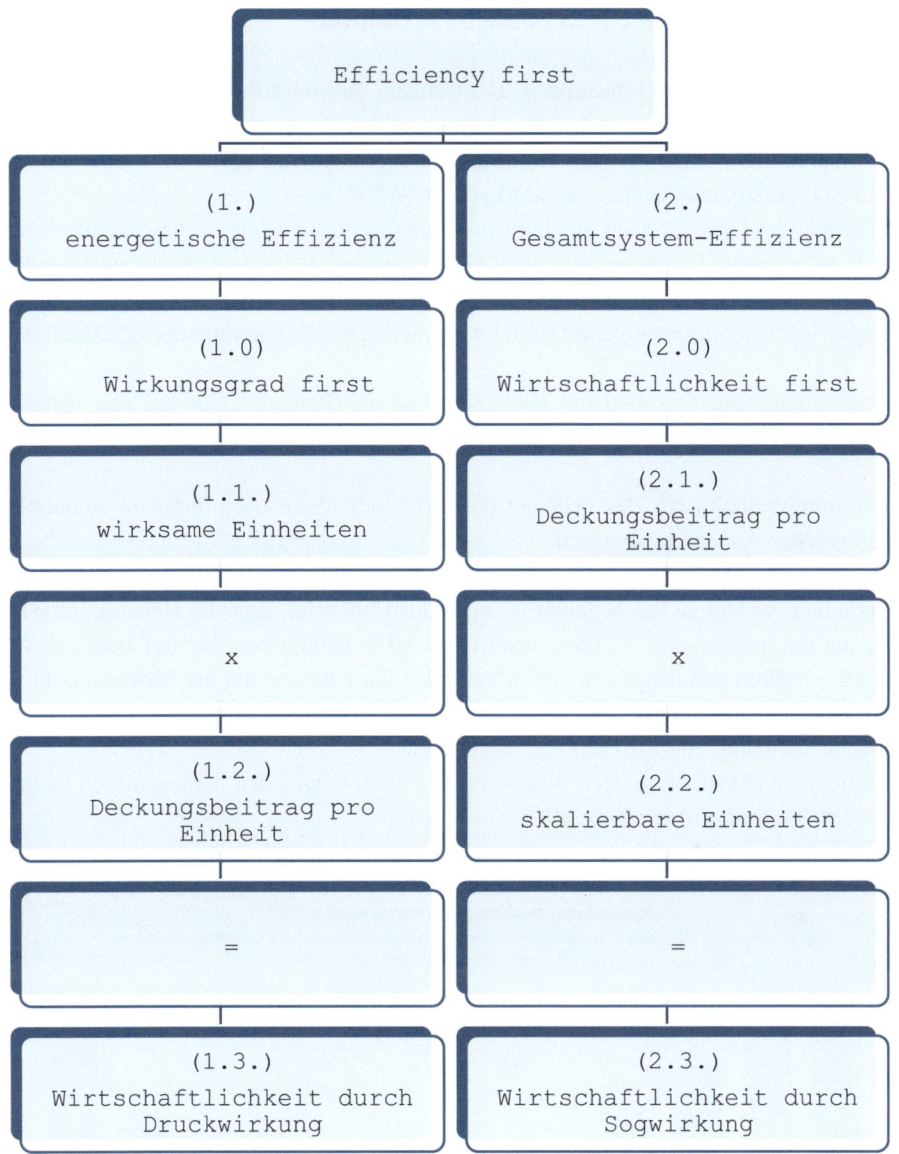

Abb. 3.5 Effizienz und Wirtschaftlichkeit

3.5 Sektorenkopplung, Erzeugung und Flexibilität

Im Folgenden geht es um die Wirkung der Sektorenkopplung und die Kombination unterschiedlicher Energiequellen, die im Rahmen der Wärme- und Energiewende relevant sind.

3.5.1 Grundlast, aktive und passive Flexibilität

Gerade der Wärmebedarf schwankt in Deutschland aufgrund des hohen Anteils privater Haushalte saisonbedingt in der Heizperiode. Abb. 3.6 verdeutlicht dies am Beispiel des Gasverbrauchs, der in privaten Haushalten den größten Teil des Wärmebedarfs deckt gemäß BDEW-Studie zum Heizungsmarkt (BDEW 2023).

Während der Gasverbrauch der Industrie weitgehend konstant ist, bewirkt die Heizperiode in privaten Haushalten zwischen November und März/April einen sogenannten Badewanneneffekt mit erhöhtem Bedarf in diesen Monaten.

https://www.bundesnetzagentur.de/DE/Gasversorgung/a_Gasversorgung_2022/start.html

Unabhängig vom Gas sind die Haupteinflüsse im Gebäudesektor auf den generell durch Wärme zu deckenden Energiebedarf in Form von kWh/m^2 folgende:

- Witterungsverhältnisse, das bedeutet die nicht individuell beeinflussbare Abhängigkeit von den Außentemperaturen.
- Verfügbarkeit der Energie.
- Verbrauchsverhalten, das bedeutet bezogen auf Haushalte, dass die Heizung im Winter um ein zusätzliches °C mehr etwa 6 bis 10 % mehr Energiebedarf benötigt, die genaue Kalkulation hängt von vielen individuellen Faktoren ab, der Mengeneffekt ist physikalisch signifikant.
- Wärmedämmung und Effizienz des Heizsystems.
- Kühlung ist physikalisch auch Wärme mit anderem Vorzeichen, wirtschaftlich ist beides Energiebedarf in €/kWh × kWh.

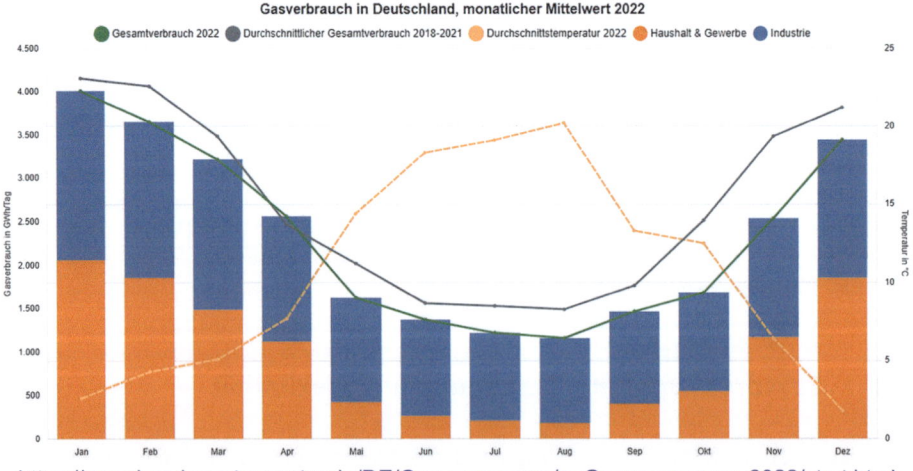

Abb. 3.6 Gasverbräuche saisonalisiert. (Quelle: BNetzA)

3.5 Sektorenkopplung, Erzeugung und Flexibilität

Nicht zu vernachlässigen ist die Tendenz immer heißerer Sommer, die eine zunehmende Gebäudeenergie für Kühlung notwendig machen können. So hatte der Sommer 2024 mit 2,2 °C über dem Mittel der 30-jährigen Referenzperiode von 1961–1990 oder um 0,9 °C über der Vergleichsperiode von 1991–2020 liegende Temperatur (DWD, 2024).

Die dargestellten Einflussfaktoren enthalten sowohl externe Einflüsse als auch solche, die von den Wirtschaftssubjekten im System beeinflusst werden können. Im Ergebnis für den Ausgleich von Angebot und Nachfrage bedeutet dies eine komplexe Abstimmung von Grundlasterzeugung, Flexibilität auf Erzeugungs- und Verbrauchsseite, Speicherung und den notwendigen Lenkungsimpulsen des Preissystems.

Effizienz: -Versorgungssicherheitsgesichtspunkte erfordern alle Systembestandteile von Grundlast, Flexibilität und Speicherung in einem resilienten, performanten und preiswerten System. Allerdings werden Speicher und schnell regelbare Kraftwerke nur dann treibende Geschäftsmodelle zum Ausbau der Wärme- und Energiewende werden, wenn diese Geschäftsmodelle nicht nur für ihre abgerufenen Energiemengen vergütet werden, sondern auch für ihre Vorhaltekosten, die als stabilisierende und flexibilisierende Systemdienstleistungen vergütet werden.

Bezüglich der Einordnung von Flexibilität in der Energieerzeugung ist es sinnvoll, zwischen aktiver und passiver Flexibilität zu unterscheiden, siehe Box 3.7.

> **Box 3.7 – Aktive und passive Flexibilität von Energieerzeugungssystemen**
> Unter aktiver Flexibilität kann man grundlastfähige Energieerzeugungssysteme verstehen, die selbst regelbar bis zur Kapazitätsgrenze sind. Das bedeutet, sie können jederzeit und im Idealfall sehr schnell bis zu ihrer Nominalkapazität hochgefahren werden. Passive Flexibilität haben in diesem Sinne Energieerzeugungsanlagen, deren Erzeugung von nicht beeinflussbaren äußeren Umständen abhängt, etwa Wind und Sonne. Die Flexibilität kann hier dadurch erfolgen, dass bei Überproduktion abgeregelt oder durch Zusatzmodule (z. B. Batterien oder grüner Wasserstoff H_2) gespeichert wird. Das bedeutet im Umkehrschluss: Wenn die Energiequellen Wind und Sonne situativ nicht genug liefern und die Speicher (Batterien, H_2) leer sind, können diese Quellen keine weitere Produktion generieren, daher die Definition als passive Flexibilität.

Im nächsten Abschnitt wird die Flexibilität von Wind und Sonne im Detail dargestellt.

3.5.2 Wind, Sonne und Grundlastfähigkeit

Sowohl Windenergie als auch Solarenergie sind im Verlauf des Jahres und im Verlauf des Tages nicht konstant. Das liegt an den naturgesetzlichen Gegebenheiten. Die Einbindung dieser volatilen erneuerbaren Energieerzeugung unterliegt einem kontinuierlichen

Monitoring. Eine Analyse von Bruno Burger vom Fraunhofer ISE zeigt, wie homogen diese Energiequellen in die Stromerzeugung und Stromlast eingebunden werden (Abb. 3.7, 3.8 und 3.9).

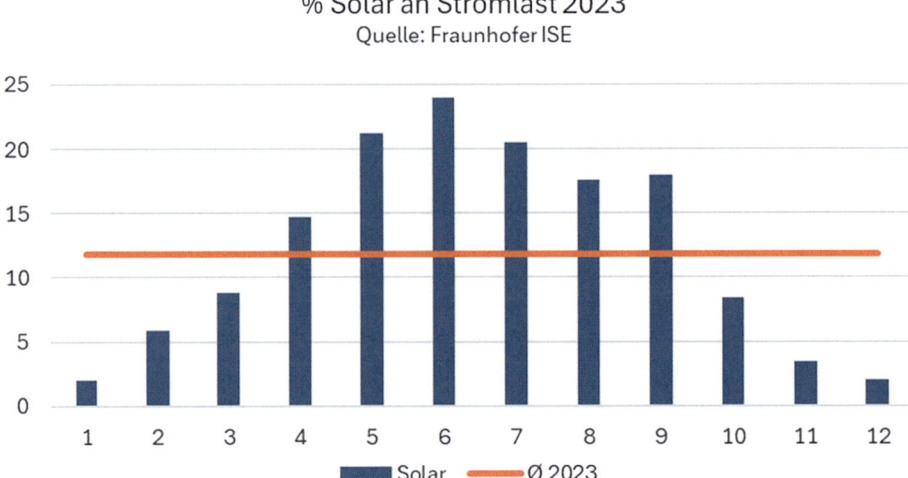

Abb. 3.7 Anteil Solar 2023 an Stromlast

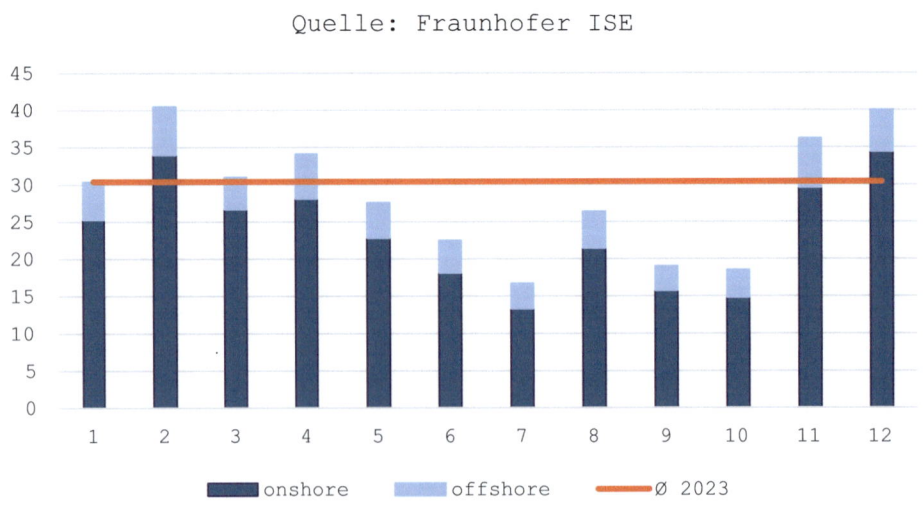

Abb. 3.8 Anteil Wind onshore und offshore 2023 an Stromlast

3.5 Sektorenkopplung, Erzeugung und Flexibilität

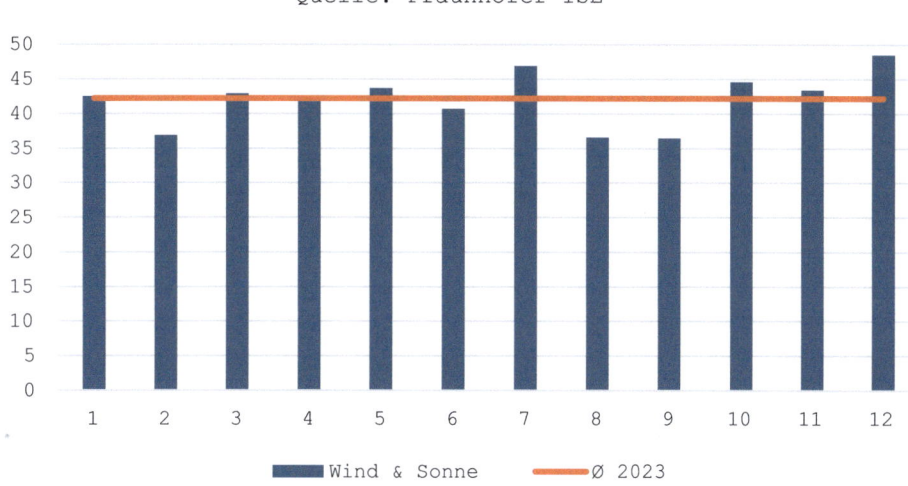

Abb. 3.9 Anteil Solar und Wind an Stromlast 2023

Das ist auch für die Wärmewende relevant, denn Wärme soll zunehmend elektrifiziert werden.

Die Abbildungen der monatlichen Verteilung zeigen, dass Wind und Sonne entlang des Kalenders relativ komplementär wirken und daher 2023 bereits einen durchschnittlichen Anteil an der Stromlast von 42,2 % erreichten. Unter Berücksichtigung der weiteren erneuerbaren Energiequellen lag der Gesamtanteil EE bereits bei 55,3 % nach 49,4 % im Jahr 2022 (Burger, Bruno, Fraunhofer ISE, 2023). Tab. 3.1 stellt Stromlast und Stromerzeugung gegenüber sowie die Gesamterzeugung EE, die auch Biomasse und Wasserkraft enthält.

Die Differenz zwischen Stromerzeugung und Last ist bei zunehmender Elektrifizierung durch Flexibilisierung auszugleichen.

Mit Blick auf die Wärmeerzeugung der im Weiteren betrachteten Grundstoffindustrien ist zu beachten, dass elektrifiziert erzeugte Wärme aus Wind und Sonne nicht direkt die hohen Temperaturanforderungen der Grundstoffprozesse darstellen kann. Hierzu ist eine Energiebasis von Synthesegas erforderlich. Dieses kann u. a. aus biogenen Reststoffen

Tab. 3.1 Anteil EE 2023 an Stromlast und Stromerzeugung

Anteil EE 2023 in %	Stromlast	Stromerzeugung
Solar	11,80%	12,70%
Wind on-shore	25,30%	27,20%
Wind off-shore	5,10%	5,50%
Sonstige	13,10%	14,20%
EE gesamt	55,30%	59,60%

und damit klimaneutral erzeugt werden, aus anderen thermischen Materialien oder über einen energetischen Umweg von Strom zu Wasserstoff.

3.5.3 Komponenten der Sektorenkopplung

Die Sektorenkopplung ist eine wesentliche Schlussfolgerung aus den Untersuchungen zum Marktdesign (Abschn. 2.2.4.1). Hier werden wesentliche Komponenten dargestellt (AEE, 2024).

Technologien für die Sektorenkopplung:

1. Kraft-Wärme-Kopplung
2. Wärmepumpen
3. Elektromobilität
4. Power-to-Heat (Fernwärme, Industrie)
5. Elektrolyse/Power-to-Gas (Wasserstoff, Methan, Ammoniak)
6. Power-to-Liquids
7. Stromspeichertechnologien (z. B. Pumpspeicher, Batterien)
8. Wärmespeichertechnologien
9. Bioenergie
10. Intelligente Mess- und Steuerungstechnik/Digitalisierung

3.5.4 Modell der Sektorenkopplung privater Haushalte

Am folgenden Praxisbeispiel wird das enorme individuelle und gesamtwirtschaftliche Potenzial der Sektorenkopplung für den privaten Sektor modelliert. Die Sektorenkopplung kann einen entscheidenden Beitrag zur Energie- und Wärmewende leisten.

Das Beispiel in Tab. 3.2 verwendet an der Praxis orientierte Zahlen, die zur besseren Anschaulichkeit gerundet werden. Basis der verwendeten Zahlen sind die Datenquellen gemäß Box 3.8. Die Datenbox verdeutlicht die Heterogenität der Datenlage. Sie

Tab. 3.2 Sektorenkopplung Gebäudewärme und Verkehr am typischen Haushalt

typischer Haushalt	kWh p.a. fossil		Elektrifizierungshebel	kWh p.a. elektrifiziert
Strom	3500			3500
Warmwasser *	2600	COP	3,5	740
Heizen, Kühlen	11.400	COP	3,5	3260
Zwischensumme Wohnen	*17.500*			7500
Auto	7560	BEV	3,5	2160
Energiebedarf Wohnen+PKW	42.560		61,5%	9660

* geringes Einsparpotential durch energetische Sanierung

3.5 Sektorenkopplung, Erzeugung und Flexibilität

verdeutlicht aber auch, dass man gleichwohl robuste Modelle zur Entscheidungsfindung entwickeln kann, indem man Mikro- und Makrodaten auf Basis der physikalischen Zusammenhänge miteinander abgleicht .

> **Box 3.8 – Datenquellen Energieverbrauch Wohnen und private Mobilität**
>
> **Stromverbrauch:** Auf Basis des Stromverbrauchs privater Haushalte (UBA, 2023) lässt sich der Pro-Kopf-Verbrauch auf rd. 1500 kWh ermitteln (127 TWh bezogen auf die Einwohnerzahl von rd. 84 Mio.). Die Strompreisanalysen des BDEW gehen von 3500 kWh für einen typischen Haushalt aus (BDEW). Bezogen auf die Zahl von 43 Mio. Haushalten (dena) beträgt die durchschnittliche Haushaltsgröße 1,9. Das Modell rechnet gerundet mit 3000 kWh für 2 Personen.
>
> **Wärmeverbrauch:** Der Wärmeverbrauch gliedert sich in Kochen, das bereits im Stromverbrauch enthalten ist, Warmwassererzeugung, Heizen und Kühlen. Um zum Wärmebedarf zu gelangen, ist es notwendig, die zu beheizenden Quadratmeter zu kennen und den durchschnittlichen Wärmebedarf pro Quadratmeter. Hier orientiert sich das Modell an den dena Gebäudereports (2023, 2024). Gerechnet wird mit 100 Quadratmetern pro Haushalt. Dies ist für einen durchschnittlichen Haushalt plausibel. Die Primärdaten ergeben 3.996.995.000 m² Wohnfläche in 43.366.019 Wohneinheiten (dena, 2024), vgl. Tab. 3.2. Zur Ermittlung des Wärmeverbrauchs ist es notwendig, die verbrauchte Energie in kWh zu kennen. Der Wärmebedarf privater Haushalte betrug 2022 nach Umweltbundesamt (UBA, 2024a) 561 TWh, bezogen auf die rd. 4 Mrd. Quadratmeter entspricht dies rd. 140 kWh/m², die sich aufteilen in 114 kWh/m² Raumwärme und 26 kWh/m² Warmwassererzeugung.
>
> **Mobilität:** Die energetischen Kosten für die private Mobilität werden anhand eines durchschnittlichen PKW im Privathaushalt dargestellt. Angenommen werden auf Basis der Statistiken des Kraftfahrbundesamtes (KBA, 2024) eine gerundete Jahresfahrleistung von 12.000 km bei einem Durchschnittsverbrauch von rund 7,0 l Diesel bzw. 7,7 l Benzin je 100 km (Statista, 2022).
> Es wird im Modell mit einem **Elektrifizierungshebel** von 3,5 gerechnet. Das entspricht am Beispiel der Wärmepumpe einem COP (Coefficient of Performance) von 3,5 kWh Wärme pro 1 kWh Strom. Im Falle der batterieelektrischen Autos (BEV) entspricht der Faktor einem Stromverbrauch von 18 kWh/100 km, vgl. (ADAC, 2024) gegenüber einem fossilen Verbrauch von 7 l Diesel zu 9 kWh/l, 63 kWh/100 km.

Die Tabelle zeigt auf der linken Seite einen typischen Endenergiebedarf auf fossiler Basis für Wärme und Mobilität. Der Use Case zeigt im rechten Teil der Tabelle den enormen Hebel der Elektrifizierung zur Reduzierung des Endenergieverbrauchs, der sich infolge der in Abschn. 3.4.3 dargelegten Strategie „Efficiency First" ergibt, weil Strom in diesen Sektoren technologisch einen enormen Wirkungsgradvorteil auf der Stufe der Endenergie hat. Strom hat nicht nur auf der Ebene der Endenergieanwendung, sondern bereits auf der Stufe der Primärenergieerzeugung einen Wirkungsgradvorteil, insbesondere wenn er in Form von erneuerbaren Energien erzeugt wird.

Das Einsparpotenzial auf Basis der notwendigen Energieeinheiten (kWh) liegt bei über 60 %.

Das Modell zeigt transparent die Hebelverhältnisse der Elektrifizierung für die Wärmewende und erlaubt sowohl eine Anpassung auf individuelle Fälle als auch die Skalierung auf Quartiere oder Aussagen über den Gebäudesektor.

Zur Überleitung auf die Untersuchungen im Gebäudebereich im nächsten Hauptabschnitt 3.6 Gebäudewärme sei erwähnt, dass der Wärmebedarf für Kochen und Warmwasser durch energetische Gebäudesanierung verbrauchsseitig nur unwesentlich reduziert werden kann. Er kann allerdings bei der Erzeugung von Warmwasser in Form der notwendigen Energie durch den gesteigerten Wirkungsgrad der Elektrifizierung (Wärmepumpen) um den COP-Faktor reduziert werden.

Das bedeutet im Ergebnis für wirtschaftliche Entscheidungen, dass sich die Effekte der energetischen Gebäudesanierung grundsätzlich auf das Vermeiden der Wärmeverluste beim Heizen oder Kühlen beschränken.

3.6 Gebäudewärme

Im Gebäudebestand eines Landes ist ein erheblicher Teil des nationalen Vermögens gebunden. Das Verhältnis von Vermögenswerten zu den laufenden Nutzungskosten spielt eine zentrale Rolle bei der Bewertung der Rentabilität. Für Investitionsentscheidungen, die alternative Anlageformen vergleichen, ist dieses Verhältnis entscheidend. Eine wettbewerbsfähige Rendite kann nur erzielt werden, wenn die Nutzungskosten in einem angemessenen Verhältnis zum Wert des Gebäudes stehen, was wiederum maßgeblich die Attraktivität von Immobilieninvestitionen beeinflusst und damit das Angebot auf dem Wohnungsmarkt.

Die Kosten für Gebäudewärme – Heizen und Warmwasser – sind wichtiger Teil der Nutzungskosten (OPEX). Daher besteht ein Trade-off zwischen den Bereichen laufender Kosten, energetischer Sanierung und Neubau. Der Endenergieverbrauch von Wohngebäuden und Nichtwohngebäuden betrug 2021 laut dem dena-Gebäudereport 2024 907 TWh, davon 577 TWh für Wohngebäude. Die weiteren Untersuchungen konzentrieren sich auf den Wohngebäudebereich, da dieser mit Abstand den größten Anteil am Wärmeverbrauch hat. Dieser teilt sich auf in 460 TWh Raumwärme und 106 TWh Warmwasser.

Abb. 3.10 beschreibt die verschiedenen Maßnahmen, die zur CO_2-Reduktion im Gebäudebereich beitragen können. Sie stellt dar, dass der Wohnsektor erheblich zum CO_2-Ausstoß beiträgt (102 Mt im Jahr 2023, UBA, Climate emissions (2024b)), aber durch

3.6 Gebäudewärme

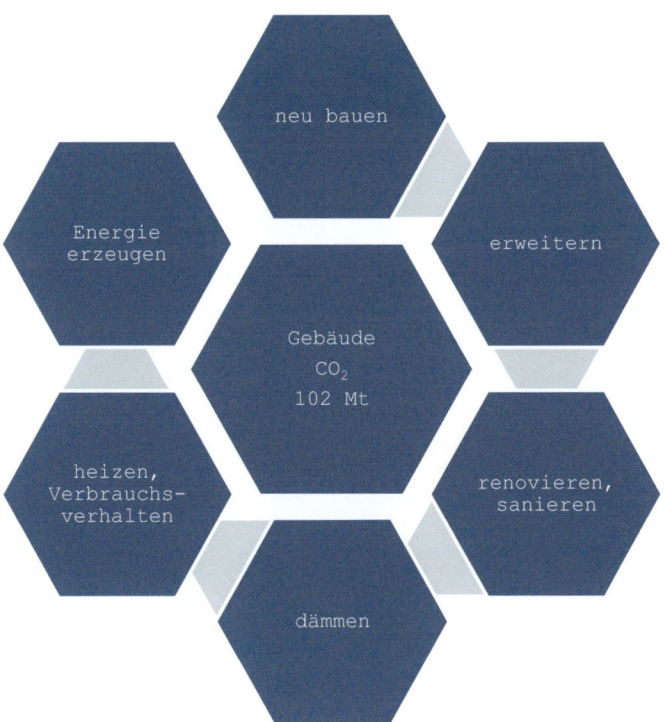

Abb. 3.10 CO_2-Reduktion im Wohnsektor

verschiedene Ansätze optimiert werden kann. Die Möglichkeiten reichen vom Neubau, der Wohnraumerweiterung und Renovierung über die energetische Sanierung sowie die Veränderung des Verbraucherverhaltens bis hin zur Erzeugung erneuerbarer Energien.

Ein wesentlicher Faktor ist die Energieerzeugung, bei der der Einsatz von erneuerbaren Energien wie Solar- oder Windkraft zur Reduktion der CO_2-Emissionen führt. Daneben spielt das Dämmen von Gebäuden eine zentrale Rolle, um den Energieverbrauch für Heizung und Kühlung zu senken. Ein weiterer wichtiger Punkt ist die Heizung, die durch den Umstieg auf energieeffiziente Heizsysteme (wie Wärmepumpen) deutlich CO_2-ärmer gestaltet werden kann. Auch Maßnahmen wie Renovierung bzw. energetische Sanierung, Erweiterung oder der Bau von neuen, energieeffizienten Gebäuden tragen zur Verbesserung der CO_2-Bilanz bei.

Abb. 3.11 zeigt die Finanzdimensionen des Wohnens auf, insbesondere den Unterschied zwischen Kauf und Miete sowie die langfristigen Auswirkungen auf Vermögen und Altersvorsorge. Der Erwerb von Wohneigentum wird häufig als Möglichkeit zur Vermögensbildung und zur Absicherung im Alter gesehen. Die Wertentwicklung von Immobilien spielt dabei eine wichtige Rolle, da diese in der Regel über die Zeit steigt und damit zur Kapitalanlage beiträgt.

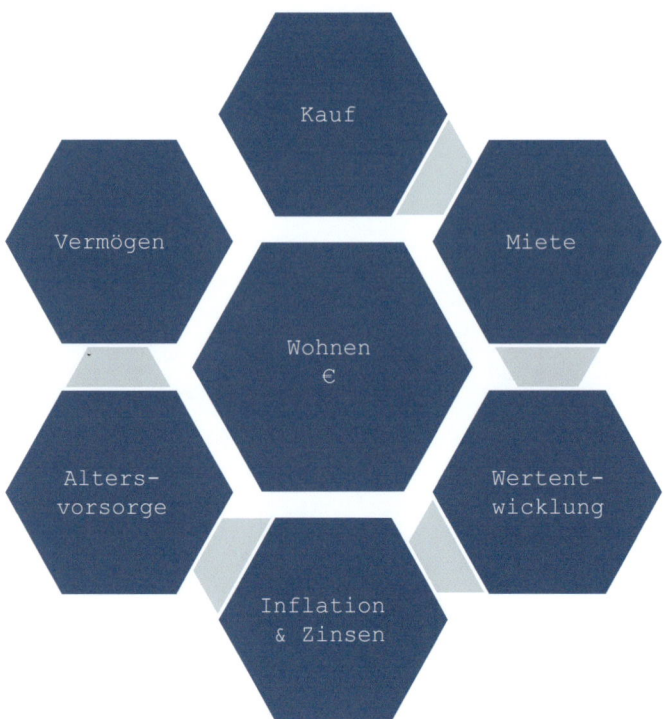

Abb. 3.11 Finanzdimensionen des Wohnens

Ein weiterer entscheidender Faktor in diesem Schaubild ist die Entwicklung von Inflation und Zinsen, die einen großen Einfluss auf die Finanzierung von Immobilien haben. Hohe Zinsen verteuern Kredite, während hohe Inflationsraten den Wert des Geldes mindern. Das kann sowohl Mieter als auch Käufer betreffen, da steigende Kosten die Erschwinglichkeit von Wohnraum beeinflussen.

Insgesamt verdeutlichen beide Schaubilder die komplexe Wechselwirkung zwischen ökologischen und ökonomischen Aspekten des Wohnens.

3.6.1 Kennzeichnung und Besonderheiten des deutschen Wohnungsmarktes

Die folgenden Analysen sind erforderlich, um die komplexen Einflussparameter hinsichtlich der Entscheidungen zu verstehen, die im Wohn- und Gebäudebereich nicht nur hinsichtlich der Wärmewende relevant sind. Die Analysen greifen die im Kap. 2 „Wärmewende – Voraussetzungen für modernes Marktdesign" entwickelten Kriterien eines funktionalen Marktdesigns auf und machen deutlich, wo sie auch für den Wohnungsmarkt gelten.

In Deutschland gehört die Wohneigentumsquote im internationalen Vergleich zu den niedrigsten. Mit etwa 45 % liegt Deutschland deutlich unter dem EU-Durchschnitt von rund 70 % und bildet zusammen mit der Schweiz das Schlusslicht in Europa (Destatis, 2023). In osteuropäischen Ländern wie Rumänien und Ungarn liegt die Wohneigentumsquote hingegen bei über 90 % (Wikipedia, Wohneigentumsquote).

Die Gründe für die niedrige Wohneigentumsquote in Deutschland sind vielfältig. Historisch hat sich eine starke Mietkultur etabliert, die durch politische Maßnahmen wie den sozialen Wohnungsbau und vergleichsweise hohe Grunderwerbssteuern begünstigt wurde (Bundesbank, 2020). Ein weiterer Faktor ist die fehlende Möglichkeit, Hypothekenzinsen für Eigennutzer steuerlich abzuziehen, was den Kauf von Immobilien weniger attraktiv macht (Bundesbank, 2020).

Diese geringe Wohneigentumsquote hatte bereits vor 2021 weitreichende Auswirkungen auf die soziale Ungleichheit und den Zugang zu bezahlbarem Wohnraum. Das Deutsche Institut für Wirtschaftsforschung (DIW) hebt hervor, dass die niedrige Eigentumsquote zu einer erhöhten Vermögensungleichheit führt, da weniger Menschen in der Lage sind, Wohneigentum zu erwerben und davon langfristig finanziell zu profitieren (DIW, 2021).

Der Ukraine-Krieg hat diese Situation weiter verschärft. Steigende Bau-, Zins- und Energiekosten haben die Bauwirtschaft geschwächt und den Druck auf den ohnehin angespannten Mietmarkt verstärkt (bpb, 2014). Diese Entwicklungen haben den Zugang zu Wohnraum weiter erschwert, besonders in Ballungsräumen.

Auch demografische und wirtschaftliche Faktoren tragen zur niedrigen Wohneigentumsquote bei. Viele jüngere Menschen haben Schwierigkeiten, die finanziellen Mittel für den Kauf einer Immobilie aufzubringen, was durch spätere Familiengründungen und steigende Immobilienpreise zusätzlich erschwert wird (Wikipedia, Wohneigentumsquote). Gleichzeitig spiegeln die aktuellen Wohnverhältnisse die Investitionsentscheidungen der Vergangenheit wider, was die Frage aufwirft, inwieweit ältere Gebäude den heutigen Anforderungen an Wohnraum noch gerecht werden. Angesichts der Tatsache, dass rund drei Viertel der Haushalte Wohneigentum anstreben, jedoch weniger als die Hälfte dies erreicht, wird ein Anpassungsprozess des Bestands erforderlich (bpb, 2014). Trotz steigender Mieten könnte langfristig der Leerstand in bestimmten Regionen aufgrund quantitativer Überkapazitäten oder qualitativ unzureichender Gebäude zunehmen. Dies steht im Gegensatz zu den Gentrifizierungsprozessen in Großstädten, wo Wohnraum knapper und teurer wird, und stellt somit eine zentrale gesellschaftliche Herausforderung dar (bpb,, 2014).

3.6.2 Bestandsaufnahme – Mengengerüste

Voraussetzung eines energetischen Gesamtkonzepts ist eine Bestandsaufnahme, um den energetischen Zustand und dessen Potenziale zu erfassen. Dies gilt auf Objekt-, Quartiers- und Landesebene.

Mengengerüst Gebäudebestand

In einem ersten Schritt ist es dazu erforderlich, den Gebäudebestand zu kennen.

Abb. 3.12 zeigt die Zusammensetzung des deutschen Wohngebäudebestands nach einer Erhebung der Deutsche Energie-Agentur (dena). Aus dem dena-Gebäudereport 2024 ergibt sich der Wohngebäudebestand nach Baualtersklassen. Demnach sind 60 % des deutschen Wohngebäudebestandes älter als 47 Jahre (Baujahr bis 1977).

Tab. 3.3 klassifiziert den Gebäudebestand nach Nutzungsart und Fläche. Die Anzahl der Wohneinheiten (WE) pro Gebäude beträgt im Durchschnitt 2,2 mit durchschnittlich 92 Quadratmetern oder 47 m^2 pro Person.

Mengengerüst Energieeffizienz

Voraussetzung eines energetischen Gesamtkonzepts ist eine Bestandsaufnahme, um den energetischen Zustand eines Quartiers und dessen Potenziale zu erfassen.

In Deutschland gibt es eine zentrale Datei für Energieausweise, „Deutsches Energieausweis-Register (DENaR)". Dieses Register wird vom Deutschen Institut für Bautechnik

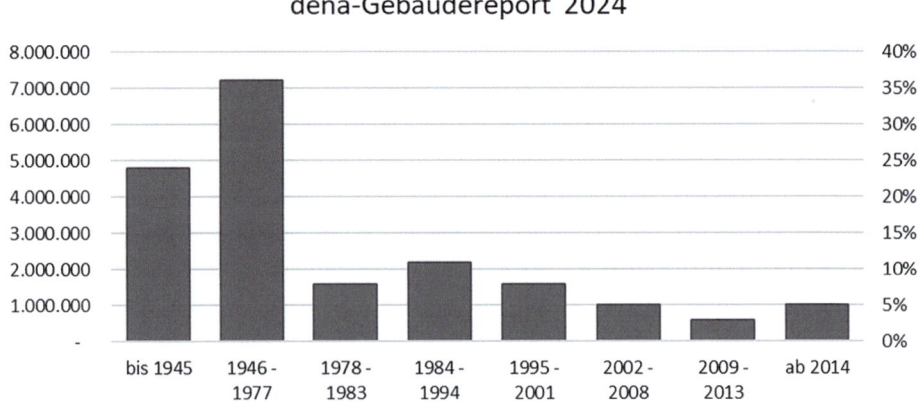

Abb. 3.12 Wohngebäudebestand nach Baualtersklassen. (Quelle: dena-Gebäudereport 2024)

Tab. 3.3 Gebäudemaßzahlen. (Quelle: dena-Gebäudereport 2024)

Gebäude nach Nutzung	# WE	m²	m²/WE
WE EFH (Einfamilienhaus)	13.010.370	1.688.105.000	130
WE ZFH (Zweifamilienhaus)	6.360.282	616.294.000	97
WE MFH (Mehrfamilienhaus)	22.567.925	1.565.929.000	69
WE NWG (Nicht-Wohngebäude)	1.428.342	126.667.000	89
	43.366.919	3.996.995.000	92
Anzahl Gebäude	19.479.501		

3.6 Gebäudewärme

(DIBt) verwaltet. Es dient der zentralen Erfassung und Verwaltung von Energieausweisen, die für Gebäude in Deutschland ausgestellt werden. Zugang haben allerdings nur Energieausweisersteller und Behörden, der allgemeine Markt nicht. Entsprechend konnte im Rahmen dieser Recherche keine geschlossene Gesamtstudie über die Energieeffizienz des deutschen Gebäudebestandes auf Basis der Energieausweise gefunden werden. Hilfsweise wird das notwendige Aufmaß im Folgenden näherungsweise auf Basis von verfügbaren Daten ermittelt und plausibilisiert. Hierzu wird ein Mikromodell gebildet, das mit den Makrodaten verglichen wird.

Makrodaten
Auf Basis der Wärmestatistik des Umweltbundesamtes (UBA, 2024a), die bereits bei der Sektorenkopplung der Haushalte zugrunde gelegt wurde, ergeben sich folgende Durchschnittswerte, die in Tab. 3.4 dargestellt sind.

Mikromodellierung
Aus einer Studie für die Energiekennwerte (Wohnglück, 2024) von 1681 über McMakler vermarkteten deutschen Wohnhäusern aus dem dritten Quartal 2021 geht hervor, dass bislang nur knapp 13 % der Immobilien mit Energieausweis in Deutschland die besten Energiekennwerte A, A+ oder B aufweisen. Bei Neubauten sind 71 % der Häuser in Sachen Energieeffizienz sehr gut. Zudem zeigt eine von McMakler in Auftrag gegebene Onlineumfrage, dass nur jeder vierte Immobilienbesitzer in Deutschland die Energieklasse seiner Immobilie überhaupt kennt.

In Deutschland sind rund 64 % aller Wohngebäude vor 1979 gebaut worden. Damit bestätigt die Studie die Statistik der dena (2024), wonach 60 % bis 1977 gebaut wurden. Diese Bestandsbauten verbrauchen am meisten Energie. Die Studie zeigt: 66 % aller Häuser, die vor 1979 gebaut wurden, weisen die schlechtesten Energieklassen F, G oder H auf. Die beste Energieeffizienz haben Gebäude aus den Baujahren nach 2010. 71 % dieser Neubauten werden mit den positiven Kennwerten A, A+ oder B bewertet.

Tab. 3.5 bereitet diese Daten auf. Die fehlende Granularität bezüglich Energiepasswert und Wohnfläche des jeweiligen Gebäudes erfordert die Durchschnittsbildung. In der Tabelle wird der jeweilige Prozentanteil der Energieklasse linear auf die 4 Mrd. Quadratmeter Wohnfläche laut dena 2024 umgerechnet und jeweils mit dem Mittelwert der Energieklassenbandbreite bewertet. Eine Ausnahme gilt für die schlechteste und

Tab. 3.4 Wärmeverbrauch privater Haushalte 2022. (Quellen: UBA, dena)

Wärmeverbrauch privater Haushalte 2022	kWh p.a.	Anteil	kWh/m²
Wärme	454.938.000.000	81,14%	114
WW	105.768.000.000	18,86%	26
Gesamt	**560.706.000.000**	**100,00%**	**140**
Wohnfläche	3.996.995.000 m²		

Tab. 3.5 Wärmeverbrauch des deutschen Wohnbestandes nach Energieeffizienzklasse 2021

Energie-Effizienzklasse	Anteil	Mio. m²	kWh/m², a	TWh p.a.
A+	2,5%	100	15	1,5
A	2,3%	92	42	3,9
B	8,0%	320	68	21,8
C	11,8%	472	88	41,5
D	17,3%	692	115	79,6
E	12,9%	516	150	77,4
F	14,0%	560	180	100,8
G	12,7%	508	225	114,3
H	18,5%	740	300	222,0
	100,0%	4.000	166	662,7

nach oben offene Energieeffizienzklasse H. Diese beginnt bei über 250 kWh/m² Jahresenergieverbrauch. Das Modell in Tab. 3.5 rechnet hier mit 300 kWh/m². Aggregiert ergibt dies einen hochgerechneten Gesamtwärmeverbrauch von 663 TWh, der mit den makroökonomisch erhobenen Zahlen von 561 TWh im Jahr 2022 (UBA) und 577 TWh im Jahr 2021 (dena) verglichen werden kann. Es ergibt sich aus der Mikrostudie eine Überschätzung des Energieverbrauchs auf Basis der hochgerechneten Energieeffizienzklassen in Höhe von rd. 15 % gegenüber den makroökonomischen Daten.

Die Abb. 3.13 bereitet die Zahlen aus Tab. 3.5 grafisch auf und stellt je Effizienzklasse die jeweilige Wohnfläche dem jeweiligen Energiebedarf gegenüber. Diese Analyse

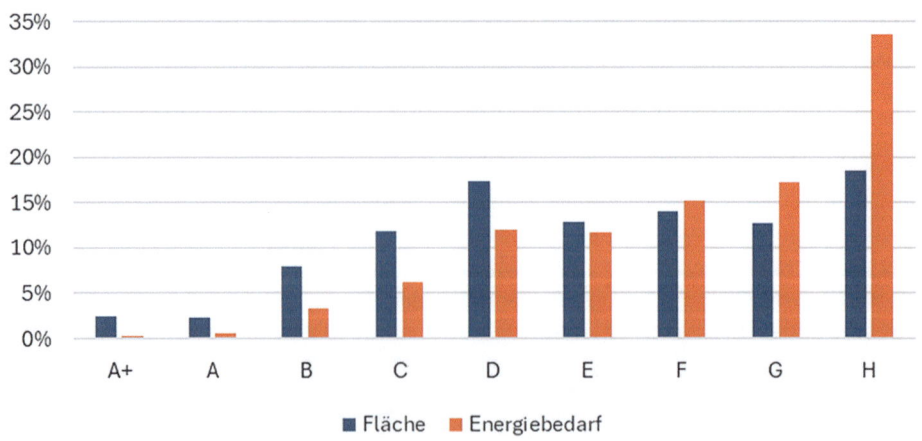

Abb. 3.13 Energieverbrauch des deutschen Wohnbestandes nach Energieeffizienzklassen

zeigt, dass der die Realität überschätzende Energiebedarf aus den niedrigen Effizienzklassen kommen muss.

Aus diesen Analyseergebnissen ergeben sich folgende Thesen:

Gebäudeenergiepässe bewerten den Energiebedarf höher, als dies in der Realität der Fall ist. Dies gilt insbesondere für niedrige Energieeffizienzklassen.

Verstärkt wird dieser Effekt dadurch, dass der Energieaufwand für Warmwasser durch die energetische Sanierung der Gebäudedämmung quasi nicht beeinflussbar ist und der Anteil der Energie für Warmwasser mit besserer Energieeffizienz der Gebäudehülle zunimmt. Das bedeutet, dass die Kosten für die energetische Gebäudesanierung der Gebäudehülle das Einsparpotenzial im Wesentlichen nur im Bereich der Raumwärme entfalten.

Bewertung

Beide Ansätze – Mikrostudie und Makromodell – verdeutlichen, welchen zusätzlichen Entscheidungswert mengengerüstbasierte Aufmaße haben könnten.

Die Abweichungen der Studien liegen intra- und interanalytisch zwar in derselben Größenordnung, sind allerdings mit einer Abweichung von rd. 15 % signifikant, sodass sich genauere Analysen und Datenerhebungen wirtschaftlich rechtfertigen. Die durchgeführte Analyse zeigt, dass die aktuelle Datenlage zu dem Risiko führt, regulatorisch große Investitionsvolumina fehlzulenken, wo ihre Wirkung überschaubar ist (allokatives Marktversagen, Abschn. 2.6.1). Zur Lösung wäre eine Statistik entscheidungsrelevant, die den Energiebedarf verlässlich absteigend nach den zu sanierenden Quadratmetern darstellt.

Die Erhebung qualifizierter Daten wäre sowohl organisatorisch als auch wirtschaftlich darstellbar, indem Doppel- und Parallelerhebungen in unterschiedlichen Systemen durch abgestimmte regulatorische Eingriffe erfolgen würden. Ein Beispiel hierfür ist die Datenerhebung zur vom Bundesverfassungsgericht eingeforderten Grundsteuerreform, in der alle Gebäude bis Ende 2022 gesetzlich zu melden waren. In diesem Rahmen hätte man für einen vernachlässigbaren Zusatzaufwand die energetische Situation etwa in Form eines Energiepasses für sehr geringe Grenzkosten mit erheben können.

Auch vor dem Hintergrund der zunehmenden Wohnungslücke zeigt ein mengengerüstbasierter Ansatz verschiedene Vorteile, um sowohl auf gesamtwirtschaftlicher Ebene (makroökonomisch) als auch auf Ebene der Wirtschaftssubjekte (mikroökonomisch) zu paretoeffizienten Entscheidungen zu gelangen, siehe hierzu Tab. 3.6. Solche Informationen wären insbesondere geeignet, um die öffentliche Diskussion enorm zu versachlichen.

Mengenvorgaben des Klimaschutzgesetzes für den Gebäudesektor

Die Maßnahmen zur Wärme- und Energiewende im Gebäudesektor basieren auf den Sektorvorgaben des Klimaschutzgesetzes zur Reduktion der CO_2-Emissionen (BDEW, 2023).

Diese Reduktionsmengen in Millionen Tonnen (Mt) CO_2 sind in Tab. 3.7 dargestellt, und wurden zur ökonomischen Bewertung mit einem CO_2-Preis beaufschlagt. Dieser CO_2-Preis

Tab. 3.6 Gesamtwirtschaftliche und individuelle Kernfragen des Wohnens

Kernfrage	Relevanz Gesamtwirtschaftlich	Relevanz Individuell
Wie hoch ist der Wohnungsbedarf? Wie viel muss zugebaut, saniert, rückgebaut werden?	Wie entwickelt sich die Wohnungslücke? Dies hat Relevanz von nationaler bis Quartiersplanung.	Ausgeglichene Märkte entspannen die Situation auf dem Wohnungsmarkt. Investoren können verdienen, Wohnungssuchende angemessen wohnen.
Wie viele Wohnungen, welcher Größe, welchen Alters und mit welcher Heizart haben welchen energetischen Bedarf (in kWh/m^2)?	Detaillierte Erfassung des energetischen Bedarfs in verschiedenen Wohnungskategorien für Fördermaßnahmen und Sanierungsprogramme.	Kenntnis des spezifischen Energiebedarfs zur Planung gezielter Sanierungsmaßnahmen.
Wie groß ist der Heizbedarf?	Wichtig für nationale bis kommunale Energieplanung und Dimensionierung von Energieinfrastrukturen.	Bestimmung der Betriebskosten, entscheidend für Sanierungsentscheidungen.
Wie groß ist der Sanierungsbedarf?	Erfassung des Sanierungsbedarfs zur Reduzierung von Unsicherheit am Markt und für Prioritäten bei Förderungen.	Planungssicherheit und gezielte Investitionen in Werterhaltung und -steigerung.
Über welche Zeiträume sind Heizungsanlagen in Betrieb (Alter des Heizsystems)?	Informationen zur Notwendigkeit des Austauschs veralteter Technik und CO_2-Einsparungspotenzialen.	Alter der Heizungsanlage ist entscheidend für Austausch- oder Sanierungsentscheidungen.
Lohnt sich eine energetische Sanierung gegenüber Zubau Erneuerbarer Energien?	Reduzierung der Energieabhängigkeit und Emissionen bei großem Sanierungsumfang, langfristiger Vorteil für Volkswirtschaft.	Langfristige Einsparungen müssen gegen hohe Anfangsinvestitionen abgewogen werden.
Könnte man eine zu teure vom Kopplungsprinzip entkoppelte energetische Sanierung anderweitig kompensieren?	Strategischer Einsatz von Ersatzinvestitionen zur Emissionsreduktion und Förderung erneuerbarer Energien.	Ersatzinvestitionen könnten eine kosteneffiziente Alternative zur Sanierung sein.
Wer entscheidet über Investitionen (selbstgenutzte oder vermietete Immobilien)?	Investitionsentscheidungen beeinflussen Gebäudebestand und nationale Klimaziele.	Unterschiedliche Entscheidungsstrukturen bei selbstgenutzten und vermieteten Immobilien.

soll laut den Vorgaben des Marktdesigns die schädlichen Wirkungen kompensieren. Das Modell rechnet mit den CO_2-Preisen, die gesetzlich aufgrund der CO_2-Bepreisung für 2024 (45 €/t) und 2025 (55 €/t) vorgegeben sind und erhöht diese mangels bestehender Vorgaben um jeweils 10 €/t und Jahr.

Im Ergebnis entspräche der kumulierte Einsparbetrag an CO_2-Preisen rd. 16 Mrd. €. Die Betrachtung ist in der Größenordnung nicht sonderlich sensitiv. Selbst bei einer Verdopplung der Steigerungen auf 20 €/t ab 2026 ergäben sich nur 21 Mrd. €

Diese Beträge aus der CO_2-Bepreisung, die grundsätzlich die wirtschaftlichen Kosten der Emissionen abbilden sollen, sind in Beziehung zu setzen zu den Kosten, die es erfordert, um diese Einsparungen zu erzielen.

3.6 Gebäudewärme

Tab. 3.7 Vorgaben des Klimaschutzgesetzes für den Gebäudesektor (Quelle: BDEW)

	Ziel Mt	Einsparung in Mt	€/t CO2	Mio. €
2023	109			
2024	97	12	45 €	540 €
2025	92	17	55 €	935 €
2026	87	22	65 €	1430 €
2027	82	27	75 €	2025 €
2028	77	32	85 €	2720 €
2029	72	37	95 €	3515 €
2030	67	42	105 €	4410 €
Summe		189	82 €	15575 €

3.6.3 Anwendungsfelder

Im Folgenden wird auf Basis bestehender technologischer Lösungen und infrastruktureller Rahmenbedingungen ein weiterführendes Modell entwickelt. Dabei werden drei Kernziele verfolgt:

1. Schaffung eines finanziellen Momentums zur Unterstützung von Investitionen in erneuerbare und effiziente Energiesysteme, insbesondere der Elektrifizierung.
2. Reduzierung der Energiekosten durch diesen Ausbau.
3. Erhöhung der Skalierbarkeit bestehender Geschäftsmodelle im Bereich Energie, Gebäude und Wirtschaft, um den Übergang zu einer nachhaltigen, resilienten und CO_2-armen Wirtschaft zu fördern.

Es ist zu beachten, dass bei einer Wohneigentumsquote von 45 % die Mieter mit 55 % der Wohnbevölkerung den überwiegenden Teil ausmachen und bislang quasi keine aktiven Gestaltungsmöglichkeiten auf die Energiewende haben. Das folgende Modell entkoppelt zunächst die Fläche von den Kriterien Eigentum und Miete und betrachtet die physikalischen und monetären Zusammenhänge (CAPEX und OPEX) bezüglich der Funktion des Wohnens.

Die Modellierung folgt der Optimierungsaufgabe: **Wie ist ein Euro zu investieren, um den nachhaltigsten Effekt zu erzielen?**

Trade-off zwischen Sanierung und Neubau

Die energetische Gebäudesanierung und der Neubau sind zentrale Maßnahmen, um die Energiekosten langfristig zu senken und gleichzeitig die CO_2-Emissionen im Gebäudesektor zu verringern. Beide Optionen haben sowohl gesamtwirtschaftliche als auch individuelle Relevanz, weil sie sich auf die Kostenstruktur, den Klimaschutz und den Wert von Immobilien auswirken.

Die traditionelle Sichtweise ist der Total-Life-Cycle-Cost (TLCC)-Ansatz:

$$\text{Kosten Wärmedämmung} = \frac{e}{\text{m}^2} < \sum_{i=1}^{n} \left(\frac{\text{kWh}}{\text{m}^2} x \frac{e}{\text{kWh}} \right) = \text{Energieeinsparung Lifecycle}$$

Das heißt, die Kosten für eine Wärmedämmung (Opportunitätskosten) lohnen sich erst, wenn die Einsparungen eine sinnvolle Rendite versprechen. Box 3.9 – Energetische Gebäudesanierung oder Neubau – verdeutlicht diese Zusammenhänge.

> **Box 3.9 – Energetische Gebäudesanierung oder Neubau**
>
> **Energieeinsparung und Klimaziele:** Der Gebäudesektor ist einer der größten Energieverbraucher und trägt maßgeblich zu den CO_2-Emissionen bei. Energetische Sanierungen können dazu beitragen, den Energieverbrauch deutlich zu senken und somit die nationalen Klimaziele zu erreichen. Neubau, der auf moderne Energiestandards setzt, könnte ebenfalls langfristig die Energieeffizienz verbessern.
>
> **Ressourcenschonung:** Eine Sanierung bestehender Gebäude ist oft ressourcenschonender als Abriss und Neubau. Die Vermeidung von Abrissen reduziert den Energieeinsatz und die Emissionen, die bei der Wertschöpfungskette des Neubaus, insbesondere durch Material und Transport, anfallen würden. Gleichzeitig fördert die Sanierung die Nutzung vorhandener Infrastrukturen und Substanz.
>
> **Wirtschaftliche Impulse:** Sowohl Sanierungen als auch Neubauten treiben die Bauwirtschaft an. Der Gebäudebestand wird qualitativ und quantitativ auf hohem Niveau gehalten. Gleichzeitig werden die Versorgungssicherheit und die Unabhängigkeit von fossilen Brennstoffen gestärkt.
>
> **Individuelle Relevanz:** Auf individueller Ebene betrifft die energetische Sanierung vor allem Haus- und Wohnungseigentümer. Sie müssen abwägen, inwieweit sich Investitionen in Sanierungen und Heizsysteme wirtschaftlich lohnen, insbesondere in Hinblick auf die langfristige Einsparung von Energiekosten und den Wert der Immobilie. Zudem beeinflussen Entscheidungen zur energetischen Sanierung die Wohnqualität und den ökologischen Fußabdruck des Einzelnen.

Die Frage, ob eine energetische Sanierung oder ein Neubau sinnvoller ist, ist von mehreren Faktoren abhängig, die sowohl gesamtwirtschaftliche als auch individuelle Relevanz haben.

Gesamtwirtschaftliche Relevanz:

- **Ressourcenschonung:** Der Abriss bestehender Gebäude und der anschließende Neubau führen zu erheblichen Treibhausgasemissionen. Der Abriss eines Gebäudes ist häufig mit mehr CO_2-Emissionen verbunden als dessen energetische Sanierung. Eine Entscheidung zugunsten der Sanierung trägt daher zur Reduzierung des CO_2-Fußabdrucks bei.
- **Kreislaufwirtschaft und Urban Mining:** Die Wiederverwendung von Baumaterialien kann zu einer deutlichen Reduktion von Ressourcenverbrauch und Abfall

führen. Dies ist besonders relevant, wenn Gebäude durch Sanierungen erhalten und in den Kreislauf integriert werden.
- **Förderung der Bauwirtschaft:** Sowohl Sanierungen als auch Neubauten kurbeln die Bauwirtschaft an. Die Sanierung bestehender Gebäude in dicht bebauten Städten bietet den Vorteil, dass sie weniger Fläche verbraucht und das Stadtbild erhält.

Individuelle Relevanz:

- **Kosten-Nutzen-Abwägung:** Die Entscheidung zwischen Sanierung und Neubau hängt von den individuellen Kosten ab.
- **Lohnt sich die energetische Sanierung?:** Diese Frage wird individuell oft mit dem oben dargestellten Total-Life-Cycle-Cost (TLCC)-Ansatz beantwortet.
- **Finanzielle Förderung und Steueranreize:** Sowohl Sanierungen als auch Neubauten können von staatlichen Förderprogrammen profitieren. Energetische Sanierungen sind oft förderfähig, und die Frage, ob Neubauten eine attraktivere Investition sind, hängt von regionalen Begebenheiten und Förderbedingungen ab.

Hinsichtlich der individuellen Entscheidungsrelevanz kommt dem Kopplungsprinzip besondere Bedeutung zu.

Das Kopplungsprinzip
„Bei der Durchführung energietechnischer Modernisierungen sollte grundsätzlich das sogenannte Kopplungsprinzip beachtet werden: Dieses besagt, dass Maßnahmen zur Energieeinsparung aus ökonomischer Sicht dann sinnvoll erscheinen, wenn am Bauteil aus Gründen der Instandhaltung bzw. Instandsetzung ohnehin größere Maßnahmen erforderlich werden. Unter Beachtung des Kopplungsprinzips teilen sich die Vollkosten der Maßnahmen in ohnehin erforderliche Kosten der Instandsetzung und sogenannte energiebedingte Mehrkosten auf (Hinz, Enzeling, 2021, S. 48)."

Das Kopplungsprinzip bedeutet wirtschaftlich, dass positive Grenzkosteneffekte entstehen, weil Fixkosten einer Baustelle auf die Grundsanierung und die energetische Sanierung umgelegt werden können. Im Umkehrschluss bedeutet ein Verstoß gegen das Kopplungsprinzip überproportionale Kosten. Gegen das Kopplungsprinzip wird im Sinne der Energiewende dann verstoßen, wenn energetische Sanierungsmaßnahmen durch Ordnungspolitik erzwungen werden, obwohl am Gebäude keine strukturelle Instandhaltung aus funktionaler Sicht notwendig wäre. In solchen Fällen muss man sowohl aus Sicht des Wirtschaftssubjektes als auch der gesamtwirtschaftlichen Perspektive genauer rechnen und die Verzerrungen des Marktdesigns im Blick haben.

Daher besteht ein Trade-off zwischen den Bereichen laufende Kosten, energetische Sanierung und Neubau.

Ein Gutachten für den Verbraucherzentrale Bundesverband (vzbz) aus dem August 2021 zeigt (Hinz, Enzeling), wie teuer eine energetische Sanierung ist. Hierzu wurden dafür Modellgebäude aus den Bauepochen von 1919 bis 1948, 1958 bis 1968 und 1969 bis 1978 herangezogen und berechnet, wie teuer es ist, diese auf die KfW-Effizienzhausstandards 55, 70 und 85 zu bringen.

Gerechnet mit Kostenindizes auf Basis Q2/2021.

Die Kernaussagen der Studie sind (Wohnglück, 2023):

- Für Ein- und Zweifamilienhäuser, die vor 1979 erbaut wurden, müssen Eigentümer für ohnehin erforderliche Instandsetzungen und Instandhaltungen mit Kosten von 358 € bis 395 € pro Quadratmeter Wohnfläche rechnen, unabhängig davon, ob sie sich für energietechnische Modernisierungen entscheiden oder nicht.
- Zur Erreichung des energietechnischen Standards KfW 55 fallen im flächengewichteten Mittel mit energiebedingten Mehrkosten von 471 bis 554 € pro Quadratmeter Wohnfläche an.
- Beim weniger anspruchsvollen Standard KfW 70 betragen die energiebedingten Mehrkosten durchschnittlich 396 bis 475 € pro Quadratmeter Wohnfläche.
- Beim Standard KfW 85 liegen die Mehrkosten für eine energetische Sanierung bei 367 bis 444 € pro Quadratmeter Wohnfläche.

Das bedeutet, dass sich die ohnehin erforderlichen Sanierungskosten und die energiebedingten Mehrkosten addieren. Beim Standard KfW 70 betragen sie im flächengewichteten Mittel 754 bis 870 € pro Quadratmeter.

Als Ergebnis kommt die Studie zur Schlussfolgerung, dass die Gesamtkosten aller energietechnischen Standards über den Kosten der Gebäude liegen, die energietechnisch nicht modernisiert wurden. Dies bedeutet: Die energietechnischen Modernisierungen erscheinen aus ökonomischer Sicht unter den gegebenen Rahmenbedingungen als nicht sinnvoll (Hinz, Enzeling, 2021).

Diese Zahlen müssen einem laufenden Monitoring unterzogen werden. Dies betrifft insbesondere die enormen Preisentwicklungen im Bausektor. Gemäß dem dena Gebäudereport (dena, 2024) ist der Baupreisindex von 125 in der oben genannten Studie zugrunde liegenden Basisquartal Q2/2021 auf 160 im Q2/2023 (Ende der Statistik) gestiegen. Das entspricht einer Steigerung von 28 %.

Noch stärker war der Preisanstieg in nur einem Jahr 2022 für Materialien, die besonders relevant für die energetische Sanierung sind, etwa Flachglas (Fenster, Fassadenverglasung) +48 % oder HDF-Platten (hochdichte Faserplatten) +46 %.

Es ist daher konservativ im Weiteren mit Zusatzkosten von 650 €/m² Wohnfläche für die energetische Sanierung auf das Niveau KfW 55 zu rechnen, d. h. 30 % bezogen auf den Mittelwert Q2/2021 aus der Studie von 512 €/m².

Die Analyse führt zu dem Zwischenergebnis, dass Bauen sowohl im Neubau als auch in der Sanierung im Allgemeinen und der energetischen Sanierung im Besonderen offensichtlich so teuer ist, dass diese hohen Kosten nicht nur den notwendigen Investitionen zur Energiewende, sondern grundsätzlich im Wege stehen.

Neubau
Dies wird besonders deutlich am stockenden Neubau. Jährlich sehen die Ziele der Bundesregierung rund 400.000 neue Wohnungen vor. Erreicht werden Marken von rd. 300.000 neugebauten Wohneinheiten, etwa in den Jahren 2023 und 2024. Der Anteil staatlicher Vorgaben und Auflagen bei den Kosten für Wohnungsneubau liege bei insgesamt 37 %, so der Präsident des Spitzenverbands der Immobilienwirtschaft ZIA, Andreas Mattner, und die Baulücke könne ohne Korrekturen auf 830.000 fehlende Wohneinheiten (WE) jährlich im Jahr 2027 ansteigen (Handelsblatt, 16.05.2024).

Übersetzt in Mengengerüste, wird das Selbstfinanzierungspotenzial dieser staatlichen Auflagen pro Jahr in der Größenordnung deutlich. Bei der Abschätzung sind die Gentrifizierung und der Trend zu Einpersonenhaushalten zu berücksichtigen, die beiden Beispiele zeigen die Grenzbedingungen exemplarisch anhand einer Vorschriftenentlastung um 1000 €/m² Neubau:

Durchschnittlicher Wohnraum:

$$400.000 \text{ WE} \times \frac{100 \text{ m2}}{\text{WE}} \times \frac{1000€}{\text{m2}} = 40 \text{ Mrd.€ p. a.}$$

Einpersonen-Plus-Haushalt:

$$800.000 \text{ WE} \times \frac{50 \text{ m2}}{\text{WE}} \times \frac{1000€}{\text{m2}} = 40 \text{ Mrd.€ p. a.}$$

Sanierung
Auch die Sanierung bietet enormes Potenzial. Wenn etwa 50 % des deutschen existierenden Wohnungsbestandes von 4 Mrd. Quadratmetern in den nächsten 20 Jahren saniert werden sollen, bedeutet das etwa 100 Mio. Quadratmeter Wohnraum pro Jahr. Pro 100 €/m² Vorschriftenentlastung entspricht dies 10 Mrd. € und auf die gesamte Strecke ceteris paribus 200 Mrd. €.

Damit liegt in der Entlastung durch Bauvorschriften einer der wichtigsten investitionsfördernden Hebel sowohl zur Lösung der Energiewende als auch der Wohnungslücke.

Trade-off zwischen energetischer Sanierung und Zubau erneuerbarer Energien
Abb. 3.14 zeigt den Trade-off zwischen energetischer Sanierung und dem alternativen Zubau erneuerbarer Energien auf Basis folgender Zahlen, siehe Abschn. 3.6.3.1.

- Energetisch saniert werden soll ein Gebäude der niedrigsten Energieeffizienzklasse H mit einem Verbrauch von 300 kWh/m² und Jahr auf das Niveau KfW 55.
- Die energetischen Sanierungskosten betragen auf aktuellem Baukostenniveau 650 €/m², die einer Basissanierung 500 €/m².
- Selbst wenn man den Warmwasserverbrauch von 26 kWh/m² unberücksichtigt lässt, liegt das maximale Einsparpotenzial für diese 650 € bei 250 kWh/m².

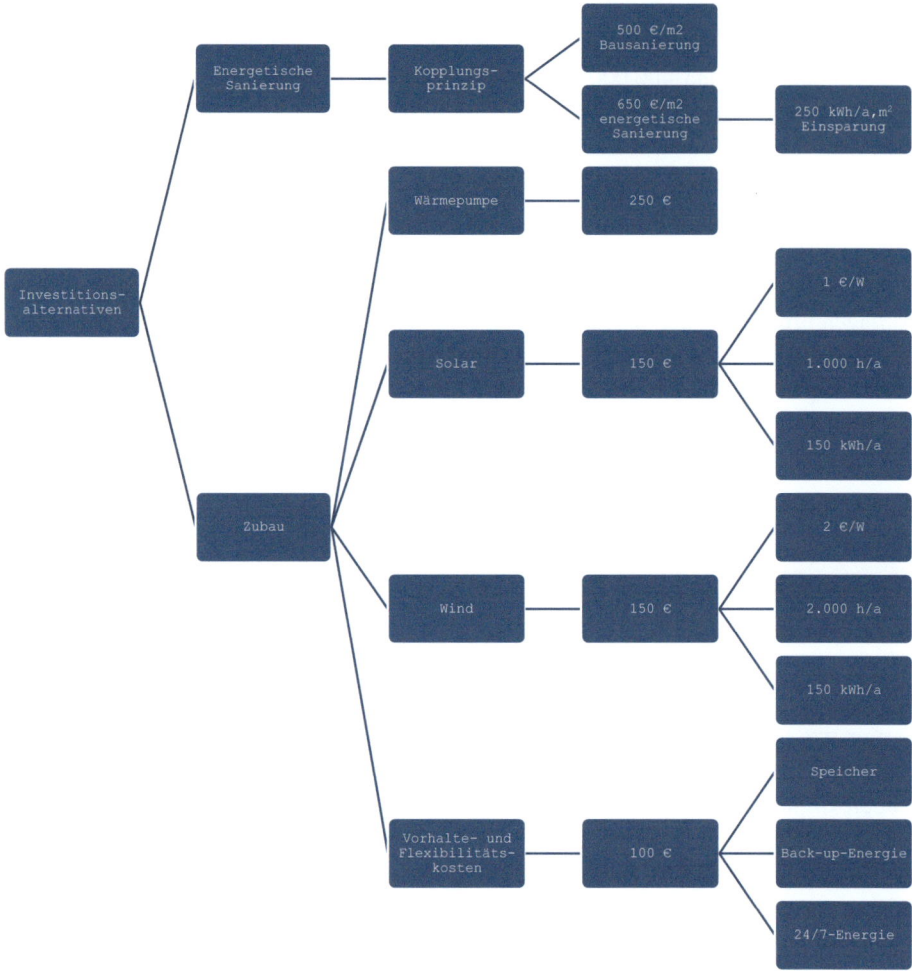

Abb. 3.14 Investitionsalternativen energetische Sanierung und Zubau EE im Vergleich

Dieser Fall ist ein Best-Case-Szenario im Sinne der energetischen Sanierungseffizienz, denn er unterschätzt in der Tendenz die energetischen Sanierungskosten und überschätzt die energetischen Einsparungen.

Der Zahlenbaum zeigt im oberen Strang, dass mit 650 €/m² Zusatzkosten energetischer Sanierung, die aufgrund regulatorischer Vorgaben erfolgen muss, etwa 250 kWh/m² an Energieverbrauch eingespart werden können.

Im unteren Strang wird anhand einer möglichen konservativen alternativen Kombination entwickelt, wie aus Sicht der Wärmewende dieses Investitionsvolumen paretoeffizienter verwendet werden könnte. Die Daten hierfür sind Marktpreise.

Wenn man etwa eine Wärmepumpe als alleinige energetische Maßnahme für 250 €/m² überdimensionieren würde, verblieben 400 €/m² für die alternative Verwendung in Zubau. Dabei würde in Kauf genommen werden, dass der COP (Coefficient of Performance) sinkt und der Wirkungsgrad der Wärmepumpe fällt.

Dies würde wie folgt überkompensiert. 300 €/m² der verbleibenden 400 €/m² könnten zur saisonalen Kompensation in Wind und Sonne investiert werden. Je Euro pro Watt erzeugen heutige Anlagen im industriellen Bereich etwa 1 kWh pro Jahr. Damit würden 300 kWh/m² erneuerbarer Strom zu geringen Grenzkosten erzeugt.

Im Vorgriff auf das folgende Kapitel könnten die verbleibenden 100 €/m² in Grundlastfähigkeit oder Speicher investiert werden. Hier wird aus Gründen der Didaktik zunächst die Erzeugung betrachtet. Ein grundlastfähiges biogenes Blockheizkraftwerk (BHKW) kostet ebenfalls rd. 1 €/W installierter Leistung, kann allerdings rd. 8000 h pro Jahr laufen, das sind betriebsübliche 90 % Auslastung. Bei einem ebenfalls typischen Wirkungsgrad von 80 % ergäbe sich hier ein weiteres erneuerbares Energieerzeugungspotenzial von 640 kWh/m².

In Summe würde dies auf Basis von investierten Euros und einer energetischen Betrachtung in kWh/m² bedeuten:

- 650 €/m² in Form energetischer Sanierung sparen 250 kWh/a an Energie.
- Dieselben im vorgeschlagenen Mix alternativ investierten 650 €/m² erbringen durch eine Wärmepumpe die notwendige Heizleistung und erzeugen diese mit sauberer Energie in Höhe von 940 kWh/m², die die erneuerbare Elektrifizierung voranbringt.

Dieses Modell setzt selbstverständlich die ortsunabhängige Investition dieser Maßnahmen und deren Netting-Möglichkeiten voraus sowie eine Möglichkeit auch für Mieter, sich daran zu beteiligen.

Volkswirtschaftlich würde eine solche Ressourcenallokation die Elektrifizierung enorm beschleunigen, und es ergäbe sich eine Selbstfinanzierungskomponente durch die starke Reduzierung fossiler Importe. Sie scheitert in der Praxis bislang daran, dass die im Rahmen des Zubaus erzeugten Strom-kWh zu deutlich weniger vergütet werden als die kWh für den Betrieb der Wärmepumpe bezahlt werden müssen, daher ist das Like-to-Like-Netting ein wichtiger notwendiger Hebel.

Abwertung des Gebäudebestandes
Ein wichtiger Aspekt dieser Investitionsasymmetrie ist noch nicht eingepreist. Auf Basis der bestehenden Unsicherheit wird der bestehende energetisch nicht sanierte Gebäudebestand massiv abgewertet („stranded assets"). Das Volumen beträgt dreistellige Milliardenbeträge, wie die folgende einfache Sensitivitätsanalyse zeigt:

Laut dena (2024) sind 60 % des deutschen Gebäudebestandes älter als 47 Jahre (vgl. Abb. 3.12). Das beträfe etwa 2,4 Mrd. m² an Wohnraum.

Tab. 3.8 Sensitivitätsanalyse Wertminderungen Wohnbestand

Wertminderung in €/m²	Wertminderung pro Wohnung à 100 m²	Entwertung Kapitalstock in Mrd. €
100 €	10.000 €	240 €
200 €	20.000 €	480 €
300 €	30.000 €	720 €
400 €	40.000 €	960 €
500 €	50.000 €	1200 €
600 €	60.000 €	1440 €
700 €	70.000 €	1680 €
800 €	80.000 €	1920 €
900 €	90.000 €	2160 €
1000 €	100.000 €	2400 €

Die Tab. 3.8 zeigt die Sensitivitäten, je 100 €/m² Wertminderung in einem praxisrelevanten Bereich. Dies entspräche einer Entwertung des privaten Kapitalstocks auf volkswirtschaftlicher Ebene um 240 Mrd. € oder 10.000 € bezüglich einer 100 m²-Wohnung.

Dadurch ergibt sich eine Lose-lose-Situation:

- Wertvernichtung des Gebäudebestands
- Abwarten durch Unsicherheit
- Verschärfung der Wohnungsknappheit
- Rückständige Klimaziele

Abb. 3.15 fasst die Gegenüberstellung der volks- und individualwirtschaftlichen Folgen rein energetisch motivierter Sanierungen (links) gegenüber anreizgerechter Investitionsstimulanz (rechts) zusammen.

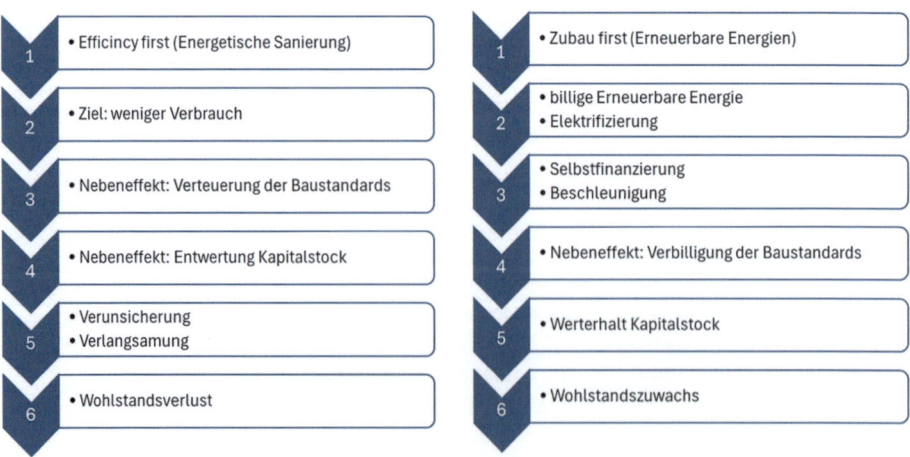

Abb. 3.15 Vergleich energetische Sanierung vs. Zubau EE

3.6 Gebäudewärme

Trade-off zwischen Synthesegas und Batterien

Im vorherigen Abschnitt wurden als Beispiel Alternativinvestitionen von 100 €/m² Wohnfläche für Vorhalte- und Flexibilitätskosten vorgesehen. Auch das ist ein modellhafter Simulationsvorschlag. Und auch in diesem Bereich besteht ein Trade-off zwischen Grundlasterzeugung, grundlast- und aktiv regelfähiger im Sinne aktiver Flexibilität (vgl. Box 3.7), und Speicherung.

Abb. 3.16 geht auf zwei dieser alternativen Komponenten ein.

- Im oberen Strang das bereits dargestellte grundlastfähige biogene Blockheizkraftwerk (BHKW) mit rd. 1 €/W installierter Leistung.
- Im unteren Strang die Lösung über Batteriespeicher.

Auch hier sollten die Alternativen nicht exklusiv, sondern komplementär betrachtet werden.

Batteriespeicher spielen in der Wärme bislang nur eine geringe Rolle. Sie erlangen aber im Rahmen der Elektrifizierung zunehmendes Gewicht. Batteriespeicher rechnen sich nicht mehr nur zur Optimierung von Eigenverbrauch, sondern als eigenständige Assets für den Stromhandel. Gerade der Markt für Großspeicher erhält seit knapp 2 Jahren kräftig Rückenwind in Form rapide sinkender Kosten, steigender Erlöse und optimierter Handelsstrategien. Die Preisfindung für das Modell in Abb. 3.16 der Batteriespeicher beruht auf der technologischen Lernkurve. In China sind auf Ebene von LFP-Batteriepacks (Lithium-Eisen-Phosphat, chemisch: LiFePO$_4$) Preise Anfang 2023 auf 151 US\$/kWh und im April 2024 auf 75 US\$/kWh gesunken (electrive.net., 2024, 11. Juli). Hier muss als Disclaimer allerdings die Rohstoffabhängigkeit gegenüber China benannt werden, die ein Risiko darstellt, diese Preise auch auf Europa zu übertragen. Gleichwohl wird dieser Zielwert als 75 €/kWh übernommen.

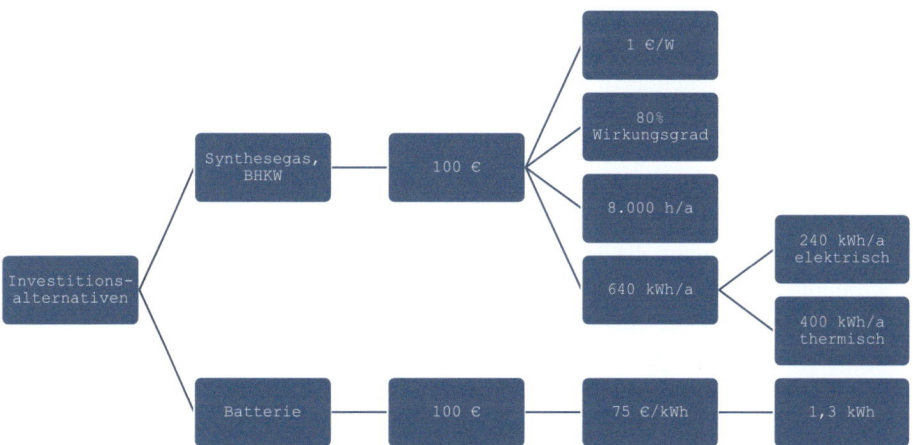

Abb. 3.16 Investitionsalternativen Synthesegas und Batteriespeicher

Wichtig zu erwähnen ist, dass Batterien im Gebäude oder in Quartiersspeichern deutlich geringere Anforderungen als im Auto haben, da sowohl Ladung als auch Entladung viel langsamer und materialschonender ablaufen können. Außerdem besteht bei stationären Anwendungen kein Gewichtsoptimierungsproblem.

Beide dargestellten Lösungen zur Stabilisierung des Systems, grundlastfähige biogene Energieerzeugung und Batteriespeicher, werden eine zunehmende Rolle in der Energiewende spielen.

3.6.4 Zusammenfassung Wärme im Wohnsektor

Die Ergebnisse der bisherigen Analysen stehen für ein ganzheitliches Systemdenken, bei dem bestehende Ressourcen und Technologien intelligent genutzt werden, um das Energie- und Infrastruktursystem nachhaltig zu gestalten und zu finanzieren. Die folgenden Punkte zielen auf eine Beschleunigung der Wärmewende im Gebäudesektor.

1. **Vereinfachung der Bauvorschriften:** Hier liegt ein enormer und direkt umzusetzender Hebel mit synergistischem Multiplikatorpotenzial für Wärme- und Energiewende und Wohnungssektor.
2. **Nutzung der Speicher- und Flexibilitätspotenziale im System:** Es gibt bereits signifikante Potenziale in bestehenden Systemen zur Speicherung und Flexibilisierung der Energieversorgung. Durch die Optimierung des Eigenverbrauchs und die Nutzung von Speichern wie Wärmepumpen, Kühlschränken, Warmwasserspeichern und Elektrofahrzeugen (BEV) kann das System stabilisiert werden. Technologien wie „Car to Building" und „Car to Grid" ermöglichen es, überschüssige Energie aus Elektrofahrzeugen sowohl für Gebäude als auch für das Netz zu verwenden und so eine effiziente Verteilung und Speicherung zu gewährleisten.
3. **Dezentrale Warmwasserversorgung:** Die Warmwasserversorgung mit größeren Warmwasserspeichern erfordert rd. 18 % des Wärmeverbrauchs, der Anteil steigt mit höherer Gebäudeenergieeffizienz. Hier ist zu prüfen, unter welchen Bedingungen sich eine dezentrale Warmwasserversorgung rechnet, insbesondere auch aus hygienischen Gründen. Warmwasserspeicherlösungen benötigen aus hygienischen Gründen zur Abtötung von Keimen höhere Temperaturen als vom Verbrauchsverhalten nötig.
4. **Haustechnik First:** Bevor man energetische Sanierungsmaßnahmen an der Gebäudehülle vornimmt, die das Kopplungsprinzip verletzen, ergibt sich die größere Investitionswirkung aus der Erneuerung der Haustechnik (Heizung und Heizkörper).
5. **Zubau Second:** Der Ausbau erneuerbarer Energien sollte danach oberste Priorität haben. Neue Kapazitäten müssen schnellstmöglich geschaffen werden, um die Energieversorgung auf eine nachhaltige Basis zu stellen.
6. **Billige Energie:** Durch den verstärkten Ausbau erneuerbarer Energien kann der Strompreis signifikant sinken und die Elektrifizierung beschleunigt werden. Der Zugang zu günstiger Energie wird sowohl für Haushalte als auch für die Industrie entscheidend, um die Wettbewerbsfähigkeit zu sichern und soziale Gerechtigkeit zu fördern.

7. **Selbstfinanzierende Energiewende:** Die Energiewende kann sich zunehmend selbst tragen, indem Investitionen in erneuerbare Energien langfristig durch die gesunkenen Kosten und die Einsparungen bei fossilen Energien refinanziert werden. Ein nachhaltiges Energiesystem finanziert sich durch die eigene Effizienz und Kostensenkung.
8. **Selbstfinanzierende Wohnungsinfrastruktur:** Die Modernisierung und der Bau von energieeffizienten Wohnungen können sich zunehmend selbst tragen, wenn durch die Einsparungen bei den Energiekosten und den Zugang zu günstigem Strom langfristig ein finanzieller Ausgleich geschaffen wird.
9. **Selbstfinanzierende CCS:** Carbon Capture and Storage (CCS) könnte sich zunehmend selbst finanzieren, wenn überschüssige erneuerbare Energie nicht mehr für die Wärmeversorgung benötigt wird. Diese Energie könnte dann für die CO_2-Abscheidung und -Speicherung genutzt werden, ohne das Energiesystem zusätzlich zu belasten.

3.7 Grundstoffindustrie

Bevor in einer ausführlichen Betrachtung der Zementindustrie untersucht wird, wie auch mit lokal verfügbaren Ressourcen die Wärmewende gelingen kann, wird die Grundstoffindustrie insgesamt analytisch eingeordnet. Auf dieser analytischen Basis kann das Beispiel der Zementindustrie als Pars pro Toto in seiner Methodik und Struktur auch auf die anderen Grundstoffbranchen übertragen werden.

Die Studie „Die Energiewende in Deutschland: Stand der Dinge 2021" von Agora Energiewende (2022) untersucht u. a. die Belastungen für energieintensive Industrien aufgrund steigender Energiepreise und notwendiger Investitionen für die Klimaneutralität.

Eine weitere Studie der Boston Consulting Group in Kooperation mit dem Institut der deutschen Wirtschaft zeigt, dass energieintensive Industrien besonders durch steigende Energiekosten und den Umstellungsbedarf auf CO_2-arme Technologien belastet werden.

Beide Studien zeigen auf, dass tiefgreifende Veränderungen in der Energie- und Industrielandschaft notwendig sind, um die Klimaziele zu erreichen, wobei große Herausforderungen bei der Emissionsreduktion und der Transformation der Industrie bestehen.

Diese Transformationszwänge werden jeweils in den einzelnen Industrieverbänden aufgegriffen. Box 3.10 zeigt eine Übersicht über die wichtigsten Industrieverbände, die sich mit Dekarbonisierung und ihren Ansätzen auseinandersetzen.

> **Box 3.10 – Dekarbonisierung der Industrie**
> **Bundesverband der Energie- und Wasserwirtschaft (BDEW):** Der BDEW ist der zentrale Verband für Unternehmen der Energiewirtschaft und befasst sich mit der Transformation des Energiesektors, insbesondere im Hinblick auf die Dekarbonisierung und den Ausbau erneuerbarer Energien.
> Webseite: https://www.bdew.de

Bundesverband der Deutschen Industrie (BDI): Der BDI vertritt die Interessen der deutschen Industrie und hat sich intensiv mit der Energiewende und den notwendigen Maßnahmen zur Dekarbonisierung auseinandergesetzt. Er fordert unter anderem die Förderung der Wasserstoffwirtschaft und die Modernisierung der Infrastruktur.
Webseite: https://bdi.eu

Bundesverband Glasindustrie e. V. (BV Glas): BV Glas vertritt die deutsche Glasindustrie, die ebenfalls sehr energieintensiv ist. Der Verband fördert den Einsatz erneuerbarer Energien und Technologien zur Steigerung der Energieeffizienz in der Glasproduktion. Auch die Optimierung der Schmelzprozesse und der verstärkte Einsatz von Recyclingmaterial sind zentrale Themen.
Webseite: https://www.bvglas.de

Verband der Chemischen Industrie (VCI): Der VCI befasst sich mit der Dekarbonisierung der chemischen Industrie, die einen großen Anteil an den deutschen CO_2-Emissionen hat. Er setzt sich für Innovationen im Bereich der Kreislaufwirtschaft und energieeffizienter Produktionsprozesse ein.
Webseite: https://www.vci.de

Verband Deutscher Maschinen- und Anlagenbau (VDMA): Der VDMA unterstützt technologische Innovationen und sieht in der Energiewende eine Chance für den Maschinen- und Anlagenbau, z. B. im Bereich der Herstellung von Anlagen zur Nutzung erneuerbarer Energien und zur Energieeffizienzsteigerung.
Webseite: https://www.vdma.org

Verband Deutscher Papierfabriken (VDP): Der VDP ist die zentrale Organisation der deutschen Papierindustrie und arbeitet an Strategien zur Reduktion von CO_2-Emissionen, unter anderem durch die Umstellung auf erneuerbare Energien und eine höhere Energieeffizienz. Die Papierindustrie setzt zudem stark auf die Kreislaufwirtschaft und die Verbesserung von Recyclingprozessen.
Webseite: https://www.vdp-online.de

Bundesverband der Deutschen Zementindustrie (VDZ): Der VDZ vertritt die Zementindustrie und arbeitet an Strategien zur Reduktion von CO_2-Emissionen in der Zementherstellung. Ein Fokus liegt dabei auf der Einführung von CO_2-Abscheidung und -Speicherung (CCS) sowie auf alternativen Bindemitteln und der Optimierung von Produktionsprozessen.
Webseite: https://www.vdz-online.de

WirtschaftsVereinigung Stahl (WV Stahl): Die Stahlindustrie ist besonders emissionsintensiv, und die WV Stahl fördert den Übergang zur klimaneutralen Stahlproduktion, insbesondere durch den Einsatz von grünem Wasserstoff.
Webseite: https://www.stahl-online.de

Zentralverband des Deutschen Handwerks (ZDH): Das Handwerk spielt eine zentrale Rolle in der praktischen Umsetzung von Maßnahmen zur Energiewende,

> insbesondere bei der Installation von Technologien zur Energieeinsparung und Sanierung.
> Webseite: https://www.zdh.de

Die fünf energieintensiven Sektoren in Deutschland – nämlich die Papier-, Chemie-, Pharma-, Glas- und Metallindustrie – leisteten im Jahr 2022 einen bedeutenden Beitrag zur Wirtschaft. Gemeinsam generierten sie eine Wertschöpfung von 135 Mrd. €, was etwa 4 % der gesamten Bruttowertschöpfung der deutschen Wirtschaft ausmacht. Diese Industriezweige sind laut Angaben des Instituts der deutschen Wirtschaft (IW) für die Schaffung von rund 2,4 Mio. Arbeitsplätzen verantwortlich (Institut der deutschen Wirtschaft, 2023).

Diese Branchen zeichnen sich durch einen überdurchschnittlich hohen Energieverbrauch aus, der überwiegend durch fossile Brennstoffe wie Öl, Erdgas und Kohle gedeckt wird. Der hohe Energiebedarf führt zu erheblichen CO_2-Emissionen, die die Umwelt- und Klimabilanz stark belasten (UBA, 2022). Ein wesentlicher Anteil des Energieverbrauchs entfällt dabei auf Prozesswärme, die oft hohe Temperaturen erfordert – eine technische Notwendigkeit, die mit den spezifischen Produktionsverfahren dieser Industrien verbunden ist (VDI, 2021).

3.7.1 Kennzeichnung und Besonderheiten

Die Grundstoffindustrie war und ist in Industrieländern wie Deutschland wohlstandstreibend. Die heutige Industrielandschaft wurde im Wesentlichen durch innovative und mutige Unternehmerpersönlichkeiten geschaffen. Firmennamen wie Bayer, Boehringer, Buzzi-Dyckerhoff, Goodyear, Krupp, Linde, Merck, Schott, Thyssen und viele andere stehen noch heute in den Firmennamen weltweit tätiger Unternehmen. Viele andere führende Grundstoffunternehmen haben ihren Gründernamen in Markennamen gewandelt.

Die Grundstoffindustrie umfasst wesentliche Basisindustrien, die die Grundmaterialien für zahlreiche nachgelagerte Branchen bereitstellen. Dazu zählen die Metallerzeugung (Stahl, Aluminium, Kupfer), Zement, Kalk, Baustoffe, Grundstoffchemie (z. B. Ammoniak, Chlor, Methanol, High Value Chemicals), sowie Papier, Glas und Keramik. Die Abgrenzung ist nicht immer eindeutig: Energieerzeugung, Raffinerien, Pharma, Lebensmittelproduktion und Halbleiterindustrie gehören nicht klassisch zur Grundstoffindustrie, spielen aber oft in angrenzenden Wertschöpfungsketten eine Rolle.

Die Grundstoffindustrie ist sowohl untereinander als auch mit anderen Sektoren der Wirtschaft eng verflochten. Diese Verflechtungen bestehen in Form von Lieferketten, gemeinsamen Technologien oder durch die Nutzung von Kuppelprodukten. Die Abhängigkeiten zwischen verschiedenen Grundstoffindustrien und deren Auswirkungen auf die gesamte Industrie sind hoch komplex, sodass hier nur die wichtigsten aufgeführt werden.

Lieferkettenabhängigkeiten: Die Grundstoffindustrie ist wichtiger Zulieferer für nachgelagerte Industriezweige. Zum Beispiel benötigt die Bauindustrie Zement und Stahl, die Automobilindustrie ist abhängig von Stahl, Kunststoffen und selteneren Metallen, und die Elektronikindustrie benötigt eine Vielzahl spezifischer chemischer und metallurgischer Produkte. Die Landwirtschaft funktioniert bislang nicht ohne Chemie, die Gesundheit nicht ohne Pharma. Nichts funktioniert ohne Energie und in Zukunft ohne Halbleiter.

Nutzung von Kuppelprodukten: Viele Industrien nutzen die Kuppelprodukte der Grundstoffindustrie. So wird beispielsweise Gichtgas aus der Stahlproduktion in der Energieerzeugung genutzt, und Flugasche aus Kraftwerken wird in der Zementherstellung eingesetzt.

Technologische Abhängigkeiten: Moderne Fertigungsprozesse in verschiedenen Industriezweigen hängen von spezifischen Materialien, Chemikalien und Halbleitern ab, die von der Grundstoffindustrie geliefert werden.

Die Bedeutung der Grundstoffindustrie für den Wohlstand in Deutschland zeigt sich unter anderem in ihrer Fähigkeit, Innovationen voranzutreiben und Arbeitsplätze zu schaffen. Zudem spielt sie eine Schlüsselrolle bei der Exportstärke des Landes.

Ihrerseits hängt die Grundstoffindustrie oft von Rohstoffen ab, die durch Berg- oder Tagebau erschlossen werden müssen.

In Box 3.11 sind die Besonderheiten der Grundstoffindustrie zusammengefasst:

Box 3.11 – Besonderheiten der Grundstoffindustrie

Bei der Grundstoffindustrie handelt sich um Massenindustrien, deren physische Materialströme jeweils mehrere Millionen Tonnen pro Jahr betragen. Das gilt für die Materialeinsatzseite wie für die Outputseite. Diese Industrien sind daher meist extraktionsintensiv und logistikintensiv.

Meist werden keine Endprodukte, sondern Vorprodukte für nachgelagerte Veredelungen produziert. Da es sich um Grundstoffe handelt, sind diese meist nicht durch besondere Unterscheidungskriterien (USPs) klassifizierbar, wie dies in anderen Segmenten für Premiumprodukte oder Luxussegmente bezüglich der Preissetzung möglich ist. Grundstoffe zeichnen sich daher durch in der Regel geringe Preise pro Gewicht aus. Daraus folgt, dass ihr Transport bezogen auf den Warenwert überproportional ins Gewicht fällt.

Oft bestehen auch Abhängigkeiten der Grundstoffindustrie entlang der Wertschöpfungsketten. So hängen Zement und Stahl (insbesondere Langstahlprodukte) stark von der zyklischen Bauindustrie ab. Das bedeutet eine Zyklik des Geschäfts. Daneben befindet sich die Grundstoffindustrie häufig in einem sogenannten „cost-price-squeeze", damit ist einerseits die Abhängigkeit auf Rohstoffseite gemeint, die umso größer ist, je weniger Zugang zu eigenen Rohstoffen, z. B. Minen, eine Industrie hat, andererseits starke Verhandlungspartner wie die Auto- oder Bauindustrie auf der Absatzseite.

Die Produktionsanlagen sind kapitalintensiv und erfordern hohe Investitionen. Das bedeutet in der Regel auch die Notwendigkeit einer hohen Eigenkapitalfinanzierung. Das Verhältnis des notwendigen Anlagevermögens je erwirtschaftetem Euro Umsatz ist viel ungünstiger als in denn meisten anderen Wirtschaftszweigen (Verarbeitung, Dienstleistung, Handel, Plattformgeschäftsmodelle). Daraus folgt unmittelbar, dass diese Industrien mit hohen Fixkostenblöcken belastet sind und Skalierung wichtig ist, weil sie zu Kostendegressionen führt.

Grundstoffindustrien sind in aller Regel energieintensiv. Dies ergibt sich aus den Prozessen von Extraktion über Transport bis zur notwendigen Prozesswärme oder Stromintensität. Das bedeutet, dass die Energiekosten in Form vom Strom und Wärme regelmäßig einen wesentlichen Anteil der variablen Kosten dieser Industrien ausmachen.

Aufgrund der Kapital- und Energieintensität hat die Grundstoffindustrie meist kontinuierliche Produktionsprozesse, das bedeutet sie ist sehr spitzenlastempfindlich und hat außer Speichern und Eigenproduktion der Energie wenig Ausweichmöglichkeit.

Als zusätzlicher Kostenblock kommt in Zukunft eine zunehmende CO_2-Bepreisung (vgl. hierzu die Entwicklungen zum EU-ETS-System) hinzu (Abschn. 2.7.2). Diese Komponente ist einerseits sehr volatil, wird wegen ihrer Verknappung aber ansteigen und ist für diese Industrien ein Standortfaktor.

In der Gesamtbetrachtung zeichnet sich die Grundstoffindustrie durch hohe Marktzutrittsbarrieren und intensive Nutzung von Kapital, Rohstoffen und Energie aus. Diese Branche verfügt über umfassende Expertise in den Bereichen **Rohstoffextraktion, Energieeffizienz, Logistik, Kuppelproduktion** sowie der Verwendung von Sekundärbrennstoffen (z. B. Abfallstoffe, Klärschlamm, Teppichreste). Zudem besitzt die Grundstoffindustrie besondere Stärken in der **Rekultivierung** und weist eine hohe **Recyclingfähigkeit** auf, was was ihr in der Kreislaufwirtschaft eine große Bedeutung zukommen lässt.

Die zentrale Frage besteht darin, wie diese Kompetenzen in einem sich wandelnden Marktumfeld wieder zu einem nachhaltigen und profitablen Geschäftsmodell entwickelt werden können. Es macht einen fundamentalen Unterschied, ob die Grundstoffindustrie durch **echte Durchbruchinnovationen** obsolet wird oder ob regulatorische Fehlanreize in Deutschland die Rahmenbedingungen so verschlechtern, dass sie ins Ausland abwandert. Die Innovationskraft dieser Branche sollte daher genutzt werden, um sie an die Erfordernisse des Klimawandels und der Nachhaltigkeit anzupassen und ihre Wettbewerbsfähigkeit langfristig zu sichern. Ein „Verlust" der Grundstoffindustrie durch einseitige Verschlechterung der Standortbedingungen würde erhebliche negative Auswirkungen auf die industrielle Wertschöpfung und die gesamte Volkswirtschaft haben.

Es gilt, die industriepolitischen Rahmenbedingungen so zu gestalten, dass sie die Balance zwischen Umweltschutz, Innovation und Wettbewerbsfähigkeit fördern.

Andernfalls droht der Abwanderung dieser strategisch wichtigen Industrie ins Ausland, was sowohl ökonomisch als auch ökologisch kontraproduktiv wäre.

3.7.2 Mengengerüst

Der Wärmebedarf für die Industrie 2021 lag bei 1915 PJ, das entspricht rd. 532 TWh in ähnlicher Größenordnung wie der der Haushalte. Allerdings macht die Prozesswärme mit 1698 PJ oder 472 TWh den weitaus größten Anteil aus (UBA, 2024c, Energieverbrauch für fossile und erneuerbare Wärme).

In einer Fraunhofer-Studie von 2013 (Fleiter, Schlomann, & Eichhammer, 2013) werden verschiedene Szenarien zur Einsparung von Energie und CO_2-Emissionen in industriellen Prozessen untersucht. Diese Szenarien werden im Vergleich zu einem sogenannten „Frozen-Efficiency-Szenario" dargestellt, um das Potenzial für Energieeinsparungen und die Reduzierung von Treibhausgasemissionen zu verdeutlichen.

Box 3.12 erläutert die unterschiedlichen Szenarien der Industriestudie. Diese Szenarien stellen einen gedanklichen Zusammenhang und Vorgriff zum Climate Policy Explorer (Abschn. 2.9.2) her, indem die Wirkungsweise von Maßnahmen bewertet wird. Nota bene, dass zwischen den beiden Studien 11 Jahre liegen.

Box 3.12 – Szenarien zur Einsparung von Energie und CO_2-Emissionen in industriellen Prozessen

Frozen-Efficiency-Szenario: Das Frozen-Efficiency-Szenario dient als Basislinie oder Referenzszenario. Es geht davon aus, dass die gegenwärtigen Technologie- und Effizienzstandards eingefroren bleiben, ohne dass weitere Verbesserungen oder Maßnahmen zur Steigerung der Effizienz umgesetzt werden. Das bedeutet, dass der Energieverbrauch und die CO_2-Emissionen auf dem Niveau bleiben, das derzeit durch die aktuelle Technik und Effizienzstandards vorgegeben ist. Alle folgenden Szenarien messen sich an dieser Ausgangsbasis und zeigen, welches Einsparpotenzial über diese „eingefrorene" Effizienz hinaus möglich wäre.

Marktpotenzial: Das Marktpotenzial beschreibt die Energieeinsparungen und CO_2-Reduktionen, die unter den bestehenden Marktbedingungen möglich und wirtschaftlich rentabel sind. Diese Maßnahmen gelten als direkt umsetzbar, da sie sich innerhalb des aktuellen regulatorischen und wirtschaftlichen Umfelds rechnen. Beispiele dafür könnten Effizienzsteigerungen durch den Einsatz besserer Technologien oder Maßnahmen zur Energieeinsparung sein, die sich bereits kurzfristig wirtschaftlich auszahlen. Das Marktpotenzial beinhaltet Maßnahmen, die Firmen aus eigenem Interesse umsetzen, weil die Amortisationszeit akzeptabel ist.

No-Regret-Potenzial: Das No-Regret-Potenzial umfasst Maßnahmen, die unter veränderten politischen Rahmenbedingungen als wirtschaftlich sinnvoll gelten

3.7 Grundstoffindustrie

würden. Das heißt, diese Maßnahmen wären profitabel, wenn bestimmte politische oder regulatorische Anreize, wie CO_2-Preise, Subventionen oder Steuervorteile, eingeführt würden. Sie gelten als „No-Regret", weil sie sich in einem veränderten wirtschaftlichen Kontext ohne Bereuen lohnen würden – also Investitionen darstellen, die sich langfristig sowohl ökonomisch als auch ökologisch auszahlen. In der Praxis bedeutet dies, dass sich viele Unternehmen diese Einsparpotenziale nicht zunutze machen, solange sich die Rahmenbedingungen nicht ändern.

Technisches Potenzial: Das technische Potenzial stellt die maximal mögliche Reduktion dar, wenn alle technisch machbaren Maßnahmen zur Energieeinsparung und Emissionsreduktion umgesetzt würden. Es berücksichtigt keine wirtschaftlichen Einschränkungen, sondern geht rein von den physikalisch und technisch erreichbaren Einsparungen aus. Dies bedeutet, dass selbst Technologien mit hohen Investitionskosten oder langen Amortisationszeiten einbezogen werden, wenn sie zu erheblichen Energieeinsparungen führen könnten. Das technische Potenzial dient daher oft als obere Grenze, um zu zeigen, welches Einsparpotenzial in einer optimalen technischen Welt ohne wirtschaftliche Barrieren möglich wäre.

In der Fraunhofer-Studie werden diese drei Szenarien analysiert, um die Energieeinsparungen und die CO_2-Reduktionen bis zum Jahr 2035 zu quantifizieren. Das Marktpotenzial und das No-Regret-Potenzial gelten dabei als wirtschaftliches Potenzial, da sie sowohl bestehende Marktbedingungen als auch politisch unterstützte Rahmenbedingungen abdecken. Das technische Potenzial hingegen zeigt, was darüber hinaus noch technisch möglich wäre, wenn wirtschaftliche Einschränkungen keine Rolle spielen.

Aggregiert ergeben sich die in Tab. 3.9 dargestellten Potenziale bis zum Jahr 2035. Die THG-Einsparungen enthalten Wirkungen aus Prozessen und Stromerzeugung.

Da die Studie auf Basis der physikalisch-chemischen Prozesse erstellt wurde, sind die Originaleinheiten von PJ in TWh für Tab. 3.10 umgerechnet worden, um eine Vergleichbarkeit zu den einheitlichen Betrachtungen in Wattstunden zu gewährleisten. Diese Zahlen aus 2013 zeigen eine immer noch gute Vergleichbarkeit zur Größenordnung heutiger Zahlen.

Tab. 3.9 Einsparpotenziale der Grundstoffindustrie 1. (Quelle: Fraunhofer-Studie, Umrechnung)

	Marktpotenzial			Wirtschaftliches Potenzial			Technisches Potenzial		
	Strom (TWh)	Brennstoffe (TWh)	THG-Emissionen (Mt CO2-eq.)	Strom (TWh)	Brennstoffe (TWh)	THG-Emissionen (Mt CO2-eq.)	Strom (TWh)	Brennstoffe (TWh)	THG-Emissionen (Mt CO2-eq.)
Grundstoffchemie	3,2	13,5	12,0	3,6	15,6	15,6	3,6	15,6	15,6
Metallerzeugung	1,6	5,6	2,6	3,5	16,1	7,0	3,5	16,9	7,3
Nicht-Eisen-Metalle	0,8	1,7	0,7	1,3	3,1	1,3	1,8	3,3	1,5
Papiergewerbe	0,8	4,0	3,0	2,6	6,9	2,2	2,9	10,1	3,0
Steine-Erden	0,1	1,5	1,7	0,3	6,3	6,6	0,4	6,3	6,7
Glas und Keramik	0,1	2,5	0,6	0,2	4,4	0,8	0,3	4,4	1,0
Ernährungsgewerbe	0,4	1,4	0,5	0,9	2,4	0,9	0,9	2,7	1,0
Summe	**7,0**	**30,2**	**19,1**	**12,3**	**54,8**	**34,6**	**13,6**	**59,3**	**36,1**

Tab. 3.10 Einsparpotenziale der Grundstoffindustrie 2. (Quelle: Fraunhofer-Studie, Umrechnung)

		Strom	Wärme	Gesamt
Technisches Potenzial	PJ	49	214	263
	TWh	14	59	73
Markt-Potenzial	PJ	25	109	134
	TWh	7	30	37
Gesamtverbrauch*	**TWh**	**97**	**413**	**510**
Technisches Sparpotential		14,0%	14,4%	

*Hochrechnung

Ein wichtiges Ergebnis dieser Analyse ist, dass das reine Marktpotenzial mit 37 TWh nur etwa die Hälfte des technischen Potenzials von 73 TWh ist. Dies ist ein Hinweis auf die marktverzerrenden Einflüsse, die in Abschn. 2.6. dargestellt wurden, auf allokatives Marktversagen.

3.7.3 Anwendungsfelder

Die Grundstoffindustrie hat mehrere Ansätze zur wirtschaftlichen Dekarbonisierung, einerseits durch die Optimierung und Erweiterung bestehender Lösungen, andererseits durch die Einführung von Substitutionstechnologien und neuen, innovativen Lösungen in bislang ungenutzten Anwendungsbereichen.

Abb. 3.17 stellt diese verschiedenen Ansätze dar. Im Bereich der bisherigen Lösungen zielt der erste Ansatz auf eine Effizienzsteigerung durch Optimierung ab. Hierbei

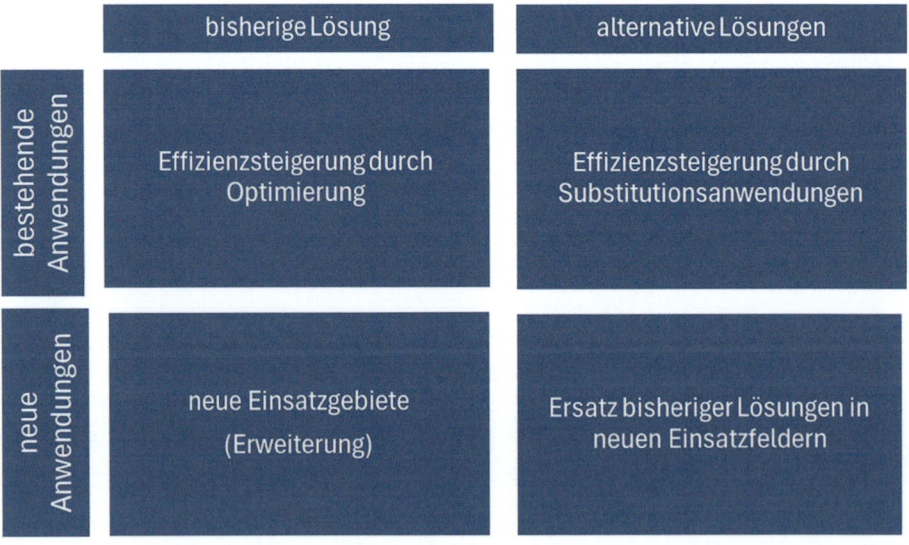

Abb. 3.17 Dekarbonisierungsfelder der Grundstoffindustrie

geht es darum, bestehende Technologien und Prozesse zu verbessern, um den Energieverbrauch und die CO_2-Emissionen zu senken. Dies könnte durch Prozessoptimierungen, eine verbesserte Materialnutzung oder Energieeffizienzmaßnahmen geschehen, ohne die eingesetzten Technologien grundlegend zu verändern. Gleichzeitig besteht die Möglichkeit, diese bestehenden Technologien in neuen Anwendungsfeldern einzusetzen, um ihre Effizienz weiter zu steigern. Damit können etablierte Technologien in bisher unerschlossenen Märkten oder Bereichen zur Dekarbonisierung beitragen.

Auf der Seite der alternativen Lösungen steht die Effizienzsteigerung durch Substitutionsanwendungen im Mittelpunkt. Dabei geht es um den Einsatz neuer, alternativer Technologien, die bestehende Lösungen ablösen. Diese Substitution soll ebenfalls eine Effizienzsteigerung bewirken, beispielsweise durch den Einsatz erneuerbarer Energien, neuer Materialien oder CO_2-armer Technologien, die konventionelle, kohlenstoffintensive Prozesse ersetzen. Eine weitere Möglichkeit im Bereich der alternativen Lösungen besteht darin, neue Technologien in bislang nicht fokussierten Anwendungsfeldern einzuführen. So könnten etwa klimafreundliche Technologien in Bereichen eingesetzt werden, die bisher nicht stark in den Dekarbonisierungsbemühungen berücksichtigt wurden, wie beispielsweise der Einsatz von grünem Wasserstoff in der Stahlproduktion oder neue Materiallösungen in der Zementherstellung.

Mit diesen differenzierten Ansätzen versucht die Industrie, mit Flexibilität den Übergang zur Klimaneutralität je nach technologischer Reife und Wirtschaftlichkeit einzelner Lösungsmodule zu gestalten.

3.7.4 CO_2-Reduktion in der Zementindustrie

Im Folgenden werden diese Ansätze am Beispiel der Zementindustrie verdeutlicht und quantifiziert. Die Zementindustrie wurde ausgewählt, weil es sich um sehr enge Beziehungen zum Thema der Gebäudewärme als zweitem großen Wärmeverbraucher neben der Industrie handelt.

Im Kontext der Wärmewende geht es vor allem um den Energiebedarf und den sich daraus ergebenden CO_2-Ausstoß bei der Herstellung von Zement, Kalk und gebranntem Gips sowie Keramik und um die Frage, wie der CO_2-Ausstoß kostengünstig gesenkt werden kann.

Die folgenden Ausführungen basieren auf einem Fachaufsatz im ehp-magazin (Groß, Lohr, 11–12/2024) – „Der Weg in die Klimaneutralität: regenerative Energie aus biogenen Reststoffen für die Industrie".

Das Klimaproblem der Zementindustrie

Auf der 28. Weltklimakonferenz (COP28) in Dubai im Dezember 2023 hat sich die Weltgemeinschaft erstmals auf eine Abkehr von Öl, Gas und Kohle geeinigt. Es wurde eine Verdreifachung der globalen Kapazitäten von erneuerbaren Energien bis 2030 und eine Verdopplung der Energieeffizienzrate im gleichen Zeitraum festgehalten. Bis 2050 soll der Nettoausstoß an Kohlendioxidemissionen auf null gefahren werden (BMUV,

13.12.2023). Die Bundesregierung hat vor diesem Hintergrund am 17. Juli 2024 die Novelle des Klimaschutz-Gesetzes in Kraft gesetzt. Hiermit hat sie gesetzlich festgelegt, dass die Treibhausgasemissionen in Deutschland (im Vergleich zu 1990) bis 2030 mindestens um 65 % und bis 2040 um mindestens 88 % gesenkt werden sollen. Bis 2045 soll Deutschland treibhausgasneutral werden (Presse- und Informationsamt der Bundesregierung, 17.7.2024).

Die Zementindustrie steht nun genauso wie viele andere energieintensive Industrien vor einem Dilemma. Einerseits ist ihre Wirtschaftlichkeit bedroht – ihr Energiekostenanteil (Brennstoffe, elektrischer Strom) an der Bruttowertschöpfung liegt bei über 50 %. Andererseits emittiert sie weltweit durch das Freisetzen des im Kalk (Calciumcarbonat) gebundenen Kohlenstoffdioxids zusammen mit der CO_2-Freisetzung durch die eingesetzte Prozessenergie jährlich ca. 2,7 Mrd. Tonnen CO_2. Das sind rund 8 % des weltweiten CO_2-Ausstoßes (Zajonz, 2023).

Die deutschen Zementwerke produzieren jährlich ca. 33 Mio. t Zement und erzielen dabei mit rund 8000 Beschäftigten einen Umsatz von rund 3,4 Mrd. € (Mohr, 2024). Hierbei wird CO_2 in einer Größenordnung von 18,7 Mio. t emittiert, was in etwa 2 % der nationalen CO_2-Emissionen entspricht. Die Herstellung einer Tonne Zement ist also mit CO_2-Emissionen von rund 600 kg verbunden – zwei Drittel davon entfallen auf rohstoffbedingte Prozessemissionen, nur ein Drittel auf Brennstoffemissionen.

Hier ist es hilfreich, sich den Zementherstellungsprozess genauer anzusehen. Im ersten Schritt der Zementherstellung wird in Steinbrüchen der Kalkstein gewonnen, zerkleinert und anschließend in Drehrohröfen bei Temperaturen von 1450 °C zu Zementklinker gebrannt. Dabei bilden sich die chemischen Eigenschaften aus, die dem Zement seine Leistungsfähigkeit sowie dem späteren Beton seine hohe Stabilität verleihen. Während des Brennvorgangs entsteht prozessbedingtes CO_2 bei der Kalzinierung des Kalksteins zu Branntkalk, einer Vorstufe des Zementklinkers. Aus der chemischen Reaktion: $CaCO_3 \rightarrow CaO + CO_2$ kann man stöchiometrisch ableiten, dass aus einer Tonne Kalkstein 440 kg CO_2 entstehen.

Rentabilität und Reduzierung des CO_2-Ausstoßes

Hierauf aufbauend wird ein einfaches Modell entwickelt, das einen kalkulatorischen Ansatz für die CO_2-Reduktion der Zementproduktion aus technischer und betriebswirtschaftlicher Sicht ermöglicht. Es veranschaulicht den Zusammenhang zwischen prozess- und energiebedingter CO_2-Emission und ermöglicht auf Basis einfacher Kennzahlen die Beurteilung von CO_2-Reduktions-Strategien. Aus Gründen der sprachlichen Vereinfachung wird nachfolgend von prozess- und energiebedingter CO_2-Emission gesprochen.

Abb. 3.18 zeigt systematisch die Ansatzpunkte zur CO_2-Reduktion. Als Grundlage für die Beurteilung des Potenzials zur Reduzierung des CO_2-Ausstoßes werden zwei Kennzahlen verwendet, nämlich kg CO_2/t Zement sowie kg CO_2/MWh. Die Kennzahlen werden in Gl. (3.1) und (3.2) in ein betriebswirtschaftliches Potenzial übersetzt, das in €/t Zement dargestellt wird.

3.7 Grundstoffindustrie

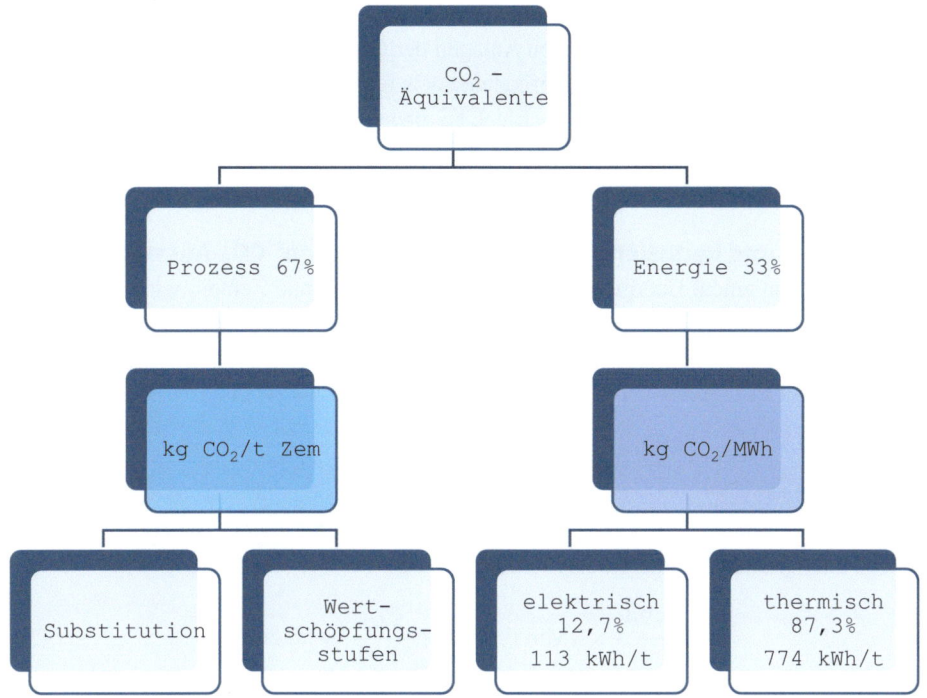

Abb. 3.18 Ansatzpunkte der CO_2-Reduktion in der Zementindustrie

Kosten der CO_2-Emission auf Prozessebene

$$KST_{Co_2em}[\text{€}] = \frac{\text{kgCo}_2}{t\text{Zem}} \times t\text{Zem} \times \frac{\text{€}}{\text{kgCo}_2} \times h_p \tag{3.1}$$

Der Substitutionskoeffizient h_p mit einem Wert kleiner 1 beschreibt den CO_2-Ausstoß pro Tonne Zement bei einer optimierten Prozessführung gegenüber dem Status quo.

Kosten der CO_2-Emission auf der Energieversorgungsebene

$$KST_{Co_2,em}[\text{€}] = \frac{\text{kgCo}_2}{\text{MWh}} x \frac{\text{MWh}}{t\text{Zem}} \times t\text{Zem} x \frac{\text{€}}{\text{kgCo}_2} \times h_e \tag{3.2}$$

Der Substitutionskoeffizient h_e mit einem Wert kleiner 1 beschreibt den CO_2-Ausstoß pro MWh eines optimierten Energieeinsatzes gegenüber dem Status quo.

Die Substitutionskoeffizienten quantifizieren das Optimierungspotenzial aus verbesserten Rezepturen, z. B. optimierter Rohmehlmix, reduzierte Klinkerfaktoren, bis hin zur Substitution des Zements in der Endanwendung sowie die Optimierung energiebedingter Emissionen, z. B. durch einen geringeren spezifischen Wärmebedarf der heißesten Prozessführung.

In beiden Optimierungsfeldern sind die Kosten je t CO_2 einem Preismechanismus unterworfen. Für die energieintensiven Anlagen der Grundstoffindustrie wirken diese über den EU-Marktmechanismus des Zertifikatehandels für CO_2-Emissionsrechte (EU ETS).

Heute werden die Zertifikate im EU ETS bislang noch größtenteils kostenfrei zugeteilt, wobei sich allerdings die Gesamtmenge der Zertifikate europaweit jährlich verringert. Dies soll den erwünschten Klimaschutzeffekt bewirken.

Rentabilität und Reduzierung des „energiebedingten" CO_2-Ausstoßes

Ausgehend von einem Energiebedarf von 887 kWh pro Tonne Zement wird nachfolgend dargelegt, wie durch eine Anpassung der Energieversorgung der CO_2-Ausstoß einer Modellanlage – mit 1 Mio. Tonnen Zementproduktion pro Jahr – drastisch gesenkt werden kann. Der CO_2-Ausstoß bezogen auf die elektrische Energie (14,1 MW) beträgt:

$$113 \frac{kWh}{t} \times 1 \text{Mio t} \times 383 \text{kg} \frac{Co_2}{MWh} = 43.279 \text{t Co}_2 \qquad (3.3)$$

Mit einer Relation von 1,3:1 *(typischer BHKW-Wert)* wird der elektrischen Energie theoretisch eine thermische Energie zugeordnet (18,4 MW).

$$146{,}9 \frac{kWh}{t} \times 1 \text{Mio t} \times 383 \text{kg} \frac{Co_2}{MWh} = 56.263 \text{tCo}_2 \qquad (3.4)$$

Hierbei wird kalkulatorisch ein CO_2-Äquivalent von Braunkohle mit 383 kg CO_2/MWh berücksichtigt.

Abb. 3.19 zeigt das Fließbild eines mit Synthesegas betriebenen Blockheizkraftwerkes (BHKW), das aufgrund seiner sehr effizienten Wirkungsgradaufteilung zwischen bislang unerreicht hoher elektrischer Energie und thermischer Energie patentiert wurde (Groß, 05.05.2024). Bei einem vorgegebenen Strombedarf von 113 GWh p. a. und einer Betriebszeit von 8000 h wird kalkulatorisch ein BHKW mit einer elektrischen Leistung von 14,1 MW_{el} benötigt. Diese Anlage produziert Wärme und Strom in einer Relation von 1,3:1, also 14,1 MW Strom plus 18,4 MW Wärme, insgesamt 32,5 MW.

Die Anlage kann mit Synthesegas betrieben werden, das aus Rest- und Altholz erzeugt wird. Die Blue Energy Group AG hat hierfür einen patentierten thermo-chemischen Reaktor entwickelt, der für die gesamte Energiemenge von 260 GWh etwa 72.300 t Rohstoff (Sticks bestehend aus Rest- und Altholz) pro Jahr umsetzen würde.

Tab. 3.11 zeigt die repräsentative chemische Zusammensetzung des Synthesegases (Groß, 28.06.2024). Es hat einen Brennwert von 1,55 kWh/Nm^3. Für die beschriebene Anwendung würden in den thermo-chemischen Reaktoren der Blue Energy Group (BEG) insgesamt etwa 28.800 Nm^3 Synthesegas pro Stunde produziert.

Eine Besonderheit der BEG-Reaktoren ist die Produktion von 7 % Restkohle mit einem Kohlenstoffgehalt von etwa 55 %. Das sind bei dem dargestellten Beispiel jährlich etwa 2784 t Kohlenstoff, die nicht in CO_2 umgewandelt werden. Mittels einer einfachen stöchiometrischen Berechnung ergibt sich hier ein zusätzliches Einsparpotenzial

3.7 Grundstoffindustrie

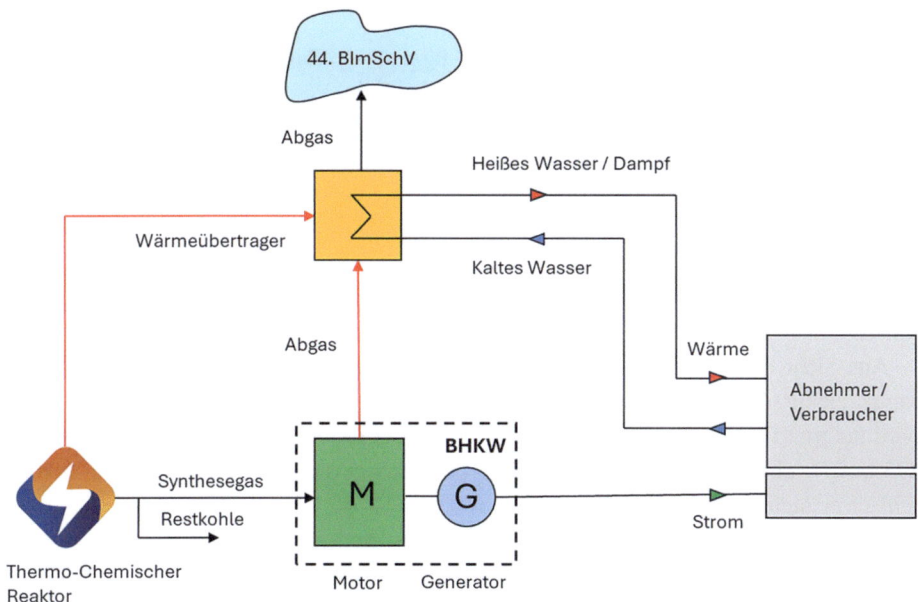

Abb. 3.19 Fließbild BHKW im Synthesegasbetrieb. (© Blue Energy Group AG)

Tab. 3.11 Zusammensetzung Synthesegas

N2	44,85%
CO	23,84%
H2	17,90%
CO2	10,90%
CH4	2,20%
O2	0,31%

von 10.208 t CO_2. Vergleicht man diesen Wert mit der konventionell freigesetzten Menge von 99.542 t CO_2, ergibt sich hier eine weitere CO_2-Einsparung von 10,26 %.

Die verbleibende thermische Energiemenge von 627,1 kWh/t Zement × 1 Mio t Zement, also 627,1 GWh, kann bei einer Betriebszeit von 8000 h durch weitere BEG-Vergaser mit einer Kapazität von 78,4 MW (Syngas) realisiert werden. Da das Syngas direkt als Brennstoff für Gasbrenner eingesetzt werden kann, entfallen hier die Kosten für die angeschlossenen BHKW. Bei einem Brennstoffbedarf von 20,8 t pro Stunde und einem Jahresbrennstoffverbrauch von 166.400 t ergibt sich hier eine weitere CO_2-Einsparung durch die 7 % Restkohle (55 % C-Anteil) von 23.490 t. Verglichen mit der konventionellen CO_2-Freisetzung von 240.179 t bedeutet dies zusätzliches ein Einsparvolumen von 9,78 %.

$$627{,}1 \frac{\text{kWh}}{\text{t}} \times 1 \text{Mio t} \times 383 \text{ kg} \frac{\text{Co}_2}{\text{MWh}} = 240.179 \text{ t Co}_2 \qquad (3.5)$$

Diese Rechnung zeigt, dass durch die Produktion von Synthesegas aus Rest- und Altholz ein erheblicher Anteil der fossilen Energieversorgung eines 1-Mio.-t-Zementwerks substituiert werden kann, bei einer zusätzlichen Gutschrift des CO_2-Ausstoßes von etwa 10 %. Da die Produktion von Synthesegas aus Rest- und Altholz als regeneratives Energieerzeugungsverfahren anerkannt ist, bedeutet dieser Ansatz eine riesige Chance für die Zementindustrie, die Vorgaben des Klimaschutzgesetzes wirtschaftlich zu erfüllen.

Aus Sicht der CO_2-Bilanz ergibt sich das maximale Potenzial, indem man die gesamte elektrische und thermische Energie durch Synthesegaserzeugung deckt. Dann wird aufgrund des Restkohlevorteils die CO_2-Bilanz sogar positiv, und es können bis zu 373 kt CO_2 eingespart werden. Je 10 €/t CO_2 bedeutet dies 3,7 Mio. € bzw. bei den bereits erreichten Zertifikatpreisspitzen von 100 €/t CO_2 rd. 37,4 Mio. €.

In der Praxis wird es sich um ein technisch-wirtschaftliches und CO_2-Bilanz-Optimum zwischen Synthesegas und Ersatzbrennstoffen handeln.

3.7.5 Zusammenfassung Wärme am Beispiel der Zementindustrie

Die Zementindustrie zeigt exemplarisch die Vernetzung einer Grundstoffindustrie. Zur gesamtwirtschaftlichen Optimierung dieser Wertschöpfungsketten wäre der Scope der Betrachtungen auch auf die nachgelagerten Wertschöpfungsstufen Beton, Bau und Rekarbonisierung auszuweiten (siehe Abb. 3.20).

Anhand des hier ebenfalls untersuchten Gebäudesektors wird deutlich, dass rd. 60 % des Zementverbrauchs in den Gebäudesektor fließen. Der Zementverbrauch dieses Sektors lag im Jahr 2021 bei insgesamt 19,3 Mio. t und nahm damit im Vergleich zum Vorjahr leicht ab. Davon wurden 46 % für Wohngebäude und 54 % für Nichtwohngebäude verwendet. Der Zementverbrauch von Nichtwohngebäuden wies dabei mit rund

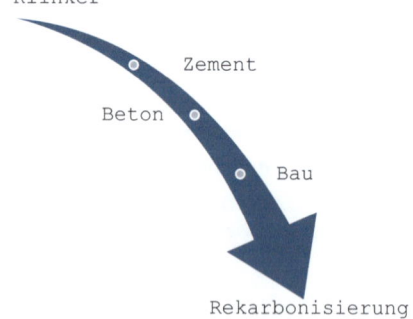

Abb. 3.20 Prozesskette der Dekarbonisierung im Zement

10,5 Mio. t das vierte Jahr in Folge eine Steigerung auf, während der Wohngebäudebereich mit rund 8,8 Mio. t in den letzten drei Jahren einen Rückgang im Verbrauch verzeichnete (dena, 2024).

Die Substitutionskoeffizienten aus den oben (Abschn. 3.7.4.2) entwickelten Formeln (1) und (2) quantifizieren das Optimierungspotenzial entlang der gesamten Wertschöpfungskette.

Ein bislang nicht behandeltes Potenzial bietet die Rekarbonisierung. Sie bezieht sich auf den Prozess, bei dem CO_2 aus der Atmosphäre oder aus industriellen Abgasen durch chemische Reaktionen im Zement selbst erneut gebunden wird. Dies geschieht vor allem durch den Kontakt von Zement oder Beton mit der Luft, wobei das Material CO_2 aufnimmt und dabei erneut Calciumcarbonat ($CaCO_2$) bildet – eine Verbindung, die auch beim ursprünglichen Rohmaterial, dem Kalkstein, vorhanden ist. Sie kann damit als Teil eines umfassenderen Ansatzes zur Reduzierung des CO_2-Fußabdrucks dienen, insbesondere wenn sie mit weiteren Maßnahmen wie der Einsatz von alternativen Zementtypen, CO_2-Abscheidung und -Speicherung (CCS) oder CO_2-Abscheidung und -Nutzung (CCU) kombiniert wird.

3.8 Anreizgerechte Bilanzierung

Die Ausführungen anhand des Gebäudesektors und der Grundstoffindustrie haben gezeigt: Energie kann nicht nur Kosten, sondern auch Erträge bedeuten. Zu nennen sind hier exemplarisch Prosumer-Modelle und die Verwertung von Sekundärbrennstoffen. Insbesondere die Grundstoffindustrie zeigt, dass man teilweise auch Erträge erzielen kann, indem man das, was für andere Abfall ist und teuer entsorgt werden müsste, verwertet.

In marktwirtschaftlichen Systemen werden Use Cases umgesetzt, wenn sie sich rechnen. Maßzahlen in Wirtschaftlichkeitsrechnungen und Bilanzen sind hierfür der Beurteilungsmaßstab.

Diese Maßzahlen werden u. a. beeinflusst von den komplexen Wechselwirkungen von OPEX, CAPEX, Margen, Flexibilität, verfügbaren Technologien und Innovationen sowie Marktzugang, Risiko, Kapitalverfügbarkeit und Kapitalkosten. Die Themen OPEX, CAPEX, Margen, Flexibilität, Technologie und Innovation wurden ausführlich dargelegt.

Die Bedingungen Marktzugang, Risiko, Kapitalverfügbarkeit und Kapitalkosten sind im Wesentlichen Ergebnis politischer Entscheidungen und struktureller Rahmenbedingungen.

Die unterschiedlichen Ansätze, wie der Inflation Reduction Act (IRA) in den USA, die 5-Jahres-Pläne in China oder die Diskussion über die Schuldenbremse in Deutschland zeigen, dass unterschiedliche Gesellschaften zu unterschiedlichen Ansätzen kommen und in einen Systemwettbewerb treten. Der Erfolgsmaßstab am Ende ist die Wirksamkeit. Daher ist stetige Markt- und Systembeobachtung eine Schlüsselkompetenz und gleichzeitig Basisgeschäftsmodell für die Zukunft.

Die in Europa auf Basis fossiler Nutzung bestehende Industrie hat wirtschaftlich grundsätzlich gegenläufige Interessen, denn die erneuerbare Wirtschaft entwertet ihre Assets. Hier muss eine Transformationspolitik bilanzierungsverträgliche Wege für deren „stranded assets" der obsoleten Geschäftsmodelle schaffen.

Im Folgenden wird verdeutlicht, welche Wirkung Bilanzierungsregeln haben können. Bilanzierungsregeln sind trotz Globalisierung keineswegs einheitlich, sondern kulturell geprägt.

- Deutsches **HGB** (Handelsgesetzbuch): Gläubigerschutzgedanke und Vorsichtsprinzip, German Verlust-Angst.
- Deutsches **Steuerrecht:** Grundsätzliches Maßgeblichkeitsprinzip der Handelsbilanz für die Steuerbilanz gilt schon lange nur noch rudimentär, und die fiskalischen Zwecke stehen im Vordergrund, sodass zunehmend Parallelwelten entstehen.
- **IFRS** (International Financial Reporting Standards): Informationsfunktion, Fair-Value-Bewertung (beizulegender Wert), Transparenz und Vergleichbarkeit.
- **US-GAAP** (United States Generally Accepted Accounting Principles): Investorenorientierung, Earnings Management (i. W. kurzfristig), Denken in Möglichkeiten.

Alle Bilanzierungsregelungssysteme haben eine zunehmende Formalisierung gemein.

Das Konzept der *„stranded assets"* bezeichnet Vermögenswerte, deren Wert durch unvorhergesehene Marktentwicklungen, politische Veränderungen oder technologische Fortschritte rapide abnimmt oder vollständig abgewertet wird. Der Begriff „Buchverlust" bringt dabei zum Ausdruck, dass Investitionen schneller an Wert verlieren und obsolet werden als ursprünglich kalkuliert.

Ein interessanter Ansatzpunkt in diesem Kontext ist die buchhalterische Behandlung finanzieller Risiken, bei denen in der Vergangenheit pragmatische Anpassungen vorgenommen wurden, um Bilanzverluste abzumildern. Beispiele hierfür sind die Bewertung von Pensionsrückstellungen während der Nullzinsphase als Folge der Finanzkrise im Jahr 2008 sowie die Bewertung von Anleihen nach der plötzlichen Zinswende als Folge der Ukraine- und Energiekrise im Jahr 2022.

Pensionsrückstellungen, die Unternehmen zur Deckung zukünftiger Verpflichtungen bilden, wurden durch die niedrigen Diskontierungszinssätze infolge der Finanzkrise von 2008 erheblich aufgewertet. Da diese Diskontsätze gegen null fielen, stieg der Barwert der Rückstellungen stark an. Um die Bilanzen stabil zu halten, wurden langjährige gleitende Durchschnitte als Lösung eingeführt, um den Anstieg zu dämpfen.

Ein weiteres Beispiel hoher Bewertungseinflüsse des Zinsniveaus ergibt sich bei *Anleihen.* Steigen die Zinsen, sinkt der Marktwert bereits emittierter Anleihen, da sie im Vergleich zu neu ausgegebenen Anleihen mit höheren Zinsen unattraktiver werden. Der Kursrückgang ist umso ausgeprägter, je länger die Restlaufzeit der Anleihen ist. Um die Bewertung solcher Anlagen stabiler zu halten, wurden nach dem drastischen Zinsanstieg ab 2022 pragmatische Lösungen angewandt, wie die Bilanzierung zum Nennwert bei Endfälligkeit, was die Kursvolatilität im Zeitverlauf reduziert.

Die Praxisbeispiele zeigen, dass die bilanzielle Behandlung materieller und finanzieller Vermögenswerte unterschiedliche Ansätze erlaubt, um Wertverluste abzumildern und zeitlich zu verteilen. Sie zeigen auch die in ihren Ausmaßen sehr materielle Größenordnungen und geben zu Überlegungen Anlass, ob das „Impairment-Dilemma" – der buchhalterische Umgang mit Wertverlusten – stärker anreizkompatibel für die Gesellschaft und transformationsbereite Unternehmen gelöst oder abgemildert werden kann.

Die Ausführungen deuten gleichzeitig darauf hin, dass das Finanzsystem offensichtlich flexibler auf externe Schocks reagiert als die Realwirtschaft.

Die Frage bleibt offen, ob diese buchhalterischen Prinzipien weiter flexibilisiert werden könnten, um das Impairment-Dilemma im Rahmen der nachhaltigen Transformation zu lösen.

Ein vorhandenes bewährtes buchhaltungsmethodisches Mittel ist das der Bilanzierungshilfe, in diesem Kontext bislang ungenutzt. Man könnte solch eine Bilanzierungshilfe einführen, die (zunächst) nicht über die Gewinn-und-Verlust-Rechnung und das Eigenkapital geht. Das würde Transformationsbemühungen unterstützen und nicht verunmöglichen. Eine solche Bilanzierungshilfe könnte als Zukunftstausch neu gegen alt definiert werden.

Das wäre eine anreizkompatible Gestaltung. Altes Anlagevermögen wird gegen neues getauscht, und Anpassungsanstrengungen werden langsam statt schockartig verteilt.

Diese Buchungsregel würde stoßartigen Buchverlust (Eigenkapitalminderung) gegen langfristige Bilanzierungshilfe (Aktivum) tauschen.

Bisherige Verbuchung:

Per Buchverlust (Soll) an Restbuchwert Altanlagevermögen (Haben)

Neue Verbuchung:

Per Bilanzierungshilfe Innovation (Soll) an Restbuchwert Altanlagevermögen (Haben)

Man könnte hierzu ergänzend auch CO_2-Verschmutzungsrechte gegen die Stilllegung alter oder die Investition in neue Anlagen zuteilen. Das könnte etwa wie die Geldschöpfung der Bundesbank geschehen. Die Zuteilung bemisst sich am Zeitpunkt der Erneuerungsinvestition und der errechneten CO_2-Einsparungen gegenüber dem Status quo des alten Anlagenparks. Da diese Rechte durch die Verknappung im Preis steigen, wäre dies anreizkompatibel.

Neue Verbuchung:

Per CO_2-Zertifikate-Zuteilung (Soll) an Restbuchwert Altanlagevermögen (Haben).

Und/oder noch stärker anreizend mit einem Sonderposten:

Per CO_2-Zertifikate-Zuteilung (Soll) an Sonderposten (Haben).

Dieser Sonderposten wäre ein Passivum zur späteren Auflösung. Er würde mit der Veräußerung der Zertifikate ertragswirksam aufgelöst. Wenn die Zertifikate bei Auflösung mehr wert sind, entsteht ein zusätzlicher Ertrag. Das wäre der Sinn der Konstruktion.

Eine Herausforderung wird die Preisfindung. Denn aktuelle CO_2-Preise haben nur geringe Lenkungswirkung. Der aktuelle Weg deutscher und europäischer Regulierung geht eher über komplexere Wege, wie beim CO_2-Grenzausgleichssystem (CBAM)

(UBA, 2023, 06. Juli) oder den seit März 2024 startenden Klimaschutzverträgen (BMWK, 2024, 11. März). Beim CBAM sind enorme Kontroll- und Zertifizierungsaufwendungen mit den entsprechenden eingebauten Umgehungsreflexen wirksam. Bei den Klimaschutzverträgen muss tatsächlich Fördergeld fließen mit ebenfalls hohem zu erwartendem bürokratischem Aufwand.

3.9 Zusammenfassung und Ausblick

Analog zu den Betrachtungen eines wirksamen Marktdesigns kommt es auch bei der Umsetzung auf die richtige Reihenfolge an.

Beim Marktdesign war die Reihenfolge.

1. Ordnungsrecht zum Anschub der Transformation.
2. Wirtschaftspolitische Maßnahmen lösen Ordnungspolitik maximal ab.
3. Internationalisierung so früh und wirksam wie möglich.
4. Begleitendes Monitoring bezüglich der Wirksamkeit politischer Maßnahmen.

Bei der Umsetzung konnte ebenfalls eine optimierte Reihenfolge entwickelt werden.

Für den Gebäudesektor gilt sowohl auf Basis der Energiebilanz als auch der monetären Bilanzierung: Wenn man das Geld zuerst an der Stelle investiert, wo es den größten Effekt hat, ist die Finanzierung an schwierigeren Stellen deutlich anreizkompatibler und sogar selbstfinanzierend:

1. Zubau OPEX-schlanker erneuerbarer Energien vor energetischer Sanierung.
2. Energetische Sanierung vor Neubau unter Beachtung des Kopplungsprinzips.
3. Sektorenkopplung mitdenken und mitfinanzieren.
4. Vereinfachung der Bauvorschriften und Flexibilisierung von Erzeugung und Kompensation.
5. Dann werden im nächsten Schritt sogar Mittel für selbstfinanzierendes CCS (Carbon Capture and Storage) frei.

Für die (Grundstoff-)Industrie gilt:

1. „Stranded assets" sind zu vermeiden. Diese führen vorhersehbar zum Carbon-Leakage-Effekt (vgl. Abschn. 2.6), d. h. der Verlagerung der Industrie an andere Standorte mit niedrigeren Standards.
2. Kreislaufwirtschaft – je höher der Anteil prozessbedingter CO_2-Emissionen, desto größer ist der Einspareffekt durch Kreislaufwirtschaft (Wiederverwertung vor Neuproduktion).
3. Disruptive Wertschöpfungsketten durchlässig machen für wechselseitige Beteiligungen.

3.9 Zusammenfassung und Ausblick

Bei all diesen Maßnahmen ist deren Wirksamkeit bezüglich der gesamten Wertschöpfungs-, stofflichen und monetären Bilanzen mitzudenken und die Digitalisierung der Geschäftsmodelle zu berücksichtigen.

3.9.1 Von Consumers über Prosumers zu Transformatoren

Bisherige Energiegeschäftsmodelle trennten klar in Anbieter und Nachfrager.

Die technologische Dynamik disrumpiert diese Grenzen. Dieselbe Person kann Produzent und Konsument sein. Dies ist offensichtlich für die Kommunikation im Internet (soziale Medien) und wird jetzt auf die Energiewirtschaft übertragen. Das bietet enorme Geschäftsmodellmöglichkeiten.

Je größer die Anreizkompatibilität ist, desto schneller gelingt die Marktdurchdringung.

Dezentrale Energy Communities
Wenn Verbrauchern, insbesondere Mietern, die Möglichkeit gegeben wird, sich am Kapitalstock für ihre eigene Energieerzeugung zu beteiligen, könnte dies eine stärkere wirtschaftliche Teilhabe fördern.

Bislang sind Mieter und viele andere Verbrauchergruppen weitgehend von der direkten Teilhabe an den wirtschaftlichen Chancen der Energieerzeugung oder energetischen Maßnahmen, mit Ausnahme des eigenen Verbrauchsverhaltens, ausgeschlossen. Dies stellt eine Herausforderung dar, denn die Beteiligung der Verbraucher könnte eine wesentliche Triebkraft für den Erfolg dezentraler Energiesysteme sein.

Die gegenwärtige Struktur basiert auf einer Asymmetrie zwischen Eigenverbrauch und Einspeisevergütung und schafft Anreize für Hausbesitzer, jedoch keine für Mieter. Durch die Reduzierung dieser verzerrenden Asymmetrie könnten neue Modelle wie dezentrale Energy Communities zu profitablen Geschäftsmodellen werden.

Die derzeitige Praxis führt oft dazu, dass anonyme Investoren von der Energieproduktion profitieren, während die Anwohner lediglich mit den infrastrukturellen Einschränkungen leben müssen. Diese Asymmetrie muss aufgelöst werden, um eine faire und gerechte Verteilung der Vorteile sicherzustellen.

Die Lösung könnte in neuen Regulierungsansätzen liegen, die sicherstellen, dass Verbraucher und Mieter gleichermaßen Zugang zu den wirtschaftlichen Vorteilen der Energieproduktion erhalten. Dazu könnten folgende Maßnahmen gehören:

- Anreize für den Eigenverbrauch in Mietverhältnissen, wie z. B. Mieterstrommodelle, die eine direkte Beteiligung am Energieertrag ermöglichen.
- Förderung von Energy Communities, bei denen Investitionen und Erträge auf faire Weise unter Verbrauchern und Investoren verteilt werden, um eine breitere gesellschaftliche Akzeptanz zu erreichen.
- Abbau von Hürden bei der Einspeisevergütung für kleine Akteure, um die wirtschaftlichen Vorteile für alle Beteiligten transparenter und fairer zu gestalten.

Wenn man die Teilhabe am Kapitalstock für die eigene Energieerzeugung den Verbrauchern erlauben und die aufgezeigte verzerrende Asymmetrie zwischen Eigenverbrauch und Einspeisevergütung reduzieren würde, hätte die Finanzierung dezentraler Energy Communities als profitables gesellschaftliches Geschäftsmodell anhand der aufgezeigten Potenziale mit hoher Wahrscheinlichkeit großes Potenzial.

Wenn man diese Potenziale weiterdenkt, wären Investitionen in Energy Communities auch mit einer Verbesserung der Altersversorgung kombinierbar. Solche Energiebeteiligungen könnten angespart und ihre Renditen verwendet werden, um entweder eigene Energiekosten zu senken oder Renditen aus Überproduktion zu erzielen.

3.9.2 Wohnungspolitik

In Abschn. 2.7.2 wurde das Konzept des Climate Policy Explorers von PIK und MCC dargestellt, gemäß dessen die Wirkung von Politikmaßnahmen untersucht werden soll. Der „Climate Policy Explorer" gibt als begleitendes Dashboard zusätzlichen Überblick über die Ergebnisse, Analyse und Methoden und steht als interaktives Angebot öffentlich zur Verfügung. http://climate-policy-explorer.pik-potsdam.de/

Das folgende Beispiel zeigt anhand der Wirkungsweise isolierter Maßnahmen zur Wohnungspolitik, wie Wirkungsmultiplikatoren geschaffen werden könnten, wenn diese gebündelt werden (Abb. 3.21). Solche Ansätze wären auf Maßnahmen zur Wärmetransformation zu erweitern.

Die Bundesbank zitiert in ihren Research-Briefen 2020 eine Studie von Leo Kaas, Georgi Kocharkov, Edgar Preugschat, Nawid Siassi zu den Gründen der niedrigen Wohnungseigentumsquote in Deutschland (Deutsche Bundesbank, 2020, 30. September). Hierzu wurden ökonometrische Modellexperimente durchgeführt. Im ersten Experiment wurde eine Reduzierung der Grunderwerbsteuer von durchschnittlich etwa 5 % in Deutschland auf das Durchschnittsniveau von 0,33 % in den USA betrachtet. Im zweiten Experiment wurde die Wirkung einer steuerlichen Abzugsmöglichkeit von Hypothekenzinsen für Eigennutzer simuliert. Das dritte Experiment analysierte eine Politik, in der der soziale Wohnungsbau beendet wurde und die dadurch eingesparten Mittel zu einer Verminderung der Einkommensteuer der Haushalte genutzt wurde. Jedes der drei Modell-Politikexperimente hatte bereits isoliert signifikante positive Auswirkungen auf die Wohneigentumsquote. Die Veränderungen machen sich überwiegend in den mittleren Dezilen der Vermögensverteilung der Haushalte bemerkbar (Mittelschicht). Der kombinierte Effekt aller drei Experimente führt im Modell zu einer über die Addition der Einzeleffekte hinausgehende Steigerung der Wohneigentumsquote von 45 % auf 58 %, die auch ärmere Haushalte bis zum zweit- und drittuntersten Einkommensdezil erreichte.

https://www.bundesbank.de/de/publikationen/forschung/research-brief/2020-30-wohneigentumsquote-822090

3.9 Zusammenfassung und Ausblick

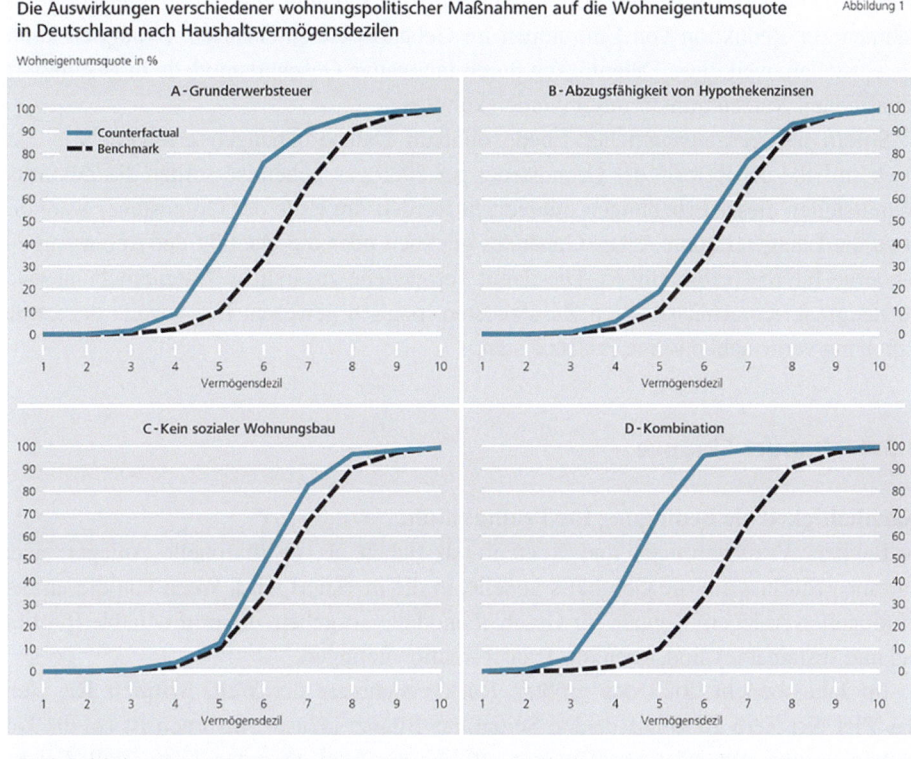

Abb. 3.21 Auswirkungen wohnungspolitischer Maßnahmen

3.9.3 Synergien

Im Kontext der Gebäudewärme könnten Synergien zu anderen Themenbereichen wie Wohnungspolitik, Gentrifizierung und der Bauwirtschaft entstehen. Ein oft vernachlässigter Aspekt in der Diskussion um die CO_2-Bilanzen des Heizens ist die Auswirkung von Abriss- und Neubauentscheidungen auf die Treibhausgasemissionen. Diese Prozesse verursachen erhebliche zusätzliche Emissionen, die in integrierten **Total-Life-Cycle-Cost (TLCC)**-Ansätzen berücksichtigt werden sollten. Ein Beispiel für die Nutzung solcher Ansätze ist **Urban Mining,** bei dem wertvolle Materialien aus alten Gebäuden im Sinne der Kreislaufwirtschaft wiederverwendet werden.

Um fundierte Zukunftsentscheidungen für die Wärmewende zu treffen, sollten bestehende **Datenlücken** – beispielsweise auf kommunaler oder Quartiersebene – geschlossen werden. Dies würde eine präzise Grundlage für die Planung und Umsetzung von Maßnahmen zur Reduktion von Emissionen im Gebäudebereich schaffen. Synergien könnten entstehen, weil diese Datenlücken durch innovative Geschäftsmodelle in gesamtwirtschaftlichen Nutzen transformiert werden könnten.

Sofern auf gesamtstaatlicher Ebene ohnehin Datenerhebungen erfolgen, wie dies etwa im Falle der Reform der Grundsteuer per 2025 geschehen ist, sollten die Zukunftsschnittstellen dieser Erhebungen mitgedacht werden. Im Falle der Grundsteuer wäre das etwa die Energieeffizienz eines Gebäudes gewesen oder die Qualität der Anbindung an moderne Internetverbindungen. Die damit verbundene zusätzliche Datenerhebung wäre zu marginal vernachlässigbaren Zusatzkosten möglich gewesen. Die jeweils dezentrale Erhebung verursacht enorme Zusatzkosten.

3.9.4 Impact-Finance

Nachhaltigkeit als Bedingung für Profitabilität.

Banken, Versicherungen und Rentenfonds haben als institutionelle Anleger einen enormen Einfluss auf die Geschäftsmodelle, in die investiert wird. Wenn von diesen institutionellen Anlegern Signale für Geschäftsmodelle ausgehen, die profitainable (profitabel und sustainable) sind, kann die Transformation gelingen.

Im Jahresbericht 2023 des größten Rückversicherers der Welt, **Munich Re,** steht das Ziel Net Zero 2050 auf beiden Seiten der Bilanz: „Unser Anspruch ist es, die Dekarbonisierung unseres Kapitalanlageportfolios hin zum gesetzten Netto-Null-Ziel bis 2050 zu erreichen" (Munich Re, 2023, S. 25).

Das bedeutet vom Konzept her „Impact Finance", denn das heißt, es werden von einem solchen Leitinvestor weder Gelder in nicht nachhaltige Geschäftsmodelle investiert (Aktivseite), noch werden Verpflichtungen aus nicht nachhaltigen Geschäftsmodellen eingegangen (Passivseite).

Damit wird Nachhaltigkeit zur Bedingung für Profitabilität.

Allerdings sollte man ein Auge darauf haben, wie stark auch ausländische institutionelle Anleger die Hand auf dem Kapitalstock unserer Gesellschaft haben und inwieweit wir nationales Geld auch in nationale Infrastruktur investieren, um nationale Nachfrage zu befriedigen.

3.9.5 Narrative zur Umsetzung der Wärmewende

Anreizverstärkende Narrative könnten die Wärmetransformation unterstützen. Die jüngsten Krisen – Finanzkrise, Coronakrise und Energiekrise – haben gezeigt, dass unter Handlungsdruck getroffene Entscheidungen häufig nicht zu optimalen Lösungen führen (World Economic Forum, 2023). Daher ist es wichtig, die Wärmewende nicht isoliert zu betrachten, sondern als Teil eines vernetzten, ganzheitlichen Systems. Dabei spielen starke Narrative, die sowohl die Dringlichkeit als auch die Chancen verdeutlichen, eine zentrale Rolle (World Economic Forum, 2023). Technologische Lösungen existieren bereits und entwickeln sich dynamisch weiter, müssen jedoch konsequent umgesetzt werden (IRENA, 2020).

Ein zentraler Ansatzpunkt ist die öffentliche Kommunikation von Erfolgsgeschichten, um Akzeptanz und Unterstützung zu gewinnen. Best-Practice-Projekte bieten nicht nur Orientierung, sondern auch den Vorteil, dass sie kopierbar sind und die Transformation beschleunigen können. Ein großer Hebel dabei sind selbstfinanzierende Geschäftsmodelle, die zur Skalierung und zu Wohlstand führen, sobald sie den Übergang aus der Wissenschaft hin zur marktwirksamen Nutzung schaffen (Climatic Change, 2020). Die Herausforderung besteht darin, dieses Momentum rechtzeitig zu nutzen, da die Zeitfenster für wirksames Handeln immer knapper werden (World Economic Forum, 2022).

Gleichzeitig dominiert in der Energietransformation noch zu sehr das Narrativ des Verzichts und der Verantwortung der Verbraucher. Während das Konsumverhalten eine Rolle spielt, liegt die Verantwortung nicht allein bei den Verbrauchern. Um bewusste Entscheidungen zu treffen, ist eine transparente Kommunikation erforderlich, die zwischen bürokratischen Zertifizierungen und einer konsistenten Unternehmenskommunikation abwägt (World Economic Forum, 2023).

Ein weiteres Problem ist die Kluft zwischen Wissenschaft und Medien, da die Wissenschaft zwischen Finanzierungsnotwendigkeiten, Neutralität und der Herausforderung einer verständlichen Vermittlung steht. Zugespitzte Darstellungen oder Mindermeinungen können zwar Aufmerksamkeit erregen, aber oft nicht die Tiefe bieten, die für nachhaltige Entscheidungen nötig wäre (Climatic Change, 2020). Ein positives Beispiel für ein starkes Narrativ ist die Umstellung vom „Fußabdruck"-Ansatz (Schuld) hin zum „Handabdruck" (Tun), bei dem proaktives Handeln und Lösungsorientierung im Vordergrund stehen (World Economic Forum, 2023).

Es wird Aufgabe transformationaler Führung sein (vgl. Kap. 5) Lösungen in die Umsetzung zu bringen.

Literatur

ADAC (2024). *Stromverbrauch von Elektroautos im ADAC-Test,* abgerufen am 02.11.2024 unter: https://www.adac.de/rund-ums-fahrzeug/elektromobilitaet/elektroauto/stromverbrauch-elektroautos-adac-test/

Agentur für Erneuerbare Energien, (AEE, 2024). *Zehn Fakten zu Sektorenkopplungs-Technologien*. Abgerufen am 02.11.2024 unter: https://www.unendlich-viel-energie.de/themen/strom/sektorenkopplung/zehn-fakten-zu-sektorenkopplungs-technologien

Agora Energiewende (2022): „Die Energiewende in Deutschland: Stand der Dinge 2021", verfügbar unter: https://www.agora-energiewende.de/publikationen/die-energiewende-in-deutschland-stand-der-dinge-2021

Arbib, J., & Seba, T. (2020). *Rethinking Humanity: Five Foundational Sector Disruptions, the Lifecycle of Civilizations, and the Coming Age of Freedom*. RethinkX

Benkler, Y. (2006). *The Wealth of Networks: How Social Production Transforms Markets and Freedom.* Yale University Press

Bocken, N. M. P., de Pauw, I., Bakker, C., & van der Grinten, B. (2016). Product design and business model strategies for a circular economy. *Journal of Industrial and Production Engineering, 33*(5), 308–320. https://doi.org/10.1080/21681015.2016.1172124

Boston Consulting Group (BCG) & Institut der deutschen Wirtschaft (IW) (2024). *Transformationspfade für das Industrieland Deutschland.* Bundesverband der Deutschen Industrie (BDI). Verfügbar unter: https://bdi.eu/publikation/news/transformationspfade-fuer-das-industrieland-deutschland-studie-langfassung

Brynjolfsson, E., & McAfee, A. (2014). *The Second Machine Age: Work, Progress, and Prosperity in a Time of Brilliant Technologies.* W. W. Norton & Company

Bui, M., et al. (2018). Carbon capture and storage (CCS): The way forward. *Energy & Environmental Science, 11*(5), 1062–1176. https://doi.org/10.1039/C7EE02342A

Bundesministerium für Umwelt, Naturschutz, Nukleare Sicherheit und Verbraucherschutz (BMUV), 13.12.2023, Weltklimakonferenz bekennt sich zur Abkehr von fossilen Brennstoffen, abgerufen am 2.10.2024 unter: https://www.bmuv.de/pressemitteilung/cop28-bekennt-sich-zur-abkehr-von-fossilen-brennstoffen

Bundesministerium für Wirtschaft und Klimaschutz. (BMWK, 2024, 11. März). *Richtlinie zur Förderung von klimaneutralen Produktionsverfahren in der Industrie durch Klimaschutzverträge (Förderrichtlinie Klimaschutzverträge – FRL KSV)*

Bundesnetzagentur (BNetzA, 2022), verfügbar unter, abgerufen am 01.11.2024: https://www.bundesnetzagentur.de/DE/Gasversorgung/a_Gasversorgung_2022/start.html

Bundesverband der Energie- und Wasserwirtschaft (BDEW). BDEW-Studie zum Heizungsmarkt 2023, verfügbar unter, abgerufen am 01.11.2024: https://www.bdew.de/media/documents/231221-BDEW-WHD2023.pdf

Bundesverband der Energie- und Wasserwirtschaft, BDEW (2023). *Vorgaben des Klimaschutzgesetzes für den Gebäudesektor.* Abgerufen am 25.10.2024 unter: https://www.bdew.de/media/documents/Vorgaben-Klimaschutzgesetz-Gebaeudesektor.pdf

Bundesverband der Energie- und Wasserwirtschaft (BDEW): Webseite: https://www.bdew.de

Bundesverband der Deutschen Industrie (BDI): Webseite: https://bdi.eu

Bundesverband der Deutschen Zementindustrie (VDZ): Webseite: https://www.vdz-online.de

Bundesverband Glasindustrie e.V. (BV Glas): Webseite: https://www.bvglas.de

Bundeszentrale für politische Bildung (bpb) (2014). *Besonderheiten und Perspektiven der Wohnsituation in Deutschland.* Verfügbar unter: https://www.bpb.de/shop/zeitschriften/apuz/183439/besonderheiten-und-perspektiven-der-wohnsituation-in-deutschland/

Burger, Bruno, Fraunhofer ISE (2023). *Anteil der Offshore-Windenergie an der Stromerzeugung in Deutschland 2023.* Energy Charts. Abgerufen am 2.11.2024 von https://www.energy-charts.info/charts/renewable_share_map/chart.htm?l=de&c=DE&interval=year&year=2023&share=wind_offshore_share_of_generation; https://energy-charts.info/charts/renewable_share/chart.htm?l=de&c=DE&share=solar_share;

Burger, Bruno, Fraunhofer ISE (2023). *Anteil der Offshore-Windenergie an der Stromerzeugung in Deutschland 2023.* Energy Charts. Abgerufen am 2.11.2024 von https://www.energy-charts.info/charts/renewable_share_map/chart.htm?l=de&c=DE&interval=year&year=2023&share=wind_offshore_share_of_generation; https://energy-charts.info/charts/renewable_share/chart.htm?l=de&c=DE&share=solar_share;; https://energy-charts.info/charts/renewable_share/chart.htm?l=de&c=DE&share=wind_share

Christensen, C. M. (1997). *The Innovator's Dilemma: When New Technologies Cause Great Firms to Fail.* Harvard Business Review Press

Christensen, C. M., Hall, T., Dillon, K., & Duncan, D. S. (2016). *Competing against luck: The story of innovation and customer choice.* Harper Business

Climatic Change (2020). *Transformative narratives for climate action.* https://link.springer.com/article/https://doi.org/10.1007/s10584-020-02761-y

Destatis (2023). *Eigentumsquote in Deutschland.* Abgerufen am 5.10.2024 unter https://www.destatis.de/DE/Themen/Gesellschaft-Umwelt/Wohnen/Tabellen/tabelle-eigentumsquote.html

Deutsche Bundesbank (2020, 30. September). *Wohneigentumsquote in Deutschland: Entwicklung und Einflussfaktoren.* Abgerufen am 6.10.2024 unter: https://www.bundesbank.de/de/publikationen/forschung/research-brief/2020-30-wohneigentumsquote-822090

Deutsche Energie-Agentur (dena) (2024). *Gebäudereport 2024.* Abgerufen am 5.10.2024 von https://www.gebaeudeforum.de/wissen/zahlen-daten/gebaeudereport-2024/

Deutsche Energie-Agentur (2023). *dena-Gebäudereport 2023.* Abgerufen am 5.10.2024 von: https://www.gebaeudeforum.de/wissen/zahlen-daten/gebaeudereport-2023/

Deutscher Wetterdienst (DWD 2024). Abgerufen am 01.11.2024 von: https://www.dwd.de/DE/presse/pressemitteilungen/DE/2024/20240830_deutschlandwetter_sommer2024_news.html

Deutsches Institut für Bautechnik (DIBt), *GEG-Registrierstelle und elektronische Stichprobenkontrolle.* https://www.dibt.de/de/wir-bieten/geg-registrierstelle

DIW (2021). *Wohneigentumsförderung in Deutschland.* Verfügbar unter: https://www.diw.de/de/diw_01.c.821137.de/publikationen/wochenberichte/2021_27_4/wohneigentumsfoerderung_in_deutschland_____kleine_praemien_mit_wirkung.html

Drucker, P. F. (1993). *The Five Most Important Questions You Will Ever Ask About Your Organization.* Jossey-Bass

Drucker, P. F. (1974). *Management: Tasks, responsibilities, practices.* Harper & Row

Drucker, P. F. (1954). *The practice of management.* Harper & Row

electrive.net. (2024, 11. Juli). *BNEF-Analyse skizziert massiven Preisrückgang bei Batterien in China.* Abgerufen am 2.11.2024 von https://www.electrive.net/2024/07/11/bnef-analyse-skizziert-massiven-preisrueckgang-bei-batterien-in-china/

European Climate Foundation (2016). *Efficiency First: A new paradigm for the European energy system.* European Climate Foundation

Europäische Kommission (2015). *Energy Union Framework Strategy.* Europäische Kommission

Fleiter, T., Schlomann, B., Eichhammer, W. (2013) *Energieverbrauch und CO_2-Emissionen industrieller Prozesstechnologien – Einsparpotenziale, Hemmnisse und Instrumente,* Fraunhofer-Institut für System- und Innovationsforschung ISI, ISI-Schriftenreihe »Innovationspotenziale«, FRAUNHOFER VERLAG, 2013

Gassmann et al. (2017), *Geschäftsmodelle entwickeln,* Hanser 2. Aufl

Gawer, A. (2014). *Platforms, Markets and Innovation.* Edward Elgar Publishing

Geissdoerfer, M., Savaget, P., Bocken, N. M. P., & Hultink, E. J. (2017). The Circular Economy – A new sustainability paradigm? *Journal of Cleaner Production,* 143, 757–768. https://doi.org/10.1016/j.jclepro.2016.12.048

Ghisellini, P., Cialani, C., & Ulgiati, S. (2016). A review on circular economy: The expected transition to a balanced interplay of environmental and economic systems. *Journal of Cleaner Production,* 114, 11–32. https://doi.org/10.1016/j.jclepro.2015.09.007

Global CCS Institute (2022). *Global status of CCS 2022.* https://www.globalccsinstitute.com/resources/global-status-report/

Groß, C. (2024, 5. Mai). *Blue Energy Group Patent „Gewinnung von Synthesegas aus kohlenstoffhaltigen Brennstoffen"* [LinkedIn-Beitrag]. LinkedIn. https://www.linkedin.com/feed/update/urn:li:activity:7192886527272603648/

Groß, C. (2024, 28. Juni). *Repowering Spezialist Blue Energy Group AG erhält am 28.06.2024 in Weimar die begehrte TOP 100 Auszeichnung in der Kategorie Nachhaltigkeit* [LinkedIn-Beitrag]. LinkedIn. https://www.linkedin.com/pulse/repowering-spezialist-blue-energy-group-erh%C3%A4lt-am-28-06-gross-l9cfe/

Groß, C., & Lohr, M. H. V. (2024). Der Weg in die Klimaneutralität: regenerative Energie aus biogenen Reststoffen für die Industrie. *Euro Heat & Power, ehp-magazin*, 11–12/2024, ISSN: 0949-166X

Handelsblatt (16.5.2024). *Wohnungsbau: 295.000 neue Wohnungen in Deutschland – verschärfter Mangel*. Abgerufen am 3. November 2024, von https://www.handelsblatt.com/politik/deutschland/wohnungsbau-295000-neue-wohnungen-in-deutschland-verschaerfter-mangel/100037842.html

Hinkel, J., Mangalagiu, D., Bisaro, A. et al. Transformative narratives for climate action. *Climatic Change* **160**, 495–506 (2020). https://doi.org/10.1007/s10584-020-02761-y

Hinz, E., & Enseling, A. (2021, 10. August). *Spezifische Kosten für die energietechnische Modernisierung im Gebäudebestand in Abhängigkeit des Effizienzstandards* (Gutachten für den Verbraucherzentrale Bundesverband). Ingenieurbüro Hinz, abgerufen am 5.10.2024 unter https://www.vzbv.de/sites/default/files/2021-09/21-08-10_VZBV_Gutachten_Bericht_Hinz.pdf

Institut der deutschen Wirtschaft (IW) (2023). *Die Bedeutung der energieintensiven Industrien in Deutschland*. IW Köln

International Energy Agency (IEA) (2020). *CCS in clean energy transitions*. https://www.iea.org/reports/ccs-in-clean-energy-transitions

International Energy Agency (IEA) (2014). *Energy efficiency market report*. International Energy Agency

International Renewable Energy Agency (IRENA) (2020). *Scenarios for the Energy Transition: Global Experience and Best Practices.*

International Renewable Energy Agency (IRENA) (2019). *Future of Solar Photovoltaic: Deployment, investment, technology, grid integration and socio-economic aspects*. IRENA

Kandpal, V., Jaswal, A., Santibanez Gonzalez, E. D. R., & Agarwal, N. (2024). Circular economy principles: Shifting towards sustainable prosperity. In *Sustainable Energy Transition. Circular Economy and Sustainability* (pp. 125–165). Springer, Cham. https://doi.org/10.1007/978-3-031-52943-6_4

Kaplan, R. S., & Norton, D. P. (1996). *The balanced scorecard: Translating strategy into action*. Harvard Business School Press

Kim, W. C., & Mauborgne, R. (2005). *Blue ocean strategy: How to create uncontested market space and make the competition irrelevant*. Harvard Business Review Press

Kirchherr, J., Reike, D., & Hekkert, M. (2017). Conceptualizing the circular economy: An analysis of 114 definitions. *Resources, Conservation and Recycling*, 127, 221–232. https://doi.org/10.1016/j.resconrec.2017.09.005

Kraftfahrt-Bundesamt (KBA) (2024). *Inländerfahrleistung in 2023,* abgerufen am 2.11.2024 unter: https://www.kba.de/DE/Presse/Pressemitteilungen/Allgemein/2024/pm21_2024_Entw_Fahrleistung.html,

Lanier, J. (2013). *Who Owns the Future?* Simon & Schuster

McDonough, W., & Braungart, M. (2013). *The Upcycle: Beyond sustainability–designing for abundance*. Macmillan

McKinsey & Company (2023). *Blue carbon: The potential of coastal and oceanic climate action.* https://www.mckinsey.com/mm/~/media/mckinsey/business%20functions/sustainability/our%20insights/blue%20carbon%20the%20potential%20of%20coastal%20and%20oceanic%20climate%20action/blue-carbon-the-potential-of-coastal-and-oceanic-climate-action-vf.pdf

MIT Climate Portal (2021). *Protecting and enhancing natural carbon sinks: Natural climate and community solutions.* https://climate.mit.edu/posts/protecting-and-enhancing-natural-carbon-sinks-natural-climate-and-community-solutions

Mohr, M. (2024, 27. August). *CO_2-Emissionen und Zementherstellung.* VdZ. https://www.vdz-online.de/zementindustrie/klimaschutz/uebersicht

Morozov, E. (2013). *To Save Everything, Click Here: The Folly of Technological Solutionism.* PublicAffairs

Munich Re (2023). *Konzerngeschäftsbericht 2023.* Abgerufen am 5.10.2024 unter: https://www.munichre.com/content/dam/munichre/mrwebsiteslaunches/2023-annual-report/MunichRe-Konzerngeschaeftsbericht-2023-de.pdf

Pentek, M., & Otto, B. (2015). Design principles for Industrie 4.0 scenarios: A literature review. Plattform Industrie 4.0. https://www.plattform-i40.de/IP/Navigation/DE/Home/home.html

PIK Potsdam-Institut für Klimafolgenforschung (2024). Wie eine Kohlenstoff-Zentralbank Europa zum CO_2-Staubsauger machen kann. Potsdam-Institut für Klimafolgenforschung. https://www.pik-potsdam.de/de/aktuelles/nachrichten/wie-eine-kohlenstoff-zentralbank-europa-zum-co2-staubsauger-machen-kann

Presse- und Informationsamt der Bundesregierung (2024, 17. Juli). *Ein Plan fürs Klima, abgerufen am 2.10.2024 unter:* https://www.bundesregierung.de/breg-de/themen/tipps-fuer-verbraucher/klimaschutzgesetz-2197410

Princen, T. (2005). *The Logic of Sufficiency.* MIT Press

Real Perdomo, M., & Meineke, C. (2022). Municipal Sharing: Durch Teilen für Kommunen mehr erreichen. *Innovative Verwaltung, 1-2,* 30–32

Regulatory Assistance Project (RAP) (2017). *Efficiency first: From principle to practice.* Regulatory Assistance Project

Reike, D., Vermeulen, W. J. V., & Witjes, S. (2018). *Conceptualization of Circular Economy 3.0: Synthesizing the 10R Hierarchy of Value Retention Options.* Resources, Conservation and Recycling, 135, 246–256

Rifkin, J. (2014). *The zero marginal cost society: The internet of things, the collaborative commons, and the eclipse of capitalism.* Palgrave Macmillan

Schwab, K. (2017). *The Fourth Industrial Revolution.* Crown Business

Seba, T. (2014). *Clean Disruption of Energy and Transportation: How Silicon Valley Will Make Oil, Nuclear, Natural Gas, Coal, Electric Utilities and Conventional Cars Obsolete by 2030.* Clean Planet Ventures

Sorrell, S. (2007). The Rebound Effect: an assessment of the evidence for economy-wide energy savings from improved energy efficiency. *UK Energy Research Centre.* https://doi.org/10.1016/j.enpol.2007.07.019

Stahel, W. R. (2016). The circular economy. *Nature,* 531(7595), 435-438. https://doi.org/10.1038/531435a

Statista (2022). *Durchschnittsverbrauch von Pkw in privaten Haushalten in Deutschland,* abgerufen am 2.11.2024 unter: https://de.statista.com/statistik/daten/studie/484054/umfrage/durchschnittsverbrauch-pkw-in-privaten-haushalten-in-deutschland/

Umweltbundesamt (UBA) (2024). *Energieverbrauch privater Haushalte: Höchster Anteil am Energieverbrauch zum Heizen.* https://www.umweltbundesamt.de/daten/private-haushalte-konsum/wohnen/energieverbrauch-privater-haushalte#hochster-anteil-am-energieverbrauch-zum-heizen

Umweltbundesamt (UBA) (2024). *Climate emissions fall 10.1 per cent in 2023 – Biggest drop in energy sector.* https://www.umweltbundesamt.de/en/press/pressinformation/climate-emissions-fall-101-per-cent-in-2023-biggest

Umweltbundesamt (UBA) (2024). *Energieverbrauch für fossile und erneuerbare Wärme.* https://www.umweltbundesamt.de/daten/energie/energieverbrauch-fuer-fossile-erneuerbare-waerme

Umweltbundesamt (UBA) (2024). *Thermische Behandlung von Abfällen und Ersatzbrennstoffen in Deutschland.* https://www.umweltbundesamt.de/themen/abfall-ressourcen/entsorgung/thermische-behandlung#thermische-behandlung-von-ersatzbrennstoffen

Umweltbundesamt (UBA) (2023). *Einführung eines CO_2-Grenzausgleichssystems (CBAM) in der EU*

Umweltbundesamt (UBA) (2022). *Energieverbrauch und CO_2-Emissionen in der Industrie.* Umweltbundesamt. https://www.umweltbundesamt.de/presse/pressemitteilungen/detaillierte-treibhausgas-emissionsbilanz-2022

Verband der Chemischen Industrie (VCI): Webseite: https://www.vci.de

Verband Deutscher Maschinen- und Anlagenbau (VDMA): Webseite: https://www.vdma.org

Verband Deutscher Papierfabriken (VDP): Webseite: https://www.vdp-online.de

Verein Deutscher Ingenieure (VDI). (2021). *Energieeffizienz und Klimaschutz in der energieintensiven Industrie.* VDI-Verlag

Wikipedia. *Du-Pont-Schema.* Wikipedia. Abgerufen am 23. Oktober 2024, von https://de.wikipedia.org/wiki/Du-Pont-Schema

Wikipedia. *Wohneigentumsquote.* Abgerufen am 5. Oktober 2024 unter: *Wikipedia Wohneigentumsquote*

WirtschaftsVereinigung Stahl (WV Stahl): Webseite: https://www.stahl-online.de

Wohnglück (2024). *Wie energieeffizient sind deutsche Immobilien?*, abgerufen am 5.Oktober 2024 unter: https://wohnglueck.de/artikel/energieeffizienz-deutscher-immobilien-68425

Wohnglück (2023). *Kosten und Nutzen einer energetischen Sanierung von Häusern.* https://wohnglueck.de/artikel/kosten-nutzen-energetische-sanierung-haeuser-65903

World Economic Forum (2024). *Securing minerals for the energy transition.* Verfügbar unter: https://www3.weforum.org/docs/WEF_Securing_Minerals_for_the_Energy_Transition_2024.pdf

World Economic Forum (2023). *Every fraction of a degree matters: Why climate action needs a new narrative.*

World Economic Forum (2022). *Fostering Effective Energy Transition.*

Wu, X. (2021). *Leapfrogging to Electric Vehicles: A Study of China's Automotive Strategy.* Journal of Contemporary China, 30(129), 549-565

Zajonz, D. (2023, 13. Oktober). *Wie die Zementindustrie ihr Klima-Problem lösen will.* WDR. https://www.tagesschau.de/wirtschaft/energie/zement-industrie-energieverbrauch-klimaschutz-100.html

Zentralverband des Deutschen Handwerks (ZDH): Webseite: https://www.zdh.de

Zuboff, S. (2019). *The Age of Surveillance Capitalism: The Fight for a Human Future at the New Frontier of Power.* PublicAffairs

Geschichtliche, kulturelle, wirtschaftliche und technologische Impulse zur Gestaltung der Wärmewende

4

Dr.-Ing. Christian Groß

Zusammenfassung

Die Transformation der Wärmewende ist ein komplexer globaler Prozess, bei dem im technischen, politischen und gesellschaftlichen Umfeld sehr unterschiedliche Akteure eng miteinander vernetzt agieren. Für sie ist es hilfreich, die gegenseitigen Positionen zu kennen, was physikalisch-technisches, wirtschaftliches, kulturelles, politisches und geschichtliches Fachwissen voraussetzt. Insbesondere beim technischen Wissen geht es nicht vorrangig um das wissenschaftliche Verstehen, sondern vielmehr um das praktische Verständnis. So können Planer und Entscheider besser einschätzen, inwiefern komplexe Lösungen praktikabel und umsetzbar sind. Wichtig ist auch das Einbeziehen der politischen und gesellschaftlichen Entscheidungsträger. Deshalb dient dieser Beitrag auch als eine umfassende und fundierte Hintergrundinformation für politische und gesellschaftliche Beteiligungsprozesse.

Schlüsselwörter

Blauer Planet · Energieerzeugung · Energieverbrauch · Energiespeicher · CO_2-Footprint · Treibhauseffekt · Klimawandel · Wärmewende · Energiewende · Thermodynamik · Brennstoffe · Synthesegas · Dezentrale Energieerzeugung · Grundlastfähigkeit · Energieeffizienz · Wirkungsgrad · Brennwert · Heizwert ·

Adressaten
Die Adressaten dieses Textes sind in erster Linie Fachleute und Entscheidungsträger aus den Bereichen Energiewirtschaft, Umweltpolitik und Klimaschutz, die sich mit der Gestaltung der Wärmewende befassen. Dazu gehören: Regulierungsbehörden und Politiker auf allen Ebenen, Kommunen, Unternehmen und Investoren im Energiesektor, Forschung und Wissenschaft, Berater, Nichtregierungsorganisationen (NGOs), Interessenverbände und Medien sowie interessierte Privatleute.

Carnot-Kreisprozess · Bilanzgleichungen · Anthropozän · Erderwärmung · Projektmanagement · BANI · Transformation · Revolution · Disruption · Biomasse · Holzvergasung · Rohstoffaufbereitung · Verfahrenstechnik · Energieintensive Unternehmen · Magisches Rechteck · Ökologie · Ökonomie · Mensch

4.1 Einführung

Unser blauer Planet bewegt sich mit einer Geschwindigkeit von fast 110 Tsd. km/h auf einer elliptischen Umlaufbahn um die Sonne mit einem mittleren Abstand von etwa 150 Mio. km. Das sind Randbedingungen, die uns eine Lebenschance in einer habitablen Zone im Weltall gegeben haben. Eine ausgedehnte Zivilisation aufbauen konnten wir unter anderem deshalb, weil wir als Spezies bis heute unseren enormen Energiehunger stillen konnten. Der Primärenergiebedarf von 8 Mrd. Menschen lag im Jahr 2021 bei etwa 600 Exajoule (EJ = 10^{18} J). Heute verbraucht ein Land wie Deutschland jährlich rund 8 EJ. Unser Überleben ist davon abhängig, dass wir diese Energieversorgung weiterhin sicherstellen. Deshalb ist es so wichtig, dass wir den physikalischen Zusammenhang zwischen Energieerzeugung und -verbrauch nicht nur verstehen, sondern zum Wohl unseres Planeten auch sinnvoll einsetzen. Neben fundamentalem technischen Wissen benötigen wir hierzu viele weitere Kenntnisse, die bis in die Biologie und Psychologie gehen. Im Mittelpunkt steht die Thermodynamik (Wärmelehre), die uns erklärt, warum Energie (griech.: energeia = Wirksamkeit) im physikalischen Sinn nicht erzeugt oder vernichtet werden kann. Eng damit verbunden ist die physikalische Chemie, die uns z. B. hilft, Fragen nach den systemischen Zusammenhängen zwischen CO_2-Ausstoß und der Erderwärmung zu beantworten. Mit jedem Prozess auf unserer Erde erfolgt die Umwandlung einer Energieform in eine andere. Dies gilt insbesondere für die Umwandlung von fossilen Primärenergieträgern in Sekundarenergie, z. B. bei der Erzeugung von Strom und Wärme. Durch Förderung, Aufbereitung, Umwandlung und Transport werden erhebliche Mengen an CO_2 freigesetzt und die Erdatmosphäre zusätzlich erwärmt (DeStatis 2023). Insbesondere die Verbrennung fossiler Energieträger wirkt in hohem Maß umweltbelastend und ist ein wichtiger Mitverursacher der globalen Erwärmung. Deshalb ist der Schlüssel zu mehr Klimaschutz eine Energiewende, welche die Verbrennung fossiler Energieträger erheblich reduziert (BMBF 2024). Die Idee dieses Kapitels ist, deutlich zu machen, dass wir einen Umdenkprozess brauchen, den wir Wärmewende nennen. Ziel ist es, die Wechselwirkungen von Energieerzeugung, Transport, Umwandlung und Verbrauch zu optimieren, um die freigesetzte Wärme klimaneutral und Ressourcen schonend nutzen zu können.

Für die Bewältigung dieser Aufgabe brauchen wir mehr als naturwissenschaftlich-technisches Wissen. Die Probleme des Klimawandels können wir nur dann bewältigen, wenn wir aus unseren Fehlern lernen und gemeinsam Ziele festlegen, die uns dabei helfen, die negativen Einflüsse auf unser Klima zu vermindern. Das sind beispielsweise die Nachhaltigkeitsziele (SDGs: Sustainable Development Goals) der Vereinten Nationen (BMUV 2024). Wir haben verstanden, dass es hierbei nicht um einen einfachen

4.1 Einführung

technischen Entwicklungsprozess geht. Vielmehr befinden wir uns mitten in einer sozialen und ökologischen Krise, die im direkten Zusammenhang mit der globalen Erderwärmung steht. Johannes Wallacher, Ökonom und Philosoph sowie Vorsitzender der Sachverständigengruppe Weltwirtschaft und Sozialethik ist der Überzeugung, dass wir einen Transformationsprozess von Wirtschaft und Gesellschaft brauchen. Als Teil der Energiewende ist die Wärmewende wichtiger Teil eines Prozesses, der nur sozial-ökologisch gelingen kann. Wallacher vertritt die Auffassung, dass unser eigentliches Ziel ein Klimawandel ist. Dies sei keine unerreichbare Utopie, sondern eine realistische Zukunftsoption, die uns neue Entwicklungsperspektiven und Chancen für ein umfassenderes Verständnis von Wohlstand bietet (Wallacher 2021). Diesen Ansatz unterstützt auch das Kompetenzzentrum Wärmewende. Es erarbeitet sukzessive Unterstützungsangebote für Wirtschaft und Kommunen, um in Nordrhein-Westfalen (NRW) die notwendigen Transformationsprozesse z. B. bei der Produktion von Prozesswärme und der Gebäudewärme zu initiieren und zu orchestrieren (Karborn 2024). Im Rahmen dieses Engagements werden Erfolgsfaktoren (KPIs) für die Transformation der Wärmewende definiert, die Ökonomie, Ökologie und Technik verbinden. Dabei spielen die Orchestrierung des Endenergieverbrauchs von Industrie und Wirtschaft, Städten, Gemeinden und Kommunen, die regionale Energiebilanz und die Einbindung der Betroffenen eine wichtige Rolle. Zudem ist es unerlässlich, sowohl die globalen, die regionalen als auch die lokalen Energieressourcen im Blick zu halten und den fossilen Energieverbrauch deutlich zu reduzieren. Schlussendlich müssen sowohl in der Energiezelle (z. B. in einem energieintensiven Unternehmen) als auch Sektoren übergreifend Energieproduktion, -transport und -verbrauch ökologisch, ökonomisch und gesellschaftlich intelligent bilanziert werden.

Aktuell befinden wir uns in einer kritischen Gemengelage, die durch verschiedene Faktoren geprägt ist. Der weltweite Energiebedarf steigt kontinuierlich an. Insbesondere Deutschland will keine Energie mehr aus politisch instabilen Ländern importieren, es will weltweit ambitionierte Klimaziele erreichen, erneuerbare Energien fördern und die E-Mobilität ausbauen. Der Gesetzgeber hat die Städte und Gemeinden gesetzlich dazu aufgefordert, Wärmeplanungen zu erstellen, die eine CO_2-neutrale, skalierbare und grundlastfähige Energieversorgung sicherstellen.

Einen Lösungsansatz sieht das Bayerische Staatsministerium für Wirtschaft, Landesentwicklung und Energie in der Nutzung von erneuerbaren Energien und der Vermeidung von Kohlendioxidemissionen durch Biomasseheizwerke und zugehörige Wärmenetze. Es hat deshalb im Dezember 2023 das Förderprogramm BioWärme Bayern aufgelegt, das den Einsatz von innovativen Energieerzeugungsanlagen, die auf Basis von regenerativer Energie bzw. zusätzlich der energetischen Verwertung von Müll und Restholz dezentral Strom und Wärme in Eigenproduktion erzeugen, fördert (BayMBl 2024). Diese bayerische Förderung unterstützt insbesondere die mittelständische Industrie bei Investitionen, die den regionalen CO_2-Footprint deutlich vermindern werden. Zuschüsse gibt es aber auch bundesweit. Die Blue Energy Group AG z. B. hat kürzlich für die Erweiterung ihres Biomasseheizkraftwerkes in Bad Arolsen einen Förderbescheid aus dem Bundeshaushalt erhalten, speziell aus dem KTF Klima- und Transformationsfond (Schiemann, 2023a, b, c). Die Zusage in Höhe von insgesamt rund 60 % der Investitionskosten unterstreicht das fortschrittliche Engagement der Bundesregierung, innovative und zukunftsweisende Projekte in der Wirtschaft zu unterstützen, insbesondere mit Blick auf die Steigerung der Energie- und Ressourceneffizienz (Wagner, 2024).

Abb. 4.1 veranschaulicht mittels eines „Magischen Vierecks" das komplexe Wechselspiel der energetischen und sozioökonomischen Anforderungen der Wärmewende. Es werden vier Bereiche des Strom- und Wärmebedarfs für Industrie und Kommunen dargestellt, die untereinander gleichrangig sind, aber auch zueinander in einem Zielkonflikt stehen können. Dies wird am Beispiel des Wärmebedarfs von energieintensiven Unternehmen deutlich. Insbesondere Mittelstandsunternehmen haben ein vitales Interesse an sicherer, finanzierbarer, planbarer, dezentraler und vor allem grundlastfähiger Energieversorgung. Die Wärmekosten ihrer Produktion stellen aktuell aufgrund der steigenden Stromkosten insbesondere für den Betrieb von elektrischen Heizsystemen für die Produktion ein wirtschaftliches Risiko dar. Wenn energieintensive Unternehmen gleichzeitig Strom und Wärme mit Blockheizkraftwerken (BHKW) erzeugen, gekoppelt mit einer vorgeschalteten Synthesegaserzeugung auf Basis von günstigen Brennstoffen, und zusätzlich ihren überschüssigen Strom nach dem EEG Erneuerbare-Energien-Gesetz

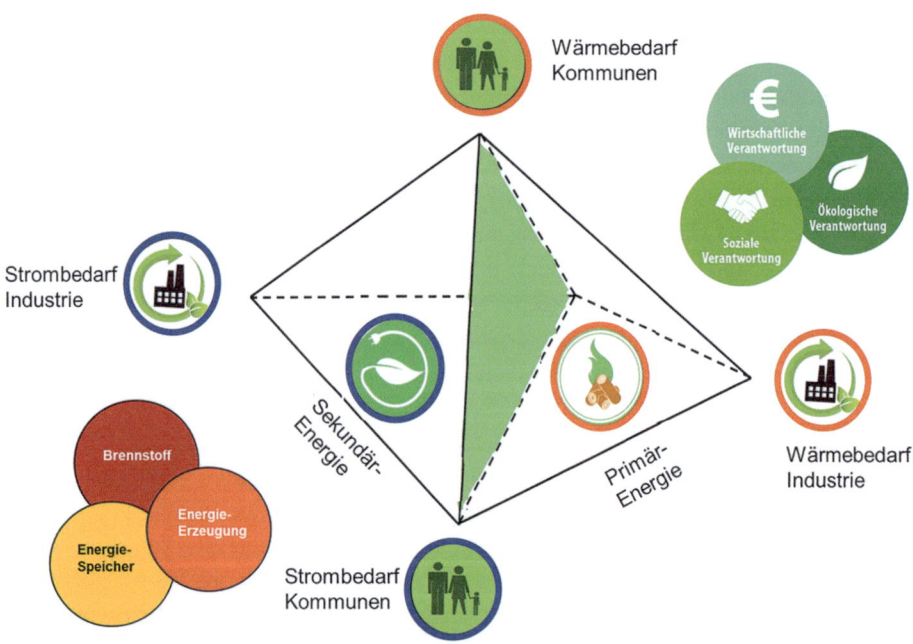

Abb. 4.1 Das „Magische Wärmewendeviereck" (Bildquelle: © Groß)

4.1 Einführung

(Schiemann, 2023a, b, c) in das öffentliche Stromnetz einspeisen, sind die Grundvoraussetzungen für eine wirtschaftlich und ökologisch sichere Energieversorgung erfüllt.

Auch im kommunalen Bereich lassen sich ambitionierte Klimaziele umsetzen, indem z. B. Fernwärme- und Nahwärmenetze ausgebaut werden. Das „Magische Viereck" steht für einen vernetzten Lösungsansatz, der bei der kommunalen Wärmeplanung sehr hilfreich sein könnte. Das Schaubild ist bewusst als Pyramide mit einer rechteckigen Grundfläche dreidimensional aufgebaut. Die dritte Dimension steht für Kosten und Energieverbrauch, die rechteckige Grundfläche für den Mix aus Strom und Wärme in den unterschiedlichen Sektoren. Ziel der energetischen Sektorenkopplung ist die Verbindung der Energiesektoren (Strom-, Wärme- und Gasnetze) mit den Verbrauchssektoren (Haushalt, Gewerbe, Industrie, Verkehr). Mittels der sog. Power-to-X-Technologie kann Strom in die anderen Sektoren übertragen und so können Synergieeffekte zwischen den Sektoren genutzt werden (Dietzsch et al., 2016).

Deshalb setzt sich die Pyramide aus zwei Tetraedern mit dreieckigen Grundflächen zusammen. Diese Darstellung steht einerseits für die Wechselwirkung zwischen wirtschaftlicher, ökologischer und sozialer Verantwortung und andererseits für die Wechselwirkung zwischen der kostengünstigen Verfügbarkeit von Rohstoffen (Brennstoffen) und der klimaneutralen Energieerzeugung und -speicherung. Die beiden Seiten sind durch eine grün gekennzeichnete Dreiecksfläche getrennt und mit Primär- und Sekundärenergie bezeichnet. Kurz zusammengefasst soll die Umwandlung von Primärenergie in Sekundärenergie einerseits hocheffizient und anderseits klimaneutral erfolgen.

Hilfreich für diese Betrachtung ist der Leitfaden des Hessischen Ministeriums für Wirtschaft zur Kommunalen Wärmeplanung (HMWVW). Hier werden ausgehend von Bestands- und Potenzialanalysen der aktuelle Wärmebedarf bzw. -verbrauch sowie die dafür eingesetzten Energieträger, die vorhandenen Wärmeerzeugungsanlagen und die für die Wärmeversorgung relevante Energieversorgungsstruktur analysiert (Mansoori et al., 2024).

Abb. 4.2 gibt einen Überblick zu den verfügbaren Primärenergien und der daraus erzeugten Sekundärenergie, insbesondere elektrischer Strom, Fern- und Nahwärme sowie Synthesegas.

Abb. 4.3 zeigt den weltweiten Anstieg des Primärenergiebedarfs der letzten 50 Jahre. Die fossilen Energieträger Öl, Kohle und Gas haben nach wie vor einen Anteil von etwa 80 %. In Deutschland lag der Primärenergieverbrauch 2023 bei 2997 TWh (Langenheld et al., 2021). Umgerechnet betrug der Primärenergieverbrauch in Deutschland 257,7 Mio. t (ÖE) im Jahr 2023, das sind 1,85 % des weltweiten Primärenergieverbrauchs mit Bezug auf 2020.

In Tab. 4.1 sind die Umrechnungsfaktoren der gebräuchlichen Energieeinheiten dargestellt.

In der Literatur wird die Wärmeenergie als eine Form der inneren Energie definiert, die nicht auf der Verrichtung von Arbeit oder der Änderung der Stoffmenge beruht und quantitativ äquivalent zu den anderen Energieformen ist. Die Wärmeenergie von Materie besteht aus der Bewegungsenergie ihrer Atome und Moleküle, in einem

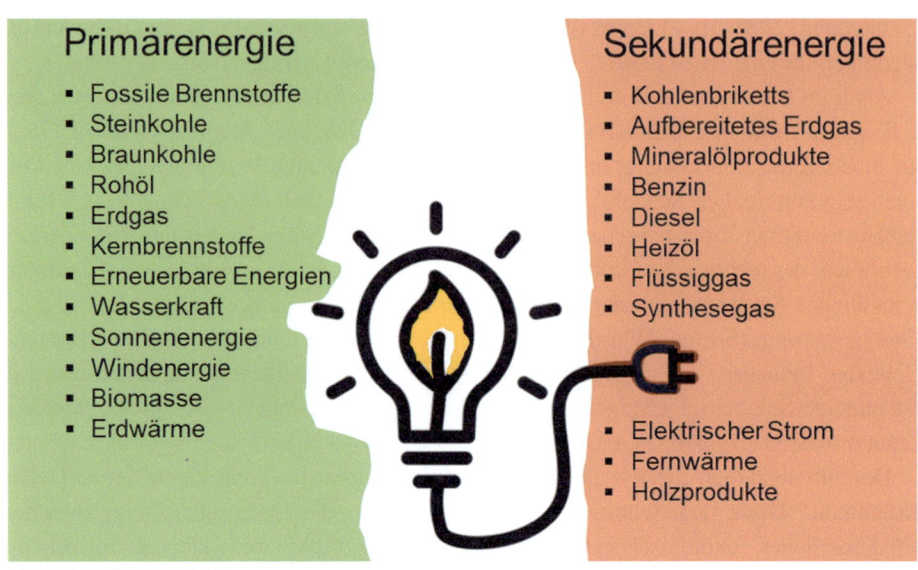

Abb. 4.2 Definition Primär- und Sekundärenergie (Quelle: © CG)

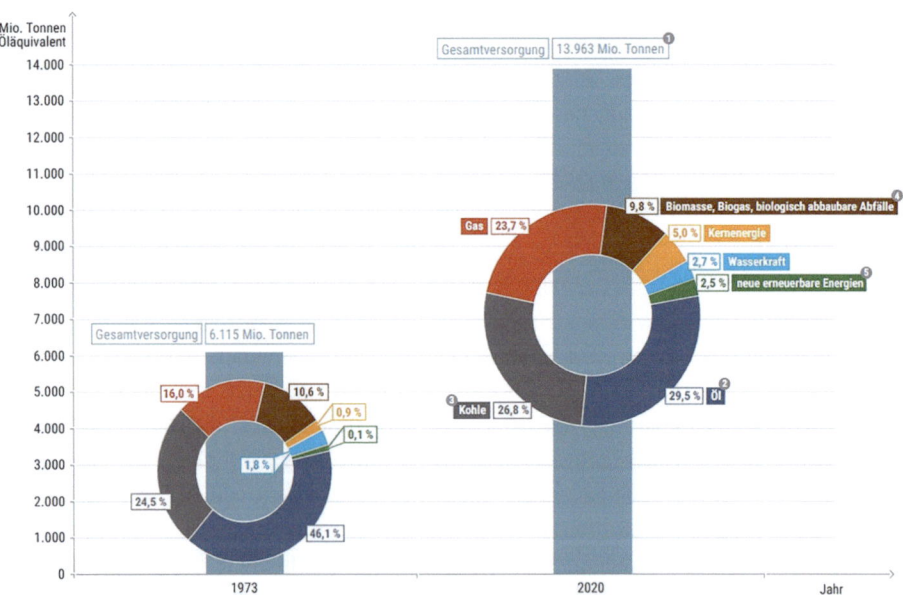

Abb. 4.3 Primärenergieversorgung nach Energieträgern, Anteile in %, Gesamtversorgung in Mio. t Öläquivalent (ÖE), weltweit 1973 und 2020 (Pfister, 2023)

4.1 Einführung

Tab. 4.1 Umrechnungsfaktoren physikalischer Energieeinheiten

Öläquivalent (OE)	1 ÖE = 41,868 MJ (Öl) = 10.000 kcal = 11,63 kWh ~ 1,428 SKE (S) 1 Mtoe (ÖE) = 11,63 TWh
Steinkohleeinheit (SKE)	1 SKE (S) = 0,7 ÖE = 7.000 kcal = 29,3076 MJ = 8,141 kWh
Mega Joule (MJ)	1 MJ = 3,6 kWh

einatomigen (idealen) Gas steht sie für die translatorische kinetische Energie der Atome, in einem zweiatomigen Gas kommt hierzu noch die Rotationsenergie der Drehfreiheitsgrade von Hantelmolekülen. In einem festen Kristall steht sie für die Vibrationsenergie der Atome um ihre Gleichgewichtslagen im Gitter, also die Schwingungsenergie der Gitterschwingungen (Phononen). In einem Kunststoff – bestehend aus vernetzten Polymermolekülen – wird noch die Energie zwischen den vernetzten, schwingenden Molekülketten berücksichtigt. Thermische Energie kann auch in weiteren mikroskopischen Freiheitsgraden von Materie gespeichert sein, so z. B. in elektronisch angeregten Zuständen der Atome oder in magnetisch angeregten Zuständen. Am absoluten Nullpunkt der Temperatur (0 K oder –273,16 °C) verschwindet die thermische Energie vollständig. Es bleibt jedoch nach den Gesetzen der Quantenmechanik eine (kleine) Bewegungsenergie (die Nullpunktsenergie) bestehen (Kilian et al., 1998).

Sozioökonomisch betrachtet ist die technische Fähigkeit, Wärme zu erzeugen, eng mit dem wirtschaftlichen und ökonomischen Fortschritt der Menschheit verbunden. Aktuell wird von der paläonthropologischen Forschung diskutiert, wie sich der Homo sapiens bzw. der Neandertaler mithilfe der Nutzung des Feuers weiterentwickelt haben (Kroker 2024). Es ist noch nicht sehr lang her, dass der moderne Mensch das Feuermachen entdeckt hat. Erst vor 32 Tsd. Jahren hat er seine Kenntnisse über die thermomechanischen Eigenschaften mehrerer unterschiedlicher Materialien genutzt und zusätzlich besondere Handfertigkeiten erlernt und optimiert. Mittels des Aufeinanderschlagens von zwei Steinmaterialien, nämlich Pyrit (auch Schwefelkies FeS_2) und Feuerstein (engl. Flint $SiO_2 + n\,H_2O$), kann gezielt ein Funke erzeugt werden, der ein Brennmaterial, z. B. einen Zunderschwamm (Fomes fomentarius) entzündet. Dieses leicht entflammbare Material ist ein Pilz, der an Baumstämmen wächst. Er erzeugt im brennenden Zustand eine Flammtemperatur, die im nächsten Prozessschritt trockenes Reisig anzünden kann (Hennemann 2021). Seit über 30 Tsd. Jahren begleiten also Erzeugung, Umwandlung und Speicherung von Wärme unsere technisch-wirtschaftliche Entwicklung. Aber erst seit etwa 250 Jahren bewirkt dies die bekannten Klimaprobleme.

In Europa, und speziell in Deutschland steht aktuell die kommunale Wärmeplanung auf der politischen Agenda. Vor dem Hintergrund des russischen Angriffskrieges auf die Ukraine und gestiegenen Energiepreisen wurde der politische Appell an Bürger und Wirtschaft zum Energiesparen verstärkt. Dies hat zu kontroversen Debatten geführt. Dabei sind die Klimadebatten zum Teil geprägt von Verdrängung – als Reaktion auf den Widerspruch zwischen unserem Wissen über die negativen Auswirkungen unserer

Lebensweise auf das Klima und dem ausbleibenden Handeln. Dies kann unter anderem zu einer Reizbarkeit führen, die in einer „diskursiven Polarisierung" mündet. Die Kontrahentinnen und Kontrahenten stehen sich am Ende zunehmend unversöhnlich gegenüber. Das ist im Interesse derer, die Klimaschutz vertagen wollen. Wenn die konstruktive Kommunikation zusammenbricht, wird es schwer, zu politischen Beschlüssen zu kommen (Brüggemann et. al 2024). Mit dem vorliegenden Buch wollen die Autoren einerseits zu einer Versachlichung der Diskussion, anderseits aber auch interdisziplinär zur Steigerung der Umsetzungskompetenz beitragen.

Der Umstieg der Wärmeversorgung aus erneuerbaren Energien setzt eine ganze Reihe an technischen Neuerungen und Investitionen, z. B. in die Infrastruktur des deutschen Wärmenetzes voraus. Die Nutzung von Sonne, Wind, Wasserkraft, Biomasse und Erdwärme reicht hierfür bislang nicht aus. Deshalb werden aktuell vor allem die Möglichkeiten der Nutzung von Wasserstoff und der Einsatz von Wärmepumpen intensiv diskutiert (UBA 2024). Insgesamt kommt der Umstieg auf eine klimafreundliche Art der Energieproduktion im Wärmesektor nur langsam voran (Villa-Braslavsky 2023). Das liegt laut dem Forschungszentrum für Nachhaltigkeitsforschung (FFU) in der Natur gesellschaftlicher Transformation. Diese ist ein langfristiger Prozess, der weitreichende Veränderungen in verschiedenen Bereichen der Gesellschaft (Teilsystemen) umfasst – von Produktions- und Konsummustern über rechtliche Konzepte, Organisationsformen bis hin zu kulturellen Vorstellungen (Lepenies 2024). Kerstin Andreae, Vorsitzende der Hauptgeschäftsführung des Bundesverbandes der Energie- und Wasserwirtschaft (BDEW), hat die Bedeutung der Wärmewende bereits 2021 hervorgehoben: „*Die Wärmewende ist eine Mammutaufgabe der kommenden Jahre. Anteilig müssen in der laufenden Dekade die Treibhausgas-Minderungen erreicht werden, die zuvor über einen Zeitraum von 30 Jahren realisiert wurden. Um die vor uns liegende Transformation umweltpolitisch, volkswirtschaftlich, aber auch sozial bestmöglich zu bewältigen, müssen wir von Beginn an vorhandene Infrastrukturen und Energieträger mitdenken. Nur die sukzessive und ambitionierte Dekarbonisierung aller Energieträger bringt uns zum Ziel* (Andreae 2021)."

Hierbei ist es ratsam, den Dialog nicht auf Ingenieure, Manager und Politiker einzugrenzen. Vielmehr sollten die Betroffenen – vor allem die Bürger – rechtzeitig eingebunden und idealerweise auch wirtschaftlich am Erfolg beteiligt werden (Yacek 2022). Darüber hinaus sind Aus- und Weiterbildung zentrale Elemente der Wärmewende. Pädagogische Erfahrungen können auf unser demokratisches System übertragen werden. Das Cambridge Handbook of Democratic Education gibt hierzu praxisnahe Empfehlungen:

1. Es zahlt sich aus, in Klimabildung zu investieren
2. Agonistische Bildung kann als wichtiges Korrektiv und als Ergänzung zu anderen Bildungsansätzen betrachtet werden. Diesem Ansatz zufolge ist es notwendig, politische Form von Wut zu kultivieren, um damit auf die Austragung unvermeidlicher politischer Konflikte vorbereitet zu sein.

3. Der primäre Wert demokratischer Bildung angesichts des Klimawandels liegt in der Verantwortungsübernahme aller Beteiligten. Dies ist die Grundlage für eine ernsthafte persönliche Auseinandersetzung mit diesem sensiblen Thema (Yazek 2023).

4.2 Zusammenhang Wärmeversorgung und CO_2-Ausstoß

Die Wärmeversorgung ist ein existenzielles Thema für unseren blauen Planeten. Ohne die wärmende Sonneneinstrahlung würde die Oberflächentemperatur der Erde ähnlich wie auf der sonnenabgewandten Seite des Mondes mittelfristig deutlich unter −160 °C liegen. Glücklicherweise befinden wir uns innerhalb der Milchstraße an einer optimalen Stelle, nämlich nicht zu nah am Zentrum, um von der energiereichen Strahlung der Sonne zu stark erhitzt zu werden, aber auch nicht zu weit weg, um von ihrer Anziehungskraft und Wärme zu profitieren. Wissenschaftler nennen diese Voraussetzung für Leben eine „Galaktische Habitable Zone" (Zensus 2008). Seit 4,54 Mrd. Jahren ist die Erde im Spiel. Der Homo erectus wurde erst vor 1,5 Mio. Jahren eingewechselt. Sein Spielfeld war das Känozoikum, die Erdneuzeit, die bereits vor 65 Mio. Jahren mit dem Ende der Dinosaurier begonnen hatte. Die bislang jüngste Epoche der Erdneuzeit, das Holozän, begann vor etwa 11.000 Jahren als warmzeitliche Epoche des Eiszeitalters (Kolbert 2024). Für die Geschichte der Wärmewende spielt ein anderes Erdzeitalter, das Karbon, eine wichtige Rolle – der Name leitet sich von „carbo", dem lateinischen Wort für „Kohle" ab. Vor rund 359 Mio. Jahren ist in diesem Erdzeitalter Kohle aus abgestorbenen Pflanzen entstanden. Der Prozess, in dem Pflanzenreste von Erdschichten bedeckt und unter großem Druck und Hitze umgewandelt wurden, dauerte 60 Mio. Jahre. Das Wort carbo hat seinen sprachlichen Ursprung im indoeuropäischen Wort *ker, was so viel wie „Brennen" heißt (Holdinghausen 2015). Dies ist ein Hinweis auf die Bedeutung des chemischen Prozesses der Verbrennung, bei dem Brennmittel mit Sauerstoff oder einem anderen Gas als Oxidationsmittel reagieren. Hierbei wird Energie in Form von Wärme und Licht freigesetzt. Die Reaktion ist exotherm. Das Maß für die freigesetzte Energie ist der Brennwert Hs (veraltet kalorischer Brennwert oder oberer/superior Heizwert Ho). Das Pendant zum Brennwert ist der Heizwert Hi (früher unterer/inferior Heizwert Hu). Er beschreibt die bei einer Verbrennung maximal nutzbare Wärmemenge, bei der es nicht zu einer Kondensation des im Abgas enthaltenen Wasserdampfes kommt, bezogen auf die Menge des eingesetzten Brennstoffs. Der Heizwert ist also das Maß für die spezifisch je Bemessungseinheit nutzbare Wärmemenge ohne Kondensationswärme. In Tab. 4.2 sind die Brenn- und Heizwerte einiger Brennstoffe aufgelistet:

Fossile Energie wird aus Rohstoffen gewonnen, die über geologische Zeiträume aus Abbauprodukten von toten Pflanzen und Tieren entstanden sind. Dazu gehören Braunkohle, Steinkohle, Torf, Erdgas und Erdöl. Man nennt diese Energiequellen fossile Energieträger oder fossile Brennstoffe. Dagegen wird Biomasse aus Holz und weiteren neuzeitlichen organischen Abfällen und Überresten gewonnen. Der Heizwert Hi (früher unterer Heizwert Hu) ist die bei einer Verbrennung maximal nutzbare Wärmemenge, bei

Tab. 4.2 Brenn- und Heizwerte verschiedener Brennstoffe (Kovacevic 2024)

Brennstoff	Brennwert Hs [MJ/kg]	Heizwert Hi [MJ/kg]	Heizwert Hi [kWh/kg]
Hausmüll	-	9–11	2,5-3
Holzpellets	-	18	4,9
Rohbraunkohle	10	8	2,2
Braunkohlestaub	-	22,0	6,1
Steinkohle (SKE)	29–32,7	25–32,7	7,5-9
Heizöl (1 l = 0,8 kg)	-	41,7	12.5
Erdgas (1 m3 = 0,7 kg)	-	47,7	14,3
Synthesegas (1 m3 = 1,11 kg)	-	4,7	1,4
Strom IR (0,85 kg SKE / 1 kWh)	-	19,7	5,9

der es nicht zu einer Kondensation des im Abgas enthaltenen Wasserdampfes kommt, bezogen auf die Menge des eingesetzten Brennstoffs. Der Heizwert ist also das Maß für die spezifisch je Bemessungseinheit nutzbare Wärmemenge ohne Kondensationswärme. Dahingegen ist der Brennwert Hs (veraltet kalorischer Brennwert oder oberer Heizwert Ho) ein Maß für die spezifisch je Bemessungseinheit in einem Stoff enthaltene thermische Energie. Er gibt die Wärmemenge an, die bei Verbrennung und anschließender Abkühlung der Verbrennungsgase auf 25 °C sowie deren Kondensation freigesetzt wird.

Emissionshandel

Ein Werkzeug, um den CO_2-Ausstoß der Industrie, des Gebäudesektors und des Verkehrs zu senken, ist der nationale sowie europäische Emissionshandel. Dieses Instrument verteuert schrittweise den Ausstoß von CO_2. Wer die Atmosphäre mit Treibhausgasen belastet, zahlt für jede Tonne CO_2 einen Preis, indem er dafür Zertifikate erwirbt. Rund drei Viertel aller europäischen CO_2-Emissionen werden künftig in den Emissionshandel einbezogen – ab 2027 auch die aus Wärme und Verkehr (Enders 2024). Die Preise für die europäischen Zertifikate sind in den vergangenen Jahren gestiegen. Kostete ein Zertifikat 2020 im Jahresdurchschnitt knapp 25 € pro Tonne CO_2, wurden 2023 im Schnitt 83,66 € bis maximal 101,25 € fällig. Neben dem seit 2005 begonnenen europäischen Emissionshandel (EU-ETS) startete 2021 ein nationales Emissionshandelssystem (nEHS). Die sogenannte CO_2-Abgabe zielt darauf ab, den schädlichen Kohlendioxidausstoß im Bereich Wärme und Verkehr zu reduzieren. Ursprünglich umfasste das nEHS bis zum Jahr 2022 lediglich Hauptbrennstoffe wie Benzin, Diesel, Heizöl, Flüssig- und Erdgas. Ab 2023 wurden alle weiteren fossilen Brennstoffe, darunter auch Kohle, in das System integriert

4.2 Zusammenhang Wärmeversorgung und CO_2-Ausstoß

(Krohnert 2024). Ab 2024 wird die Abgabe auch auf die Verbrennung von Abfällen erhoben (Camerer, 2025a). Die Kosten werden etwa bei den Gaslieferanten oder Unternehmen der Mineralölindustrie erhoben, die diese dann an die Verbraucherinnen und Verbraucher weiterreichen. Die nationalen Zertifikate sind aktuell teurer geworden. 2024 kosten sie 45 € je Tonne. 2025 soll der Preis auf 55 € steigen (BMWK 2025).

CO_2-neutrale Verbrennung
Pflanzen nehmen durch die Photosynthese Kohlenstoff auf. Aus Licht, Wasser (H_2O) und Kohlendioxid (CO_2) entstehen in der Pflanze Glucose und Sauerstoff (O_2). Die Formel der Photosynthese $6\ H_2O + 6\ CO_2 + Licht = 6\ O_2 + C_6H_{12}O_6$ zeigt, dass in den Pflanzen CO_2 gespeichert ist, die Pflanzen also als CO_2-Senken dienen. Wenn die Pflanzen verbrannt bzw. zersetzt werden, wie es z. B. bei der Pyrolyse der Fall ist, wird dieser Kohlenstoff wieder an die Atmosphäre abgegeben. Bei der Verbrennung oder Zersetzung der Biomasse wird aber nur so viel Kohlenstoff freigesetzt, wie die Pflanzen vorher aufgenommen hatten, daher gilt Biomasse bei der Verbrennung als „CO_2-neutral". Kohlenstoff ist in fossilen Energieträgern (Kohle, Öl, Erdgas) ebenfalls enthalten. Der entscheidende Unterschied zwischen beiden Energieträgern ist, dass der Kohlenstoff in fossilen Energieträgern vor Millionen von Jahren der Atmosphäre und dem Kohlenstoffkreislauf entzogen und dauerhaft gespeichert wurde. Bei der Verbrennung wird er wieder freigesetzt und bewirkt eine Erhöhung der Kohlenstoffdioxidkonzentration in der Atmosphäre, die zum Treibhauseffekt beiträgt. Der Begriff „CO_2-neutral" trifft bei der energetischen Nutzung von Biomasse allerdings nur dann zu, wenn beim Anbau und der Bereitstellung der Biomasse sowie beim Betrieb der Bioenergieanlagen keine fossile Hilfsenergie genutzt wird. Die Klimabilanz der Bioenergie ist also umso besser, je niedriger die sogenannten vorgelagerten Prozessketten fossile Energie benötigen, insbesondere Anlagenerstellung, Rohstoffaufbereitung etc. (Böhling 2024).

Laut einer Stellungnahme der Bioenergieverbände „… leistet nachhaltige Bioenergie einen unverzichtbaren Beitrag zu den Klima- und Energiezielen Deutschlands und einer sicheren und unabhängigen Energieversorgung. Sie stellt nicht nur gesicherte und flexibel regelbare Leistung für Strom und Wärme bereit, sondern ist auch im Verkehrsbereich bislang die einzig nennenswerte klimaschonende Antriebsoption (Geisen 2024)." Von den insgesamt durch erneuerbare Energien vermiedenen rund 236 Mio. t CO_2 werden aktuell ca. 78,8 Mio. t durch die Nutzung von Biomasse eingespart. Davon entfielen 29,7 Mio. t auf die Stromerzeugung, 39,1 Mio. t auf die Wärmeerzeugung und ca. 10 Mio. t auf den Einsatz von Biokraftstoffen im Verkehr. Weiterhin hat die Bioenergie ein erhebliches Potenzial für CO_2-Abscheidung. Laut einer Studie im Auftrag des Bundesnetzwerks Bürgerschaftliches Engagement (BBE) liegt das Einsparpotenzial in Deutschland jährlich bei 13–30 Mio. t CO_2. Kürzlich hat das Bundeswirtschaftsministerium Eckpunkte zur Carbon-Management-Strategie vorgelegt (BMWK 2025). Um Klimaneutralität zu erreichen, ist der Entzug von CO_2 aus der Atmosphäre notwendig. Freigesetztes biogenes CO_2 kann als Grundstoff für die chemische Industrie oder in der Kraftstoffherstellung stofflich verwendet werden. Auch eine dauerhafte

Speicherung des abgeschiedenen CO_2 ist möglich, z. B. als kohlenstoffhaltiges Einsatzmaterial im Straßenbau. Wichtig hierfür ist der Aufbau von Wertschöpfungsketten für biogenes CO_2 (Geisen 2024).

In der Wissenschaftsreihe „Urknall, Weltall und Das Leben" der Ludwig-Maximilian Universität (LMU) zum Wissenschaftsjahr 2023 spricht der Astrophysiker Harald Lesch über das Anthropozän, das Zeitalter des Menschen. Ausgehend von der Industrialisierung, der Globalisierung und der Digitalisierung stellt er die entscheidenden Einflussfaktoren auf unserem Planeten dar und ordnet sie in die planetare Geschichte als Anthropozän ein. Durch unsere technische Aneignung haben wir womöglich die Lebensvoraussetzungen unseres Planeten nachhaltig gefährdet (Lesch 2023). Abb. 4.4 zeigt den Anstieg des CO_2-Ausstoßes im Anthropozän. Die Wissenschaftler vom University College, London, haben das Jahr 1610 als Beginn des Erdzeitalters Anthropozän definiert. Zitat: „Damals hinterließ der Einfluss der Menschheit erstmals globale Spuren auf dem Planeten. Die europäische Eroberung Amerikas veränderte in jener Zeit weltweit die Verbreitung von Pflanzen- und Tierarten und brachte 50 Mio. amerikanischen Ureinwohnern den Tod (Howells 2015)." Dies ist sicherlich kein positiver Beginn unseres Erdzeitalters.

Das Jahr 1610 wäre im Übrigen fast ein einschneidendes Datum für das frühzeitige Ende von Amerikas erster Kolonie Jamestown Settlement gewesen. Ein Hungerwinter in den Jahren 1609/1610 hatte in kurzer Zeit 400 der 500 Kolonisten dahingerafft (Dönges 2007). Der Kohlendioxid (CO_2)-Wert in der Atmosphäre betrug in diesem Jahr 273 ppm. Fast 400 Jahre später beträgt der CO_2-Wert 385 ppm (2007) und 126 Jahre später (2023) etwa 419,3 ppm (Süßmann 2023). Damit hat sich der CO_2-Wert von 1610 bis 1850 von

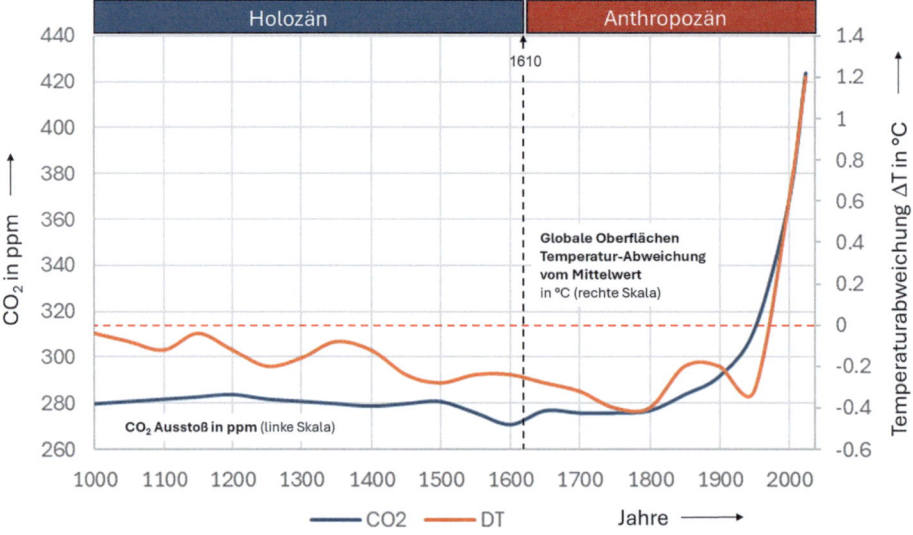

Abb. 4.4 CO_2-Ausstoß (1000–2010) in parts per million (ppm) (Eigene Darstellung)

4.2 Zusammenhang Wärmeversorgung und CO_2-Ausstoß

273 auf 285 ppm (0,02 % p. a.) erhöht, von 1850 auf 1960 um 30 ppm (0,1 % p. a.) von 1960 auf 2007 um 70 ppm (0,47 % p. a.) und von 2007 auf 2023 um 34 ppm (0,56 % p. a.), vgl. hierzu Abb. 4.5.

Quelle Abb. 4.4 und 4.5: Scripps Institute of Oceanography NOAA Global Monitoring Laboratory UC San Diego Atmospheric CO_2 at Mauna Loa Observatory (Grubišić, 2024).

Abb. 4.5 zeigt, wie sich der CO_2-Ausstoß seit 1998 von 1,4 ppm Zuwachsrate pro Jahr (1970–1998) auf 2,4 ppm (1998–2023) gesteigert hat. 2024 haben sich in der Atmosphäre voraussichtlich etwa 422,5 ppm angesammelt. Das sind 2,8 ppm CO_2 mehr als 2023 (419,7 ppm).

Abb. 4.6 zeigt die prozentuale Minderung des CO_2-Ausstoßes zwischen 2022 und 2023 in Höhe von 73 Mio. t CO_2-Äqu. (−9,8 %) als Folge von verschiedenen sektorspezifischen Ursachen: verringerter Kohleverbrauch (19 %), Zubau erneuerbarer Energien (6 %); EU-Stromhandel: Zunahme Importe, Abnahme Exporte (26 %); geringerer Stromverbrauch – außer Industrie (5 %); geringerer Stromverbrauch in der Industrie (8 %); langfristige Emissionsminderungen (3 %); krisenbedingter Produktionsrückgang (17 %), mildere Witterung und Sparen beim Heizen (3 %), geringere LKW-Fahrleistung (3 %), Verringerung Tierbestände (1 %).

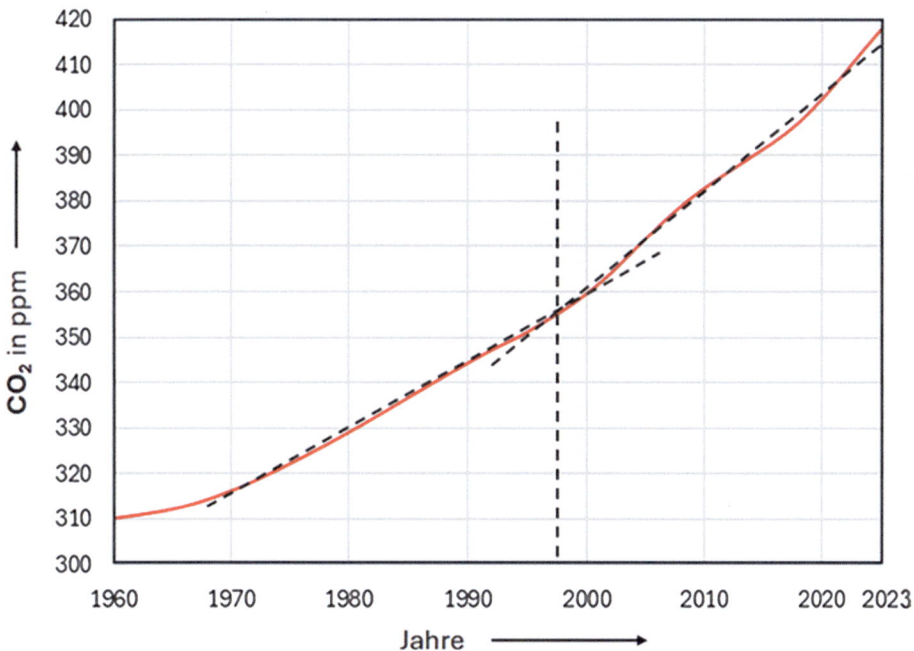

Abb. 4.5 CO_2-Ausstoß im Anthropozän (1960–2023) in ppm (Eigene Darstellung)

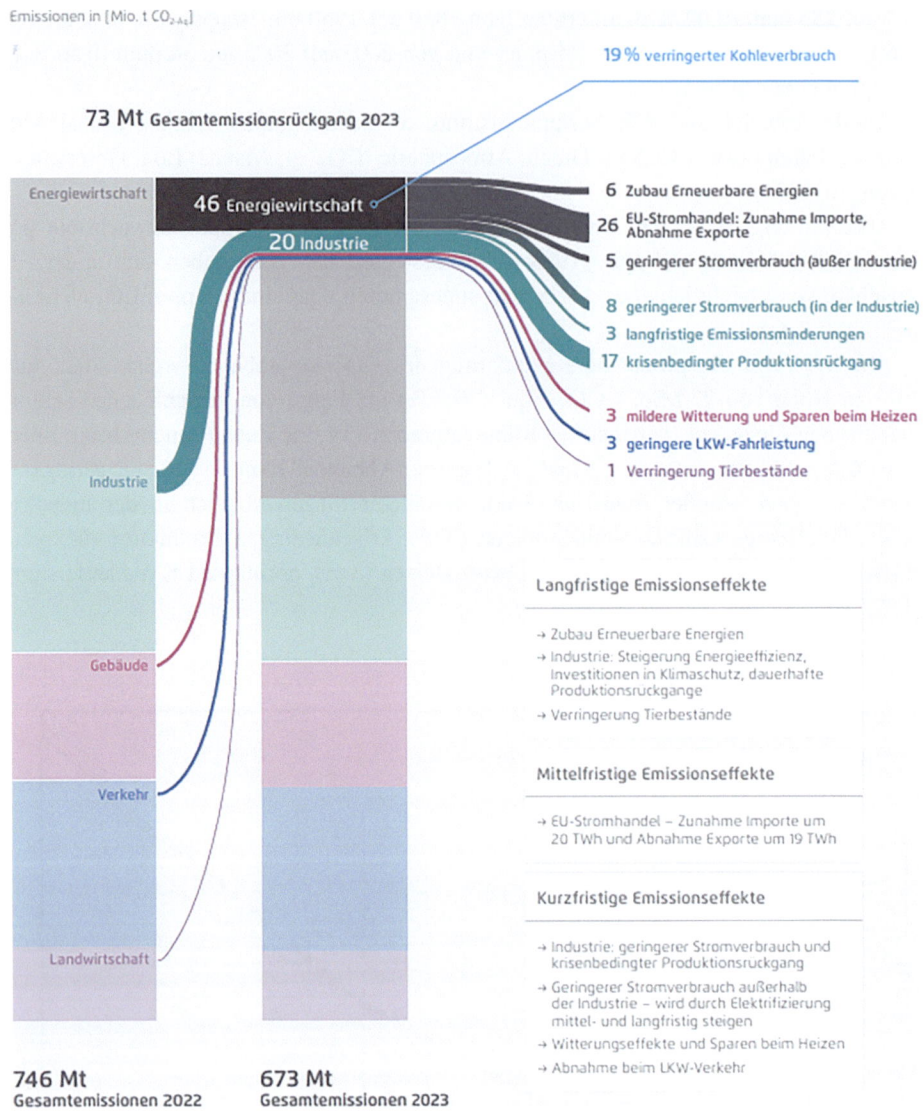

Abb. 4.6 Rückgang der CO$_2$-Emissionen von 2022 bis 2023 (Hartz et al., 2024)

Dies würde ich umformulieren und die Überschriften in den Nominativ setzen: Unterschieden wird zwischen unterschiedlichen Emissionseffekten. Dann die Überschriften: Langfristige Emissionseffekt usw.

Langfristigen Emissionseffekten Zubau erneuerbare Energien; Industrie: Steigerung Energieeffizienz, Investitionen in Klimaschutz, dauerhafte Produktionsrückgänge, Verringerung Tierbestände.

Mittelfristigen Emissionseffekten EU-Stromhandel – Zunahme von Importen um 20 TWh und Abnahme Exporte um 19 TWh.

Kurzfristige Emissionseffekten Industrie: geringerer Stromverbrauch und krisenbedingter Produktionsrückgang; geringerer Stromverbrauch außerhalb der Industrie, wird durch Elektrifizierung mittel und langfristig steigen, Witterungseffekte und Sparen beim Heizen; Abnahme beim LKW-Verkehr.

Die Emissionsbilanz des Jahres 2023 war von einem krisen- beziehungsweise konjunkturbedingten Rückgang der Produktion in der energieintensiven Industrie geprägt. Dieser Einbruch betrug 11 % gegenüber dem Jahr 2022 und ließ als wesentlicher Faktor den Primärenergieverbrauch auf den niedrigsten Stand seit 1990 sinken, während die gesamte Wirtschaftsleistung nach vorläufigen Zahlen um 0,3 % schrumpfte. Neben der schwachen Konjunktur führte die gegenüber 2022 deutlich entspanntere Situation am europäischen Strommarkt und ein Rekordjahr für erneuerbare Energien zu einem Absinken des Einsatzes von Braun- und Steinkohle. 2023 stammten nur 1894 Petajoule (541 TWh) aus diesen Energieträgern, das sind 19 % weniger als 2022 (Schenke, 2023). Somit gehen mindestens 60 % des Emissionsrückgangs gegenüber 2022 auf die gesunkene Kohlenutzung zurück.

Anhaltend hohe Energiepreise trugen ebenfalls zum Rückgang des Energieverbrauchs und damit zu geringeren Emissionen bei. Das Preisniveau lag 2023 im Jahresverlauf noch immer deutlich über den Vorkrisenjahren und führte zu Zurückhaltung beim Verbrauch. Außerdem reduzierte eine milde Witterung den Heizbedarf, was die benötigte Heizenergie und den damit verbundenen CO_2-Ausstoß senkte (Hartz et al., 2024).

4.3 Die Wärmewende braucht erfahrene Manager

Wenden sind Teil unseres Alltags. Ein Beispiel ist die nautische Wende, die bei der Führung von Segelschiffen ein wichtiges Manöver ist. Abb. 4.7 zeigt anschaulich, wie sich eine Yacht auf eine Klippe zubewegt. Das Risiko der Kollision ist greifbar und scheinbar unvermeidlich. Abgeleitet von dem spanischen Wort „Risco, Klippe" wird diese im wahrsten Sinne des Wortes riskante Situation sprachlich greifbar. Befindet sich das Boot auf einem Kurs „am Wind", nähert es sich dem Gefahrenort mit einer hohen Geschwindigkeit. Das lässt der Mannschaft wenig Zeit zum Handeln. Um dem Risiko der Kollision zu entgehen, wird der Rudergänger, wie in der Skizze dargestellt, rechtzeitig eine Wende einleiten. Diesen Vorgang hat die Crew oft geübt. Es wird also keine Überraschungen geben. Nach einer festgelegten Manöverkette wird eine Kursänderung um 180° umgesetzt.

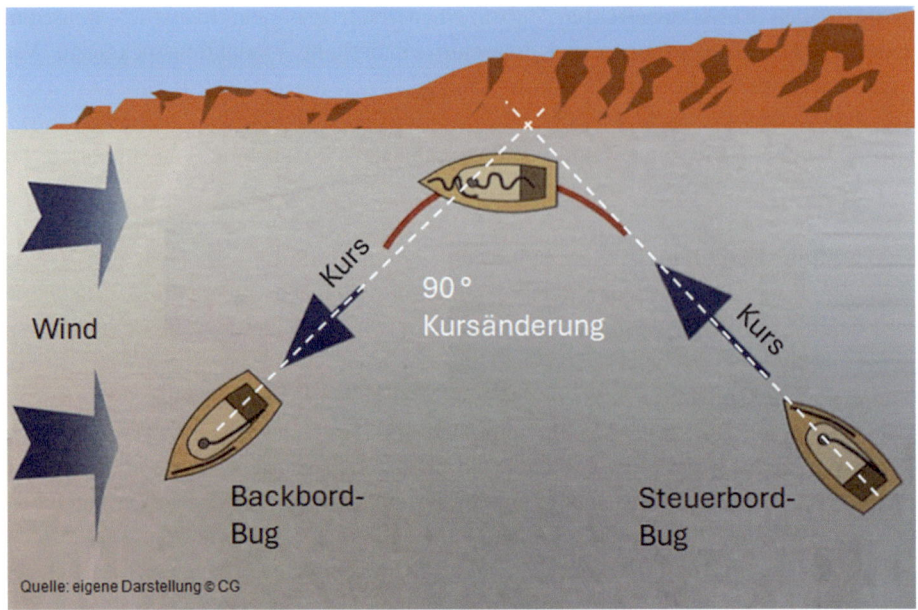

Abb. 4.7 Segelmanöver „Wende"

Diesen Vorgang bezeichnet man seemännisch als Wende. Beim Durchführen des Manövers wird der Skipper dafür sorgen, dass sein Schiff vor dem Befehl „Ree!" möglichst viel Fahrt aufnimmt, damit es während des Manövers verlässlich auf das Ruder reagiert und sicher mit dem Bug durch den Wind geht.

Dieser seemännische Vorgang ist eine gute Analogie zur politischen Wende. Auch hier sind aus evolutionärer Sicht die Geschwindigkeit des Fortschritts und die Triebkraft der begleitenden Geschehnisse eine Grundvoraussetzung für die Wende. Im Sinn des Impulserhaltungssatzes muss die Energie des politischen Systems, das sich auf einen Kollisionspunkt zubewegt, für den Kurswechsel genutzt werden, um irreversible Schäden zu vermeiden.

Ein historisches Beispiel ist die „deutsche Wende". Hier spielten mehrere Faktoren und Entwicklungen eine Rolle, die letztlich am 9. November 1989 zum Mauerfall und damit zur Wiedervereinigung Deutschlands geführt haben. So erzwangen die Reformen des sowjetischen Staatspräsidenten Michail Gorbatschow, die Wirtschaftskrise, die Massenflucht der Menschen in den Westen und die friedlichen Demonstrationen der DDR-Bürger das Ende der DDR-Diktatur.

Ein Name, der in diesem Zusammenhang eine wichtige Rolle gespielt hat, war der Vize-Chef des Bundeskanzleramts Prof. Dr. h.c. Horst Teltschik. Gemeinsam mit

Bundeskanzler Helmut Kohl war er der Manager der deutschen Wiedervereinigung. Als 1989 die deutsche Einheit auf die weltgeschichtliche Tagesordnung rückte, überzeugte Teltschik Helmut Kohl, in die Offensive zu gehen. Kanzler Kohl präsentierte darauf am 28. November 1989 im Bundestag ein Zehn-Punkte-Programm zur schrittweisen Überwindung der Teilung Deutschlands (Werner, 2022).

Dieses Beispiel zeigt, dass politische Wenden die Weitsicht und das Engagement einzelner Führungskräfte, aber letztlich eine vernetzte Handlungskette von vielen Akteuren brauchen.

4.4 Die Wärmeversorgung der Zukunft ist erneuerbar und dezentral

Laut einer Studie von Roland Berger (Henzelmann, 2017) hatten vor sieben Jahren die erneuerbaren Energien den Strommarkt revolutioniert. Dabei hinkte der Wärmesektor allerdings deutlich hinterher. 2015 lag der Anteil fossiler Energieträger am Endenergieverbrauch von Wärme und Kälte in Deutschland bei 87 %, 2022 sind es immer noch 81,3 %. Um die in Paris beschlossenen Klimaziele zu erreichen, hatte die Bundesregierung im November 2016 den nationalen Klimaschutzplan 2050 verabschiedet (Ewers, 2022). Er definierte erstmals konkrete Zwischenziele für die einzelnen Sektoren bis 2030 und führte das Prinzip der Sektorenkopplung ein – die Verknüpfung der Sektoren Strom, Wärme, Industrie und Verkehr.

Neue Wärmelösungen auf Basis innovativer Technologien unterstützen diesen Ansatz und machten den Wärmesektor durchlässiger, sodass heute die Trends aus dem Strommarkt auch hier zunehmend Wirkung zeigen.

Sowohl Wärmeversorger als auch -kunden müssen sich damals wie heute mit der Zukunft des Wärmesystems auseinandersetzen. Dazu gehört, die technologischen sowie strategischen Entwicklungen nicht nur im Wärmesektor, sondern auch in den anderen gekoppelten Sektoren in ihre Entscheidungen einzubeziehen. Versorgern drohen ohne eine umfassende Wärmestrategie 2030 Verluste durch Investitionen in falsche Technologien, möglicherweise brechen auch ganze Märkte weg.

Vier Trends werden die Entwicklung im Wärmesektor besonders vorantreiben. Diese Trends beeinflussen einander nicht nur, sondern verstärken sich sogar:

- Dekarbonisierung
- Digitalisierung und neue Technologien
- Dezentralisierung
- Konvergenz der Sektoren

4.5 Die Wärmewende aus dem Blickwinkel der Aufklärung

Eine erfolgreiche Wärmewende setzt voraus, dass wir aus unseren Fehlern lernen. Aus- und Weiterbildung sind deshalb für den Klimaschutz wichtige Themen. In diesem Kontext vermittelt die Europäische Kommission Lernenden aller Altersgruppen Wissen, Fähigkeiten und Einstellungen, die es ihnen ermöglichen, nachhaltiger zu leben. Letztlich geht es darum, Verbrauchsgewohnheiten zu ändern und zu einer klimafreundlicheren Zukunft beizutragen. Der allgemeinen und beruflichen Bildung kommt hierbei eine Schlüsselrolle zu, weil es darum geht, Menschen dabei zu unterstützen, vom reinen Umweltbewusstsein zu individuellem und kollektivem Handeln überzugehen (Ivanova, 2024). Transformation bedingt Verhaltensänderung und Fortschritt. Eine Epoche, in der diese Begriffe eine besondere Bedeutung hatten, war die Aufklärung, die sich ab 1700 dadurch auszeichnete, dass durch rationales Denken Strukturen überwunden wurden, die damals den Fortschritt behinderten. Dieses Mindset erhöhte die Akzeptanz für neu erlangtes Wissen, das im Zuge der naturwissenschaftlichen Revolution im 16. und 17. Jahrhundert gewonnen worden war. Unser heutiges Bildungsideal ist stark durch die Ideen der Aufklärung geprägt. Aussprüche wie „Quidquid agis, prudenter agas et respice finem – Was auch immer Du tust, handle vorausschauend, und denke an die Folgen (Gesta Romanorum)" bestätigen dies.

Ein wichtiger Repräsentant des europäischen Bildungsbürgertums war Johann Wolfgang von Goethe. Er hat in seinem Drama Faust I eine Parabel geschaffen, die darstellt, wie in unserer globalisierten und beschleunigten Welt die Umwelt ausgebeutet wird, wie Menschen ihr ganzes Glück im Konsum suchen, immer schneller unzufrieden sind und unaufhörlich auf die Zukunft spekulieren. „Dieses Werk … spiegelt die große Transformation, die die Welt des alten Europas vom modernen Industriezeitalter trennt, und gilt daher als das Drama der Moderne (Jäger, 2021)."

Ein Zeitgenosse von Goethe, James Watt, hat zwar die Dampfmaschine nicht erfunden, sie aber effizienter gemacht. Für seine Idee erhielt er am 5. Januar 1769 ein Patent. Dieses Datum markiert den Beginn der Industriellen Revolution (Sarrazin et al., 2023). In diesem Zusammenhang bekommt Goethes Drama Faust einen gesellschaftspolitischen Bezug. Goethe war nicht nur der Dichterfürst, sondern als Minister seit 1777 in Sachsen-Weimar-Eisenach für den Bergbau, insbesondere beim Ilmenauer Kupfer- und Silberbergwerk verantwortlich. Hierbei hat er sich intensiv zur Nutzung von Dampfmaschinen beispielsweise zur Wasserhaltung im Bergbau befasst. Trotz seiner technologischen Offenheit war dabei für Goethe eine wichtige Erkenntnis, dass neben technischem Fortschritt das Zusammenspiel von Ökonomie und Ökologie eine wichtige Rolle spielt. Er betont deshalb in seinen literarischen Werken das Streben nach einem harmonischen Ausgleich der Gegensätze. Dies beschreibt er in einem seiner bekanntesten Gedichte, dem „Osterspaziergang". Das Erwachen der Natur nach dem Winter nutzt er als Metapher für die Transformation der Gesellschaft. Die Veränderung der Natur steht für ihn in Analogie zur Veränderung der geistigen Haltung des aufstrebenden Bürgertums. Er bringt das Miteinander von Mensch

4.5 Die Wärmewende aus dem Blickwinkel der Aufklärung

und Natur in eine einfache Formel: *„Hier bin ich Mensch, hier darf ich's sein* (Goethe Faust I, 1808)."* Goethe macht der Gesellschaft, die sich in einem Transformationsprozess befindet, Mut. Er ermahnt sie aber auch zur Übernahme der Verantwortung für ihr Tun. Damit hat er im 18. Jahrhundert eine Geisteshaltung geprägt, die auch heute noch Bestand hat. Der niederländische Chemiker und Atmosphärenforscher Paul J. Crutzen hat dies so formuliert: „Im Holozän war die Natur allmächtig, während im Anthropozän der Mensch den Einfluss auf die Erde übernommen hat." Deshalb definiert er unser Erdzeitalter als Anthropozän (vgl. Abb 4.4). Crutzen erhielt 1995 den Chemie-Nobelpreis für die Erforschung des Ozonlochs (Renn, 2023).

Abb. 4.8 zeigt den Briksdalsbreen-Gletscher, aufgenommen 2004 und 2023. Auch in Norwegen lässt sich das Schmelzen von Gletschern beobachten. Auf dem Foto reichte die Gletscherzunge des Briksdalsbreen in Westnorwegen 2004 noch bis zum Wasser herab. Dieser Gletscher zeigt den aktuellen Klimawandel deutlich. An Gletschern werden die Folgen der Erderwärmung spürbar und messbar. Die Datenbasis ist verlässlich. Seit mehr als 120 Jahren sammelt der World Glacier Monitoring Service (WGMS, Welt-Gletscher-Überwachungsdienst) Daten über die Veränderung der Gletscher weltweit. Referenzgletscher aus fast 20 verschiedenen Bergregionen der Welt werden beobachtet, um ein globales Bild zu erhalten, was mit den Gletschern im Klimawandel passiert.

Auffällig ist: In den vergangenen 50 Jahren stieg der Eisverlust merklich an – auf etwa 335 Mrd. Tonnen im Jahr. Das Fazit der Forscher: Die Geschwindigkeit der aktuellen globalen Gletscherschmelze ist ohne Beispiel in der Geschichte. Michael Zemp, Direktor des World Glacier Monitoring Service: *„Die Eisdicke der beobachteten Gletscher nimmt derzeit jedes Jahr zwischen einem halben und einem ganzen Meter ab. Das ist zwei- bis dreimal mehr als der entsprechende Durchschnitt im 20. Jahrhundert* (Zemp, 2023)."

Die nachfolgenden Gedanken mit Bezug auf den „Osterspaziergang" zeigen mehrere Aspekte auf, die helfen können, die Transformation der Wärmewende zu bewältigen.

Foto 2004

Foto aus Stock-Video-ID:1466277205
Hochgeladen: February 21, 2023

Abb. 4.8 Abschmelzender Brikdarlsbreen-Gletscher, Norwegen 2004 und 2023 (picture-alliance/dpa)

4.5.1 Transformation braucht Aufklärung und hinterfragt bestehende Konventionen

Der „Osterspaziergang" wird literarisch der Epoche Sturm und Drang zugeordnet. Die Geisteshaltung dieser Epoche (im deutschsprachigen Raum von 1765 bis 1790) – heute würde man von Mindset sprechen – ist durch die Ideale der Aufklärung, das aufstrebende Bürgertum, einen ausgeprägten Vernunftglauben, ein gefühlsbetontes Weltbild und das Verlangen nach mehr individueller Freiheit geprägt. Literaten wie Goethe, Schiller und Herder wandten sich gegen Regeln und Konventionen und vertrauten darauf, ihre eigenen Ideen frei und ungezwungen zu formulieren. Das Leibniz-Informationszentrum Wirtschaft hat diesen Gedanken in der Publikation „Akteure und ihre Beiträge zur großen Transformation in ausgewählten Handlungsfeldern. Stadt- und Raumplanerinnen und -planer als Pioniere nachhaltiger Transformation" aufgegriffen. Das freie und kritische Denken müssen gefördert und vorherrschende Annahmen infrage gestellt werden, um die Akteure auf ihren individuellen Wegen zur nachhaltigen Transformation von Städten und Regionen zu unterstützen (Knieling, 2021).

4.5.2 Transformation braucht Bewegung sowie Mission und Vision

Das Motiv des Osterspaziergangs wurde von den Organisatoren der Ostermärsche aufgegriffen. Als Bestandteil der Friedensbewegung bildeten diese Protestmärsche eine Kombination aus kommunikativem Treffen und einer wertorientierten Aufbruchstimmung. Das christliche Osterfest verbindet diesen Gedanken mit dem Auftrag zur Bewahrung der Schöpfung und der Aufforderung, sich auf den Weg zu machen. Der einfache Satz „Wir beschleunigen den Wandel zur klimaneutralen und effizienten Wärme- und Kälteversorgung." des Energieforschungsprogrammes der Bundesregierung ist eine klare Mission, die strategisch umgesetzt werden soll (Bessau, 2024). Infolge dessen werden konkrete Maßnahmen identifiziert, die umgesetzt werden können. Bei der Wärmewende spielt beispielsweise die energetische Nutzung der biogenen Rest- und Abfallstoffe eine besondere Rolle. Die umweltverträgliche energetische Biomassenutzung wurde deshalb in der Biomassestrategie der Bundesregierung (Özdemir et al., 2022) festgelegt. An diesem Beispiel wird deutlich, dass Technologieförderung eine Mission und Vision braucht.

4.5.3 Transformation braucht Verhaltensänderung

Der positive Gedanke des beginnenden Frühlings und die damit verbundene Erwärmung der Natur *„Vom Eise befreyt sind Strom und Bäche"* ist zugleich ein mahnender Hinweis auf den globalen Temperaturanstieg im sog. Anthropozän, der fatale Folgen für unsere Umwelt hat. Bildlich gesprochen ist die klimatisch befreiende Kraft des Frühlings verbunden mit der düsteren Folge abschmelzender Gletscher. Abb. 4.8 zeigt dies am Beispiel des norwegischen Brikdarlsbreen-Gletschers. Gerade an der Veränderung der Berggletscher werden die Folgen der Erderwärmung spürbar und messbar. Seit mehr als 120 Jahren sammelt der World Glacier Monitoring Service (WGMS, Welt-Gletscher-Überwachungsdienst) Daten über die Veränderung der Gletscher weltweit. Er hat Referenzgletscher aus fast 20 verschiedenen Bergregionen der Welt beobachtet, um ein globales Bild zu erhalten, was mit den Gletschern im Klimawandel passiert. Fazit der Forscher: In den vergangenen 50 Jahren stieg der Eisverlust merklich an – auf etwa 335 Mrd. Tonnen im Jahr. Die Geschwindigkeit der aktuellen globalen Gletscherschmelze ist ohne Beispiel in der Geschichte (Gamperling, 2022). Der Ausspruch „Denn sie sind selber auferstanden" ist ein Appell an den Leser, altgewohnte Muster – z. B. der „fossilen Behaglichkeit" – zu verlassen und „klimaresiliente Quartiere" zu schaffen (Zemp, 2023).

4.6 Der klimaneutrale Weg in die Transformation

In der Fachliteratur wird Transformation als die vertikale Komponente der Evolution bezeichnet, die Veränderung der Anpassungen und die Entstehung neuer Organisationsformen in der Zeit, durch Umwandlung (phyletische Evolution, Anagenese, Transformationsserie). Abgeleitet vom Wort „transformare" (lat. umwandeln) beschreibt sie aus technischer Sicht einen Prozess, bei dem die Änderung eines Energiezustandes A in einen Energiezustand B erfolgt. Die unterschiedlichen Energieniveaus können beispielsweise durch eine Spannungsdifferenz ΔU quantifiziert werden. Die Energieänderung kann mithilfe des ersten Hauptsatzes der Thermodynamik beschrieben werden. Energie kann hierbei in unterschiedlichen Formen (chemisch, elektrisch, mechanisch etc.) zu- oder abgeführt werden, wobei sich der energetische Zustand des Systems (innere Energie) verändert. Die Wirkung eines Transformationsprozesses kann phasenabhängig linear oder singulär sein.

Ein Ziel der Wärmewende ist der Versuch, den Zustand der Anagenese zu erreichen.

Der Begriff Anagenese, abgeleitet von griech. ana – hinauf – und genesis – Entstehung – steht für phylogenetische Entwicklungsvorgänge, also für die stammesgeschichtliche Entwicklung aller Lebewesen und ihrer Verwandtschaftsgruppen. Die systemische Höherentwicklung führt in der Regel zu einer Anpassung von Form und Funktion von Organen und Strukturen und ist meist mit einer zunehmenden Unabhängigkeit von der Umwelt verbunden (Freudig et al., 2024). Eine systemische Höherentwicklung unserer Gesellschaft ist es, unabhängiger von komplexen Umweltbedingungen (Klimawandel, Putins Gas etc.) zu werden.

Der Buchtitel „Dezentrale Wärmeversorgung. Der klimaneutrale Weg in die Transformation" stellt eine Wegbeschreibung in die Transformation in Aussicht. Die Akteure der Wärmewende orientieren sich hierbei an den Erfahrungen aus dem Transformationsprozess der Digitalisierung. Nachfolgend werden einige Erkenntnisse vorgestellt, die den Weg zu einer erfolgreichen Transformation vereinfachen können (Parthier et al., 2020).

4.6.1 Hybrid denken

Es empfiehlt sich, dynamisch, selbstbewusst und optimistisch an die Wärmewende heranzutreten. Hierzu werden erfahrene Projektmanager und Entscheider benötigt, die wahlweise agile und/oder hybride Vorgehensweisen beim Managen komplexer Projekte anwenden.

4.6.2 Nicht alles bis zum Ende durchplanen

Vilfredo Pareto hat das sog. Paretoprinzip (oder die Paretomethode) eine Beziehung zwischen Aufwand und Ergebnis entdeckt. Demnach können wir 80 % der Wirkung in einem Projekt durch 20 % des Gesamtaufwandes erreichen und umgekehrt benötigen wir 80 % des Aufwandes um die restlichen 20 % eines Projektes zu bewerkstelligen (Abb. 4.9).

In der Quintessenz sollten insbesondere komplexe Projekte nicht komplett zu Ende gebracht werden. Die Erkenntnis, dass sich während der Projekte die Randbedingungen verändern, werden mit diesem Ansatz berücksichtigt. Hierdurch können viel Energie, Kosten und Personalaufwand eingespart werden.

4.6.3 Wert von Daten nutzen

Datengetriebene Geschäftsmodelle sind äußerst erfolgreich, wenn es um das Verstehen von komplexen Zusammenhängen geht. Oft werden hierbei große Datenmengen

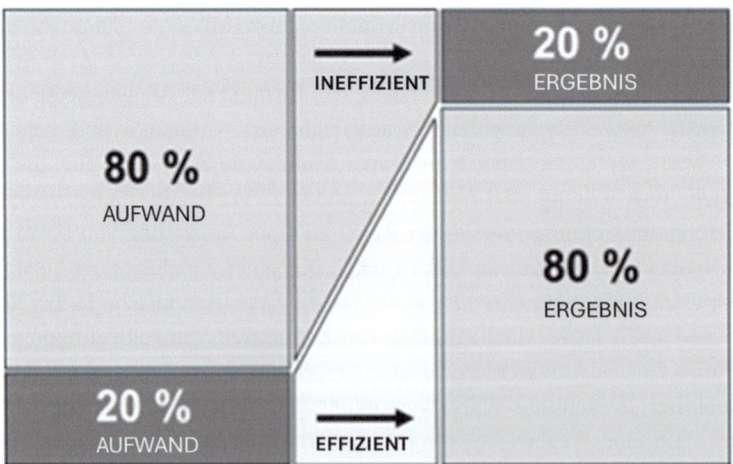

Abb. 4.9 Paretoprinzip (Durst, M. et al., 2020)

(Big Data) verarbeitet. Insbesondere die Erfahrungen aus Industrie-4.0-Projekten, in denen das Internet der Dinge (IoT) eine wichtige Rolle spielt, können genutzt werden, wenn es um die Verarbeitung unformatierter Daten, Big Data oder Data Mining geht. Durch datengetriebene Geschäftsmodelle können Industriebetriebe zu Dienstleistern werden, und Behörden können effizienter den Anforderungen der modernen Gesellschaft gerecht werden. Wichtig ist dabei, nicht nur große Datenmengen zu generieren und darzustellen, sondern auch einen Mehrwert für die Wärmewende herauszuarbeiten.

4.6.4 Homo ludens – spielend erfolgreich werden

In der komplexen Welt der sich verändernden Energieversorgung bekommt der Begriff Banalität eine neue Bedeutung. Mit dem Akronym **BANI** werden brüchige (Brittle), von Angst geprägte (Anxious), nicht lineare (Non-Linear) und unverständliche (Incomprehensible) Systemzustände beschrieben. Methodisch setzen erfahrene Projektmanager auf spielerische und weniger rationale Ansätze (HWZ 2024). Besonders bei der Entwicklung neuer Geschäftsmodelle, die Change-Prozesse in Gang setzen, gehen sie nicht direkt ziel- oder maßnahmenorientiert vor. Stattdessen stellen sie am Projektanfang Mission und Vision in den Vordergrund. Hintergrund dieser Methodik ist die Erkenntnis, dass der Projekterfolg maßgeblich vom positiven Mindset der Akteure abhängt. Bei Projekten im Zusammenhang der Wärmewende sollte deshalb neben dem gesellschaftlichen Benefit auch der Mehrwert für die beteiligten Unternehmen und Institutionen im Vordergrund stehen. Das kann erreicht, werden, indem komplexe Projekte erst einmal vereinfacht dargestellt und spielerisch angegangen werden.

Der Ansatz der Wertschätzung des Homo ludens ist nicht neu. Friedrich Schiller verfasste 1795 für den schleswig-holsteinischen Herzog Friedrich Christian II. eine philosophische Abhandlung mit dem Titel „Über die ästhetische Erziehung des Menschen". Die Abhandlung enthält den berühmten Satz *„Der Mensch spielt nur, wo er in voller Bedeutung des Wortes Mensch ist, und er ist nur da ganz Mensch, wo er spielt* (Drescher, 2020)."

4.6.5 Bottom up

Das klassische Projektmanagement geht Top down vor und versucht ständig, den Überblick zu behalten. In der Praxis setzt sich dann aber oft ein sich abwechselndes Top down und Bottom up durch.

Der Bottom-up-Ansatz hat das Ziel, die Aufmerksamkeit auch auf Dinge zu richten, die eigentlich nichts mit dem originären Geschäft zu tun haben. Das sind genau solche Dinge, die zwar technisch, interessant, modern und vielleicht sogar „cool" sind, aber ansonsten für das Unternehmen nicht relevant sind. Erst durch kritisches, aber auch ideenoffenes Nachfragen ergibt sich die Möglichkeit, die Wirksamkeit einer Maßnahme hinsichtlich ihrer Relevanz für das Geschäftsmodell zu hinterfragen oder sogar das Geschäftsmodell als Konsequenz der bisher erbrachten Leistungen zu verändern.

1. **Flexibilität!**
Gesellschaftlich, aber auch technologisch stehen Führungskräfte heute vor der Herausforderung sich rasant verändernder Rahmenbedingungen. Deshalb ist es für sie entscheidend, ihren Führungsstil flexibel an die jeweilige Situation und die Bedürfnisse ihrer Teams anzupassen (Kohlmayr, 2024).
2. **Abläufe planen und dokumentieren!**
Gute Mitarbeiter zu finden, ist in diesem Zusammenhang eine Herausforderung. Um das Anforderungsprofil für neue Stellen auf ein realistisches Maß zu begrenzen, sollten Aufgaben, Abläufe und Schnittstellen gut dokumentiert sein. Der mit der Wärmewende verbundene gesellschaftliche Wandel stellt insbesondere Unternehmen und Behörden vor große Herausforderungen. Das damit verbundene Change-Management stellt vor allem für unstrukturierte und inflexible Organisationen ein erhebliches Risiko dar. Deshalb muss zu jedem Zeitpunkt des Wandels sichergestellt sein, dass das Kerngeschäft oder die Kerndienstleistung im Takt bleiben.
3. **Vernetzung von Menschen und Dingen!**
Bei der Wärmewende spielt die Vernetzung nicht nur von Wärmeproduktion und -verbrauch, sondern auch von Menschen eine wichtige Rolle. Unternehmen, Behörden und Organisationen sollten sich deshalb intensiv vernetzen. Das gilt innerhalb ihrer Organisationen und auch miteinander.
In diesem Zusammenhang wird der Begriff des ECO System verwendet. Abgeleitet vom „Ecological System" stammt er aus der Ökologie. In einem wirtschaftlichen Zusammenhang wurde er erstmals von James F. Moore in einem Artikel des Harvard Business Review eingeführt (Moore, 1993). ECO-Systeme sind vernetzt und erbringen dadurch mehr Leistungen als die Summe der Einzelleistungen. Darüber hinaus verbinden sie Ökonomie und Ökologie und können somit für beide Seiten einen erheblichen Vorteil bieten.
4. **Beteiligte frühzeitig mit einbeziehen!**
Im Mittelpunkt von Transformationsprozessen sollten neben den beteiligten Akteuren die Betroffenen im Vordergrund stehen. Positiv eingestellte Betroffene können zu Treibern werden und auch zu wertvollen Akteuren in Veränderungsprozessen. Insgesamt ist eine frühzeitige Einbindung der Betroffenen dann notwendig, wenn neue technologische Lösungen umgesetzt werden sollen. Hier spielt die Akzeptanz der Betroffenen eine wichtige Rolle. Deshalb ist es essenziell, Betroffene zu Beteiligten zu machen. Sie müssen im Sinne einer Win-win-Strategie an den Vorteilen der Veränderungen partizipieren. Darüber hinaus bieten die Netzwerke der Beteiligten ein enormes Potenzial für den erfolgreichen Einsatz von strategischer Kommunikation.
5. **We are not alone!**
Wir müssen nicht alles allein stemmen. Zum einen zwingt uns der Fachkräftemangel zu Kooperation, und zum anderen sind die Änderungen und Neuerungen im

4.6 Der klimaneutrale Weg in die Transformation

Wärmesektor kaum zu überblicken. Die Transformation der Wärmewende ist geprägt durch Automatisierung, IoT, Vernetzung, KI-Anwendungen, vor allem aber durch die Umsetzung neuer innovativer Technologien. Hier ist die Nutzung des Know-hows von Planungsbüros, aber auch von Wissenschaft und Forschung unerlässlich.

Die Bundesregierung stärkt z. B. gesellschaftspolitisch ihre Transformationsprozesse durch eine „Allianz für Transformation". Diese Initiative engagiert sich gemeinsam mit Partnern aus Wirtschaft und Gesellschaft dafür, Deutschland klimaneutral, digitaler und widerstandsfähiger (resilienter) zu machen (Abb. 4.10).

Auf den ersten Blick ist es vielleicht überraschend, dass die Bildmarke der Allianz für Transformation ein Möbiusband ist. Diese komplexe geometrische Figur besitzt nur eine Kante und eine Seite und ist deshalb nicht orientierbar. Genau genommen kann man bei ihr nicht zwischen unten und oben oder zwischen innen und außen unterscheiden. Das Möbiusband wurde mathematisch 1858 unabhängig voneinander von dem Göttinger Mathematiker und Physiker Johann Benedict Listing und dem Leipziger Mathematiker und Astronomen August Ferdinand Möbius beschrieben (O'Connor et al., 2020). Die funktionale Beschreibung und damit Steuerbarkeit von komplexen Vorgängen ist eine wichtige Voraussetzung für die Umsetzung von Transformationsprozessen. Deshalb steht das Möbiusband sinnbildlich für innovative nicht lineare Umsetzungsstrategien.

Die Komplexität der Entscheidungsfindung in Transformationsprozessen lässt sich mit einem weiteren Bild veranschaulichen. Beim Gedankenexperiment „Schrödingers Katze" wird deutlich, dass es eine Unstetigkeit des Entscheidungsraums gibt. Einfach ausgedrückt, kann bei komplexen Projekten nicht eindeutig abgeschätzt werden, welche Folge die Umsetzung bestimmter Maßnahmen hat. Bei Schrödingers Experiment geht es darum, festzustellen, ob eine Katze in einer Kiste lebt oder nicht. Der gewünschte Erkenntnisgewinn über den angestrebten Zustand (lebendige Katze) kann nur in den unbekannten Bedingungen des Entscheidungsraumes stattfinden, die durch den Fragestellenden beeinflusst werden (Marinell, 2018).

„Schrödingers Katze" – ein Gedankenexperiment
Im Jahr 1935 veröffentlichte der Physiker Erwin Schrödinger mit „Schrödingers Katze" ein Gedankenexperiment, das die direkte Übertragung quantenmechanischer Begriffe auf die makroskopische Welt problematisiert: Eine Katze befindet sich in einer Kiste, gemeinsam mit einer geringen Menge radioaktiver Substanz. Diese ist so gewählt, dass es innerhalb einer Stunde gleich wahrscheinlich ist, ob eines der radioaktiven Atome zerfällt oder kein Zerfall stattfindet. Darüber hinaus befinden sich in der Kiste ein Detektor, ein Hammer und ein Gefäß mit einer giftigen

Abb. 4.10 Allianz für Transformation (Schiemann, 2023a, b, c)

Substanz. Sobald ein Atom nun seinen Zustand ändert, wird der Zerfall durch den Detektor registriert. Dadurch wird der Hammer bewegt, der daraufhin das Gefäß mit der giftigen Substanz zerstört. Die Katze stirbt. Das Paradoxon dieses Experiments besteht darin, dass die Katze als makroskopisches System mit den Regeln der Quantenmechanik in einen Überlagerungszustand aus „lebendig" und „tot" gebracht wird, aber erst durch die Beobachtung einer der Zustände festgelegt wird. Dieses widerspricht unserer Anschauung und Alltagserfahrung (Koschinsky, 2005a, b).

Kurz gesagt basieren Entscheidungsmodelle auf der stochastischen Bewertung der möglichen Folgen von Entscheidungen. Hierbei werden Umweltzustände, Aktionen und Konsequenzen bewertet. Die bewertenden Parameter bilden mathematisch betrachtet die Menge der möglichen Systemzustände. Insbesondere bei komplexen Systemen werden auch unbekannten Parameter determiniert. Der amerikanische Statistiker Leonard J. Savage hat in einer Publikation 1954 den Zusammenhang zwischen formalem Denken und Entscheidungen skeptisch wie folgt kommentiert.

„Entscheidungen, die angesichts von Ungewissheit getroffen werden, durchdringen das Leben eines jeden Menschen und jeder Organisation. Sogar von Tieren könnte man sagen, dass sie ständig solche Entscheidungen treffen, und die psychologischen Mechanismen, mit denen Menschen Entscheidungen treffen, mögen viel mit denen gemeinsam haben, mit denen Tiere dies tun. Aber das formale Denken spielt vermutlich keine Rolle bei den Entscheidungen von Tieren, wenig bei denen von Kindern und weniger als man es sich wünschen würde bei denen von Menschen (Savage, 1954)."

Eine Kernempfehlung des Handbuchs „Ungewissheit – gekonnt vermitteln" des Think Tank Climate Outreach gemeinsam mit der Universität Bristol empfiehlt deshalb in Sachen Klimawandel, besser von Risiken anstatt von Ungewissheit zu sprechen (Corner et al., 2015).

Das KfW-Klimabarometer, das in diesem Jahr zum zweiten Mal erscheint, gibt Einblicke in die Einstellungen und Aktivitäten deutscher Unternehmen rund um die Themen Klimaschutz und Energiewende. Es ist eine repräsentative Datenbasis zum Investitionsverhalten des gesamten Unternehmenssektors in Deutschland auf dem Weg zur Klimaneutralität. Die wichtigsten Ergebnisse des KfW-Klimabarometers 2023 im Überblick (Hanow, 2024):

1. **Fortschritte bei der strategischen Verankerung**
Fast zwei Drittel aller Unternehmen in Deutschland haben Klimaschutz aktuell zumindest teilweise in ihrer Unternehmensstrategie verankert. Das sind 10 Prozentpunkte mehr als im Vorjahr. Mittelständische Unternehmen konnten dabei etwas Boden gut machen gegenüber den Großunternehmen, die bereits im letzten Jahr ein deutlich höheres Aktivitätsniveau in diesem Bereich vorweisen konnten. Es besteht allerdings noch Luft nach oben bei der Operationalisierung der Klimaschutzstrategien in konkreten Plänen der Unternehmen zur Treibhausgasminderung. Rund 70 % der Unternehmen haben bislang keine konkreten Pläne entwickelt, dies betrifft vor allem kleine und mittlere Unternehmen.

2. **Bislang nur wenige Unternehmen mit eigenem Klimaneutralitätsziel**
Eine deutliche Mehrheit von rund 60 % der Unternehmen steht zumindest teilweise hinter dem Ziel der Klimaneutralität Deutschlands. Ein eigenes Klimaneutralitätsziel haben zwar nur wenige Unternehmen – aber auch deren Anteil ist im Jahresvergleich von 10 auf 15 % deutlich gewachsen. Vorreiter sind größere Unternehmen, im Branchenüberblick ist es das verarbeitende Gewerbe.

3. **Deutlicher Anstieg der Klimaschutzinvestitionen**
Trotz der wirtschaftlichen Unsicherheiten infolge der Energiekrise stiegen im Jahr 2022 die Investitionen deutscher Unternehmen in den inländischen Klimaschutz deutlich um 31 % (nominal) auf insgesamt 72 Mrd. € an. Dieser Investitionsaufwuchs bleibt auch unter Berücksichtigung der Inflation bestehen:
Preisbereinigt steht ein Zuwachs von 18 % zu Buche. Damit wurde im Jahr 2022 etwa jeder siebte Euro (15 %) der Investitionen des Unternehmenssektors für Klimaschutzinvestitionen aufgewendet. Ein wichtiger Faktor für diese Entwicklung dürften die stark gestiegenen Energiepreise für fossile Energieträger sein, die Investitionen in die Energieeffizienz und die Nutzung erneuerbarer Energien attraktiver gemacht haben. Aber auch Vorzieheffekte aufgrund der sich abzeichnenden Fremdkapitalverteuerung und steigender Investitionsgüterpreise dürften vor allem in der ersten Jahreshälfte 2022 der Investitionstätigkeit einen Schub verliehen haben. Die getätigten Investitionen teilen sich je zur Hälfte auf den Mittelstand und Großunternehmen auf. Am häufigsten investierten Unternehmen in klimafreundliche Mobilität, gefolgt von Investitionen in den Ausbau erneuerbarer Energien und in energieeffiziente Bestandsgebäude (Hanow, 2022).

4. **Klimaneutralität erfordert weiterhin deutliche Mehrinvestitionen**
Die Entwicklung bei den Klimaschutzinvestitionen im vergangenen Jahr zeigt: Klimaschutz steht bei vielen Unternehmen bereits auf der Agenda. Mit Blick auf den geschätzten Investitionsbedarf des privaten Unternehmenssektors zur Erreichung der Klimaneutralität in Deutschland bis Mitte des Jahrhunderts von durchschnittlich rund 120 Mrd. € pro Jahr ist die Investitionslücke im vergangenen Jahr zwar substanziell gesunken, es bedarf jedoch nochmals einer deutlichen Steigerung der Investitionen (Hanow, 2024).

5. **Finanzierung von Klimaschutzinvestitionen überwiegend aus eigener Kraft**
Die Finanzierung des Großteils der von den Unternehmen getätigten Klimaschutzinvestitionen wird durch Eigenmittel gestemmt (zwischen 42 % des Volumens bei Kleinstunternehmen und 91 % bei Großunternehmen). Im Vergleich zu Großunternehmen binden mittelständische Unternehmen häufiger Bankkredite und Fördermittel zur Finanzierung ihrer Projekte ein. Insbesondere die Kreditfinanzierung im Mittelstand hat im Vorjahresvergleich an Bedeutung gewonnen (Hanow, 2024).

6. **Unsicherheit über Wirtschaftlichkeit und finanzielle Aspekte die größten Investitionshürden**
Die drängendsten Investitionshemmnisse sind die Unsicherheit über die Wirtschaftlichkeit der Klimaschutzinvestitionen und fehlende finanzielle Ressourcen. Letztere

haben im Jahresvergleich sogar noch einen Bedeutungszuwachs erfahren. Ein verlässliches und ansteigendes CO_2-Preissignal und die Bereitstellung eines ausreichenden Finanzierungs- und Förderrahmens sind daher wichtige Stellschrauben zur Ermöglichung der notwendigen Investitionen. Lieferschwierigkeiten bei Klimaschutztechnologien, Fachkräftemangel sowie Informationsdefizite – insbesondere bei den mittelständischen Unternehmen – sind ebenso zu adressieren.

7. **Energiekrise erhöht Dringlichkeit der grünen Transformation**
Die deutsche Wirtschaft bewegt sich aktuell in einem schwierigen konjunkturellen Umfeld, im Wesentlichen getrieben durch die Nachwirkungen der Energiepreiskrise, den durch die Inflation ausgelösten Kosten- und Preisdruck, gestiegene Finanzierungskosten infolge der geldpolitischen Straffung sowie einer schwachen weltwirtschaftlichen Entwicklung. Dabei markiert der russische Angriffskrieg auf die Ukraine – im Zuge dessen russische Pipelinegaslieferungen nach Deutschland erst deutlich reduziert und seit September 2022 vollständig eingestellt wurden – eine Zäsur für die deutsche Energieversorgung. Denn vor Beginn des Kriegs in der Ukraine stammten noch mehr als die Hälfte des in Deutschland verbrauchten Erdgases aus Russland. Innerhalb weniger Monate musste die deutsche Gasversorgung auf ein neues Fundament gestellt werden. Deutschland ist bisher glimpflich durch die Energiekrise gekommen. Dank der Diversifizierung der Gasbezugsquellen, beträchtlicher Erdgaseinsparungen von Unternehmen und Haushalten sowie der milden Witterung konnte eine Gasmangellage im letzten Winter verhindert werden. Der derzeit laufende Aufbau einer Importinfrastruktur zur Anlandung von Flüssiggas an deutschen Häfen soll die deutsche Gasversorgung langfristig sichern. Mit Blick auf den nächsten Winter ist allerdings weiterhin Achtsamkeit angesagt. Sabotageakte oder Schäden an der europäischen Gasinfrastruktur, unvorhergesehene Kältewellen oder ein Stopp aller russischen Gaslieferungen nach Europa könnten die Versorgungslage nochmals schwieriger gestalten. Deswegen bleibt auch ein sparsamer Gasverbrauch wichtig. Drohende Engpässe bei der Gasversorgung haben 2023 die Preise auf den Erdgas- und Strommärkten in die Höhe schießen lassen. Im Jahr 2024 sind die Gas- und Strompreise gegenüber den Spitzenwerten von 2022 wieder deutlich gesunken, liegen aber immer noch über dem Niveau vor Beginn der Energiepreiskrise im 2. Halbjahr 2021. Vor allem für energieintensive Unternehmen stellt dies eine hohe Belastung dar und schwächt deren internationale Wettbewerbsfähigkeit. Risiken durch einseitig hohe Abhängigkeiten beim Import von fossilen Energieträgern sowie der veränderte Preispfad von Erdgas haben die Dringlichkeit der grünen Transformation erhöht. Als Reaktion auf die Energiekrise haben sowohl Deutschland als auch die EU diverse Maßnahmen zur Beschleunigung der Energiewende eingeleitet, z. B. den REPowerEU-Plan. Der massive Ausbau von erneuerbaren Energien sowie das konsequente Vorantreiben der Energieeffizienz gelten nunmehr auch als zentrale Strategien für mehr Energiesicherheit in Europa und die Bezahlbarkeit von Energie – womit gleichzeitig der Pfad hin zur Klimaneutralität geebnet werden soll.

4.7 Revolution als Voraussetzung für Transformation?

In einer Publikation des Verbandes kommunaler Unternehmen e. V. (Wittig, 2022) über die „Transformation der Netzinfrastruktur in Zeiten der Wärmewende" wird hervorgehoben, dass die harten Auswirkungen der aktuellen Krise sowie die Herausforderung der Dekarbonisierung großen Einfluss auf das Handeln von Kommunen und Stadtwerken haben. Insbesondere der Umbau der Wärmeversorgung auf klimaneutrale Lösungen stellt vielschichtige Herausforderungen dar. Ziel sei es, die angestammte Daseinsvorsorge und die zukunftsorientierte Dekarbonisierung zu vereinen. Wittig beschreibt anschaulich die gesellschaftspolitische Dimension der Wärmewende, die Teil eines groß angelegten Umbruchs in Europa ist, verbunden mit Ängsten und Widerstand. Historisch gesehen ist diese Situation nicht neu. In den Jahren 1848 und 1846 litt die Bevölkerung Europas unter umweltbedingten Ernteausfällen, verbunden mit einem Produktionseinbruch in der Landwirtschaft und einer extremen Verteuerung der Grundnahrungsmittel. Das war die gesellschaftspolitische Antriebskraft für die Revolution 1848/1849. Die beginnende Industrialisierung stärkte zwar den Arbeitsmarkt, erzeugte aber gleichzeitig in Folge prekäre Lebensverhältnisse bei den Arbeitern. In diesem Kontext haben Karl Marx und Friedrich Engels 1848 das Kommunistische Manifest geschrieben (Pfister, 2023). Die Revolution von 1848/49 wird heute als Meilenstein der deutschen Demokratie und des deutschen Nationalstaats gesehen. Sie ist Bezugspunkt für die Verfassungen der Weimarer Republik und der Bundesrepublik. Der renommierte Cambridge-Historiker Christopher Clark hat in seinem Buch „Frühling der Revolution. Europa 1848/49 und der Kampf für eine neue Welt" die These aufgestellt, dass entgegen der weit verbreiteten Vorstellung einer gescheiterten Revolution viele der emanzipatorischen Ideen von 1848 heute in Europa weiterleben. Er begreift die Revolution als ein „mystisches Ideal", das schöpferische Momente beinhaltet, allerdings mit Sollbruchstellen. Obwohl Clark nicht auf den französischen Historiker Marc Bloch Bezug nimmt (Bloch, 1946), scheint er dessen Einsicht zu teilen, dass das Missverstehen der Gegenwart schicksalhaft aus der Unkenntnis der Vergangenheit hervorgeht (Klünemann, 2023). Im politischen Umfeld bezeichnet eine Revolution eine schnelle, radikale (i. d. R. gewaltsame) Veränderung der gegebenen (politischen, sozialen, ökonomischen) Bedingungen. Politische Revolutionen zielen i. d. R. auf die Beseitigung der bisherigen politischen Führer und die Schaffung grundsätzlich neuer Institutionen, verbunden mit einem Führungs- und Machtwechsel (Beselt, 2024a, b, c). Im industriellen Umfeld bekommt der Begriff Revolution eine neue Bedeutung. Die erste industrielle Revolution bezeichnet einen rapiden und sozial spannungsreichen Übergang von der Agrar- zur Industriegesellschaft. Dieser Prozess ging Ende des 18. Jh. von Großbritannien aus und wurde ermöglicht durch zahlreiche technische Erfindungen wie die Dampfmaschine sowie Verfahren zur Eisen- und Stahlgewinnung. Sie wurde vorangetrieben durch den rasch zunehmenden Export industriell gefertigter Güter. Bevor diese Entwicklung allerdings eine allgemeine Anhebung des Lebensstandards bewirkte, vergrößerte sich zunächst die Kluft zwischen einer besitzlosen Arbeiterschaft und den über Produktionsmittel und -kapital verfügenden Fabrikanten (Kapitalisten). Die unkontrollierte Ausbeutung der Arbeitskraft (Kinderarbeit, fehlende Absicherung bei Unfällen, überlange Arbeitszeiten etc.) sowie die soziale Verelendung (Entwurzelung, Krankheit, Not) führten schließlich zu politisch erfolgreichen Gegenbewegungen (Gewerkschaften, Arbeiterparteien), die bei allen Veränderungen bis heute prägenden Einfluss auf das politische Leben haben (Beselt, 2024a, b, c). Heute ist die europäische Gesellschaft gleichzeitig mit zwei fundamentalen Veränderungen konfrontiert, die jeweils für sich disruptive Wirkung entfalten: die Umstellung des Wirtschaftens und Arbeitens auf Klimaneutralität und Nachhaltigkeit sowie die Digitalisierung, die alle Bereiche von Wirtschaft und Gesellschaft tiefgreifend verändert. Der damit einhergehende Innovationsdruck ist Herausforderung und Chance zugleich. Auch die Wärmewende beinhaltet ein enormes Innovationspotenzial, das Technologien hervorbringen kann, die die europäische Wettbewerbsfähigkeit im Weltmarkt stärken (Caelers, 2024). Zusammenfassend kann man sagen, dass die großen Transformationen unserer Zeit selten evolutionär verlaufen sind. Der Quantensprung von Zukunftstechnologien, aber auch der gesellschaftliche Umbruch verlaufen nicht linear. Der Siegeszug der Dampfmaschine zum Beispiel hat gezeigt, dass regionale und sektorübergreifende Aktivitäten in Summe wirken. Bei der Wärmewende geht es gleichermaßen um gesellschaftliche, politische, ökologische und technologische Herausforderungen. Die Umwandlung einer auf fossilen Rohstoffen aufgebauten Gesellschaft (Hentsch, 2020) in eine resiliente Gesellschaft bedingt Einschränkung und Wachstum zugleich (Gatterer, 2023). Ein Beispiel ist das Thema Urban Gardening. Als urbane Aktivität zur Steigerung der Lebensqualität wird es an Bedeutung gewinnen (Appel, 2024). Dies bedeutet aber keinen Rückfall in eine Agrargesellschaft, sondern verbindet vielmehr die Herausforderungen wachsender Städte mit dem Klimabewusstsein der dort lebenden Menschen.

In gewisser Weise hat Dänemark gezeigt, wie der Weg einer Energierevolution aussehen kann. Hier stellt sich allerdings die Frage der Vergleichbarkeit bei 5.903.000 Einwohnern in Dänemark gegenüber 83.798.000 in Deutschland. Außerdem liegt die Einwohnerdichte in Dänemark bei 137,5 EW/km^2 gegenüber 234,3 EW/km^2 in Deutschland.

Seit Beginn der Ölkrise 1970 hat Dänemark erfolgreich versucht, unabhängiger von fossilen Brennstoffen zu werden. Bis heute besteht darüber ein großer Konsens in Politik und Gesellschaft, was zu einer großen Stabilität und Planbarkeit für Bürger und Wirtschaft geführt hat.

Abb. 4.11 zeigt, dass in Dänemark 2035 der gesamte Strom- und Wärmebedarf aus erneuerbaren Energien gedeckt werden soll. 2050 soll in allen Sektoren einschließlich Verkehr die gesamte benötigte Energie ausschließlich aus erneuerbaren Quellen gewonnen werden. Kraftwerke und Wärmenetze werden von kommunalen und meist genossenschaftlich organisierten Unternehmen betrieben, die alle erwirtschafteten Gewinne in den Ausbau und die Sanierung ihrer Anlagen reinvestieren müssen.

Revolutionär klingt, dass es ein Verbot zur Erwirtschaftung von Gewinnen in dänischen Wärmenetzen gibt. Es wirkt sich vermutlich vorteilhaft für die dänischen Bürger aus, dass sie durch die Umlagen finanzierte Bezahlung des Anschlusses an das

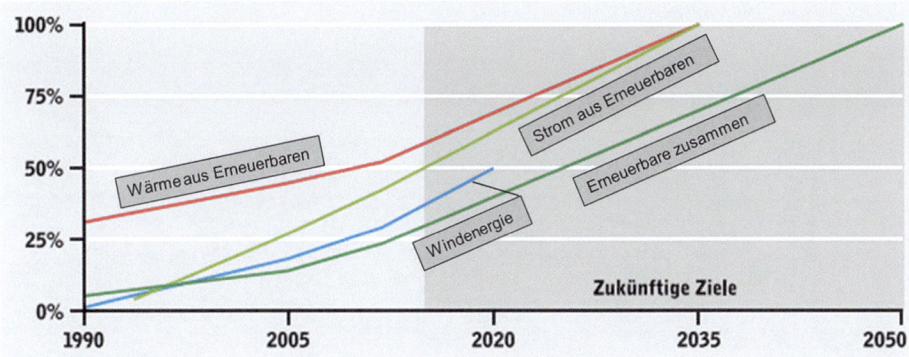

Abb. 4.11 Ausbauziele für erneuerbare Energien in Dänemark bis 2050 (Hertle et al., 2024)

Fernwärmenetz häufig Miteigentümer des dänischen Netzes und der Kraftwerke geworden sind. Diese Einbindung führt zu einer hohen Akzeptanz und Beteiligung an den dänischen Klimazielen und dem Umbau der Energieversorgung (Hertle et al., 2024).

4.8 Historische Grundlage der Wärmewende

Der Einstieg in die technischen Grundlagen der Wärmewende ist eng mit der Geschichte der industriellen Revolution verbunden. Hier spielt das Ruhrgebiet, das als charakteristische europäische Industrieregion in den letzten 260 Jahren durch die Entwicklung von Eisenbahn, Bergbau und Stahlindustrie geprägt wurde, eine wichtige Rolle. Die St.-Antony-Eisenhütte gilt als die Wiege der Ruhrindustrie. Sie entstand 1758 in Klosterhardt bei Oberhausen. Ihre Geschichte zeigt, dass der Fortschritt der Industrialisierung durch das Engagement von erfindungsreichen Unternehmern geprägt ist. Das gilt auch für Jacob Mayer, der gemeinsam mit dem Kaufmann Eduard Kühne als Teilhaber 1842 in Bochum eine Gussstahlschmelze gründete, die als Gussstahlfabrik Mayer & Kühne firmierte. Die ersten Produkte der Hütte waren Halbzeuge in Form von Stahlbarren, die in den Sauerländer und Siegerländer Schmieden zu Werkzeugen, Scheren und Degen weiterverarbeitet wurden. Abb. 4.12 zeigt die Gussstahlfabrik Mayer und Kühne an der Essener Chaussee (heute Alleestraße) in Bochum im Jahr 1845. Der hohe Wärmebedarf lässt sich anhand der vielen qualmenden Schornsteine erahnen.

Brüggemeier hat in seinem Buch „Grubengold. Das Zeitalter der Kohle von 1750 bis heute" über Entstehung und Niedergang des Bergbaus im Ruhrgebiet geschrieben. Im Vordergrund der Entwicklung stand die Dampfmaschine. Sie löste die Windmühlen und die mit Wasser betriebenen Förderräder ab, weil Sie als Antriebsmaschine standortunabhängiger und leistungsfähiger war. Die Dampfmaschine nutzt Wärme und wandelt sie in Bewegung um. Das konnten zuvor nur Tiere und Menschen, die mit ihrer

Abb. 4.12 „Gussstahlfabrik Mayer & Kühne in Bochum 1845" (Stadtarchiv Bochum)

Muskelkraft bislang wichtige Antriebsquellen waren und dazu Nahrung in Energie umwandelten (Brüggemeier, 2024). Ein zusätzlich wichtiger Aspekt war, dass Dampfmaschinen rund um die Uhr betrieben werden konnten.

Kohle als Brennstoff schien eine unerschöpfliche Energiequelle zu sein. Infolgedessen fanden Dampfmaschinen nicht nur im Bergbau, sondern bei Schiffsantrieben, Eisenbahnen, Mühlen, Hammerwerken, Webstühlen, Gebläsen, Pumpen und Kranen Anwendung. Ende des 19. Jahrhunderts bot die Einführung der Elektrizität weitere Einsatzmöglichkeiten. Hierfür und zudem für das Schmelzen von Eisen und Stahl wurden riesige Mengen an Kohle gebraucht. Zudem setzte sich Kohle auch in Haushalten als Brennstoff durch (Friedel et al., 2021). Im 19. Jahrhundert waren rauchende Schlote das Wahrzeichen der energieintensiven Industrie und der wachsenden Städte. Noch heute hat jeder von uns die weißen Wolken vor Augen, die die Position von Dampfkraftwerken kennzeichnen. Auch wenn das nur warme Luft mit einem hohen Wasserdampfanteil ist, bedeutet dies ein erhebliches Potenzial an nicht genutzter Wärme.

Nicht genutzte Wärme hat zwei negative Aspekte. Erstens: der CO_2-Ausstoß, wenn sie mit fossilen Energieträgern durch Verbrennung erzeugt wurde, und zweitens: die Erwärmung der Atmosphäre. Deshalb ist eine Wärmewende notwendig, bei der in Folge schrittweise immer weniger – bis hin zu gar keine fossile Rohstoffe mehr eingesetzt werden. Die Praxis, dass wir seit Jahrzehnten hauptsächlich Erdöl und Erdgas verbrennen, um unsere Gebäude warm zu halten, muss sich deshalb ändern. Die negative Auswirkung der Kohlendioxidemissionen soll drastisch reduziert werden. Eines der Hauptziele der sog. Wärmewende ist die Nutzung von sauberen und erneuerbaren Energiequellen wie Wind, Sonne, Erdwärme und Biomasse (Manthey, 2024). Die

Wärmewende hat deshalb gleichermaßen eine ökologische wie auch eine ökonomische Dimension. Nachfolgend wird die technische Dimension physikalisch und technologisch erläutert.

4.9 Grenzen des Wachstums

Rohstoffbedarf und Rohstoffmangel sind physikalisch betrachtet zwei Werte, die seit Menschengedenken gesellschaftliches und wirtschaftliches Leben und Handeln prägen. Vielleicht deshalb entsteht bei Entwicklungsprozessen der Zivilisation ein Grundkonflikt zwischen Natur und Gesellschaft. Weeber nennt in seinem Buch „Smog über Attika. Umweltverhalten im Altertum" ein Beispiel. Am Ende des peloponnesischen Krieges (431 bis 404 v. Chr.) hatte der Attische Seebund in nur 27 Jahren für den Schiffsbau eine gewaltige Holzmenge verbraucht und dafür die Wälder Attikas komplett gerodet. Weeber bezeichnet diesen Zustand als einen Vernichtungskrieg gegen die Natur (Weeber et al., 1991), der bis heute die mediterrane Landschaft in der Nähe von Athen prägt. Ein verwandtes Thema ist der irreversible Verbrauch von Holz für die Wärmeversorgung. Seit der Erfindung des Feuers ist Wärme die Grundlage für wirtschaftliches und gesellschaftliches Wachstum. Die Erzeugung von Wärme ist direkt mit der Verfügbarkeit von Brennstoff verbunden. Holz war Jahrhunderte lang hierfür ein einfach verfügbarer Rohstoff.

Der Blick in die Geschichte zeigt, dass wirtschaftliches und kulturelles Wachstum schon in der Antike mit Umweltproblemen verbunden waren. Plinius der Ältere stellte deshalb in seinem Buch „Naturalis Historia/Naturgeschichte" (Giebel, 2005) bereits 77 n. Chr. an den späteren römischen Kaiser Titus die mahnende Frage „Was für ein Ende soll die Ausbeutung der Erde in all den künftigen Jahrhunderten noch finden? Bis wohin soll unsere Habgier noch vordringen?" Er prangerte damit unter anderem an, dass die Römer das Brennholz für die Heizanlagen ihrer Luxusbäder aus Afrika kommen ließen, weil Rom die umgebenden Wälder bereits abgeholzt hatte.

Ein Sprung auf der Zeitskala führt, fast zwei Jahrtausende später, zum Club of Rome. Am 2. März 1972 veröffentlichte diese 1968 gegründete gemeinnützige Organisation, in der sich Experten verschiedener Disziplinen aus mehr als 30 Ländern zusammengeschlossen hatten, einen Bericht mit dem Titel „Die Grenzen des Wachstums. Bericht zur Lage der Menschheit". Die zentrale Schlussfolgerung des Berichtes war: „Wenn die gegenwärtige Zunahme der Weltbevölkerung, der Industrialisierung, der Umweltverschmutzung, der Nahrungsmittelproduktion und der Ausbeutung von natürlichen Rohstoffen unverändert anhält, werden die absoluten Wachstumsgrenzen auf der Erde im Laufe der nächsten hundert Jahre erreicht (Latif, 2024)." Nicht voraussagen konnte diese Expertengruppe allerdings ein Ereignis im Jahr 1973, das die Energiepolitik in Europa signifikant geprägt hat.

4.9.1 Ölkrise 1973

Als am jüdischen Feiertag Jom Kippur im Oktober 1973 ägyptische und syrische Truppen Israel angriffen, kam es zu wochenlangen Kämpfen (Jom-Kippur-Krieg). Auf die US-Unterstützung Israels reagierend verhängten die Mitgliedsstaaten des Ölkartells OPEC ein Ölembargo gegen die USA und andere Länder, die Israel unterstützten. Ölpreise stiegen drastisch an. Die Folgen für Deutschland: gebremstes Wirtschaftswachstum, hohe Inflation, Arbeitslosigkeit. Um Energie zu sparen, wurden Schwimmbäder geschlossen, Ferien verlängert, autofreie Sonntage und die Sommerzeit eingeführt (Busse, 2023).

Am 9. November 1973 wurde deshalb von der deutschen Bundesregierung das Energiesicherungsgesetz zur Sicherung der Energieversorgung bei Gefährdung oder Störung der Einfuhren von Mineralöl oder Erdgas erlassen (Beselt, 2024a, b, c). Eine der gesetzlich geregelten Maßnahmen war ein temporäres Fahrverbot, das von den Bürgern sehr unterschiedlich aufgenommen wurde (Abb. 4.13).

Hinzu kommt ein weiteres Problem. Laut der Hamburger Mobilitätssoziologin Katharina Manderscheid (Manderscheid, 2023) provozieren Verbote schnell eine Abwehrhaltung. Maßnahmen, die das wirtschaftliche Wachstum fördern sollen, konkurrierten in den 70er- und 80er-Jahren diametral mit den ideellen Vorstellungen der noch jungen Umweltbewegung. Dieser Konflikt ist nicht neu. Auch im Zeitalter der Romantik (1789 und 1848) haben sich namhafte Künstler und Wissenschaftler mit dem Gegenüber von Natur und Technik auseinandergesetzt. Ihr Anliegen war die gestörte Verbundenheit von

Abb. 4.13 Auf einer Autobahn hatten diese Leute am autofreien Sonntag ein Zelt aufgebaut. Foto: Rdb / ullstein bild (Horchert & Der Spiegel, 2018); (25. November 1973)

Mensch und Natur. Johann Wolfgang von Goethe, als einer der bekanntesten Protagonisten der sog. Sturm-und-Drang-Epoche, die der Romantik vorausging, ließ es in einer Ballade von 1797 einen Zauberlehrling aussprechen *„Herr, die Not ist groß! Die ich rief, die Geister, werd' ich nun nicht los."* Goethe war nicht nur Romantiker. Im Fürstentum Weimar war er als Beamter auch für den Bergbau verantwortlich. Ressourcenmangel als Grenzwert für wirtschaftliches Wachstum war ihm also nicht fremd. Eine sogenannte „Holzbremse" (Radkau, 1983) war im 18. Jahrhundert die Reaktion auf die unverantwortliche Verschwendung von Holz. Als Maßnahme wurde beispielsweise der Bau von Holzzäunen verboten und anstatt dessen der Heckenanbau gefördert. In dem Buch „Holz. Wie ein Naturstoff Geschichte schreibt" greift der Historiker Radkau (Radkau et al., 2018) diesen Gedanken auf. Er setzt sich insbesondere mit der Haltung des Ökopessimismus auseinander. Gegen eine sich über Jahrhunderte erstreckende Geschichte des ökologischen Niedergangs empfiehlt er eine positive Grundhaltung, die die Entdeckung neuer nützlicher Eigenschaften von Ressourcen fördert. Die Eigenschaften des Rohstoffes Holz beispielsweise seien aus wissenschaftlicher Sicht, trotz des Erfahrungswissens vieler Jahrtausende, bis heute noch nicht ausreichend erforscht. Holz besitze in seinen vielfältigen Varianten viele arten-, standort- und verwendungsspezifische Eigenschaften, die wir weiter erforschen müssen. Nicht zuletzt aus diesem Grund sei die Geschichte der Beziehung des Menschen zum Holz eine Geschichte ohne Ende.

4.10 Das Zeitalter der fossilen Energien – eine Episode, die zu Ende geht?

Mauthe und Paeger haben in ihrem Buch „Naturwunder Erde" dargelegt, dass bei einem Ökosystem, dass auf der Verbrennung von fossilen Brennstoffen beruht, ein Grundproblem die nicht Erneuerbarkeit der Rohstoffe ist. Beim Rohstoff Öl war 2013 der Höhepunkt der Förderung schon erreicht. Aus Sicht von Paeger wird das Zeitalter der fossilen Energien historisch betrachtet eine Episode bleiben, die zu Ende geht, lange bevor die fossilen Brennstoffe ausgehen, weil die Förderung der verbliebenen Bestände immer schwieriger und teurer wird (Mauthe, 2013). Mit Blick auf die Tatsache, dass der Wärme- und Kälteverbrauch 50 % des Endenergieverbrauchs (EEV) ausmachen, ist eine zentrale Frage, wie die Wärmeversorgung der Zukunft ohne fossile Energien aussehen könnte.

Historisch betrachtet steht der Begriff „Holznot" für die grundlegende Angst vor dem Verlust einer begrenzten Ressource. In den 1980er-Jahren führte diese Angst zum Entstehen einer Protestbewegung, die insbesondere das „Waldsterben" thematisierte (Ittershagen, 2020). Die angstgeprägte Haltung der Gesellschaft wurde schon immer durch globale Pandemien, Klimakatastrophen und politische Unsicherheiten verstärkt. Begleitend wächst bei den Betroffenen der Eindruck, sich in einem Zeitalter des Chaos zu befinden. Dies macht es schwer, Strukturen zu erkennen. Hier bedarf es einer Strategie, die helfen kann, komplexe Zusammenhänge zu begreifen und adäquat zu handeln. Dies gilt auch für die notwendigen Veränderungen im Ökosystem Wald. Der Naturschutzbund Deutschland (NABU) hat dies in einem Statement zum Ausdruck gebracht. „Der ewige Patient Wald ist noch nicht tot, aber er leidet (Krüger, 2024)."

Radkau hat das Phänomen des ökologischen Bewusstseins in seinem Buch „Die Ära der Ökologie. Eine Weltgeschichte" als das Signum unseres Zeitalters bezeichnet (Radkau, 2011). Die ökologische Bewegung und die Ereignisse der letzten Jahrzehnte haben ihre Spuren hinterlassen. Die Folgen der Reaktorkatastrophe von Tschernobyl am 26. April 1986 und auch die Nuklearkatastrophe im japanischen Kernkraftwerk Fukushima Daiichi (Fukushima I) am 11. März 2011 waren und sind prägend für die technologische Entwicklung der Energiewirtschaft in Deutschland. In Deutschland betragen die Kosten für den Rückbau, für die Verpackung des Mülls in Behälter, die Zwischenlagerung und auch für die Endlagerung und die Transporte von der Zwischenlagerung zur Endlagerung etwa 48 Mrd. € (Lindner, 2016). Zum Vergleich: Die geplanten Ausgaben des Bundeshaushalts für das Haushaltsjahr 2024 betragen rund 476,8 Mrd. € (Neuhaus et al., 2024).

Zurück zur Ölkrise. Als Konsequenz wurde in Dänemark 1979 das Wärmeversorgungsgesetz beschlossen und alle Kommunen zu einer sogenannten Wärmeplanung verpflichtet (Cantos, E. et al., 2021). In diesem Zusammenhang wurde der Begriff der „Wärmewende" geprägt, der neben der Stromwende und der Verkehrswende eine der drei Säulen der Energiewende darstellt. Ziel der Energiewende ist es, den Verbrauch fossiler Brennstoffe drastisch zu reduzieren und bei der Energieerzeugung Klimaneutralität zu erreichen. Der mit der Verbrennung von fossilen Energieträgern verbundene Ausstoß von Treibhausgasen soll beendet und somit die weitere Erderwärmung verhindert werden. Aus Klimaschutzgründen ist insbesondere eine Umstellung der Wärmeversorgung nötig. Diese Wärmewende basiert auf zwei grundlegenden Strategien, die sich gegenseitig ergänzen müssen: dem Einsatz erneuerbarer Energien sowie der Steigerung der Energieeffizienz.

Dänemark gilt in den aktuellen Debatten als Vorzeigeland. Es bezieht fast zwei Drittel seiner Heizenergie aus erneuerbaren Quellen, in Deutschland sind es knapp 14 %. Frank Urbansky macht in seinem Buch „Dänemark taugt nur bedingt als Wärmewende-Vorbild" allerdings deutlich, dass Dänemark die Ölkrise der 70er-Jahre grundlegend anders bewältigt hat als das damalige Westdeutschland. Es diversifizierte seine Energieversorgung und baute auch in mittleren Gemeinden Fernwärmenetze auf, die damals noch mit Importkohle betrieben wurden, ähnlich wie die DDR, die ebenfalls Wärmenetze aufbaute und mit heimischer Braunkohle heizte. Eine direkte Übertragung des dänischen Modells auf Deutschland sei aus zeitlichen und finanziellen Gründen nicht möglich (Urbansky, 2024). Auch wenn es hierzulande mit dem Gesetz zur kommunalen Wärmeplanung und Dekarbonisierung – kurz Wärmeplanungsgesetz (WPG, Berlin 1.1.2024) inzwischen ein Gesetz gibt, das sich am dänischen Weg orientiert, lässt sich der Vorsprung von 50 Jahren Erfahrung bis zur angestrebten Klimaneutralität 2045 wohl kaum aufholen. Der Verband Kommunaler Unternehmer (VKU) hat gemeinsam mit der Arbeitsgemeinschaft Fernwärme (AGFW) am 22.07.2024 eine Aktualisierung des Gutachtens

4.10 Das Zeitalter der fossilen Energien – eine Episode … 189

„Perspektive der Fernwärme – Aus- und Umbau städtischer Fernwärme als Beitrag einer sozial-ökologischen Wärmepolitik" der Prognos AG aus dem Jahr 2020 veröffentlicht. In diesem Gutachten wird dargelegt, dass sich der Investitionsbedarf für den Aus- und Umbau der Fernwärme bis 2030 im Vergleich zum damaligen Gutachten um 10,6 Mrd. € auf 43,5 Mrd. € erhöht (VKU, Berlin 31.07.24). Beim Thema Wärmewende darf der Verkehrssektor nicht vergessen werden. Verbrennungsmotoren dominieren nach wie vor nicht nur den Individualverkehr. Im Verkehrssektor entfielen 2022 etwa 98,1 % des Verbrauchs an Endenergie auf Kraftstoffe und rund 1,9 % auf Strom. Der Verbrauch an Kraftstoffen verteilte sich im Jahr 2022 – bezogen auf den Energiegehalt (ohne Strom) – zu 27,1 % auf Benzin, 52 % auf Diesel, 15,5 % auf Flugkraftstoffe und 0,3 % auf Flüssig- und Erdgas. Biokraftstoffe haben einen Anteil von 5,1 % (siehe Abb. 4.14 „Entwicklung des Endenergieverbrauchs nach Kraftstoffarten"). Mit einem Energieverbrauch von 2494 Petajoule (693 TWh) beträgt im Jahr 2022 der Anteil des Verkehrssektors am Gesamtenergieverbrauch von 2368 Terawattstunden (TWh) etwa 30 %.

Im Jahr 2023 war der Verkehrssektor für rund 146 Mio. Tonnen (Mio. t) Treibhausgase verantwortlich und trug damit rund 22 % zu den Treibhausgasemissionen Deutschlands bei (UBA, 2024). Da überrascht es nicht, wenn drastische Maßnahmen wie z. B. Fahrverbote erneut diskutiert werden. Am 11. April 2024 hat der Bundesverkehrsminister Volker Wissing (FDP) im Streit über die Reform des Klimaschutzgesetzes ein Schreiben an die Vorsitzenden der Ampel-Fraktionen SPD, Grüne und FDP geschickt. Hier

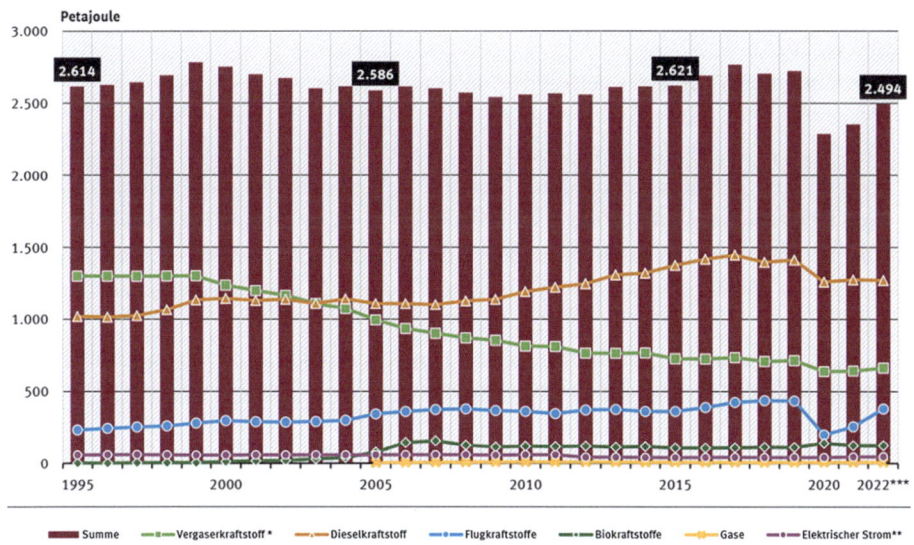

Abb. 4.14 Entwicklung des Endenergieverbrauchs im Verkehrssektor nach Kraftstoffarten (Quelle: Bundesministerium für Verkehr und digitale Infrastruktur (BMDV, 5.3.2024))

schreibt er, dass, falls das novellierte Klimaschutzgesetz nicht vor dem 15. Juli 2024 in Kraft trete, sein Ministerium nach dem geltenden Gesetz verpflichtet sei, ein Sofortprogramm vorzulegen. Nach seiner Auffassung müssen Wege aufgezeigt werden, wie die sogenannten Klima-Sektorziele im Verkehr erreicht werden können. Dies sei „*nur durch restriktive und der Bevölkerung kaum vermittelbare Maßnahmen wie flächendeckende und unbefristete Fahrverbote an Samstagen und Sonntagen möglich*" (Lorenz et al., 2024).

Gerade der Verkehrssektor ist noch stark abhängig von Erdölimporten. Ed Yardeni, ein unabhängiger US-Analyst sieht hier einen geopolitischen Bezug zum Jahr 1973. Er warnt davor, dass ein direkter Krieg zwischen Iran und Israel den Ölpreis auf ein Niveau von rund 128 Dollar pro Barrel treiben könnte, den er zeitweise nach Ausbruch des Ukrainekriegs erreicht hatte. Aus seiner Sicht würde solch ein hoher Ölpreis eine Lohn-Preis-Spirale wie in den 1970er-Jahren auslösen (Wiebe, 2024).

4.11 Europäische Dimension der Wärmewende

Die Basis für die europäische Dimension der Energiepolitik ist ein Klimaschutzabkommen, das im Dezember 2015 auf der UN-Klimakonferenz in Paris (Frankreich) von 197 Staaten verabschiedet wurde. Das Abkommen trat am 4. November 2016 in Kraft, nachdem es von 55 Staaten, die mindestens 55 % der globalen Treibhausgase emittieren, ratifiziert wurde. Ende 2024 haben 180 Staaten das Abkommen ratifiziert (Stand 09/2018), darunter auch die Europäische Union (EU) und Deutschland (BMWK, 2025).

Das Abkommen von Paris verfolgt vor allem drei Ziele:

- Die Staaten setzen sich das globale Ziel, die Erderwärmung im Vergleich zum vorindustriellen Zeitalter auf „deutlich" unter 2 °C zu begrenzen mit Anstrengungen für eine Beschränkung auf 1,5 °C.
- Die Fähigkeit zur Anpassung an den Klimawandel soll gestärkt werden und wird neben der Minderung der Treibhausgasemissionen als gleichberechtigtes Ziel etabliert.
- Zudem sollen die Finanzmittelflüsse mit den Klimazielen in Einklang gebracht werden.

Susanne Schmelcher, Leiterin des Arbeitsgebiets Quartier und Stadt, Deutsche Energie-Agentur GmbH (dena) hat 2024 in einem Beitrag für die Stiftung Energie und Klimaschutz dargelegt, dass eine erfolgreiche Wärmwende unabdingbar sei für die Erreichung der Klimaziele bis hin zur Klimaneutralität 2050 in Europa (Schmelcher, 2024). Aktuell dominieren weiterhin fossile Energien Deutschlands Wärmeerzeugung, und der Gebäudebereich verursacht mit rund 40 % die meisten CO_2-Emissionen in Deutschland. Im Gebäudebestand entfallen immer noch fast 80 % der Wärmeerzeugung auf fossile

Energieträger wie Gas und Öl, was ein sehr großes Hemmnis zur Erreichung der Klimaneutralitätsziele bedeut. Aus Schmelchers Sicht vollziehe sich im Gegensatz zur Stromwende die Wärmewende hauptsächlich auf lokaler Ebene und innerhalb eines komplexen Netzwerks von Akteuren, welches sowohl von unternehmerischen als auch privaten Interessen geprägt sei. Dies mache die konkrete Umsetzung sehr oft kompliziert. Die Wärmewende betreffe direkt die Gebäudeeigentümer, die Maßnahmen zur Reduzierung des Wärmebedarfs verantworten, aber auch die Bereitstellung von Infrastrukturen und Energieträgern, was die Energiewirtschaft adressiert. Sie fordert zukünftig in Deutschland massive Investitionen. Es gebe eine Vielzahl von technischen Möglichkeiten zur Deckung des Wärmebedarfs. Hierbei gewinnen neben gebäudeintegrierten Versorgungsoptionen wärmenetzbasierte Lösungen zunehmend an Bedeutung. Für letztere sei ein koordinierter Ansatz erforderlich, wobei ein gemeinschaftliches Vorgehen notwendig sei.

Für die erfolgreiche Umsetzung der lokalen Wärmewenden seien drei Faktoren entscheidend:

- Regulatorische Orientierung
- Lokale Verantwortung
- Transparente Kollaboration

Das Thema kommunale Wärmeplanung ist der Arbeitsschwerpunkt des Kompetenzzentrum Kommunale Wärmewende (KWW) der Deutschen Energie-Agentur GmbH (dena). Am 26. November 2024 hat das KWW die Ergebnisse der Befragung von 900 Kommunen zu ihrer Kommunalen Wärmeplanung (KWP) veröffentlicht (Brückmann, 2024).

4.11.1 Kernergebnisse Kommunenbefragung 2024

Die Herausforderungen der KWP unterscheiden sich nach den Phasen, in denen sich die Kommunen befinden:

Für Vorbereitende stellen besonders der Bedarf an Finanzierung und Fördermitteln zur Durchführung der KWP, fehlendes Personal, aber auch die Vergabe der KWP-Dienstleistung Herausforderungen dar.

Bei den Durchführenden zählen die Datenbeschaffung für die Bestandsanalyse, Finanzierungsaspekte anstehender Umsetzungsmaßnahmen sowie die Akteursbeteiligung zu den größten Herausforderungen.

Für Umsetzende stellen sich die Erschließung von ausreichend erneuerbaren Energiequellen, die Finanzierung von konkreten Maßnahmen sowie das fehlende Personal in der Verwaltung als Herausforderung dar.

Auch die Wirtschaftsprüfungsgesellschaft Deloitte sieht die Dekarbonisierung der Wärmeversorgung als ein zentrales Vorhaben, um die deutschen Klimaschutzziele zu erreichen. Um den aktuellen Stand der Dekarbonisierung der Wärmeversorgung in

Deutschland zu untersuchen, hat Deloitte eine Studie mit dem Fokus auf die Herausforderungen und Fortschritte der beteiligten Energieversorger durchgeführt. Im Fokus der Studie steht die Erhebung des Status quo der Wärmewende bzw. der Transformation bei den betroffenen Unternehmen. Deloitte sieht die Wärmewende als eine große Transformation, deren Ziel es sei, die Treibhausgasneutralität in Deutschland bis zum Jahr 2045 umzusetzen und neben der Energie- auch die Wärmewende stärker in den Fokus zu setzen. Für Andreas Langer stehen Energieversorgungsunternehmen (EVU) u. a. mit einer eigenen Erdgasversorgung vor einem fundamentalen Transformationsbedarf und müssten ihr bestehendes Asset-Portfolio grundlegend neu ausrichten. Bei der regionalen bzw. lokalen Umsetzung der Wärmewende nehmen Stadtwerke und Energieversorgungsunternehmen eine zentrale Rolle ein. Da insbesondere bei Stadtwerken die Anteilseigner zum Großteil (mit rund 80 %) kommunal geprägt sind, stellen die Klimaschutzziele auf Länder- bzw. kommunaler Ebene eine wesentliche Vorgabe dar, welche im Zuge der kommunalen Wärmeplanung zu berücksichtigen ist und weitereichende Auswirkungen auf den Wärmemarkt haben.

Da der deutsche Wärmemarkt aktuell de facto ein Erdgasmarkt ist, steigt nicht nur aus geopolitischen Gründen die Dringlichkeit einer stärkeren Diversifizierung des Asset-Portfolios. Laut Deloitte bedinge dies einen mittel- bis langfristige Ausstieg aus der Nutzung von Erdgas als Energieträger. Die Identifikation von geeigneten klimaneutralen Alternativen zur Erreichung der Klimaziele sei eine zentrale Herausforderung, mit der sich die Unternehmen der Energiewirtschaft konfrontiert sehen.

Zwei Drittel der im Rahmen der Studie Befragten gaben an, der Transformationsdruck sei insbesondere in den beiden Geschäftsfeldern Erzeugung und Netze am höchsten. Mit Blick auf die Netzinfrastruktur sei allerdings der Weg noch ungewiss, da für die Umstellung auf eine klimaneutrale Wärmeversorgung konkrete Lösungen benötigt werden (Langer et al., 2023).

Andreas Klingemann, Leiter „Wärme" im Bundesverband der Energie- und Wasserwirtschaft (BDEW), hat in einem Beitrag der gemeinnützigen Stiftung Energie & Klimaschutz dargelegt, warum die Wärmewende nicht nur ein politisches Thema ist. Hierbei nennt er drei politische Entscheidungen im Jahr 2023.

Die Novelle des Gebäudeenergiegesetzes (GEG). Neben der Gebäudeeffizienz stehen hier Anforderungen an die zur Wärmeerzeugung eingesetzten Energieträger im Mittelpunkt. Ab dem 1. Januar 2024 ist ein Anteil von 65 % erneuerbarer Energien (oder unvermeidbarer Abwärme) für die mit einer neuen Heizungsanlage bereitgestellten Wärme verpflichtend. Es besteht zwar eine breite Technologieoffenheit und eine Wahlfreiheit zwischen diversen Erfüllungsoptionen. Wärmepumpen und Fernwärme sollen im Fokus der Wärmewende stehen.

Zum Jahresanfang 2024 trat auch das Wärmeplanungsgesetz (WPG) in Kraft. In diesem Gesetz werden die teils großen regionalen Unterschiede berücksichtigt und die Umsetzung der Wärmewende vor Ort den Kommunen überlassen. Ziel ist, die Wärmeversorgung vor Ort schnell und effizient zu dekarbonisieren. Flächendeckend sollen in allen Kommunen Deutschlands Wärmepläne erstellt werden, die beschreiben, wie die

Klimaziele im Wärmebereich in den kommenden zwei Jahrzehnten am effizientesten erreicht werden können. Auf lokaler und regionaler Ebene ist eine integrierte Betrachtung der maßgeblichen Energieinfrastrukturen und die Erschließung klimaneutraler Wärmequellen gemeinsam mit der Energiewirtschaft vorgesehen.

Der Förderrahmen der Bundesförderung für effiziente Gebäude (BEG) wurde neu gefasst. Damit haben private und gewerbliche Hauseigentümer die Möglichkeit, notwendige Maßnahmen zu erhöhtem Klimaschutz auch mithilfe von öffentlichen Mitteln zu finanzieren. Neu ist zudem die Ausrichtung eines Anteils der Förderung auf das Einkommen.

Aus- und Umbau der Infrastruktur sowie die Dekarbonisierung der Energieträger sind große Aufgaben. Das betrifft insbesondere die Versorgung von Bürgern und Industrie mit Gas, Strom oder Fernwärme. Laut Klingemann ist die Wärmewende die Königsdisziplin der Energiewende (Klingemann, 2024).

4.12 Statistische Grundlage der Wärmewende

Im Sprachgebrauch der Bundesregierung bezeichnet man die Wärmewende als den Übergang zu einer nachhaltigen Energieversorgung im Wärmesektor. Das bedeutet: weg von endlichen, fossilen Energieträgern (Kohle, Öl, Gas) hin zu „unendlichen", regenerativen Energieträgern wie Sonne, Wind, Wasserkraft. Die Wärmewende ist Teil der Energiewende. Eine nachhaltige Versorgung mit Wärme soll nicht nur klimaverträglich, sondern für Verbraucherinnen und Verbraucher auch sozialverträglich und finanziell tragbar sein (Schiemann, 2023a, b, c). Nach einer Erhebung des Umweltbundesamtes (UBA, 2024) betrug die gesamte Nachfrage nach Endenergie 2021 in Deutschland 2407 Terrawattstunden (TWh), davon entfielen lediglich 496 TWh, also circa 20 % auf Strom. Der Anteil der erneuerbaren Energieträger am gesamten Endenergieverbrauch für Wärme und Kälte (Sektoren Haushalte, Industrie, Gewerbe, Handel und Dienstleistungen, GHD) lag in diesem Jahr bei 15,8 %. Sie stieg im Jahr 2022 auf 17,4 %. Der Anstieg in der erneuerbaren Wärme ging mit einem Rückgang der fossilen Wärmeenergieträger einher, was neben dem milderen Wetter auch auf Einsparungen nach dem russischen Angriffskrieg auf die Ukraine zurückführbar ist. Abb. 4.14 zeigt den Anteil des Wärmeverbrauchs (inkl. Kälteanwendungen) am Endenergieverbrauch 2008 und 2021. Der Endenergieverbrauch für Wärme und Kälte verursachte gut die Hälfte des gesamten Endenergieverbrauchs (EEV), wobei Wärme und Kälte für unterschiedliche Anwendungsbereiche benötigt werden. Allein die Raumwärme und die Prozesswärme haben sektorübergreifend Anteile von knapp 28 % bzw. gut 23 % am EEV. Mit großem Abstand folgen die Anwendungsbereiche Warmwasser und Kälteerzeugung (Abb. 4.15).

Wärme wird größtenteils in den drei Endverbrauchssektoren „Private Haushalte", „Industrie" sowie „Gewerbe, Handel und Dienstleistungen (GHD)" direkt erzeugt und verbraucht. Darüber hinaus wird knapp ein Zehntel des Wärmebedarfs durch Fernwärme aus dem Umwandlungssektor der allgemeinen Versorgung gedeckt.

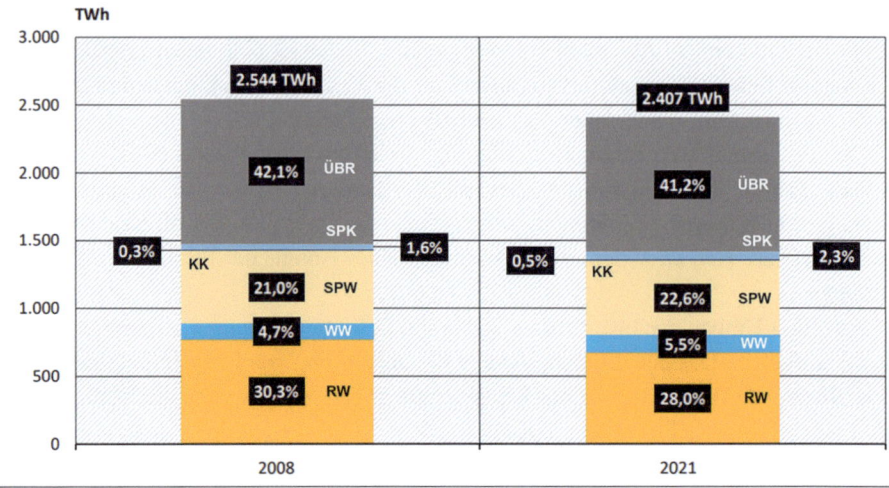

Abb. 4.15 Anteil des Wärmeverbrauchs (inkl. Kälteanwendungen) am Endenergieverbrauch 2008 und 2021 (UBA, 2024)

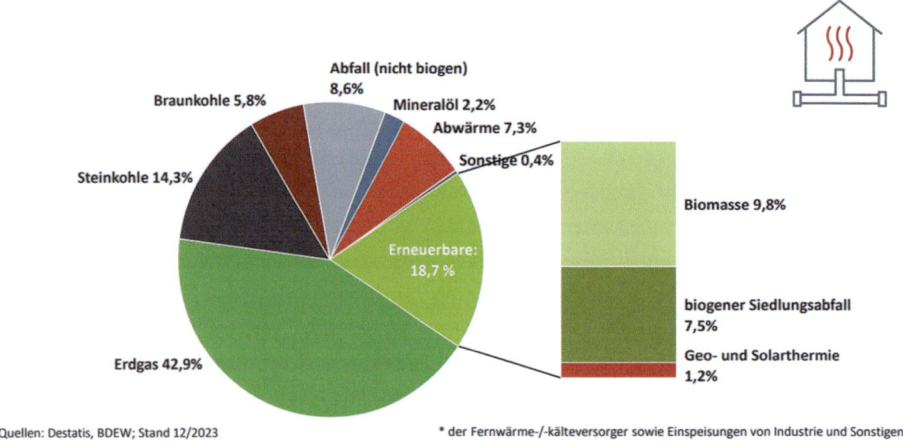

Abb 4.16 Nettowärmeerzeugung nach Energieträgern (inkl. Fernwärme-/-kälteversorger sowie Einspeisungen von Industrie und Sonstigen (Rink et al., 2024)

Die Anteile der unterschiedlichen Energieträger an der jährlichen leitungsgebundenen Nettowärmeerzeugung in 2022 ist in Abb. 4.16 dargestellt. Die gesamte leitungsgebundene Wärmeversorgung in Deutschland betrug im Jahr 2022 etwa 134 TWh.

4.12 Statistische Grundlage der Wärmewende

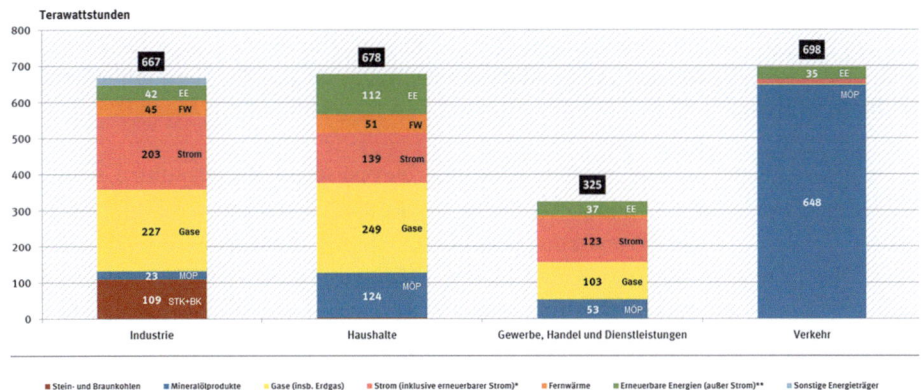

Abb. 4.17 Endenergieverbrauch 2022 nach Energieträgern und Sektoren (Schwalbe et al., 2024)

Wichtigster Energieträger war dabei Erdgas mit 42,9 % und erneuerbare Energien mit 18,7 %, davon etwa die Hälfte Biomasse und 40 % biogener Siedlungsabfall.

Unter Nettowärmeerzeugung versteht man die gemessene nutzbare Wärme, die in einer Berichtszeit von einer Wärmeerzeugungsanlage (Heizwerks- oder Kraftwerksprozess) an Wärmeverbraucher außerhalb dieser Anlage mithilfe eines Trägermediums (z. B. Wasser oder Dampf) abgegeben wurde (Gude, 2024).

Abb. 4.17 zeigt den Endenergieverbrauch 2022 nach Energieträgern und Sektoren. Verkehr, Haushalte und Industrie liegen mit 698, 678 und 667 TWh etwa gleich auf. Der GHD-Sektor verbraucht etwa 325 TWH.

Am 12. September 2023 hat das Europäische Parlament der zusammen mit den Mitgliedsstaaten überarbeiteten Erneuerbaren-Richtlinie zugestimmt (RED III). Hiernach soll der EU-weite Anteil der Erneuerbaren am Bruttoendenergieverbrauch (BEEV) auf 42,5 %, möglichst sogar 45 % steigen. Im August 2024 wurde nach öffentlichen Konsultationen die Aktualisierung des integrierten nationalen Energie- und Klimaplans (NECP) durch das Bundeskabinett beschlossen und an die EU-Kommission übermittelt. Dieser beinhaltet einen Pfad zur geplanten Entwicklung des Erneuerbaren-Anteils am BEEV bis 2040: Im Jahr 2030 soll der Erneuerbaren-Anteil am BEEV etwa 40 % betragen.

Der Primärenergieverbrauch in Deutschland lag im Jahr 2022 bei 11.829 Petajoule (PJ), das sind umgerechnet 3286 TWh. Der Stromverbrauch sank gegenüber dem Vorjahr um 4,0 % auf 484,2 TWh, während die (Netto-)Stromerzeugung um 0,4 % auf 506,8 TWh stieg. Der Anteil des aus erneuerbaren Energien erzeugten Stroms am Verbrauch lag im Jahr 2022 bei 48,3 %. Vergleicht man den Primarenergieverbrauch von 3286 TWh mit dem Endenergieverbrauch in 2022 von 2368 TWh, so ergibt sich eine Differenz von 918 TWh.

Primärenergie – Nutzenergie – Endenergie
In Statistiken werden unterschiedliche Energieformen beschrieben. Endenergie ist die Energie, die beim Endverbraucher ankommt und dort verbraucht wird. Bevor dies möglich ist, muss die

ursprüngliche Form der Energie, die Primärenergie, jedoch umgewandelt und transportiert werden. Die vom Energiedienstleister zur Verfügung gestellte Energie wird als Nutzenergie bezeichnet. Die Einheit Peta (10^{15}) PJ kann durch eine einfache Multiplikation mit 0,2778 in Tera (10^{12}) TWh umgewandelt werden.

Energieeinsparziele werden im nationalen und europäischen Rechtsrahmen sowie aus Klimaschutzszenarien für unterschiedliche Indikatoren festgelegt. In der Regel beziehen sie sich auf den Primärenergieverbrauch (PEV), Endenergieverbrauch (EEV) oder Stromverbrauch. Die europäische Energy Efficiency Directive (EED) und das deutsche Energieeffizienzgesetz (EnEfG) sehen Ziele sowohl für Primärenergie als auch für Endenergie vor. Energie- und Klimaschutzszenarien modellieren gewöhnlich auch den Stromverbrauch für bestimmte Zieljahre. Der Gesetzgeber hat im Herbst 2023 das „Energieeffizienzgesetz" (EnEfG) beschlossen. Dieses sieht vor, dass der Endenergieverbrauch gegenüber dem Wert des Jahres 2008 bis 2030 um etwa 26,5 % sinken soll (auf 1867 TWh) und bis 2045 um 45 % (auf 1400 TWh).

4.13 Energieverbrauch in Deutschland

Der Energieverbrauch in Deutschland ist im Jahr 2022 um rund 5 % gegenüber dem Vorjahr gesunken. Wesentliche Einflussfaktoren waren der Krieg zwischen Russland und der Ukraine, der zu Einschränkungen bei Erdgas- und Öllieferungen aus Russland sowie drastischen Energiepreissteigerungen führte, sowie die milde Witterung. Aufgrund der Energiekrise wurden Energiesparmaßnahmen wie Absenkungen der Raumtemperatur in Gebäuden und der Wassertemperatur in Schwimmbädern ergriffen sowie die Beleuchtung von Sehenswürdigkeiten eingeschränkt. Dabei ist zu beachten, dass der Stromverbrauch für Wärme- und Kälteanwendungen in der Rubrik Bruttostromverbrauch enthalten ist, genauso wie der Stromverbrauch im Verkehr, z. B. für die Bahn.

Die Daten zum Energieverbrauch des Verkehrs umfassen nicht den internationalen Luft- und Seeverkehr, sodass der Anteil des Verkehrs am gesamten Energieverbrauch in Deutschland in Wahrheit höher ist.

Wärme wird in Deutschland größtenteils in den drei Endverbrauchssektoren „Private Haushalte", „Industrie" sowie „Gewerbe, Handel und Dienstleistungen (GHD)" direkt erzeugt und verbraucht. Knapp ein Zehntel des Wärmebedarfs wird durch Fernwärme aus dem Umwandlungssektor der allgemeinen Versorgung gedeckt. Die Aufschlüsselung des Wärmeverbrauchs ist nach Anwendungsbereichen in den drei genannten Sektoren teils sehr unterschiedlich:

In den privaten Haushalten werden über 90 % der Endenergie für Wärmeanwendungen verbraucht. Hierbei entfallen allein rund zwei Drittel auf den raumwärmebedingten Endenergieverbrauch, der stark von der Witterung abhängt und daher größeren Schwankungen unterworfen ist. Für Raumwärme setzen die privaten Haushalte überwiegend Erdgas als Energieträger ein.

Auch im Sektor Gewerbe, Handel, Dienstleistungen dominieren Wärmeanwendungen mit rund 60 % den Endenergieverbrauch. Hierbei ist die Raumwärme für rund 40 % des EEV verantwortlich, wobei ebenfalls überwiegend Erdgas für die Wärmebereitstellung eingesetzt wird (UBA, 2024).

In der Industrie hat Prozesswärme mit über 60 % den größten Anteil am Endenergieverbrauch. Der hohe Anteil an Kohlen ist Resultat der umfassenden Verwendung bei der Stahlerzeugung (Schwalbe et al., 2024).

Bei der Fernwärmeerzeugung im Umwandlungssektor finden Gase (insbesondere Erdgas) die größte Verwendung, gefolgt von Kohlen. Der Einsatz von Biomasse und Abfall hat sich in den letzten Jahren stetig erhöht. Dies ist unter anderem darauf zurückzuführen, dass 2005 begonnen wurde, unbehandelte Siedlungsabfälle energetisch zu nutzen, statt sie auf Deponien abzulagern. Abnehmer von Fernwärme sind zu etwa gleichen Teilen die Industrie und die privaten Haushalte, der Anteil des Gewerbes, Handels, Dienstleistungssektors (GHD) beträgt rund 10 % (Meunier et al., 2024a, b).

4.14 Anteil erneuerbarer Energien am gesamten Endenergieverbrauch in Deutschland für Wärme und Kälte

(Siehe Abb. 4.18).

(Meunier et al., 2023). Der Stromverbrauch für Wärme, Kälte und Verkehr ist im Bruttostromverbrauch enthalten.

„Der Endenergieverbrauch für Wärme aus erneuerbaren Energien lag im Jahr 2022 mit insgesamt 211,7 TWh deutlich über dem Niveau des Vorjahres von 199,9 TWh. Dem Anstieg der erneuerbaren Wärme stand außerdem ein starker Rückgang bei der Nutzung fossiler Energieträger gegenüber. Dies war einerseits auf mildes Wetter, aber auch auf die Sparanstrengungen von Industrie und Haushalten in Folge des russischen Angriffskriegs auf die Ukraine zurückzuführen. In Summe stieg der Anteil der erneuerbaren Energien am gesamten Endenergieverbrauch für Wärme und Kälte im Jahr 2022 um deutliche 2,4 Prozentpunkte von 15,8 % im Vorjahr auf nunmehr 18,2 %. Durch die Nutzung erneuerbarer Energien konnten nach Berechnungen des Umweltbundesamts im Jahr 2022 rund 237 Mio. Tonnen (Mio. t) Treibhausgas-Emissionen vermieden werden. Davon entfielen 181 Mio. t CO_2-Äquivalente auf den Strombereich, 46 Mio. t CO_2-Äquivalente auf den Wärme- und 10 Mio. t CO_2-Äquivalente auf den Verkehrsbereich (Ewers et al., 2024).“

Abb. 4.19 (Meunier et al., 2025a) zeigt, dass der Anteil der erneuerbaren Energien zur Deckung des Wärme- und Kältebedarfs in Deutschland seit den 1990er-Jahren fast kontinuierlich angestiegen ist, bis auf einen Anteil von 17,7 % im Jahr 2023. Im Vergleich hierzu ist von 1990 bis 2023 der Anteil im Sektor Strom von etwa 4 % auf 52,5 % gestiegen, also auf den etwa dreifachen Wert gegenüber Wärme und Kälte. Hier gibt es also noch viel zu tun. Dabei spielt laut Umweltbundesamt feste Biomasse die mit Abstand größte Rolle, also vor allem Holz und Holzprodukte wie Pellets. Sie stellt mehr

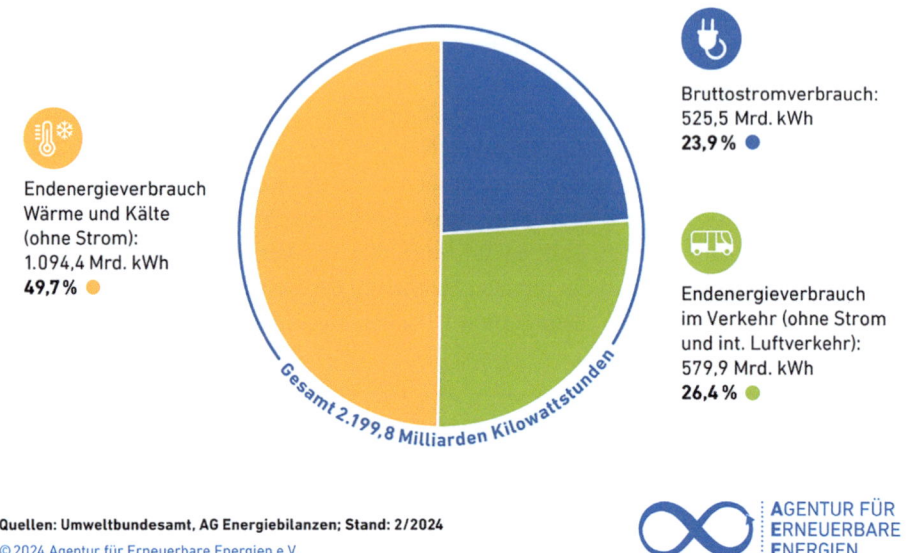

Abb. 4.18 Energieverbrauch in Deutschland im Jahr 2022 nach Strom, Wärme und Verkehr

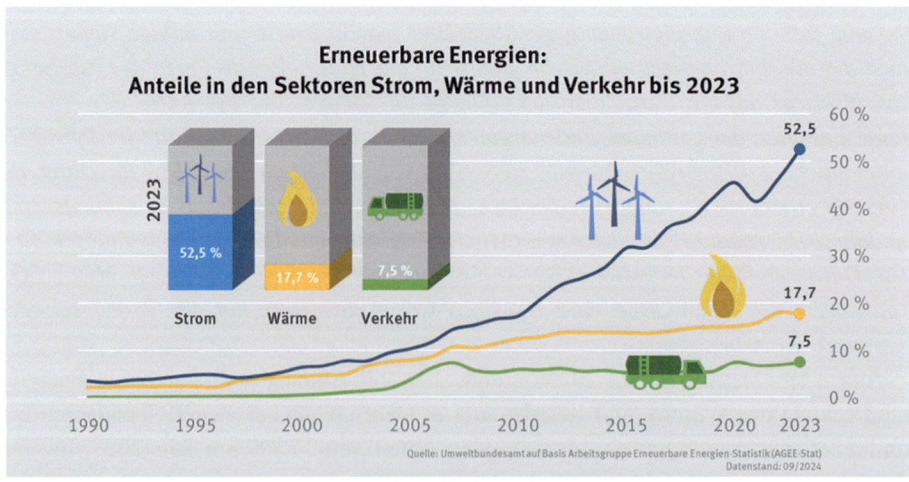

Abb. 4.19 Erneuerbare Energien: Anteil in den Sektoren Strom, Wärme und Verkehr bis 2023

als 66 % der Wärme aus erneuerbaren Energien bereit. Besonders groß ist der Verbrauch in den privaten Haushalten. Solarthermie, Geothermie und Umweltwärme stellten im Jahr 2022 14,8 % der erneuerbaren Wärme zur Verfügung.

Abb. 4.20 (Meunier et al., 2025b) zeigt den Endenergieverbrauch erneuerbarer Energien für Strom, Wärme und Verkehr im Jahr 2023 sowie die Entwicklung in den Jahren 1990 bis 2023. Der Gesamtenergieverbrauch lag im Jahr 2023 mit 1091 Mrd. kWh etwa 3 % unter dem Niveau des Jahres 2021. Der Anteil der erneuerbaren Energien lag mit 192,81 TWh (2021: 199,9 TWh) bei 17,7 %. Zurückzuführen ist diese Entwicklung auf mehrere sich überlagernde Effekte:

- Das Jahr 2023 war im Vergleich zum Jahr 2021 deutlich wärmer, sodass der Wärmebedarf insgesamt zurückging.
- Der durch den Ukrainekrieg bedingte Anstieg der Energiepreise für fossile Energieträger hat sich 2023 wieder normalisiert. Damit hat erneuerbare Wärme wieder an Attraktivität verloren. Erneuerbare Energieträger substituieren in höherem Maße insbesondere Erdgas.

Abb. 4.21 zeigt, dass seit Ende 2021 die Preise für Erdgas, Strom und Mineralöl deutlich angestiegen sind. Mit Beginn der Sanktionen gegen Russland ab März 2022 hat sich diese Tendenz enorm verstärkt, sodass für Erdgas zwischenzeitlich Marken von fast

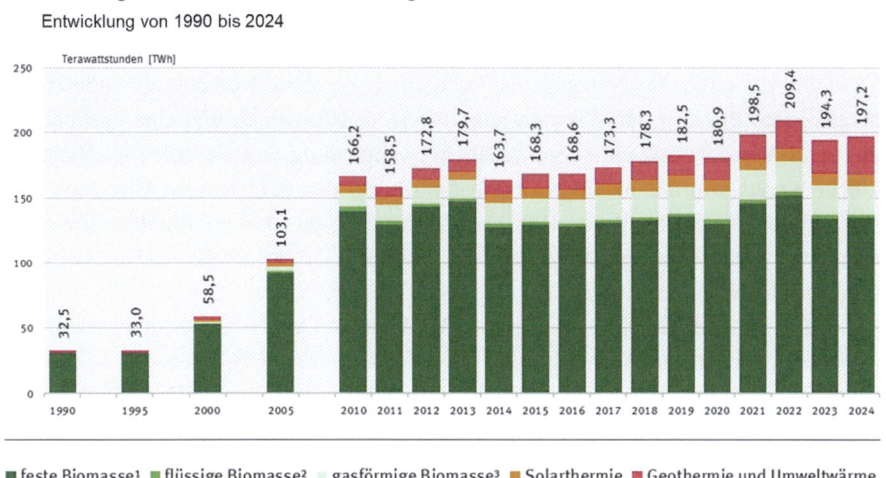

Abb. 4.20 Endenergieverbrauch erneuerbarer Energien für Strom, Wärme und Verkehr im Jahr 2023 sowie die Entwicklung in den Jahren 1990 bis 2023

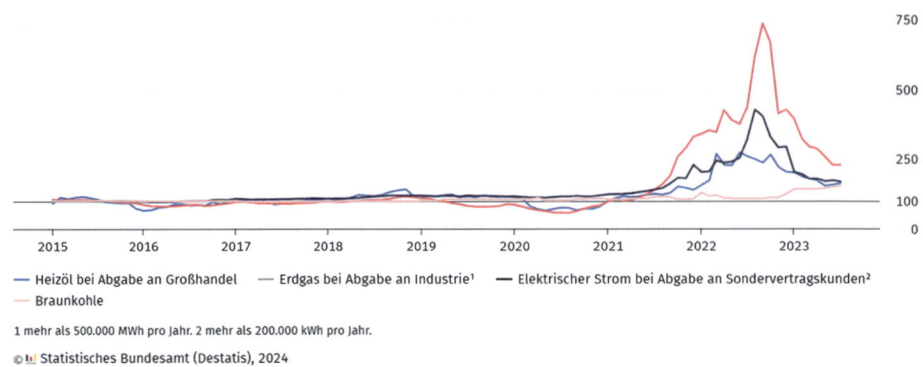

Abb. 4.21 Preisentwicklung von Heizöl, Erdgas, Strom und Braunkohle in den Jahren 2015 bis 2024

750 Indexpunkten und für Strom von über 400 Indexpunkten erreicht wurden (Destatis, 2023).

In Summe betrug 2023 der Anteil des Verbrauchs von erneuerbaren Energien im Sektor Wärme und Kälte etwa 17,7 %. 12 % davon entfallen auf flüssige Biomasse, 13 % auf Geothermie und 62 % auf feste Biomasse (Holz). Durch eine Effizienzsteigerung der thermischen Verwertung der Biomasse kann die Relation aus Masseneinsatz zu erzeugter Wärme/Kälte deutlich gesteigert werden.

Um die im Koalitionsvertrag festgelegten Ziele zur Realisierung der Wärmewende zu erreichen, müssen verschiedene Maßnahmen zur Steigerung der Energieeffizienz und -einsparung und der verstärkten Nutzung erneuerbarer Energien zusammenspielen. Von entscheidender Bedeutung ist der rasche Ausbau moderner Infrastruktur, insbesondere von Wärmenetzen. Dies ermöglicht nicht nur die Abkehr von Gas- und Ölkesseln, sondern auch eine effiziente Nutzung und Verteilung von Abwärme aus der Industrie. Für eine effiziente Planung der Wärmeversorgung in den Regionen und eine optimale Nutzung von Potenzialen ist eine kommunale Wärmeplanung von wesentlicher Bedeutung. Darüber hinaus soll die benötigte Prozesswärme in der Industrie im Hochtemperaturbereich durch die Nutzung von Wasserstoff anstelle von fossilen Brennstoffen und im niedrigeren Temperaturbereich durch die Elektrifizierung (Power-2-Heat-Verfahren) klimaneutral werden (Ewers, 2021).

Ein Best-Practice-Beispiel hierfür ist die Umwandlung eines Biomassekraftwerks in ein Heizkraftwerk in Mannheim. Diese Maßnahme ist ein Teil des sog. Mannheimer Modells (Jendrischik, 2024) und dient der „Fernwärmevergrünung". Das macht deutlich, dass effektive Maßnahmen im Rahmen der Wärmewende möglich sind, um bis 2035 klimaneutral oder sogar klimapositiv zu werden. Der Mannheimer Kraftwerksbetreiber MVV hat bereits 2020 damit begonnen, die thermische Abfallbehandlungsanlage in seinen Maßnahmenkatalog der Wärmewende einzubinden. Mit dem Anschluss einer Flusswärmepumpe, einer Phosphorrecyclinganlage, Besicherungs- und Spitzenlastanlagen sowie nun auch eines Biomasseheizkraftwerks konnte MVV nun die zweite Stufe seiner Wärmewendeplanung abschließen (Terplan, 2024). MVV-Vorstandsvorsitzender Dr. Georg Müller: „Der Ausbau des Biomassekraftwerks zu einem Heizkraftwerk bedeutet einen großen Schritt auf dem Weg zur vollständig grünen Fernwärme bis 2030 (Müller, 2024)."

Es herrschte Einigkeit darüber, dass die direkte Nutzung erneuerbarer Energien zur Dekarbonisierung der Prozesswärme hohe Potenziale aufweist, diese aber derzeit in einem geringen Umfang genutzt werden. Als Hemmnisse für die Dekarbonisierung der gasdominierten Wärmeversorgung in der Industrie in mittleren und unteren Temperaturbereichen wurde einerseits die Verfügbarkeit von erneuerbaren Energien zu konkurrenzfähigen Kosten betont, andererseits darauf hingewiesen, dass der Fortschritt vom Einsatz digitaler Energiemanagement- und Prozesstechnologien abhänge, um die vielfach komplexen technischen Anforderungen der Steuerung bei Einsatz von erneuerbaren Energien zu bewältigen. Auch der Personalbedarf steige bei Einbindung erneuerbarer Energien.

Abb. 4.22 zeigt das instanzenübergreifende Zusammenspiel und die Vorgehensweise zum Aufbau einer zukunftsfähigen Wärmeversorgung. In dieser Darstellung wird die Kommunikation zwischen Politik, Übertragungsnetzbetreiber, Unternehmen und Forschungseinrichtungen deutlich.

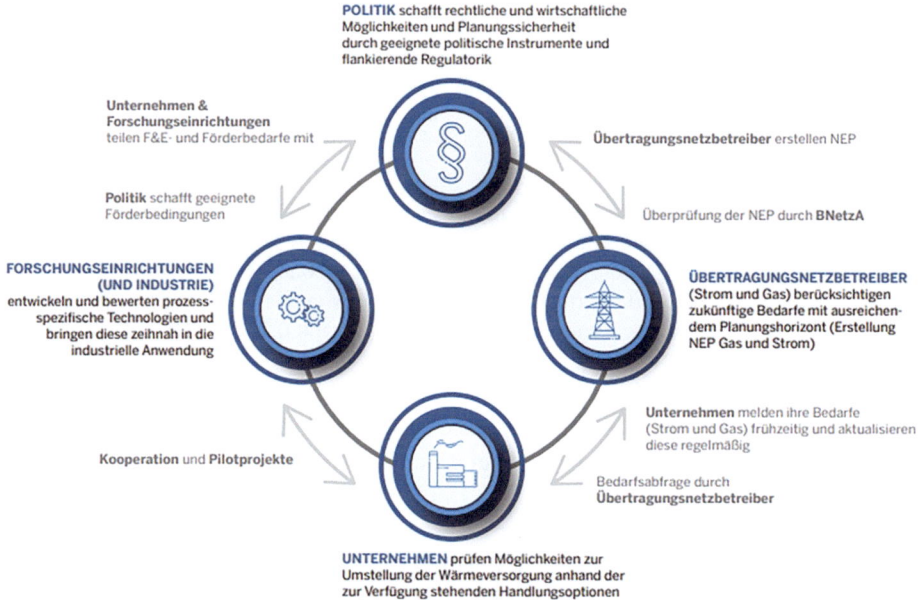

Abb. 4.22 Instanzenübergreifendes Zusammenspiel und Vorgehensweise zum Aufbau einer zukunftsfähigen Wärmeversorgung (Begemann et. al., 2021). Ein Gebäude mit Schornstein steht für energieintensive Unternehmen

4.14.1 Ermittlung des Primärenergieverbrauchs (PEV) in Deutschland nach dem Wirkungsgradprinzip

Beim Primärenergieverbrauch (PEV) ist folgende Verschiebung durch den Ausbau erneuerbarer Energien wesentlich: Statistisch wird der PEV für die deutsche Energiebilanz über das Wirkungsgradprinzip ermittelt. Dabei werden für Brennstoffe die Einsatzmengen in den Feuerungsanlagen mit dem Heizwert des Energieträgers multipliziert. Für Strom aus Wind-, Wasserkraft oder Photovoltaik wird ein Wirkungsgrad von 100 %, für Geothermie von 10 % und für die Atomenergie von 33 % angenommen. Für die erneuerbaren Energien wird so ein erheblich niedrigerer PEV errechnet als für fossil-nukleare Brennstoffe. Dies hat in Zeiten der Energiewende methodenbedingte Verzerrungen bei der Trendbetrachtung zur Folge: Der PEV sinkt mit steigender Substitution von fossil-nuklearen Brennstoffen durch erneuerbare Energien überproportional. Es wird, rechnerisch bedingt, ein stärkerer Rückgang des PEV aus fossil-nuklearen Brennstoffen wahrgenommen. Dies suggeriert einen höheren Effizienzeffekt als die Betrachtung der Entwicklung des Endenergieverbrauchs. Diese Verzerrung wird bei zunehmendem Anteil erneuerbarer Energien als auch dem zunehmenden Abschalten von fossil-nuklearen Kraftwerken immer stärker. Daneben gibt es weitere sich verändernde Einflussfaktoren auf den Primärenergieverbrauch. Die Energieszenarien, wie auch die politischen Überlegungen, sehen im Gegenzug zur Verminderung der Importe von fossilen Primärenergieträgern (Kohle, Öl, Gas) eine Zunahme von Importen von Powerto-X (PtX)-Derivaten (z. B. Wasserstoff) vor, sodass der PEV vermutlich auch zukünftig nur einen gewissen Teil der zur Erzeugung und zum Transport notwendigen Energie wiedergibt.

Power to X (PtX)
In Statistiken werden unterschiedliche Energieformen beschrieben. Endenergie ist die Energie, die beim Endverbraucher ankommt und dort verbraucht wird. Bevor dies möglich ist, muss die ursprüngliche Form der Energie, die Primärenergie, jedoch umgewandelt und transportiert werden. Die vom Energiedienstleister zur Verfügung gestellte Energie wird als Nutzenergie bezeichnet. Die Einheit Peta (10^{15}) PJ kann durch eine einfache Multiplikation mit 0,2778 in Tera (10^{12}) TWh umgewandelt werden.

In der europäischen Energieversorgung hat sich seit längerer Zeit der Begriff Power-to-X (P2X) etabliert. Er beschreibt Prozesse, bei denen erneuerbare Energie aus Sonne, Wind, Biomasse etc. eine wichtige Rolle spielen. Der Output sind sog. saubere Brennstoffe (e-fuels) oder Chemikalien wie Ammoniak (NH_3), die zur Herstellung nachhaltiger grüner Produkte dienen. In Abb. 4.20 wird die Elektrolyse als erster Schritt bei der Herstellung von Power-to-X-Produkten dargestellt. Erneuerbare Elektrizität aus Sonnen- und Windenergie wird hierbei verwendet, um Wasser (H_2O) in grünen Wasserstoff (H_2) und Sauerstoff (O_2) umzuwandeln. Der grüne Wasserstoff kann zudem direkt als Energiequelle in der Schwerindustrie oder im Transportwesen genutzt oder als wichtiger Bestandteil bei der Herstellung anderer Power-to-X-Produkte verwendet werden.

Europäische Energie
Power to X (P2X) Prozess

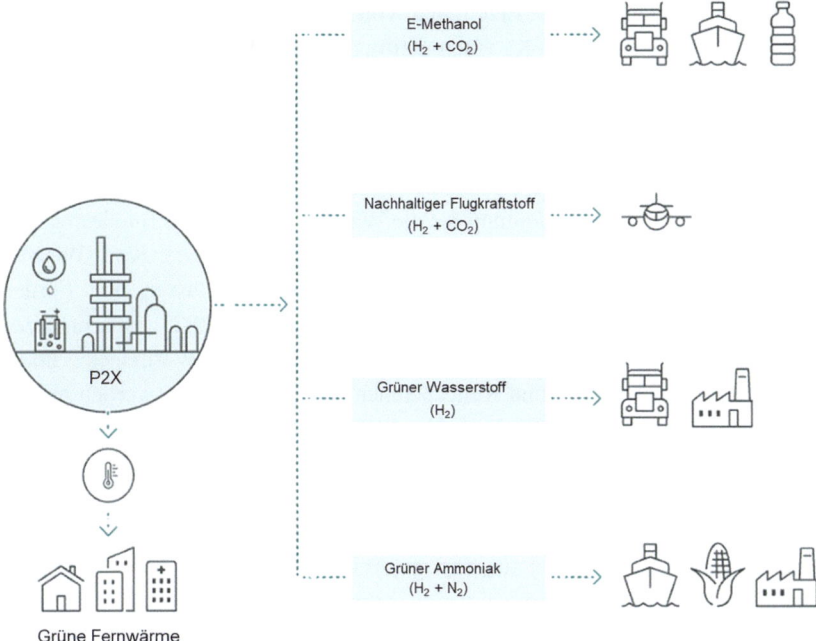

Abb. 4.23 Power-to-X (PtX/P2X)-Prozess – Umwandlung von regenerativer Energie (Power) in nachhaltige grüne Produkte (the „X")

Abb. 4.23 zeigt den Zusammenhang zwischen der Erzeugung von erneuerbarer Energie und der Produktion von Wasserstoff als Power-to-X-Produkt. Die Elektrolyse ist hierbei der erste Schritt. Erneuerbare Elektrizität aus Sonnen- und Windenergie wird verwendet, um Wasser (H_2O) in grünen Wasserstoff (H_2) und Sauerstoff (O_2) umzuwandeln. Der grüne Wasserstoff kann dann direkt als Energiequelle in der Schwerindustrie oder im Transportwesen genutzt oder als wichtiger Bestandteil bei der Herstellung anderer Power-to-X Produkte verwendet werden (Vikjær-Andrese, 2024).

Im Fokus der energieeffizienten Strom- und Wärmeerzeugung steht die Kraft-Wärme-Kopplung (KWK), die wesentlich zum Klimaschutz und zur Ressourcenschonung beiträgt. KWK stellt eine wichtige Technologie zur Steigerung der Primärenergieeffizienz, zur Reduktion von CO_2-Emissionen und für den Ressourcenschutz dar. Im Jahr 2021 wurden aus KWK-Anlagen 117 TWh Strom (entspricht rund 21 % Anteil an der Gesamt-Netto-Stromerzeugung) und 228 TWh Wärme (entspricht knapp 16 % Anteil am Endenergieverbrauch Wärme) produziert, davon ca. 105 TWh an Fernwärme. Die KWK trug damit im Jahr 2021 zur Deckung eines Anteils von gut 14 % am gesamten Endenergieverbrauch von 2409 TWh in Deutschland bei. Darüber hinaus konnten durch die KWK laut BMWK-Evaluierungsbericht bis zu 54 Mio. t CO_2 pro Jahr gegenüber der weniger effizienten ungekoppelten – also getrennten – Erzeugung von Strom und Wärme eingespart werden (Pawlik, 2024).

Durch die gleichzeitige Erzeugung von Strom und Wärme leisten Kraft-Wärme-Kopplungs-Techniken (KWK) einen Beitrag zur effizienten Energienutzung und damit zur Energiewende.

Bei der Umwandlung von Primärenergie in Strom und Wärme hängt die Energieeffizienz wesentlich von der Verfahrenstechnik ab. Abb. 4.24 zeigt die Prozesskette vom Edukt (Brennstoff) über die Energieerzeugungsanlage (Prozess) zum Produkt (Strom & Wärme). Aufgrund der Bedeutung für die Wärmewende hat die Bundesregierung ein Gesetz für die Erhaltung, die Modernisierung und den Ausbau der Kraft-Wärme-Kopplung (Kraft-Wärme-Kopplungsgesetz – Buschmann, 2024) erlassen und Förderrichtlinien festgelegt. Die aktuelle Fassung des KWKG vom 20.12.2022 (Buschmann, 2022) beschreibt u. a. die bundesdeutschen Zuschlagzahlungen für Wärmenetze und Kältenetze sowie für Wärmespeicher und Kältespeicher. In diesem Gesetz werden auch der Begriff der „industriellen Abwärme" als nicht genutzte Wärme aus industriellen Produktionsanlagen oder -prozessen in Unternehmen des verarbeitenden Gewerbes definiert und „innovative KWK-Systeme" als besonders energieeffiziente und treibhausgasarme Systeme beschrieben, in denen KWK-Anlagen in Verbindung mit hohen Anteilen von Wärme aus erneuerbaren Energien oder aus dem gereinigten Wasser von Kläranlagen KWK-Strom und Wärme bedarfsgerecht erzeugen oder umwandeln. Techniken, die zur effizienten Erzeugung von Strom und Wärme dienen, werden gefördert, um durch die gekoppelte Erzeugung Brennstoff und Kohlenstoffdioxid (CO_2) einzusparen.

Als zentrale Grundlage für den Aufbau von gekoppelter Strom- und Wärmeerzeugung in Deutschland hat sich das KWKG bewährt. Wie das EEG Erneuerbare-Energien-Gesetz (Buschmann, 2024) fördert es die Einspeisung von regenerativer elektrischer Energie ins Stromnetz sowie über einen investiven Förderteil den Auf- und Ausbau von Wärmenetzen und -speichern.

Zur Absicherung der Stromversorgung aus erneuerbaren Energien (EE) sind laut Agora Energiewende mit Erreichen der Klimaneutralität im Jahr 2045 und darüber

Abb. 4.24 Kraft-Wärme-Kopplung (KWK) im Energiesystem (Ittershagen, 2023)

hinaus steuerbare brennstoffbasierte Stromerzeugungsanlagen erforderlich (Langenheld et al., 2021). Dabei trägt die Kraft-Wärme-Kopplung aufgrund ihres Erzeugungsprofils insbesondere in den Wintermonaten mit sonnenarmen Stunden deutlich zur Stromversorgungssicherheit bei. Nach dem Versorgungssicherheitsbericht Strom der Bundesnetzagentur vom Januar 2023 (Haufe, 2023) sollen bis 2030 16,9 GW an steuerbaren Kraftwerksanlagen über KWK – respektive das KWKG – neu zugebaut werden. Das KWKG ist – nach einer entsprechenden Anpassung – ein bewährtes Instrument, das kurzfristig Anreize für diese umfangreichen Investitionen in einem marktlichen Umfeld setzen kann. Insofern sollte es zügig an die veränderten Rahmenbedingungen derart angepasst werden, damit den geänderten Anforderungen, die sich aus der Energiewende ergeben, auch ein adäquat überarbeiteter Förderteil gegenübersteht und die nötige Investitionssicherheit geschaffen wird.

Trotz der Kohlenstoffdioxid- und Primärenergieeinsparung verursacht die Verbrennung fossiler Energieträger auch in KWK-Anlagen weiterhin Treibhausgasemissionen sowie Luftschadstoff- und Geräuschimmissionen. Der Ausbau der KWK erfolgte vornehmlich im Rahmen des KWKG, doch beeinflussen auch andere Gesetze und Maßnahmen die Entwicklung der KWK auf der Angebots- und der Nachfrageseite. Diese vielfältigen Aspekte tragen zum heutigen Status quo der KWK bei, die sich an ein stark wandelndes Energiesystem anpassen muss (Briem, 2020).

Um dies an einem Beispiel deutlich zu machen, wird in Abb. 4.25 das Heizkraftwerk Altbach/Deizisau vorgestellt. Mit einer Gas- und Dampfturbinenanlage (GuD) hat

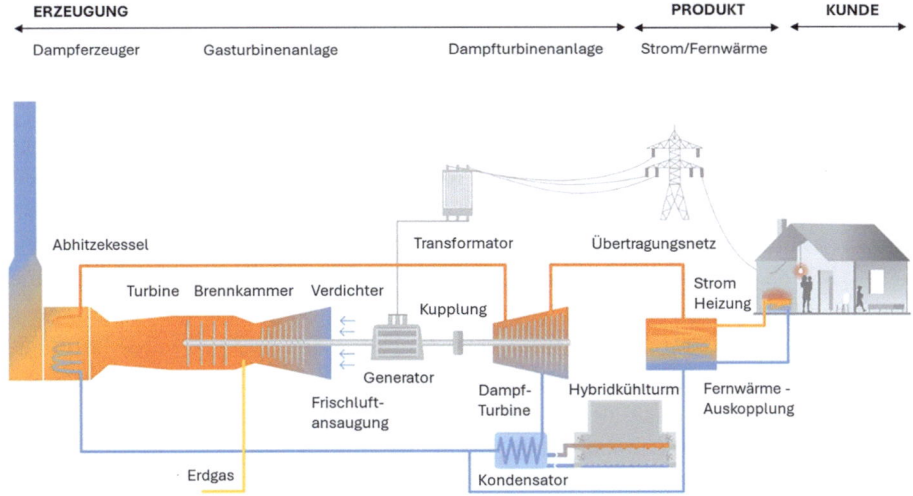

Abb. 4.25 Kraft-Wärme-Kopplung im Heizkraftwerk Altbach/Deizisau (Walter, 2024)

EnBW in diesem Kraftwerk über einen sogenannten Fuel Switch den Brennstoff Kohle zunächst durch das klimafreundlichere Erdgas ersetzt. Der Wechsel zum Erdgas bildete die Brücke auf dem Weg zu grünen Gasen wie regenerativ erzeugtem Wasserstoff. Die EnBW plant, Klimaneutralität bis 2035 zu erreichen – und leistet damit einen nachweisbaren Beitrag zum Klimaschutz im Sinne des Pariser Abkommens von 2015. Darüber hinaus will die EnBW erneuerbare Energien weiter systematisch ausbauen und mittelfristig vollständig aus der Nutzung von Kohle als Energieträger aussteigen. Oberste Priorität hat dabei immer: Die Versorgung mit Strom und Wärme darf nicht gefährdet sein.

Das Prinzip der Kraft-Wärme-Kopplung (KWK) ist vom Verbrennungsmotor bekannt. Der Motor wandelt die im Treibstoff chemisch gebundene Energie mittels Verbrennung in Bewegungsenergie um. Die dabei entstehende Motorwärme wird zum Teil energetisch z. B. für die Beheizung des Fahrzeuges genutzt. In KWK-Kraftwerken dient die eingesetzte Energie nicht der Fortbewegung, sondern der Erzeugung von Strom – und die bei diesem Prozess entstehende Wärme wird zum Heizen verwendet. Über Fernwärmeleitungen transportiert, können damit Wohngebiete oder Gewerbebetriebe versorgt werden. Hauptvorteil der Kraft-Wärme-Kopplung ist der hohe Wirkungsgrad; das verringert den Brennstoffbedarf gegenüber getrennter Erzeugung von Wärme und Strom. Dadurch wird auch der Ausstoß an Schadstoffen reduziert. Eine zentrale Fernwärmeversorgung aus einem Heizkraftwerk kann eine Vielzahl dezentraler Einzelfeuerungen in heimischen Kellern ersetzen. Über eine Fernwärmeleitung ist das Kraftwerk Altbach/Deizisau unter anderem mit dem Heizkraftwerk Gaisburg in Stuttgart-Ost verbunden. Ein Großteil der Industriebetriebe in Esslingen und Stuttgart, etwa Werke der Daimler AG, werden mit Fernwärme versorgt, ebenso viele Privathaushalte in Esslingen, Altbach, Deizisau, Plochingen und Stuttgart.

Tab. 4.3 zeigt an Beispiel eines Dampfkraftwerks, wie der Wirkungsgrad in einem Kraftwerk berechnet wird. Insbesondere werden die Energieverluste beim Verbrennungsprozess, der Dampferzeugung, der Dampfturbine und dem Generator berücksichtigt. Gegenüber dem dargestellten Wirkungsgrad eines konventionellen Kohlekraftwerks von 38–40 % liegt der Wirkungsgrad eines Gasturbinenkraftwerks deutlich höher, weil die heißen Abgase nicht ungenutzt verpuffen, sondern für den Betrieb eines Dampfkraftwerks verwendet werden. Bei einem solchen Kombi-Kraftwerk erhitzen die Abgase einen Dampfkessel. In der Regel erreicht die nachgeschaltete Dampfturbine nochmals die Hälfte der Leistung der Gasturbine. Der Wirkungsgrad beträgt bei neuen Anlagen 51 % bis 58 %. Die GuD-Kraftwerke lassen sich wirtschaftlich im Dauerbetrieb einsetzen. Benutzt man den Heißdampf statt für die Dampfturbine als Fernwärme, so werden Wirkungsgrade bis zu 85 % erreicht. Im bayrischen Irsching wurde 2010 eines der effizientesten Gas- und Dampfturbinenkraftwerke der Welt in Betrieb genommen. Die Anlage setzt mit einer Bruttoleistung von 845 Megawatt und dem sehr hohen Wirkungsgrad von fast 60 % neue Maßstäbe in Punkto Klimaschutz und Energieeffizienz (Wolff, 2024).

Tab. 4.3 Energiefluss im Kohlekraftwerk (Koschinsky, 2005a, b)

Brennstoff	
Chemische Energie der Kohle	100 %
Verbrennung	
Innere Energie der Verbrennungsgase	97 %
Schlacke	3 %
Dampferzeugung	
Innere Energie des Dampfes	92 %
Innere Energie des Abgases	ca. 5 %
Dampfturbine	
Bewegungsenergie des Laufrades	42 %
Innere Energie des Kühlwassers	ca. 50 %
Generator	
Elektrische Energie	40 %
Eigenbedarf Generator	ca. 2 %

4.15 Physikalische Grundlagen der Wärme- und Kälteproduktion

Die Thermodynamik (Wärmelehre) beschreibt die physikalischen Grundlagen der Wärmeproduktion. Der Einstieg erfolgt in der Regel mit dem Ersten Hauptsatz der Thermodynamik, auch Energieerhaltungssatz genannt. *„Bei einem thermodynamischen Prozess geht keine Energie verloren, sondern mechanische Arbeit und Wärme werden ineinander umgewandelt".* Die Wissenschaftler Julius Mayer (1814–1878), James Prescott Joule (1818–1889) und Hermann von Helmholtz (1821–1894) waren die Köpfe dieser Theorie. Rudolf Clausius (1822–1888) fand fast gleichzeitig heraus, dass sich mechanische Arbeit zwar vollständig in Wärme umwandeln lässt, aber nicht umgekehrt. Wärme fließe ohne äußeren Zwang immer vom heißeren zum kühleren Körper, aber nie von sich aus andersherum. Deswegen formulierte er den Zweiten Hauptsatz der Thermodynamik: *„Es gibt keine Zustandsänderung, deren einziges Ergebnis die Übertragung von Wärme von einem Körper niederer auf einen Körper höherer Temperatur ist."* (Kristen, Y., 2024).

4.15.1 Unterschiedliche Formen der Energie und ihre möglichen Wechselwirkungen

Formel 4.1 beschreibt die unterschiedlichen Formen der Energie und ihre möglichen Wechselwirkungen

$$\Delta U = \Delta Q + \Delta W \tag{4.1}$$

wobei U die innere Energie, Q die Wärme und W die Arbeit darstellen. Zusammengefasst besagt diese Formel: Die Änderung der inneren Energie ΔU eines geschlossenen Systems ist gleich der Summe der Änderung der Wärme ΔQ und der Änderung der Arbeit ΔW. Die differenzielle Form wird zur Modellierung von thermischen Systemen benötigt. Zur Aufstellung eines differential-algebraischen Gleichungssystems ist allerdings eine genauere Beschreibung notwendig, die die Änderung der differentiellen Zustände (Druck, Temperatur, Durchfluss, Volumen, Aggregatzustände, Stoffmengen etc.) berücksichtigt. Die nachfolgende Gleichung beschreibt in vereinfachter Form den Wärmefluss und die Energieänderung in einem geometrischen Körper (z. B. einem Würfel). Deshalb wird sie auch als Wärmeleitungsgleichung bezeichnet (Eisermann, M., 2024). Mithilfe dieser Gleichung kann einfach eine Energiebilanz berechnet werden, die die zeitliche und räumliche Änderung der Energie in einem System abhängig von Wäremproduktion, Verbrauch sowie vom Energiefluss beschreibt.

$$\partial u(t, x) = \nabla \bullet f(t, x) + q(t, x) \tag{4.2}$$

δu(t, x): Differentielle zeitliche Änderung der gespeicherten Energie
∇ • f(t, x): Zeitliche und räumliche Änderung der zu- und abgeführten Energie
q(t, x): In einem definierten Raum- und Zeitintervall produzierte Energie

Diese Bilanzgleichung kann dann angewandt werden, wenn Wärme produziert oder verbraucht (Δq) bzw. gespeichert wird (Δu) und wenn Wärme stofflich gebunden oder aufgrund von Konvektion oder Leitung strömt (∇f) (Kurt, 2024).

4.15.2 Differentielle und integrale Energieänderung in Systemen

Die verwendeten mathematische Operatoren beschreiben differentiell (zeitlich und räumlich infinitesimal) die Änderung der Energie im System. Der Nabla-Operator ∇ steht hierbei für die zeitliche und räumliche Änderung des Energieflusses. Die Differenz Δ (Delta) erfasst die makroskopisch und räumlichen absoluten Veränderungen der Größen (Wärme Q, Arbeit W und innere Energie U). Die kleinen Buchstaben (q, w, u) stehen für Volumen oder Masse/Stoffmenge bezogene Größen.

Einheiten

u: gespeicherte Energie in einem definierten Raum- und Zeitintervall [J/m^3]

Anmerkung: kleine geschriebene Buchstaben stehen in der Physik für mengen- oder volumenbezogene Größen, wie z. B. J/m^3

U: innere Energie [J] oder [kWh]
f(t,x): funktionale Änderung des Energieflusses in einem definierten Raum- und Zeitintervall [J/m3].

q: produzierte Energie in einem definierten Raum- und Zeitintervall [J/m3]
Q: absolute Wärmemenge [J=kWh]
W: insgesamt geleistete (mechanische) Arbeit [J=Nm]

4.15.3 Innere Energie

Man spricht allgemein von der inneren Energie (U), wenn die Gesamtenergie eines abgeschlossenen Systems gemeint ist. Wenn die innere Energie eines abgeschlossenen Systems konstant ist, können Wärmeenergie (Q) in Arbeit (W) oder umgekehrt Arbeit (W) in Wärmeenergie (Q) umgewandelt werden. Als Formel ausgedrückt lautet der Erste Hauptsatz der Thermodynamik:

$$\Delta U = Q + W = 0 \qquad (4.3)$$

Dies ist ein Sonderfall der Gl. 4.1 (Smidt, 2017).

Die absolute Differenz einer skalaren Größe wird mathematisch mit dem Δ-Symbol beschrieben. Die Änderung der inneren Energie ΔU eines abgeschlossenen Systems ist null, wenn im Inneren keine Energie verbraucht oder erzeugt wird, die erzeugte Energie in Arbeit umgewandelt wird oder umgekehrt die geleistete Arbeit vollständig in Wärme umgewandelt wird. Bei einem abgeschlossenen System wird keine Arbeit oder Wärme mit der Umgebung ausgetauscht, und es findet auch kein Stoffaustausch statt.

Abb. 4.26 zeigt eine Übersicht der möglichen thermodynamischen Zustandsänderungen.

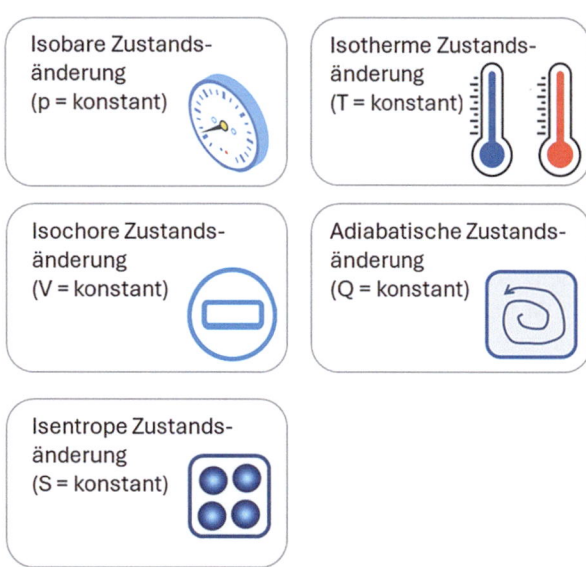

Abb. 4.26 Thermodynamische Zustandsänderungen (Quelle: eigene Darstellung)

Um den Begriff der Entropie, auch Unordnungsgrad genannt, eines Systems besser zu verstehen, ist die Kenntnis der Gibbs-Helmholtz-Gleichung hilfreich. Sie beschreibt die freie Enthalpie einer Reaktion:

$$\Delta G = \Delta H - \Delta S * T \qquad (4.4)$$

4.15.4 Freie Enthalpie

Die freie Enthalpie ΔG wird für eine bestimmte Reaktion berechnet. Wenn ΔH (Reaktionsenthalpie), ΔS (Entropie) und T bekannt sind, gibt die Berechnung der freien Enthalpie die Möglichkeit, den Reaktionsverlauf und die „Freiwilligkeit" einer Reaktion zu beurteilen:

$\Delta G < 0$: Die Reaktion läuft freiwillig ab, und es liegt eine exergonische Reaktion vor.
$\Delta G > 0$: Die Reaktion läuft nicht freiwillig ab und es liegt eine endergonische Reaktion vor.

Als endergonisch bezeichnet man die Eigenschaft chemischer Reaktionen, nur unter Zufuhr von Energie zu verlaufen; damit sind die Produkte der Reaktion energiereicher als die Edukte. Gegenteilige Reaktionen werden als exergonisch bezeichnet (Meyer-Woters, 2024).

Bei vielen technischen Prozessen, deren Ziel die Erzeugung von Strom, Wärme und Synthesegas ist, spielen die o. g. Zustandsänderungen eine wichtige Rolle.

Durch eine einfache grafische Auswertung der Temperatur-Entropie- (T-S) sowie Druck-Volumen (p–V)-Diagramme können die geleistete Arbeit sowie die zu- und abgeführte Wärme einfach ermittelt werden. Thermodynamische Kreisprozesse können mittels der Umwandlung von extern zugeführter Energie (z. B. in Form von Strom) in thermische Energie quantitativ bewertet werden.

4.15.5 Carnot-Kreisprozess (Dampferzeugung)

Thermodynamische Maschinen setzen sowohl mechanische Energie als auch Wärme um. Dabei unterscheidet man zwischen Wärmekraftmaschinen (Wärmeumsatz liefert mechanische Arbeit) und Wärmepumpen (mechanische Arbeit bewirkt Wärmeumsatz). Wird der Wärmeumsatz einer Wärmepumpe nur einseitig genutzt (nur Wärmeabgabe bzw.

-aufnahme), so nennt man sie Heizwärmepumpe bzw. Kältemaschine. Für das Verständnis der thermodynamischen Zusammenhänge ist es essenziell, die Carnot-Kreisprozesse zumindest grundlegend zu verstehen. Sie sind elementarer Bestandteil vieler Systeme, in denen Energie umgewandelt wird, wie z. B. für Dampfkraftwerke, in denen Strom erzeugt wird. Schaubild 4.24 zeigt das Prinzip.

Abb. 4.27 zeigt am Beispiel eines Dampfkraftprozesses, wie Wärme in Strom umgewandelt werden kann. Der Prozess besteht aus vier Schritten:

Phase	Prozess	Energieträger	Umwandlung	Arbeit, Wärme
1→2	Isotherme Kompression	flüssig	p↑, V↓, T=	W12(+), Q12(-)
2→3	Isentrope Verdichtung	gas	p↑, V↓, T↑	W23(+), Q23(0)
3→4	Isotherme Expansion	gas	p↓, V↑, T=	W34(−), Q34(+)
4→1	Isentrope Expansion	flüssig	p↓, V↑, T↓	W41(−), Q41(0)

Die schraffierte Fläche in Abb. 4.28 kennzeichnet die mechanische Arbeit, die über den Antrieb der Turbine zur Stromerzeugung genutzt wird:

$$\Delta W = \int p\, dv \tag{4.5}$$

Wenn man den Prozess als ein abgeschlossenes System darstellt, ist die abgegebene Arbeit gleich der aufgenommenen Wärme.

$$\sum_1^4 W(ab) = \sum_1^4 Q \tag{4.6}$$

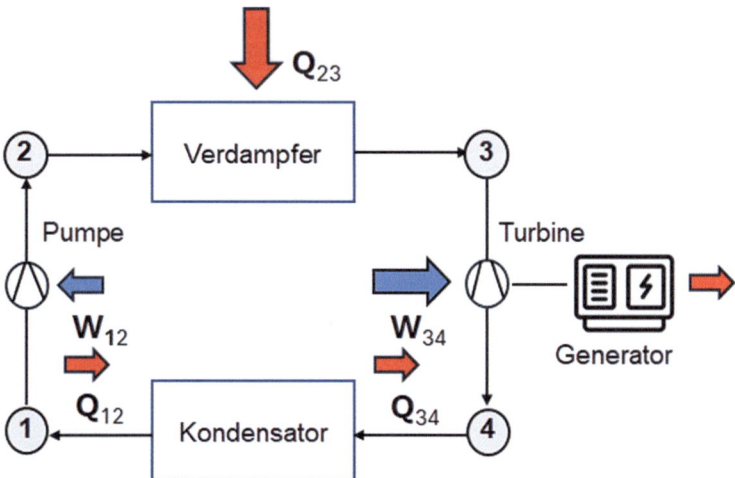

Abb. 4.27 Prinzip Dampfkraftprozess/Clausius-Rankine (Sielker, 2022)

Abb. 4.28 Carnot-Prozess Dampfkraftwerk (Eigene Darstellung gemäß Pitsch, 2012)

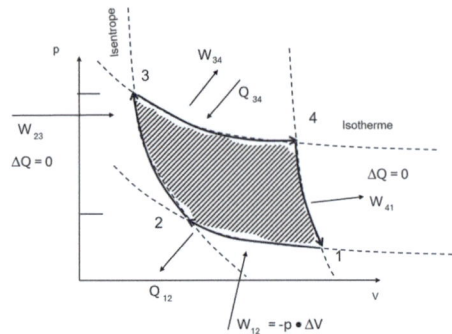

Reversible Carnot-Prozesse z. B. können mehr Wärmeenergie liefern, als sie an externer Energie benötigen – ein Effekt, den man als COP (Coefficient of Performance) bezeichnet. Dieser Wert gibt bei einer Wärmepumpe die Relation von der erzeugten Wärme zu der dazu nötigen Antriebsenergie (Strom) an. Wärmepumpen verwenden flüssige Kältemittel (z. B. R290 Propan), die eine Wärmemenge $\dot{q}_U$ aus der Umgebung aufnehmen und eine Wärmemenge $\dot{q}_H$ abgeben. Hierbei wird die Umweltwärme von einem niedrigeren Temperaturniveau (kaltes Reservoir) zu einem höheren (warmes Reservoir) transportiert. Dies ist nach dem Zweiten Hauptsatz der Thermodynamik nicht möglich. Deshalb benötigt dieser Prozess zusätzliche Energie, die als Arbeit W_t über den Verdichter zugeführt wird.

Es gilt:

$$\dot{q}_H = \dot{q}_U + \frac{dW_t}{dt} \quad (4.7)$$

Abb. 4.29 zeigt das Rohrleitungs- und Instrumentenfließschema (R&I) einer Kompressionswärmepumpe und kennzeichnet die Wärme- und Exergieströme.

1) Kompressor, 2) Verflüssiger (Kondensator), 3) Drossel (thermostatisches Expansionsventil), 4) Verdampfer.

Abb. 4.29 R&I-Fließbild einer Kompressionswärmepumpe und Darstellung der Wärme- und Exergieströme (Sielker, 2022)

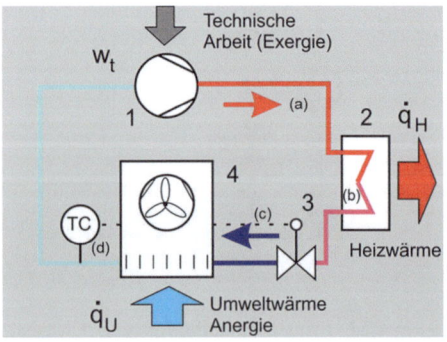

(a) Gasförmig, hoher Druck, sehr warm
(b) Flüssig, hoher Druck, warm
(c) Flüssig, niedriger Druck, sehr kalt
(d) Gasförmig, niedriger Druck, kalt

4.15.6 Carnot-Kreisprozess (Wärmepumpe)

Die Wärmepumpe ist prinzipiell eine im Carnot-Prozess „linksdrehende" Wärmekraftmaschine. Deshalb gibt die Effizienz einer Wärmepumpe die aufzuwendende Arbeit an, um thermische Energie von einer niedrigen auf eine höhere Temperatur zu heben.

$$\varepsilon_{WP} = \frac{nutzbare\ Wärmemenge\ Q_H}{W} = \frac{1}{\eta} \quad (4.8)$$

Die Größe Q_H ist die vom kälteren zum wärmeren Körper transportierte Wärmemenge und W die dafür notwendige Arbeit. Das Formelsymbol für die Leistungszahl ist der griechische Kleinbuchstabe Epsilon ε. Da die Leistungszahl der Kehrwert des thermischen Wirkungsgrades η ist, gilt $\varepsilon_{WP} > 1$. Übliche Kennzahlen liegen zwischen 4 und 5. Mit einem Teil elektrischer Energie werden folglich bis zu fünf Teile Wärme erzeugt.

Die Wärmepumpe entzieht der Umwelt mit der Temperatur T_{kalt} Wärme und führt sie einem Reservoir der Temperatur T_{warm} zu, transportiert also Wärmeenergie zwischen zwei Reservoiren. Dies geschieht in der Praxis über einen Kältemittelkreislauf (vgl. Abb. 4.29). Das Kältemittel (z. B. Fluorkohlenwasserstoff HFKW mit der Bezeichnung R32) besteht aus dem Grundstoff Methan, an den zwei Fluor-Atome angelagert sind. Dieser Stoff nimmt beim Verdampfen Wärme auf und gibt sie beim Kondensieren wieder ab. Damit der Wärmetransport vom kalten zum warmen Reservoir stattfinden kann, muss Arbeit von außen zugeführt werden. Wegen der Energieerhaltung ist im Idealfall die von der Maschine benötigte Arbeit W_{mech} gleich der Wärmebilanz:

$$W_{mech} = Q_{warm} - Q_{kalt} \quad (4.9)$$

Die in der Regel in elektrischer Form bereitgestellte Antriebsenergie erfüllt zwei Aufgaben:

$$\sum W_{el} = W_{mech} + Q_{Reib} \quad (4.10)$$

Der (idealisierte) Kompressionsvorgang erfordert einen mechanischen Arbeitsaufwand W_{mech} und zusätzlich die Kompensation von Reibungswärme sowie der Wärmeentwicklung in Pumpe und Antriebsmotor.

Abb. 4.30 zeigt den (linksdrehenden) Carnot-Prozess einer Wärmepumpe. Nachfolgend werden die Prozessschritte benannt und beschrieben:

Abb. 4.30 Carnot-Prozess Wärmepumpe (Eigene Darstellung gemäß Pitsch 2012)

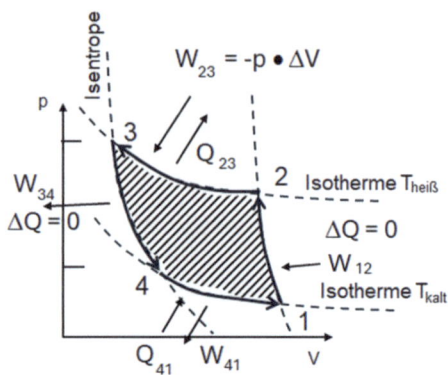

Prozessschritt I (1 → 2) Adiabatische Kompression

Bei der adiabatischen Kompression von Volumen V_1 auf V_2 wird das Gas ohne Kontakt zur Umgebung adiabatisch komprimiert. Dabei wird an dem Gas Arbeit verrichtet. Während der adiabatischen Kompression steigen Temperatur und Gasdruck an.

Isentrope Zustandsänderung

In einer isentropen (adiabat-reversiblen) Zustandsänderung können sich Temperatur, Volumen und Druck ändern, während die Entropie des Systems vollständig konstant bleibt. Je nach Richtung des Prozesses wird entweder Wärme in nutzbare Arbeit umgewandelt oder durch Einsatz von Arbeit Wärmeenergie gewonnen (Thielen, K., 2010).

Prozessschritt II (2 → 3) Isotherme Kompression

Das Volumen des Gases, das nun die Temperatur $T_{Heiß}$ besitzt, wird bei konstanter Temperatur von V_2 auf V_3 erniedrigt. Mit der Kompression wird an dem Gas die Arbeit W_{23} verrichtet und das Gas gibt die Wärme Q_{23} ab.

Prozessschritt III (3 → 4) Adiabatische Expansion

Die adiabatische Expansion von Volumen V_3 auf V_4 erfolgt bei der Temperatur T_H. Hierbei sinken Temperatur und Druck ab, und das Gas verrichtet die Arbeit W_{34}.

Prozessschritt IV (4 → 1) Isotherme Expansion

Nach der isothermen Expansion von V_4 auf V_1 hat das Gas wieder die Temperatur T_{kalt}. Dabei verrichtet das Gas die Arbeit W_{41}, nimmt die Wärme Q_{41} auf und der Gasdruck sinkt. Nun ist der Zyklus geschlossen.

Das „Geheimnis" der Wärmepumpe liegt im Kältemittel, einer Flüssigkeit, die bereits bei geringen Temperaturen siedet bzw. verdampft. Durch den Verdampfungsvorgang bzw. die Aggregatsänderung wird die Flüssigkeit gasförmig und dehnt sich aus. Um den Verdampfungsvorgang einzuleiten, wird Wärme aus der Umgebung aufgenommen, die hierdurch abgekühlt wird.

Tab. 4.4 Dampfdruck des Kältemittels RT290 Propan als Funktion der Verdampfungstemperatur (Baader, 2024)

T [°C]	−10	0	10	20	30	40	50	60	70
p [bar]	2,4	3,8	5,6	7,6	10,1	13,3	17,0	20,6	25,0

In Frankfurt am Main ist dies bereits geplante Realität. Beim Projekt „Gallus" soll vom Rechenzentrumsbetreiber Telehouse Deutschland, dem Energieversorger Mainova und dem Immobilienentwickler Instone Real Estate die Abwärme von Rechenzentren für die Wärmeversorgung von Wohnquartieren genutzt werden. *„Im Rechenzentrum haben wir einen Kühlwasserkreislauf, der das durch die Server aufgewärmte Wasser mit etwa 30 Grad Celsius zurückführt. Über Wärmetauscher von Mainova wird die Wärme dann über bereits existierende Rohre in das Wohnquartier transportiert"*, erklärt der Geschäftsführer von Telehouse, Béla Waldhauser. Dort werde die Wärme in einer Heizzentrale mit zwei von Mainova installierten Großwärmepumpen durch Verdichtung des gasförmigen Kältemittels auf etwa 60 bis 70 °C erhitzt. Die hohe Temperatur mache das warme Wasser sowohl für Heizungen als auch für die Warmwasserversorgung nutzbar (Waldhauser, 2023).

Tab. 4.4 zeigt für das Kältemittel Propan den Zusammenhang zwischen Dampfdruck und Temperatur. Durch eine Erhöhung des Dampfdruckes auf 20 bis 25 bar können Temperaturen zwischen 60 und 70 °C erzielt werden. Für die Verdichtung muss jedoch mechanische Energie aufgebracht werden.

Wenn also das Kältemittel RT290 Propan zum Einsatz kommt, steigt bei 60 °C der Dampfdruck des gasförmigen Arbeitsmittels auf fast 21 bar. Diese Wärme wird an die Umgebung abgeleitet. Danach fällt die Temperatur wieder, und das Arbeitsmittel verflüssigt sich.

4.15.7 Coefficient of Performance (COP)

Um den Energiebedarf bei der klimawirksamen Auslegung von Anlagen zu berücksichtigen, werden in der Kältetechnik Kennzahlen verwendet, vor allem die Jahresarbeitszahl (JAZ) – aber auch der Coefficient of Performance (COP) und die jahreszeitbedingte Raumheizungsenergieeffizienz (ETAs). Die JAZ beschreibt die Effizienz eines Heizsystems über ein Jahr. Die Zahl zeigt das Verhältnis von eingesetzter Energie zu erzeugter Heizwärme an. Sie wird vorab berechnet und unter realen Bedingungen exakt ermittelt. Der COP bezieht sich ausschließlich auf Wärmepumpen und spiegelt die Relation von Nutzwärme zu aufgewendeter elektrischer Energie wider. Dieser Wert wird nach Ermittlung für die Vergleichbarkeit verschiedener Wärmepumpen herangezogen. Noch präziser ist der Seasonal Coefficient of Performance (SCOP), der auch die Außentemperaturen in die Berechnung miteinbezieht. Die ETAs gilt als Fördervoraussetzung für ein Heizsystem. Neben der Effizienz der Wärmepumpe wird auch die Umweltbelastung durch die nötige Stromerzeugung berücksichtigt (Scherf, 2024).

Die deutsche Regierung fördert Wärmepumpenheizungen im Jahr 2024 mit einem JAZ-Wert von mindestens 3,0 (Sabel, 2024). Die zugeführte elektrische Energie beträgt also bei dem Wärmebedarf eines Einfamilienhauses von 25.000 kWh Wärmeenergie pro Jahr etwa 8300 kWh. Die Formel lautet:

$$\text{Jahresarbeitszahl (JAZ)} = \frac{Q_{ab}}{Q_{zu}} * 100 \qquad (4.11)$$

abgeführte thermische Energie Q_{ab}
zugeführte elektrische Energie Q_{zu}

Mit dem Gesetz für Erneuerbares Heizen (Gebäudeenergiegesetz – GEG) hat Deutschland die Energiewende im Gebäudebereich eingeleitet. Seit dem 1. Januar 2024 ist der Umstieg auf erneuerbare Energien beim Einbau neuer Heizungen verpflichtend. Zeitgleich startet mit dem Jahreswechsel die neue Förderung „BEG EM Einzelmaßnahmen für effiziente Gebäude" (Olcanovic, 2024).

Im GEG wird die jahreszeitbedingte Raumheizungsenergieeffizienz, ausgedrückt mit dem η_S-Wert (ETAs), als die neue Fördervoraussetzung für Wärmepumpen verwendet. Berechnet wird dieser Wert, indem man den Quotienten aus Seasonal Coefficient of Performance (SCOP) und Primärenergiefaktor (PEF) mit 100 multipliziert (Scherf, 2024) (Abb. 4.31):

$$\eta S = \frac{SCOP}{PEF} * 100 \qquad (4.12)$$

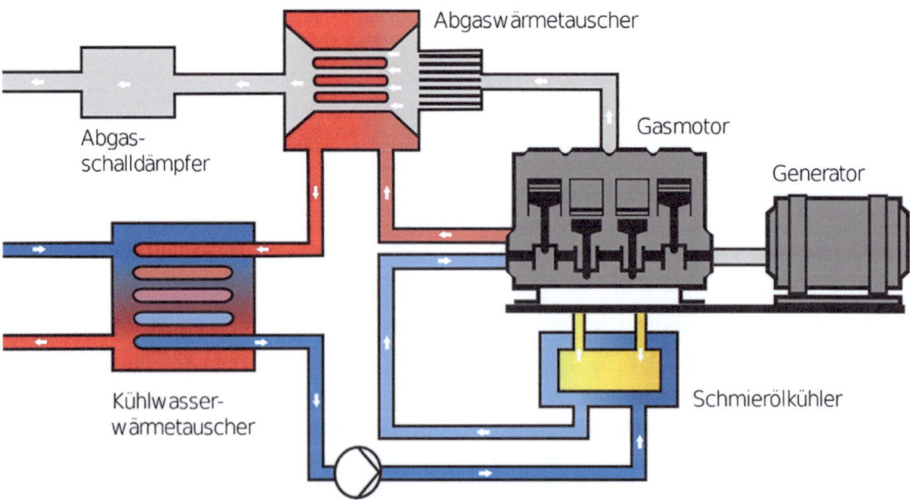

Abb. 4.31 Funktionsschema eines Blockheizkraftwerks (Sabel 2024)

Eine Voraussetzung für den flächendeckenden Betrieb von Wärmepumpen ist die Bereitstellung von regenerativ erzeugtem Strom. Da dies insbesondere bei industriellen Anwendungen nicht allein durch PV-Anlagen oder Wind bewerkstelligt werden kann, ist der Einsatz von Blockheizkraftwerken (BHKW) eine korrespondierende Technologie. Gerade die Kombination aus Wärme und Stromerzeugung durch das BHKW ist beim Einsatz von Wärmekraftmaschinen Erfolg versprechend (Ante, V. et. al., 2024). Abb. 4.28 zeigt das Funktionsschema eines Blockheizkraftwerks. Der Gasmotor gibt Wärme ab, die im sogenannten „inneren Kühlkreislauf" nacheinander aus dem Schmieröl, dem Motorkühlwasser und dem Abgas aufgenommen und über einen Plattenwärmetauscher an das Heizungssystem übertragen wird. Dieses System der Energieerzeugung und -nutzung heißt Kraft-Wärme-Kopplung (KWK), weil gleichzeitig die vom Motor erzeugte mechanische Energie (Kraft) und die beim Antrieb des Generators durch den Motor frei werdende thermische Energie (Wärme) genutzt wird. Im Gasmotor wird der Brennstoff mit Luft vermischt, verdichtet und mittels einer Zündkerze zur Verbrennung gebracht. Das expandierende Gas treibt den Kolben und letztendlich den Generator an (Borufka et al., 2024).

BHKW werden oft parallel zum öffentlichen Netz betrieben. Durch den Einsatz von Synchrongeneratoren ist prinzipiell auch ein Netzersatzbetrieb möglich. Hierdurch kann die elektrische Versorgung von technischen Anlagen beim Stromausfall gewährleistet werden. Diese erfolgt allerdings anders als bei USV-Anlagen nicht zeitkritisch innerhalb von Millisekunden.

Viele Jahre wurden Wärmepumpen in erster Linie als eine Lösung für die Beheizung von Einfamilienhausneubauten betrachtet. Mittlerweile sind die technischen Anwendungsmöglichkeiten allerdings wesentlich vielfältiger: Neubau, Altbau, Modernisierung, Ein- und Mehrfamilienhäuser, Nicht-Wohngebäude und ganze Quartiere können effizient und zuverlässig mit Wärme und Kälte versorgt werden. Wärmepumpen sind am Markt mit Kapazitäten bis in den zweistelligen Megawattbereich verfügbar. In Industrieprozessen kommen schon Hochtemperaturwärmepumpen mit bis zu 160 °C zum Einsatz. Die Defossilisierung und Elektrifizierung der Wärmeversorgung ermöglicht es nicht nur, erneuerbare Energien effizient zu nutzen. Mit Wärmepumpen können auch der Stromverbrauch flexibilisiert und so die Stromnetze stabilisiert werden. Die Bedeutung der Wärmepumpe für die Wärmewende stellt allerdings Herausforderungen an die Gerätehersteller: Wärmepumpen sollen in vielen Bereichen und Anwendungsfeldern zur Standardlösung werden. Dafür müssen Methoden, Komponenten und Produkte entwickelt, integriert und etabliert werden. Das schnelle Marktwachstum verlangt zudem effiziente, kostengünstige Produktionsmethoden, um konkurrenzfähig zu bleiben (Zentgraf, M. et al., 2024). Darüber hinaus ist die grundlastfähige Versorgung der Wärmepumpen mit regenerativem Strom ein Thema, das noch nicht abschließend behandelt wurde.

4.16 Die Rolle von Synthesegasen für die Wärmewende

Die Wärmewende ist ein komplexes Themengebiet, bei dem nicht nur Wärmepumpen, Windräder und Photovoltaikanlagen eine Rolle spielen. Eine Technik, die aktuell sehr an Bedeutung gewonnen hat, ist die nachhaltige Produktion von Synthesegasen. Scientist for Future (S4F) ist ein überinstitutioneller, überparteilicher und interdisziplinärer Zusammenschluss von Wissenschaftlern. Sie engagieren sich angesichts der Gefahren der Nachhaltigkeitskrise, eines ungebremsten Klimawandels und des fortschreitenden Artensterbens dafür, dass wissenschaftliche Erkenntnisse angemessen in die politischen Debatten einfließen und bei der Gestaltung einer nachhaltigen Zukunft Berücksichtigung finden. In einer Publikation von März 2022 haben sie darauf hingewiesen, dass über 55 % des in Deutschland verbrauchten Erdgases aus der Russischen Föderation kommen, das waren damals 500 TWh russisches Erdgas pro Jahr. Erdgas ist mit 27 % des deutschen Gesamtenergiebedarfs der zweitwichtigste Energieträger Deutschlands. Den größten Anteil am Erdgasverbrauch hat der Wärmesektor. Zwei Drittel des Erdgases gehen in Deutschland in die Wärmeversorgung, die privaten Haushalte nutzen 28 % des gesamten Erdgases, die Industrie 26 % und der Dienstleistungssektor etwa 12 %, wohlgemerkt nur zur Wärmeversorgung. Der Wärmeenergieverbrauch stellt sich damit als die Schlüsselgröße heraus, um aus der Abhängigkeit von dieser fossilen Energiequelle herauszukommen, sicherheits- wie klimapolitisch (Clausen, 2022). Mit diesem Statement bekommt die Debatte über „grünen Wasserstoff und Biogas statt Erdgas" eine neue Dynamik. Die Idee ist naheliegend. Unter anderem auf Basis von Wind- und Solarstrom wird „grüner Wasserstoff" mittels Elektrolyse aus Wasser hergestellt und erzeugt beim Verbrennen nur Wasserdampf. Er könnte durch das bestehende, leicht modifizierte Erdgasnetz in die Haushalte geleitet werden. Allerdings ist die Produktion von grünem Wasserstoff deutlich teurer als angenommen. Das ergab eine Analyse der Beratungsagentur BCG. „Eine Mischung aus mehreren Entwicklungen sorgt dafür, dass die Kosten für tatsächliche Wasserstoffprojekte gerade höher sind als früher angenommen", teilte Jens Burchardt, Energieexperte bei BCG dem Handelsblatt mit (Witsch, 2023). Hier lohnt es sich, näher hinzuschauen, da Synthesegas auch auf anderen Wegen als über die Elektrolyse gewonnen werden kann.

4.16.1 Herstellung von Wasserstoff

Wasserstoff kann durch die Reformierung von Erdgas oder höheren Kohlenwasserstoffen gewonnen werden. Dabei wird in der ersten Stufe, der Rohgaskonditionierung, das Erdgas mit Wasserstoff angereichert. Bevor es der nächsten Stufe, der Entschwefelung, zugeführt wird, wird es auf ca. 380 °C vorgewärmt. Im oberen Teil eines Reaktors werden organische Schwefelverbindungen in H_2S umgewandelt. Im unteren Teil werden die Schwefelwasserstoffe von Zinkoxid (ZnO) absorbiert. Ihr Gehalt wird so auf <0,2 ppm im Rohgas reduziert.

$$ZnO + H_2S \rightarrow ZnS + H_2O \tag{4.13}$$

Das entschwefelte Rohgas wird mit Dampf gemischt, überhitzt und der Vor-Reformierung zugeführt. Diese Stufe dient der Konvertierung von höheren Kohlenwasserstoffen. Das vorreformierte Rohgas wird wieder überhitzt. Im Reformer selbst erfolgt die

Umsetzung des Gemisches aus Rohgas und Dampf mittels eines Katalysators auf Nickelbasis. Es entsteht das sogenannte Synthesegas, ein Gemisch aus Wasserstoff, CO, CO_2 und Methan, entsprechend der Temperatur und den Co-Reaktionen nach den Gleichgewichtsgleichungen:

$$CH_4 + H_2O \rightarrow CO + 3H_2 \tag{4.14}$$

$$CO + H_2O \rightarrow CO_2 + H_2 \tag{4.15}$$

Das Synthesegas verlässt den Reformer mit einer Temperatur von etwa 850 °C bis 950 °C und wird der nächsten Stufe, der CO-Konvertierung, zugeführt. Unter Anwendung eines auf Eisenoxidbasis arbeitenden Katalysators wird der Großteil des CO mit Wasserdampf zu CO_2 umgesetzt:

$$CO + H_2O \rightarrow CO_2 + H_2 \tag{4.16}$$

Damit wird die gewonnene Wasserstoffmenge erhöht.

Die letzte Stufe bildet die Wasserstoffreinigung. Das Synthesegas aus dem Konverter wird gekühlt, der noch vorhandene Überschussdampf kondensiert und ausgeschleust. Mit einer PSA-Anlage (Pressure Swing Adsorption) wird das mit Wasserstoff angereicherte Gas durch Druckwechseladsorption bis zu 99,999 + % gereinigt. Ein geringer Teil des Reinwasserstoffs wird der Entschwefelung zugeführt. Das Spülgas, das bei der Reinigung der PSA-Anlage anfällt, wird als Heizgas für den Reforming-Reaktor genutzt. Der Reinwasserstoff wird den Kunden per Pipeline oder über Trailer zugeführt. Die Wasserstoffreinigung ist auch über Tieftemperaturverfahren (kryogene Verfahren) oder mittels Membranverfahren möglich.

4.16.2 Synthesegas, H_2/CO

Synthesegas ist ein Gemisch aus H_2 und CO. Wird Synthesegas benötigt, entfällt die CO-Konvertierung. Stattdessen folgt auf den Reformierungsprozess eine CO_2-Entfernung durch Absorption. Das entfernte CO_2 kann als Beiprodukt einer weiteren Verwendung zugeführt werden. Das Verhältnis von H_2/CO im Synthesegas wird dem Bedarf entsprechend eingestellt. Oder es wird eine weitere Trennung in reinen Wasserstoff und reines CO vorgenommen. Diese Trennung kann mittels einer VSA-Anlage (Vacuum Swing Adsorption), eines Membranverfahrens oder eines Coldboxverfahrens erfolgen.

Air Liquide hat in Oberhausen am 26. August 2024 den „Trailblazer", einen 20-MW-Elektrolyseur zur Erzeugung von erneuerbarem Wasserstoff, errichtet. Der Trailblazer ist die größte Produktionsanlage für erneuerbaren Wasserstoff, die an die bestehende Wasserstoffpipeline von Air Liquide angeschlossen ist, um Schlüsselindustrien und die emissionsfreie Mobilität an Rhein und Ruhr mit dem erneuerbaren Gas zu versorgen. Gerade durch seine Einbindung in bestehende Wasserstoffinfrastruktur leistet diese Anlage einen wichtigen Beitrag zur Entstehung einer nachhaltigen Wasserstoffwirtschaft in Deutschland. Air Liquide betreibt im Rhein-Ruhr-Gebiet das größte Wasserstoffnetz in Deutschland. Die Pipeline erstreckt sich über 240 km und beliefert Großabnehmer in dieser Region. In Marl, am Nordrand des Ruhrgebiets, wird das größte Abfüllcenter für Wasserstoff in ganz Europa betrieben. Das Abfüllcenter ist 365 Tage im Jahr über 24 h in Betrieb. Neben Wasserstoff werden noch Methan und Ethylen abgefüllt (Voß, 2024).

Das Projekt Trailblazer wurde durch das Deutsche Bundesministerium für Wirtschaft und Energie gefördert. Elisabeth Winkelmeier-Becker, Parlamentarische Staatssekretärin im BMWK: „Mit der Nationalen Wasserstoffstrategie haben wir einen entscheidenden Schritt zur Weiterentwicklung der Energiewende getan. Gleichzeitig bietet der Markthochlauf der H_2-Wirtschaft große ökonomische Chancen, insbesondere nach den Einschnitten der Coronapandemie. Das Wirtschaftsministerium arbeitet daher seit einem Jahr unter Hochdruck an der Schaffung der regulatorischen und rechtlichen Rahmenbedingungen. Jetzt brauchen wir konkrete und ambitionierte Projekte. Das Projekt ‚Trailblazer' der Air Liquide Deutschland hat in diesem Kontext Vorzeigecharakter. Hier wird gezeigt, wie mit ‚grünem' Wasserstoff die nachhaltige Transformation der Industrie sowie bestimmter Verkehrsbereiche aussehen kann. Zugleich ist das Projekt ein starkes Zeichen für die Positionierung des Rhein-/Ruhrgebiets im Wasserstoffbereich (Winkelmeier-Becker, 2021)."

4.16.3 Holzvergasung

Eine weitere Quelle für Synthesegas ist die Holzvergasung. Die Servicestelle Erneuerbare Gase (SEG) der Österreichischen Energieagentur beschreibt Synthesegas als ein Gasgemisch, das hauptsächlich aus Kohlenmonoxid (CO) und Wasserstoff (H_2) besteht und für verschiedene chemische Synthesen verwendet werden kann. Synthesegas wird als ein wertvolles Produkt der Holzvergasung vorgestellt. Es kann aus verschiedenen kohlenstoff- und wasserstoffhaltigen Ausgangsstoffen wie Kohle, Erdgas oder ligninhaltiger Biomasse hergestellt werden, wobei zu beachten ist, dass nur Synthesegas aus ligninhaltiger Biomasse als erneuerbar bzw. nachhaltig angesehen wird. Die genaue Zusammensetzung des Synthesegases hängt vor allem von den eingesetzten Ausgangsstoffen, den Prozessbedingungen und dem Vergasungsmittel ab (Schubert-Zsilavecz, 2023).

Hersteller von Biomasseheizkraftwerken spezialisieren sich in den letzten Jahren auf die Produktion von Synthesegas. Ein wesentlicher Prozessschritt hierbei ist die nachhaltige Aufbereitung von kohlenstoffhaltigen Einsatzstoffen aus nicht recycelbaren Restmaterialien wie Müll und Klärschlamm. Deshalb ist die Rohstoffaufbereitung in die Prozesskette integriert. Synthesegas kann als Erdgasersatz in der energieintensiven Industrie auch prozess- oder verfahrenstechnisch genutzt werden z. B. als Kohlenstoffquelle (CO) oder Reduktionsmittel (H_2) in der Stahlindustrie (Sautter, 2023).

Abb. 4.32 zeigt die Prozesskette von der Brennstoffaufbereitung über die Synthesegaserzeugung bis hin zum Blockheizkraftwerk (BHKW) und der Strom- und Wärme-

4.16 Die Rolle von Synthesegasen für die Wärmewende

Abb. 4.32 Von der Rohstoffaufbereitung zum Strom- und Wärmetransport (Blue Energy Group AG)

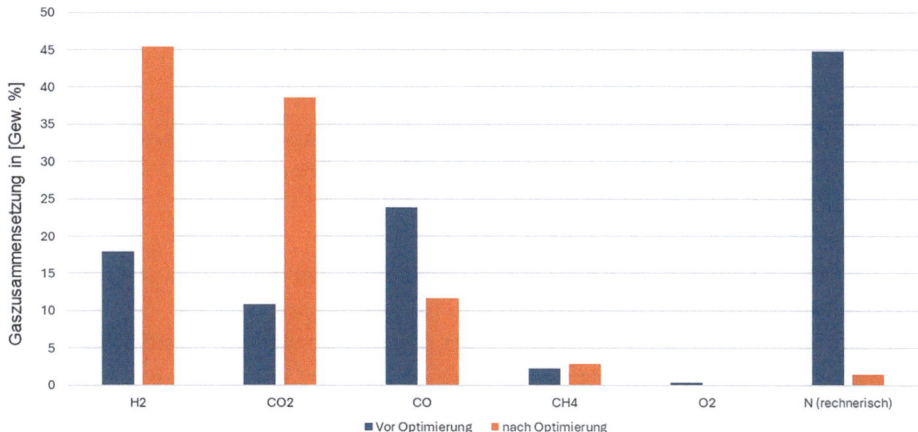

Abb. 4.33 Chemische Zusammensetzung von Synthesegas im Normalbetrieb nach Optimierung durch das Blue Energy Engineering – BEE (Sautter, 2024)

erzeugung. Der Gesamtwirkungsgrad dieser Technologie liegt bei modernen Energieerzeugungsanlagen bei 74 %. Hierbei sind alle Energieverluste von der Rohstoffaufbereitung bis zur Einleitung von Wärme und Strom in das öffentliche Netz berücksichtigt (Gmeiner, C. et al., 01/2024). Hinzu kommt, dass bei der ausschließlichen Verwertung von behandeltem Holz (A I/A II Qualität) und des Einsatzes der Restkohle (7 %) in Agraranwendungen oder im Straßenbau der CO_2-Footprint des Verfahrens negativ ist.

Abb. 4.33 zeigt, dass durch den Einsatz von alternativen Oxidationsmitteln – wie z. B. Wasserdampf und Sauerstoff anstelle von Luft – der N2- und CO_2-Gehalt im Synthesegas deutlich gesenkt und der H_2-Gehalt erheblich gesteigert werden können.

Abb. 4.34 zeigt schematisch, dass Synthesegas gleichermaßen als Kraftstoff als auch als Rohstoff eingesetzt werden kann.

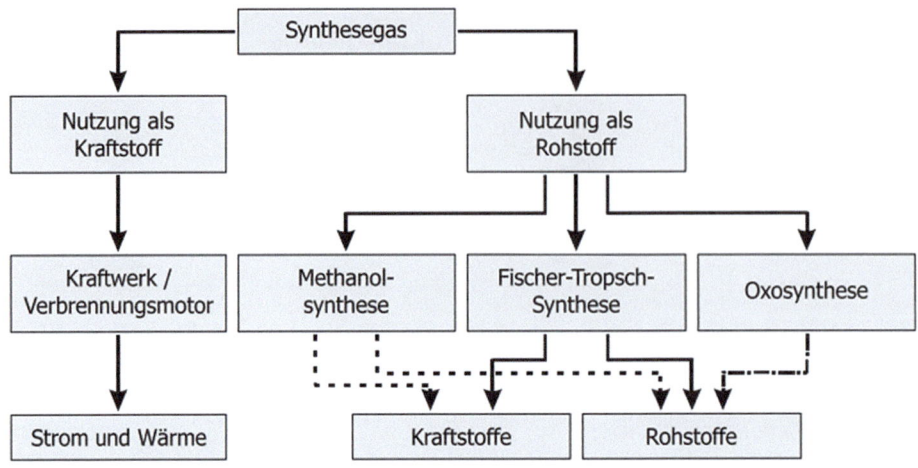

Abb. 4.34 Verfahrensschema der direkten Synthesegasverwendung (Wiemann, 2018)

4.17 Aufbereitung biogener Reststoffe zur Produktion von klimaneutraler Energie

Der in Abb. 4.35 vorgestellte Bioenergiepark zeigt ein ökonomisch-ökologisch optimiertes Pelletwerk. Aus einer konventionellen Rohstoffaufbereitungsanlage wurde ein Bioenergiepark konzipiert, der einen ganzheitlich ökologischen Ansatz umsetzt. So werden beispielsweise die Prozesswärme und der Eigenstrombedarf in Eigenregie erzeugt. Hierbei wird die Abwärme der Synthesegasproduktion aus Holzresten genutzt. Nachhaltigkeit spielt in Bad Arolsen eine wichtige Rolle. Bei der Pelletproduktion wird anderweitig nicht verwertbares Holz beziehungsweise werden Holzabfälle aus den umliegenden Sägewerken verwendet. Weiter als 80 Kilometer muss kein Stück Holz reisen, bevor es in Bad Arolsen einer Verwertung zukommt (Sautter, 2023).

Für die Synthesegasproduktion werden Pellets mit den Abmessungen Ø 15 × 50 mm benötigt. Als Rohstoff kann bis zu 50 % Müll beispielsweise in DSD-Qualität zugesetzt werden. Abb. 4.36 zeigt die Abmessungen und die Zusammensetzung von Mischpellets, die als Blue Energy Sticks bezeichnet werden. Diese hochwertigen Energieträger sind womöglich der Schlüssel zur Wärmewende: Eine Tonne Holzpellets entspricht einer Wärmeenergie von 5000 kWh. Um die Pellets zu trocknen und zu pressen, werden im Herstellungsprozess etwa 700 Kilowattstunden an Wärme aufgewandt und rund 120 Kilowattstunden Strom benötigt. Das ergibt eine klimaneutrale Nettowärmeenergie von rund 4180 Kilowattstunden pro Tonne – und das bei nahezu rückstandsloser Verbrennung der Pellets (Sautter, 2024).

Abb. 4.35 Bioenergiepark Bad Arolsen (Foto ©Blue Energy Group AG)

Abb. 4.36 Blue Energy Sticks (Foto ©CG)

4.18 Energiewendetrends 2024

Auch wenn der Fokus dieses Buches die Wärmewende ist, darf die Energiewende nicht außer Acht gelassen werden. Sie hat viele Parallelen zur Wärmewende. Beide Wenden erfordern weltweit massive und verstärkte Investitionen sowohl im öffentlichen als auch im privaten Sektor. Die internationale Unternehmensberatung Clifford Chance hat einige diesbezügliche Trends untersucht, die aus ihrer Sicht das Jahr 2024 geprägt haben. Die Analyse konzentriert sich dabei auf die Innovationen und rechtlichen Entwicklungen, die in den Bereichen sauberer Wasserstoff, Kohlenstoffabscheidung und -speicherung, grüne Kraftstoffe, Kohlenstoffpreisgestaltung, digitale Transformation, innovative Finanzierung und Anreize zur Kapitalmobilisierung wirksam werden.

> Jonathan Castelan, Co-Leiter der Initiative Energy Transition: „Der Bereich der Energiewende wird immer reifer, und die Investoren werden immer vertrauter mit öffentlichen und privaten Anreizen. Die Kombination dieser beiden Faktoren wird die weltweiten

Investitionen in Energiewendeprojekte ankurbeln. Während es für Investoren mehr Möglichkeiten geben wird, wird es für sie wichtig sein, den Erfolg ihrer Projekte sicherzustellen, indem sie sich über die neuesten Markttrends und die sich entwickelnde Anreizlandschaft auf dem Laufenden halten (Castelan, 2024)."

4.18.1 Klimawandel, Kriege und Wahlen

2024 war ein Jahr der Ungewissheit: anhaltende Konflikte in der Ukraine und im Gazastreifen, Störungen der Schifffahrt im Golf von Suez und zunehmende Spannungen in der Straße von Hormuz, die ein wichtiges Tor für den weltweiten Öltransport ist. Angesichts der bevorstehenden Wahlen in vielen Ländern – mehr als die Hälfte der Weltbevölkerung ist in diesem Jahr zu den Urnen gegangen – waren die Regierungen bestrebt, die Energiepreise niedrig zu halten.

Der EU-Erdbeobachtungsdienst Copernicus hat 2024 den heißesten Sommer seit Beginn der Aufzeichnungen registriert. „Das 1,5-Grad-Limit ist gerissen." In Europa lagen die Durchschnittstemperaturen auf dem Kontinent um 1,54 °C höher als im Referenzzeitraum (Vieweger, 2024). Die globale Durchschnittstemperatur zwischen Juni und August lag 0,69 °C höher als die Durchschnittstemperatur im Referenzzeitraum von 1991 bis 2020. Diese Ergebnisse hat der Wetterdienst anhand eines Datensatzes errechnet, der Milliarden Messungen von Satelliten, Schiffen, Flugzeugen und Wetterstationen auf der ganzen Welt auswertet.

Der Extremwetterbericht 2024 des Deutschen Wetterdienstes (DWD) zeigt, wie stark der Klimawandel in Deutschland wirksam wird. Global setzt 2023 als wärmstes Jahr seit 1850 einen Rekord. Somit traten die neun wärmsten Jahre seit Beobachtungsbeginn 1880 in direkter Folge auf. Mit einer Mitteltemperatur von 10,6 °C war 2023 in Deutschland das bisher wärmste Jahr seit 1881. Die neun wärmsten Jahre seit 1881 liegen alle im 21. Jahrhundert. Dieser Temperaturanstieg hat direkte Auswirkungen auf die Häufigkeit und Intensität von Hitzewellen, Starkregen und Trockenperioden (UBA, 2024).

Abb. 4.37 zeigt den Anstieg der deutschen Durchschnittstemperaturen in den Jahren 1880 bis 2023. Insbesondere in den letzten zehn Jahren waren die Abweichungen von der Trendlinie „positiv".

„Mit den Jahren 2022 und 2023 waren zwei Jahre in Folge die jeweils wärmsten Jahre seit Beginn der systematischen Messungen in Deutschland. Auch waren seit den 1970er-Jahren alle Dekaden deutlich wärmer als die vorherigen, wobei die jüngste Dekade bis Ende 2023 bereits 2,3 Grad über dem vieljährigen Mittel 1881–1910 liegt. Entsprechend war auch global das Jahr 2023 das bisher wärmste Jahr, mit außergewöhnlich hohen Oberflächentemperaturen der Ozeane, ein Zustand, der sich auch in 2024 fortsetzt. Es spricht vieles für die Annahme, dass die außergewöhnlich hohen und langanhaltenden Niederschläge in Deutschland in diesem Zeitraum zu einem großen Teil auf diese globalen Verhältnisse zurückzuführen sind (Rupprecht, 2024)."

4.18 Energiewende Trends 2024

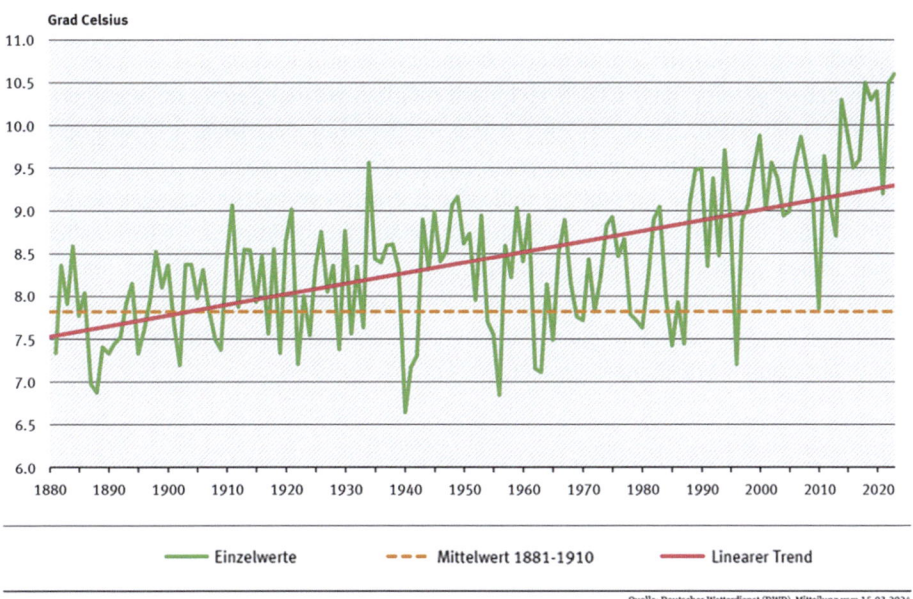

Abb. 4.37 Jährliche mittlere Tagesmitteltemperatur in Deutschland 1881–2023 (UBA, 15.3.2024)

4.18.2 Die weltweite Nachfrage nach Wasserstoff

Sauberer Wasserstoff spielt bei den Bemühungen um die Energiewende eine wichtige Rolle. Der Hype um sauberen Wasserstoff lässt nach, und die Konzentration auf praktikable, nachhaltige und einsatzbereite Anwendungsfälle dürfte sich 2024 fortsetzen, zusammen mit einer weiteren Klärung der Vorschriften. Dies wiederum sollte eine Grundlage für Investitionen in sauberen Wasserstoff schaffen, wobei sich eine Vielzahl starker Investoren positioniert, um die Chancen zu nutzen, sowohl kurzfristig als auch bis 2030, auch in Märkten, die traditionell von Öl und Gas dominiert werden. Das Finanzinformations- und Analyseunternehmen Morningstar geht davon aus, dass die weltweite Nachfrage nach Wasserstoff bis 2050 auf rund 430 Mio. Tonnen pro Jahr ansteigen wird, das ist 4,5-mal soviel wie 2022. Auch wenn der Übergang zu einer Wasserstoffwirtschaft nicht gerade reibungslos verläuft, sieht Equity-Analyst Krzysztof Smalec erhebliche Wachstumschancen für blauen und grünen Wasserstoff (Smalec, 2024).

4.18.3 Der Markt für CCUS reift, aber Flexibilität ist entscheidend

Es besteht zwar ein wachsender Konsens darüber, dass die Abscheidung, Nutzung und Speicherung bzw. Sequestrierung von Kohlenstoff (Carbon Capture, Utilisation and Storage – CCUS) eine wichtige Rolle bei der Erreichung von Netto-Null-Emissionen spielt, doch das Tempo und die Art und Weise der Entwicklung des CCUS-Marktes sind weltweit sehr unterschiedlich. Projekte wie Boundary Dam in Kanada und Sleipner in Norwegen haben gezeigt, dass CCUS technisch möglich ist und bereits im kommerziellen Maßstab funktioniert. Diese Projekte haben bereits Millionen Tonnen CO_2 gespeichert und damit einen wichtigen Beitrag zur Emissionsreduktion geleistet. Die Nutzung von CO_2 steht jedoch noch am Anfang und ist mit einigen Herausforderungen verbunden. Während der Einsatz von CO_2 als Rohstoff für die Herstellung von Chemikalien und synthetischen Kraftstoffen eine vielversprechende Perspektive darstellt, ist die Skalierbarkeit dieser Technologien noch begrenzt. Viele der Anwendungen befinden sich noch in der Forschungs- oder Pilotphase, und aktuell sind die Kosten für die CO_2-Nutzung noch nicht wettbewerbsfähig (Fleissner, 2024).

4.18.4 Grüne Kraftstoffe (Green Fuels) kommen auf den Markt

Der lang erwartete EU-Rechtsrahmen für fortschrittliche Biokraftstoffe und erneuerbare Kraftstoffe nichtbiologischen Ursprungs – hauptsächlich wasserstoffbasierte synthetische Kraftstoffe oder E-Kraftstoffe – wurde im Oktober 2023 durch die Überarbeitung der REDIII und die Verabschiedung der Verordnungen REFuelEU Aviation und FuelEU Maritime, die ab Januar 2024 bzw. Januar 2025 gelten, fertiggestellt. Die größere Sicherheit und die verbindlichen Verbrauchs- und Dekarbonisierungsziele für E-Kraftstoffe dürften die Nachfrage ankurbeln, und es wird erwartet, dass 2024 mehr Projekte auf den Markt kommen werden.

4.18.5 Digitale Transformation unterstützt die Energiewende

Digitale Technologien werden im gesamten Energiesektor eingesetzt, um die Energieverteilung zu optimieren, den Energieverbrauch zu steuern und eine stärkere Abhängigkeit von kohlenstoffärmeren Energiequellen zu ermöglichen.

4.18.6 Kapital für die Energiewende – ein einzelner Finanzierungsweg reicht nicht aus

Die Finanzierung der Transformationsprojekte ist eine Herausforderung: Für die Energiewende rechnet der BDEW in seinem aktuellen Fortschrittsmonitor 2024 mit einem Investitionsbedarf von über 721 Mrd. € bis 2030 und 1,2 Billionen € bis 2035 in Deutschland. Dabei geht es insbesondere um den Ausbau erneuerbarer Energien, den erforderlichen Ausbau der Strom- und den Umbau der Gasnetze, die Dekarbonisierung des Wärmesektors und den Ausbau der Wasserstoffwirtschaft. Für die Bewältigung der erforderlichen Investitionen müssen Energieunternehmen, Finanzwirtschaft und der Staat an einem Strang ziehen und alle Möglichkeiten der Finanzierung ausschöpfen. Zudem ist die Mobilisierung von privatem Kapital hierbei von zentraler Bedeutung.

Der BDEW Bundesverband der Energie- und Wasserwirtschaft e. V. hat gemeinsam mit Spitzenverbänden der Energiewirtschaft, dem VKU und in Zusammenarbeit mit der Wirtschaftsprüfungs- und Beratungsgesellschaft Deloitte ein Konzeptpapier erarbeitet, das er mit Vertreterinnen und Vertretern der Finanzwirtschaft diskutiert hat. Durch die Einbindung von Kapitalgebern, Energieunternehmen und Stadtwerken ist auch die Perspektive der relevanten Interessengruppen in diese Ausarbeitung eingeflossen. Als Grundpfeiler soll ein Eigenkapital stärkender Energiewende-Fonds (EWF) aufgestellt werden. Konsens besteht allerdings darin, dass ein einzelner Finanzierungsweg nicht ausreichen wird. Die Attraktivität und Wirkung eines EWF muss daher flankierend zwingend mit der Anpassung der regulatorischen Rahmenbedingungen unterstützt und gefördert werden (Rink et al., 2025).

4.18.7 Wärmeversorgung soll bezahlbar bleiben

Die flächendeckende Wärmeplanung ist Sache der Bundesländer. Deshalb war es ein wichtiges Signal, dass der nordrhein-westfälische Landtag am 4.12.2024 ein Gesetz zur Einführung der kommunalen Wärmeplanung beschlossen hat. Damit wurden die Vorgaben eines Gesetzes des Bundes landesrechtlich umgesetzt. Das bedeutet für die Gemeinden in NRW, dass sie künftig eigene Wärmepläne erstellen müssen, um Investitions- und Planungssicherheit für eine klimaneutrale Wärmeversorgung zu schaffen.

Hierdurch werden Wirtschaftlichkeit und Bezahlbarkeit der zukünftigen Wärmeversorgung gestärkt. Verschiedene Akteure wie Energieversorger, Wohnungswirtschaft, Handwerk, Bauämter oder Unternehmen, die Abwärme für ein Niedertemperaturnetz zur Verfügung stellen, werden eingebunden. Die Landesregierung finanziert die Pläne und berät die Gemeinden. Das Land rechnet für die Erstaufstellung von Wärmeplänen mit Kosten von rund 90 Mio. € bis 2028. Der Bund unterstützt die Erstaufstellung mit 107,5 Mio. €. Die Wärmpläne müssen alle fünf Jahre überprüft und gegebenenfalls fortgeschrieben werden (dpa NRW, 2024).

4.19 Phasenmodell zur Optimierung von Umsetzungsstrategien

Abb. 4.38 zeigt eine typische Umsetzungsstrategie aus dem Umfeld der digitalen Transformation. Wesentlich für eine optimierte Vorgehensweise ist die Anwendung des PDCA (Planen, Umsetzen, Kontrollieren, Verbessern)-Kreislaufmodells. Hierbei spielen die schrittweise Vorgehensweise mit dem Ziel der permanenten Verbesserung und der draus erwachsene Lernerfolg eine wichtige Rolle. Darüber hinaus ist aufgrund der Komplexität der Wärmewende die Identifikation und Kommunikation von Best Practice und die dar-

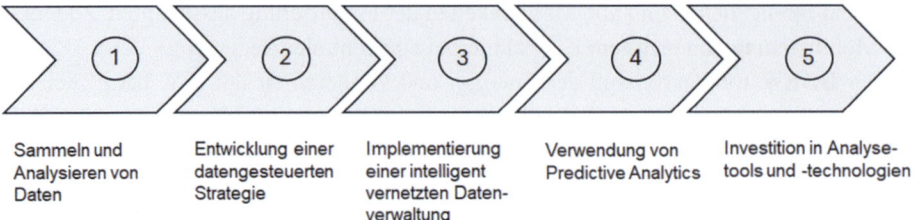

Abb. 4.38 Phasenmodell zur Optimierung der Umsetzungsstrategie

Abb. 4.39 Strategieentwicklung – die sechs Stufen der Strategiepyramide (Kaiser, 2021)

auf aufbauende Definition von Workflows eine gute Methode, um „data driven business" zu etablieren und letztlich zu skalieren.

Abb. 4.39 zeigt die sechs Stufen der Strategiepyramide. Bevor komplexe Projekte wie die Wärmewende in die Umsetzung gehen, müssen fünf vorausgehende Level erfolgreich durchschritten werden: Vision, Mission, Werte, Ziele und Strategie.

Eine Studie zu den systemischen Herausforderungen der Wärmewende formuliert hierbei zwei besonders wichtige Aspekte (Engelmann et al., 2020):

- Auf der einen Seite stehen Szenarien, die einen Fokus auf Effizienzmaßnahmen setzen und somit den Endenergiebedarf sehr stark senken wollen.
- Auf der anderen Seite stehen Szenarien, bei denen das Ziel ist, den Bedarf nicht erneuerbarer Primärenergie um 80 % zu senken, insbesondere durch eine Dekarbonisierung der Endenergieversorgung. In diesen Szenarien nimmt der Anteil erneuerbarer Energien im Endenergieträgermix signifikant zu. Die wesentlichen Beiträge kommen dabei aus Umgebungswärme (Wärmepumpen), Biomasse (v. a. Holz) und Solarthermie.

Dieses Kapitel schließt nicht mit einer Zusammenfassung von technischen Analysen oder Projektmanagementempfehlungen, sondern mit einem Bild aus Goethes Faust I. *„Zufrieden jauchzet groß und klein: Hier bin ich Mensch, hier darf ich's sein."* Aus der Motivationsforschung ist bekannt, dass Erfolg ein positives Narrativ braucht, an dem die Projektbeteiligten sich orientieren können.

Bilder, die ihre Visionen beschreiben, haben bereits die „Neandertaler" an die Höhlenwände gemalt und ihre Erfolgstories an den Lagerfeuern erzählt. Die Welt der regenerativen und bezahlbaren Energie ist so eine Vision, in der Wärme und Strom ausreichend, grundlastfähig und klimaneutral zur Verfügung stehen und durch nachhaltige, skalierbare Geschäftsmodelle regional und global den globalen Wohlstand absichern. Die Basis ist das Miteinander von Ökonomie, Ökologie und Mensch.

4.20 Der Zeitpunkt zum Handeln ist jetzt!

„Um die Wärmewende erfolgreich zu gestalten, müssen wir neue Fähigkeiten erlernen und sie anwenden (Engelmann et al., 2020).*"*

Aufgrund eines mangelnden Zusammenspiels der unterschiedlichen Sektoren und einer komplexen politischen Situation befindet sich die Wärmewende derzeit in einer „Henne-Ei-Situation", die teilweise zu einer Stagnation geführt hat. Auf der einen Seite steht die Planungsunsicherheit bei Kosten und Verfügbarkeit von Energie. Dadurch kommt es zu Problemen bei der Erstellung von nachhaltigen und bezahlbaren Energieversorgungskonzepten. Bedarfsanfragen an die Übertragungsnetzbetreiber (ÜNB) korrespondieren mit der Forderung nach dem Ausbau der lokalen Wärmnetze. Durch eine konsequente Datenerfassung könnte eine adäquate Netzplanung erstellt werden, die die industriellen Energiebedarfe (und Energieträger) der einzelnen Industriestandorte und Quartiere berücksichtigt. In der übergeordneten Infrastrukturplanung sollten hierbei Fehlentscheidungen hinsichtlich der Präferenz für fossile Lösungen vermieden werden.

In einem instanzenübergreifenden Zusammenspiel und durch eine iterative Vorgehensweise Schritt für Schritt könnte eine zukunftsfähige Wärmeversorgung etabliert werden. Regelmäßige interdisziplinäre und sektorübergreifende Abstimmungs- und Dialogprozesse sind hierbei neben geeigneten Förderbedingungen für zukunftsweisende Pilotprojekte enorm wichtig. Darüber hinaus sollte jede Instanz – Kommunen, Industrie und Wohnwirtschaft – bereits heute nachhaltige Strategien erarbeiten und Schritte einleiten, damit die Umsetzung des Gesamtprozesses nicht ins Stocken gerät (Abb. 4.40).

4.20.1 Joseph-Louis Lagrange „Wir sollten Anwendungen praktisch beurteilen"

Joseph-Louis Lagrange hat diese Situation in einen einfachen Satz gebracht: „Je considère comme complètement inutile la lecture de gros traités d'analyse pure: un trop grand

Abb. 4.40 Joseph-Louis Lagrange (1736–1813) (Bild https://de.wikipedia.org/wiki/Joseph-Louis_Lagrange#/media/Datei:Joseph-Louis_Lagrange.jpeg)

nombre de méthodes passent en même temps devant les yeux. C'est dans les travaux d'application qu'on doit les étudier; c'est là qu'on juge leurs capacités et qu'on apprend la manière de les utiliser."

„*Ich halte die Lektüre großer Abhandlungen über die reine Analyse für völlig unnötig. Wir haben dabei zu viele Methoden gleichzeitig vor Augen. Vielmehr sollten wir Anwendungen praktisch studieren. So können wir Fähigkeiten erlernen und beurteilen, wie man sie anwendet* (Abb. 4.41)."

Abb. 4.41 Die Neuentdeckung des Feuers (Bild: https://www.geo.de/geolino/mensch/3793-rtkl-geschichte-die-entdeckung-des-feuers)

Fazit: Um die Wärmewende erfolgreich zu gestalten, müssen Politik, Industrie, Kommunen und Gesellschaft neue Fähigkeiten erlernen und sie anwenden. Bildlich gesehen ist es nun Zeit, das Feuermachen neu zu entdecken.

Literatur

Andreae 2021, September). BDEW Bundesverband der Energie- und Wasserwirtschaft e. V. Was ist die Wärmewende? https://www.bdew.de/presse/pressemappen/waermewende/

Ante, V. et. Al. (2024). Viessmann Climate Solutions SE. BHKW – Wärme und Strom für den gewerblichen Einsatz, https://www.viessmann.de/de/wissen/technik-und-systeme/blockheizkraftwerk.html

Appel, H. (2024). Urban Gardening. Die Stadt als Garten, https://frankfurt.de/themen/umwelt-und-gruen/aktivitaeten/gaertnern/urban-gardening

Baader, A. (2024, September). DGUV Deutsche Gesetzliche Unfallversicherung e. V. FBRCI-030: Hinweise zum Einsatz von Gaswarngeräten zur Messung von Erdgas-Wasserstoff-Gemischen in Umgebungsluft (Messbereich bis zur unteren Explosionsgrenze), https://www.arbeitssicherheit.de/schriften/dokument/030f01b5-0005-365e-b07a-a2e888b2f155.html

BayMBl. 2024: Ministerialblatt Bayern, Nr. 654. Richtlinien des Bayerischen Staatsministeriums für Wirtschaft, Landesentwicklung und Energie zur Förderung der Nutzung erneuerbarer Energien und der Vermeidung von Kohlendioxidemissionen durch Biomasseheizwerke und zugehöriger Wärmenetze (Förderprogramm BioWärme Bayern), https://www.gesetze-bayern.de/Content/Document/BayVV_7523_W_14230

Begemann, T. et. al. (Juni 2021). IN4climate.NRW. Industriewärme Klimaneutral: Strategien und Voraussetzungen für die Transformation. Diskussionspapier der Arbeitsgruppe Wärme, https://www.energy4climate.nrw/fileadmin/Service/Publikationen/Ergebnisse_IN4climate.NRW/2021/diskussionspapier-klimaneutrale-waerme-industrie-cr-in4climatenrw.pdf

Beselt, J. (2024a). BpB Bundeszentrale für politische Bildung. Das Politiklexikon – Industrielle Revolution, https://www.bpb.de/kurz-knapp/lexika/politiklexikon/17631/industrielle-revolution/

Beselt, J. (2024b). BpB Bundeszentrale für politische Bildung. Das Politiklexikon. Revolution, https://www.bpb.de/kurz-knapp/lexika/politiklexikon/18147/revolution/

Beselt, J. (2024c). Bundeszentrale für politische Bildung (BPB). Deutschland-Chronik bis 2000 9. November 1973, https://www.bpb.de/themen/zeit-kulturgeschichte/deutschland-chronik/131938/9-november-1973/#:~:text=Das%20Energiesicherungsgesetz%20erm%C3%A4chtigt%20die%20Bundesregierung,Strecke%2C%20Geschwindigkeit%20und%20Benutzerkreis%20einzuschr%C3%A4nken.

Bessau, D. (2024). Projektträger Jülich (PTJ), Geschäftsfeld „Energie und Klima" (EKL) – BMWK Bundesministerium für Wirtschaft und Klimaschutz. Mission Wärmewende 2045 – „Wir beschleunigen den Wandel zur klimaneutralen und effizienten Wärme- und Kälteversorgung." https://www.energieforschung.de/energieforschungsprogramm/forschungsmissionen/mission-waermewende-2045

Bloch, M. (1946). Société des éd. Franc-tireur, Paris 1946; deutsche Übersetzung 1990: Die seltsame Niederlage L'étrange défaite, Témoignage écrit en 1940.

BMBF 2024: Bundesministerium für Bildung und Forschung. Forschung Energiewende, https://www.bmbf.de/bmbf/de/forschung/energiewende-und-nachhaltiges-wirtschaften/energiewende/energiewende_node.html#:~:text=Im%20Zuge%20der%20Energiewende%20ersetzen,80%20Prozent%20am%20Bruttostromverbrauch%20ausmachen.

BMUV 2024: Bundesminsterium für Umweltschutz, Naturschutz, nukleare Sicherheit und Verbraucherschutz BMUV. 17 Nachhaltigkeitsziele – SDGs, https://www.bmuv.de/themen/nachhaltigkeit/nachhaltigkeitsziele-sdgs

BMWK (2025). Der CO_2-Preis: Ein wichtiges Instrument zur Klimaneutralität, https://www.energiewechsel.de/KAENEF/Redaktion/DE/Dossier/co2-preis.html#:~:text=Steigender%20CO%E2%82%82%20%2DPreis%20als%20Anreiz%20f%C3%BCr%20mehr%20Klimaschutz&text=In%20den%20Jahren%202024%20und,55%20bis%2065%20Euro%20liegen.

Böhling, M. (2024). MU-NI Niedersächsisches Ministerium für Umwelt, Energie und Klimaschutz. Biomassenutzung, https://www.umwelt.niedersachsen.de/startseite/themen/energie/erneuerbare_energien/bioenergie/biomassenutzung/biomassenutzung-121352.html#:~:text=Bei%20der%20Verbrennung%20oder%20Zersetzung,%2C%20%C3%96l%2C%20Erdgas)%20enthalten.

Borufka, S. et al. (2024). Bundesverband Geothermie e. V. Lexikon der Geothermie | Wärmekraftmaschine, https://www.geothermie.de/bibliothek/lexikon-der-geothermie/w/waermekraftmaschine

Briem, S. et. al. (2020, Oktober). Umweltbundesamt. Status quo der Kraft-Wärme-Kopplung in Deutschland – Sachstandspapier, https://www.umweltbundesamt.de/sites/default/files/medien/1410/publikationen/hgp_statusquo_kraft-waermekopplung_final_bf.pdf

Brückmann, R. (Halle, 26.11.2024). Deutsche Energie-Agentur GmbH (dena). Kompetenzzentrum Kommunale Wärmewende (KWW). KWW-Kommunenbefragung 2024 zur Kommunalen Wärmeplanung (KWP). Ergebnisse der Umfrage mit über 900 teilnehmenden Kommunen, https://www.dena.de/infocenter/kww-kommunenbefragung-2024-zur-kommunalen-waermeplanung-kwp/

Brüggemann, M. et al. (2024), BPB Bundeszentrale für Politische Bildung. Klimawandel in den Medien, https://www.bpb.de/themen/klimawandel/dossier-klimawandel/546135/klimawandel-in-den-medien/

Buschmann, M. (2022). Bundesministerium der Justiz. Verordnung über die Emissionsberichterstattung nach dem Brennstoffemissionshandelsgesetz für die Jahre 2023 bis 2030, https://www.gesetze-im-internet.de/ebev_2030/anlage_2.html (Emissionsberichterstattungsverordnung 2030 – EBeV 2030)

Buschmann, M. (2024, 8. Mai). Bundesministerium der Justiz. Gesetz für den Ausbau erneuerbarer Energien (Erneuerbare-Energien-Gesetz – EEG 2023), https://www.gesetze-im-internet.de/eeg_2014/BJNR106610014.html

Busse, T.C. (2023, 26. November). Autofreie Sonntage: Heute noch denkbar? https://www.zdf.de/nachrichten/panorama/autofreier-sonntag-oelkrise-50-jahre-100.html

Caelers, F. (2024). MWIKE NRW Ministerium für Industrie, Wirtschaft, Klimaschutz und Energie des Landes NRW. Was ist Transformation? https://www.wirtschaft.nrw/themen/innovation/transformation/was-ist-transformation

Camerer, J. (2025a). Bundesministerium der Justiz. Gesetz für die Erhaltung, die Modernisierung und den Ausbau der Kraft-Wärme-Kopplung (Kraft-Wärme-Kopplungsgesetz – KWKG 2023), https://www.gesetze-im-internet.de/kwkg_2016/BJNR249810015.html

Cantos, E. et al. (2021, 1. August). Agentur für Erneuerbare Energien e. V., Berlin. Die dänische Wärmewende, https://www.waermewende.de/daenischewaermewende/

Castelan, J. et al. (2024). Clifford Chance. Energy Transition Trends 2024 https://www.cliffordchance.com/insights/thought_leadership/trends/2024/energy-transition-trends-2024.html

Clausen, J. (17. März 2022). Scientists4Future (S4F). Wärmewende beschleunigen, Gasverbrauch reduzieren, https://www.borderstep.de/2022/03/17/waermewende-gegen-erdgasabhaengigkeit/

Corner, A., Lewandowsky, S., Phillips, M. & Roberts, O. (2015, 14 October). Climate Outreach, Bristol/Oxford. The Uncertainty Handbook. A Practical Guide for Climate Change Communicators, https://climateoutreach.org/reports/uncertainty-handbook/

Destatis 2023: Destatis Statistisches Bundesamt (2023). Preise – Daten zur Energiepreisentwicklung https://www.destatis.de/DE/Themen/Wirtschaft/Preise/Publikationen/Energiepreise/energiepreisentwicklung-pdf-5619001.pdf?__blob=publicationFile

Dietzsch, F. et al. (2016). DVGW Deutscher Verband des Gas- und Wasserfaches in Kooperation mit VDE und FNN. Eckpunkte zur Begriffsdefinition – Sektorenkopplung https://www.dvgw.de/medien/dvgw/verein/energiewende/definition-sektorenkopplung.pdf

Dönges, J. (2007). Spektrum der Wissenschaft. Kolonialisierung – 9. Juni: Alle am Fort wieder angelandet, https://www.spektrum.de/news/9-juni-alle-am-fort-wieder-angelandet/873808

dpa Nordrhein-Westfalen (04.12.2024). Landtag (NRW) beschließt Gesetz zur kommunalen Wärmeplanung, https://www.zeit.de/news/2024-12/04/landtag-beschliesst-gesetz-zur-kommunalen-waermeplanung

Drescher, F. (2020, 5. Mai). WDR Westdeutscher Rundfunk Köln, Planet Wissen. Gamification. Spieltrieb – warum spielt der Mensch? https://www.planet-wissen.de/gesellschaft/spiele_und_spielzeug/gamification/warum-wir-spielen-100.html#:~:text=Im%20Jahre%201795%20bekam%20er,Mensch%2C%20wo%20er%20spielt.%22

Durst, M. et al (2020, 6. März). Wissensdatenbank von DER PROZESSMANAGER. Pareto-Prinzip: Die 80/20-Regel verstehen und anwenden!, https://der-prozessmanager.de/aktuell/wissensdatenbank/pareto-prinzip

Eisermann, M. (2024). Universität Stuttgart. Höhere Mathematik 3. Die Wärmeleitungsgleichung, https://pnp.mathematik.uni-stuttgart.de/igt/eiserm/lehre/HM3/HM3-S-1x2.pdf

Enders, C. (2024). dena Deutsche Energie-Agentur GmbH. Der Weg in unsere Energiezukunft – Emissionshandel/Preisschild für CO_2-Verschmutzung , -> die 2 bitte runtergestellt lassen. https://info.bmwk.de/weg-zur-klimaneutralitaet?etcc_cmp=energiewechsel&etcc_med=sea&etcc_par=google-ads&etcc_ctv=mscrollytelling-emissionshandel&etcc_bky=emissionszertifikate&gad_source=1&gclid=Cj0KCQjw8pKxBhD_ARISAPrG45kzTZkCcf_dDYSpfGpohWJ23yVZtMMT4zlbjkhu70b7WWnZSO7mycaAjTvEALw_wcB#8-emissionshandel

Engelmann, P. et al. (2020, November). Fraunhofer-Institut für Solare Energiesysteme ISE. Systemische Herausforderung der Wärmewende – Abschlussbericht https://www.umweltbundesamt.de/sites/default/files/medien/5750/publikationen/2021-04-26_cc_18-2021_waermewende.pdf

Ewers, D. (2021, 21. Juli). BMWK Bundesministerium für Wirtschaft und Klimaschutz (bis 12/2021 BMWi). Dialog Klimaneutrale Wärme 2045 – Ergebnispapier https://www.publikationen-bundesregierung.de/pp-de/publikationssuche/dialog-klimaneutrale-waerme-2045-1945306

Ewers, D. et al. (2024). BMWK Bundesministerium für Wirtschaft und Klimaschutz. Wärme, Arbeitsplätze, Entwicklung – Erneuerbare Energie in Zahlen, https://www.bmwk.de/Redaktion/DE/Dossier/ErneuerbareEnergien/erneuerbare-energien-in-zahlen.html#:~:text=In%20Summe%20stieg%20der%20Anteil,der%20gr%C3%B6%C3%9Fte%20jemals%20verzeichnete%20Anstieg.

Ewers, D. (28.11.2022). Bundesministerium für Wirtschaft und Klimaschutz (BMWK). Klimaschutzplan 2050, www.bmwk.de/Redaktion/DE/Artikel/Industrie/klimaschutz-klimaschutzplan-2050.html

Fleissner, T. (26.11.2024). DFGE – Institute for Energy, Ecology and Economy GmbH. Carbon Capture, Utilization and Storage (CCUS): ein Überblick, https://dfge.de/carbon-capture-utilization-and-storage-ccus-ein-ueberblick/

Freudig, D. et al. (2024). Spektrum der Wissenschaft. Lexikon der Biologie – Evolution, https://www.spektrum.de/lexikon/biologie/evolution/23154#:~:text=Die%20Transformation%20ist%20die%20%E2%80%9Evertikale,Evolution%2C%20Anagenese%3B%20Transformationsserie

Friedel, A.-S., Julia, Kneip, G. S., Piepenbrink, J. & Seibring, A. (2021). BpB Bundeszentrale für Politische Bildung, Bonn. Schriftenreihe Band 10751. Abschied von der Kohle – Struktur- und Kulturwandel im Ruhrgebiet und in der Lausitz https://www.bpb.de/system/files/dokument_pdf/SR_10751_Abschied-Kohle_ba.pdf

Gamperling, J. (2022, 7. Dezember). Heizungs-Journal Verlags-GmbH, Gebäudeklima. Thermische Simulation und Behaglichkeit, https://www.klimajournal.com/thermische-simulation-und-behaglichkeit_19329?p=1

Gatterer, H. (2023, 15. Dezember). Zukunftsinstitut, Frankfurt am Main. Resilienz: Zukunftskraft für Mensch, Gesellschaft, Wirtschaft und Planet https://www.zukunftsinstitut.de/zukunftsthemen/resilienz-fuer-mensch-gesellschaft-wirtschaft-und-planet

Geisen, B. (2024). BBE Bundesverband Bioenergie e. V. Bioenergie ist unverzichtbar für europäische Klimaschutzziele, https://www.hauptstadtbuero-bioenergie.de/aktuelles/pressemitteilungen/bioenergie-ist-unverzichtbar-fuer-europaeische-klimaschutzziele

Giebel, M. (2005, 1. Februar). Reclam, Philipp, jun. GmbH, Verlag. Plinius der Ältere: Naturalis historia/Naturgeschichte – Neuübersetzung Lateinisch/Deutsch

Gmeiner, C. et al. (2024, Januar). AWG Abfallwirtschaft Landkreis Calw GmbH. Merkblatt zur Verwertung oder Entsorgung von Altholz, https://www.awg-info.de/fileadmin/Dateien/AWG/Dateien/Merkblaetter/Holz.pdf

Goethe, J.W. von (1808). J. G. Cotta Verlag, Tübingen. Faust I – Osterspaziergang https://de.wikisource.org/wiki/Osterspaziergang

Gude, J. (2024). DeStatis Statistisches Bundesamt, Wiesbaden. Energie – Nettowärmeerzeugung, https://www.destatis.de/DE/Themen/Branchen-Unternehmen/Energie/Glossar/nettowaermeerzeugung.html

Hanow, G. (2022). KfW Research. KfW-Klimabarometer 2022, Deutsche Unternehmen investieren rund 55 Mrd. EUR in den Klimaschutz – noch zu wenig für das Ziel der Klimaneutralität, https://www.kfw.de/PDF/Download-Center/Konzernthemen/Research/PDF-Dokumente-KfW-Klimabarometer/KfW-Klimabarometer-2022.pdf

Hanow, G. (2024). KfW Research. KfW-Klimabarometer 2023, https://www.kfw.de/%C3%9Cber-die-KfW/KfW-Research/KfW-Klimabarometer.html

Hartz, K. & Huneke, F. (2024) Agora Energiewende. Die Energiewende in Deutschland: Stand der Dinge 2023. Rückblick auf die wesentlichen Entwicklungen sowie Ausblick auf 2024, https://www.agora-energiewende.de/fileadmin/Projekte/2023/2023-35_DE_JAW23/A-EW_317_JAW23_WEB.pdf

Haufe, G. BMWK (2023, 31. Januar). Bundesministerium für Wirtschaft und Klimaschutz. Versorgungssicherheit Strom Bericht 2022, https://www.publikationen-bundesregierung.de/pp-de/publikationssuche/versorgungssicherheit-strom-2171352

Hennemann, L. (2021, 9. März). GEOlino. Geschichte: Die Entdeckung des Feuers https://www.geo.de/geolino/mensch/3793-rtkl-geschichte-die-entdeckung-des-feuers

Hentsch, A.-K. (2020, 4. Juni). National Geographic, München. Geschichte und Kultur – Fossile Rohstoffe: Eingesickert in die Gesellschaft https://www.nationalgeographic.de/geschichte-und-kultur/2020/06/fossile-rohstoffe-eingesickert-in-die-gesellschaft

Henzelmann, T. et al. (2017). Roland Berger. Focus. Wärmewende in Sicht https://www.bing.com/search?q=roland+berger+focus+2017+w%C3%A4rmewende+in+sicht&form=ANNH01&refig=8aafcc047b2d46cd9d2757792857fa08&pc=HCTS

Hertle, H. et al. (2024). Heinrich Böll Stiftung, Berlin. Wärmewende in Kommunen – Leitfaden für den klimafreundlichen Umbau der Wärmeversorgung (S. 31) https://www.boell.de/sites/default/files/waermewende-in-kommunen_leitfaden.pdf

Holdinghausen, H. (2015, 2. Juni). Heinrich-Böll-Stiftung e. V. Geologie und Geografie: Unterirdische Wälder, www.boell.de/de/2015/06/02/geologie-und-geografie-unterirdische-waelder#:~:text=Kohle%20ist%20ein%20br%C3%A4unliches%20bis,vor%20299%20Millionen%20Jahren%20endete.

Horchert, J., Der Spiegel (2018). https://www.spiegel.de/fotostrecke/oelkrise-1973-vier-autofreie-sonntage-fotostrecke-165264.html

Howells, R. (2015) UCL University College London. Epoch-defining study pinpoints when humans came to dominate planet Earth, https://www.ucl.ac.uk/news/2015/mar/epoch-defining-study-pinpoints-when-humans-came-dominate-planet-earth

HWZ (15. Mai 2024) HWZ Hochschule für Wirtschaft Zürich AG. Was bedeutet BANI? https://fh-hwz.ch/news/was-bedeutet-bani

Ittershagen, M. (2023, 18. Oktober). Umweltbundesamt. Kraft-Wärme-Kopplung (KWK) im Energiesystem, https://www.umweltbundesamt.de/themen/klima-energie/energieversorgung/kraft-waerme-kopplung-kwk-im-energiesystem

Ittershagen, M. (2020). „Waldsterben: Deutschland bangt um seinen Wald" Das UBA Unsere Geschichte 1980, https://www.umweltbundesamt.de/geschichte-umwelt/1980#waldsterben

Ivanova, I. (2024). European Commission. Initiativen im Bereich Bildung für den Klimaschutz, https://education.ec.europa.eu/de/focus-topics/green-education/about-green-education

Jäger, M. (2021, 18. März). Verlag C.H.Beck. Goethes „Faust" Das Drama der Moderne, https://www.chbeck.de/jaeger-goethes-faust/product/31743458

Jendrischik, M. (2024, 12. November). Cleanthinking.de. Mit Cleantech die Klimakrise bekämpfen, https://www.cleanthinking.de/

Kaiser, M. (2021, 18. Februar). Die Unternehmensstrategie weiter entwickeln – plötzlich freie Zeit gut nutzen!, https://marenkaiser.de/zeit-fuer-die-unternehmensstrategie/

Karborn, L. & Siepker, R. (2024), Kompetenzzentrum Wärmewende NRW. Transformation der Wärmenetze, https://www.energy4climate.nrw/kommunen/kompetenzzentrum-waermewende-nrw/transformation-der-waermenetze#:~:text=Das%20Kompetenzzentrum%20W%C3%A4rmewende%20will%20die,weiteren%20Akteuren%20L%C3%B6sungen%20zu%20erarbeiten.

Kilian, U., et al. (1998). Lexikon der Physik. Band 1 Akademischer Verlag, Heidelberg.

Klingemann, A. (2024, 1. Januar). Stiftung Energie & Klimaschutz, Karlsruhe. Wärmewende: Die Königsdisziplin der Energiewende, https://www.energie-klimaschutz.de/waermewende-die-koenigsdisziplin-der-energiewende/?pk_campaign=SEA%20Kampagne%20Sommer%202019&pk_kwd=&pk_source=Google&pk_medium=PPC&pk_content=88508839402&gad_source=1&gclid=CjwKCAiAuYuvBhApEiwAzq_YiW-FNCGD6JdOE25q97JkXOSq1AQce-SOpgg5pBl33-Rjd3TWCwdX_eRoCnEYQAvD_BwE

Klünemann, C. (2023, 10. November). SWR Kultur. Christopher Clark – Frühling der Revolution. Europa 1848/49 und der Kampf für eine neue Welt https://www.swr.de/swr2/literatur/christopher-clark-fruehling-der-revolution-europa-1848-49-und-der-kampf-fuer-eine-neue-welt-swr2-lesenswert-kritik-2023-11-28-100.html

Knieling, Jörg (2021). Leibniz Informationszentrum Wirtschaft (ZBW). Akteure und ihre Beiträge zur großen Transformation in ausgewählten Handlungsfeldern. Stadt- und Raumplanerinnen und -planer als Pioniere nachhaltiger Transformation https://www.econstor.eu/bitstream/10419/232964/1/1753554950.pdf

Kohlmayr, K. (2024, 8. November). Blog. Flexibilität in der Führung: Der Schlüssel zum Erfolg. https://www.katharina-kohlmayr.com/blog/flexibilitat-in-der-fuehrung-der-schlussel-zum-erfolg

Kolbert, E. (2024). National Geographic. Geschichte und Kultur: Anthropozän – Das Zeitalter des Menschen, https://www.nationalgeographic.de/geschichte-und-kultur/anthropozaen-das-zeitalter-des-menschen

Kovacevic, D. (2024). Feuerdepot GmbH. Gas, Öl oder Holz – Brennwerte und Preisentwicklung in 2024, https://www.feuerdepot.de/blog/gas-ol-oder-holz-brennwerte-und-preisentwicklung-im-vergleich/#:~:text=Brennwerte%20und%20Heizwerte&text=Erd%C3%B6l%3A%20Brennwert%3D%2011%2C8,%2Fkg%20%3D%202.000%20kWh%2F%20RM

Kristen, Y. (2024). Universität Ulm. Grundlagen der Thermodynamik, https://www.uni-ulm.de/fileadmin/website_uni_ulm/nawi.inst.251/Didactics/thermodynamik/INHALT/GT.HTM

Kroker, H. (2024). Neue Zürcher Zeitung. Vom Funkenschlagen bis zur Steinzeit-Heizung: Archäologen schreiben die Geschichte der Feuernutzung neu, https://www.nzz.ch/wissenschaft/archaeologie-seit-wann-der-mensch-das-feuer-nutzen-kann-ld.1840427

Krüger, J.-A. (2024). NABU Naturschutzbund Deutschland e. V., Berlin. Der ewige Patient. Der Wald ist nicht tot, aber er leidet, https://www.nabu.de/natur-und-landschaft/waelder/lebensraum-wald/03998.html

Koschinsky, A. (2025a). LEIFIphysik. Fossile Energieversorgung – Grundwissen Kohlekraftwerk, https://www.leifiphysik.de/uebergreifend/fossile-energieversorgung/grundwissen/kohlekraftwerk

Koschinsky, A. (2025b). LEIFIphysik. Quantenmech. Atommodell – Schrödingers Katze – Ein Gedankenexperiment https://www.leifiphysik.de/atomphysik/quantenmech-atommodell/versuche/schroedingers-katze-ein-gedankenexperiment

Kurt, D. (2024). DINEXT. Data Driven Company, https://dinext-group.com/wiki/data-driven-company/#:~:text=Ein%20Data%20Driven%20Business%20nutzt,f%C3%BCr%20das%20Unternehmen%20zu%20erzielen

Langenheld et. al. Agora Energiewende (2021, 19. April). Klimaneutrales Deutschland 2045 – Wie Deutschland seine Klimaziele schon vor 2050 erreichen kann, https://www.agora-energiewende.de/publikationen/klimaneutrales-deutschland-2045-1

Langer, A. & Milatz, B. (2023, 14. Dezember). Deloitte GmbH, Wirtschaftsprüfungsgesellschaft, München. Wärmewende erfolgreich mitgestalten – Status quo der Transformation bei deutschen Energieversorgern 2023 https://www.deloitte.com/de/de/Industries/energy/perspectives/waermewende.html?id=de:2ps:3gl:4ra_pur_cbi-sus_w%C3%A4rmewende-studie:5:6er:20240109::lh&gad_source=1&gclid=CjwKCAiA3JCvBhA8EiwA4kujZivTTK-7ZRvNiBbZg4kHfQvCwf1S-lVKZczzNTpsQmUlawvzWi5NiFBoCBigQAvD_BwE

Latif, M. (2024) Deutsche Gesellschaft Club of Rome e. V. Unter dem Link steht: 50 Jahre „Grenzen des Wachstums", https://clubofrome.de/die-grenzen-des-wachstums/#:~:text=Vor%20f%C3%BCnfzig%20Jahren%20ver%C3%B6ffentlichte%20der,Wirtschaft%20weiterw%C3%BCchsen%20wie%20bis%20anhin.

Lepenies, P. (2024). Freie Universität Berlin. Gesellschaftliche Transformationsprozesse, https://www.polsoz.fu-berlin.de/polwiss/forschung/grundlagen/ffn/forschung/steuerung/gesellschaftliche_transf/index.html#:~:text=Am%20FFU%20verstehen%20wir%20gesellschaftliche,bis%20hin%20zu%20

Lesch, H. (2023) LMU Ludwig-Maximilian-Universität. Wissenschaftsjahr 2023. Urknall, Weltall und das Leben, https://www.youtube.com/watch?v=UeyntbpAALo

Lindner, N. (27.04.2016). Deutschlandradio. Abschlussbericht. Was kostet der Atomausstieg – und wer zahlt? https://www.deutschlandfunk.de/abschlussbericht-was-kostet-der-atomausstieg-und-wer-zahlt-100.html (abgerufen am 30.11.2024)

Lorenz, P. (12. April 2024). Verlag C.H.Beck oHG. Warnung vor Fahrverboten: Wissing macht Druck bei Klimaschutzgesetz, https://rsw.beck.de/aktuell/daily/meldung/detail/fahrverbote--wissing-klimaschutzgesetz-sektorziele

Manderscheid, K. (20. Oktober 2023). De Gruyter Wissenschaftsverlag. Soziologie der Mobilität. Bielefeld: transcript 2022

Mansoori, K. et al. (2024). HMWVW Hessisches Ministerium für Wirtschaft, Energie, Verkehr, Wohnen und ländlichen Raum. Leitfaden Kommunale Wärmeplanung in Hessen. Die Wärmewende gemeinsam voranbringen, https://redaktion.hessen-agentur.de/publication/2021/3443_LEA_Hessen_Leitfaden_Kommunale_Wrmeplanung_2024.pdf

Manthey, S. (2024). STK-NI Niedersächsische Staatskanzlei. Wärmewende in Niedersachsen, https://www.niedersachsen.de/energie/waermewende/themenseite-227497.html

Marinell, Gerhard. Statistik (2018). Walter de Gruyter GmbH, Berlin/Munich/Boston. Entscheidungsorientierte Einführung, https://www.degruyter.com/document/doi/https://doi.org/10.1515/9783486782141-003/html?lang=de

Mauthe, M. und Paeger, J. (München 2013). Knesebeck Verlag. Naturwunder Erde

Meunier, C. et al. (2023, April). UBA Umweltbundesamt AG. Energieverbrauch in Deutschland im Jahr 2022 nach Strom, Wärme und Verkehr, https://www.unendlich-viel-energie.de/media/image/78701.AEE_Endenergieverbrauch_Strom_Waerme_Verkehr_2022.jpg

Meunier, C. et al. (2024a). UBA Umweltbundesamt. Wasserstoff – Schlüssel im künftigen Energiesystem, https://www.umweltbundesamt.de/themen/klima-energie/klimaschutz-energiepolitik-in-deutschland/wasserstoff-schluessel-im-kuenftigen-energiesystem#Rolle

Meunier, C. et al. (2024b). UBA Umweltbundesamt AG, Arbeitsgruppe Erneuerbare Energien-Statistik (AGEE-Stat). Erneuerbare Energien: Anteile in den Sektoren Strom, Wärme und Verkehr (im Jahr) 2023. https://www.unendlich-viel-energie.de/mediathek/grafiken/energieverbrauch-in-deutschland-im-jahr-2023-nach-strom-waerme-und-verkehr#:~:text=Der%20Verbrauch%20an%20Strom%2C%20W%C3%A4rme,sogar%20um%20acht%20Prozent%20zur%C3%BCck

Meunier, C. et al. (2025a). UBA Umweltbundesamt AG. Endenergieverbrauch der privaten Haushalte, https://www.umweltbundesamt.de/daten/energie/energieverbrauch-fuer-fossile-erneuerbare-waerme#:~:text=Abnehmer%20von%20Fernw%C3%A4rme%20sind%20zu%20etwa%20gleichen%20Teilen,der%20Anteil%20des%20GHD-Sektors%20betr%C3%A4gt%20rund%2010%20%25

Meunier, C. et al. (2025b). UBA Umweltbundesamt. Energieverbrauch für fossile und erneuerbare Wärme, https://www.umweltbundesamt.de/daten/energie/energieverbrauch-fuer-fossile-erneuerbare-waerme

Meyer-Woters, L. (aufgerufen 8.12.2024). DocCheck Community GmbH. Flexicon – Freie Enthalpie, https://flexikon.doccheck.com/de/Freie_Enthalpie

Moore, J. F. (1993, Juni). Harvard Business Review Nr. 93309, S. 75. Predators and Prey: A New Ecology of Competition

Müller, G. (11. Oktober 2024). MVV AG. Unsere Wärmewende für Mannheim, https://www.mvv.de/waermewende#:~:text=Mit%20dem%20Mannheimer%20Modell%20werden,unsere%20Kundinnen%20und%20Kunden%20liefern.

Neuhaus, N. et al. (2024, 22. Februar). BMF Bundesfinanzministerium. Sollbericht 2024: Ausgaben und Einnahmen des Bundeshaushalts, https://www.bundesfinanzministerium.de/Monatsberichte/Ausgabe/2024/02/Inhalte/Kapitel-3-Analysen/3-1-sollbericht-2024.html#:~:text=Die%20geplanten%20Ausgaben%20des%20Bundeshaushalts,Ist%2DAusgaben%20des%20Jahres%202023.

O'Connor, J. J., Robertson, E. F. & Listing, J. B. (2020, 10. April). Biographie : mathshistory.st-andrews.ac.uk.

Olcanovic, K. et al. (4.1.2024). Bundesamt für Wirtschaft und Ausfuhrkontrolle (BAFA). Neue Bundesförderung für effiziente Gebäude (BEG) https://www.bafa.de/SharedDocs/Kurzmeldungen/DE/Energie/Effiziente_Gebaeude/20240104_anpassung_beg.html

Özdemir, C. et al. (2022, 28. September). BMEL Bundesministerium für Ernährung und Landwirtschaft. Eckpunkte für eine Nationale Biomassestrategie (NABIS) https://www.bmel.de/DE/themen/landwirtschaft/biooekonomie-nachwachsende-rohstoffe/nationale-biomassestrategie.html

Parthier, U. & Miridakis, V. (3. März 2020). it-daily.net. 10 Tipps auf dem Weg zur digitalen Transformation, https://www.it-daily.net/it-management/digitalisierung/10-tipps-auf-dem-weg-zur-digitalen-transformation

Pawlik, V. (16.Oktober 2024). Statista. Stromerzeugung aus Kraft-Wärme-Kopplung in Deutschland bis 2023, https://de.statista.com/statistik/daten/studie/307080/umfrage/kwk-stromerzeugung-in-deutschland/

Pfister, U. (7. März 2023). BpB Bundeszentrale für politische Bildung. Revolution 1848. Die Wirtschaft Mitte des 19. Jahrhunderts, https://www.bpb.de/themen/zeit-kulturgeschichte/revolution-1848-1849/517430/die-wirtschaft-mitte-des-19-jahrhunderts/

Pitsch, H. (2012). RWTH-Aachen – ITV Institut für Technische Verbrennung. Skript: Thermodynamik I (S. 9), https://www.itv.rwth-aachen.de/fileadmin/LehreSeminar/Thermodynamik_I/Vorlesungen_SS13/Thermo_Kap5_Teil1von1_Pitsch_newLayout.pdf

Radkau, J. (1983). Vandenhoeck & Ruprecht Verlag. Geschichte und Gesellschaft, 9. Jahrg., H. 4 (1983), pp. 513–543. Holzverknappung und Krisenbewusstsein im 18. Jahrhundert

Radkau, J. (2011). C.H. Beck Verlag. Die Ära der Ökologie. Eine Weltgeschichte;

Radkau, J. (2018). oekom verlag. Holz. Wie ein Naturstoff Geschichte schreibt

Renn, J. (12. Juli 2023). ARD alpha – Campus Talks. Das Anthropozän und die Geschichte des Wissens, https://www.ardalpha.de/wissen/umwelt/nachhaltigkeit/anthropozaen-erdzeitalter-geologie-mensch-100.html#:~:text=Den%20Begriff%20Anthropoz%C3%A4n%20brachte%20der,einem%20neuen%20Zeitalter%20des%20Menschen.

Rink, T. et al. (2024). Kapital für die Energiewende: Die EWF-Option, https://www.bdew.de/service/publikationen/kapital-fuer-die-energiewende-die-ewf-option/

Rink, T. et al. (2025). Destatis, BDEW Bundesverband der Energie- und Wasserwirtschaft e. V., Berlin. Nettowärmeerzeugung nach Energieträgern in Deutschland, https://www.bdew.de/media/documents/Nettowaermeerz_D_2024_online_o_jaehrlich_FS_04042025.pdf

Rupprecht, U. (25.09.2024). Deutscher Wetterdienst. Faktenpapier 2024 zu Extremwetter in Deutschland, https://www.dwd.de/DE/klimaumwelt/aktuelle_meldungen/240924/faktenpapier_extremwetterkongress.html

Sabel, M. (2024). BWP Bundesverband Wärmepumpe e. V. Wärmepumpen-Förderung 2024. Informationen für Verbraucher, https://www.waermepumpe.de/waermepumpe/foerderung/beg-foerderung-waermepumpen/waermepumpen-foerderung-2024-fuer-verbraucher/#:~:text=%C3%9Cber%20die%20Heizungsoptimierung%20d%C3%BCrfen%20Sie,40.000%20Euro%20oder%20weniger%20betr%C3%A4gt.

Sarrazin, C., Klockau, A. & Scramm, M. (2023, 5. Januar). BR24 Bayerischer Rundfunk. James Watt – Patent auf die Verbesserung der Dampfmaschine, https://www.br.de/nachrichten/wissen/james-watts-dampfmaschine-patent-physiker,REBh54U

Sautter, J. (2023). Blue Energy Group AG. Grüner Wasserstoff, https://blue-energy-group.de/wasserstoff/

Sautter, J. (2024). Blue Energy Group AG. Nachhaltige Pelletproduktion im Prinz-Eugen-Energiepark in Bad-Arolsen, https://blue-energy-group.de/bioenergiepark-bad-arolsen/

Savage, L.J. (1954). Wiley Publications in Statistics (1954). The Foundations of Statistics

Schenke, F. (2023). AG Energiebilanzen e.V., Berlin. https://ag-energiebilanzen.de/wp-content/uploads/2024/04/AGEB_Jahresbericht2023_20240403_dt.pdf

Scherf, M. et al. (2024). Vaillant Deutschland GmbH Effizienz von Wärmepumpen: Jahresarbeitszahl und andere Leistungszahlen, https://www.vaillant.de/heizung/heizung-verstehen/technologie-verstehen/waermepumpe/jahresarbeitszahl/#berechnung_der_jahresarbeitszahl

Schiemann, A. (2023a). Presse- und Informationsamt der Bundesregierung. Der Klima- und Transformationsfonds 2024 – Entlastung schaffen, Zukunftsinvestitionen sichern, Transformation gestalten, https://www.bundesregierung.de/breg-de/suche/der-klima-und-transformationsfonds-2024-2250738

Schiemann, A. (2023b) Presse- und Informationsamt der Bundesregierung. EEG 2023 – Ausbau erneuerbarer Energien massiv beschleunigen, https://www.bundesregierung.de/breg-de/schwerpunkte/klimaschutz/novelle-eeg-gesetz-2023-2023972

Schiemann, A. (25. Juli 2023c). Presse- und Informationsamt der Bundesregierung. Wohlstand unseres Landes sichern. Was ist die Allianz für Transformation? https://www.bundesregierung.

de/breg-de/schwerpunkte/klimaschutz/allianz-fuer-transformation/transformation-fragen-und-antworten-2204050

Schmelcher, S. (1. Februar 2024). Stiftung Energie & Klimaschutz, Karlsruhe. Vom dänischen Nachbarn lernen: Wärmewende braucht regulatorische Orientierung, lokale Verantwortung und transparente Kollaboration, https://www.energie-klimaschutz.de/vom-daenischen-nachbarn-lernen-waermewende-braucht-regulatorische-orientierung-lokale-verantwortung-und-transparente-kollaboration/

Schubert-Zsilavecz, K. et al. (12/2023). Österreichische Energieagentur. Synthesegas aus der Holzvergasung, https://www.erneuerbaresgas.at/jart/prj3/erneuerbare_gase/data/uploads/Factsheet%20Syngas%20final.pdf

Schwalbe, A. et al. (abgerufen am 8.12.2024). AEE Agentur für Erneuerbare Energien e. V., Berlin. Endenergieverbrauch nach Strom, Wärme und Verkehr, https://www.unendlich-viel-energie.de/mediathek/grafiken/endenergieverbrauch-strom-waerme-verkehr

Sielker, R. (2022, 20. August). RI-Fließbild Übersicht Wärmepumpe, https://de.wikipedia.org/wiki/W%C3%A4rmepumpe#/media/Datei:WP-%C3%9Cbersicht.png

Smalec, K. (11.11.2024). Morningstar. Die besten Wasserstoff-Aktien für den Übergang zur CO_2-armen Wirtschaft. https://www.morningstar.de/de/news/257155/die-besten-wasserstoff-aktien-f%C3%BCr-den-%C3%BCbergang-zur-co2-armen-wirtschaft.aspx

Smidt, N. (2017). Siemens Stiftung. Sachinformation Wärme, Enthalpie und Entropie, https://medienportal.siemens-stiftung.org/view/100684

Süßmann, J. (5. Dezember 2023). Zeit Online. Fossile CO_2-Emissionen erreichen neues Rekordhoch, https://www.zeit.de/wissen/umwelt/2023-12/co2-ausstoss-weltweit-kohlenstoffbudget-bericht-hoechstwert#:~:text=Der%20Bericht%20wurde%20von%20mehr,million%2C%20Teile%20pro%20Million

Terplan, E. (11. Oktober 2024). gwf-Gas + Energie. MVV bindet neues Biomasseheizkraftwerk an, https://gwf-gas.de/maerkte-und-unternehmen/mvv-bindet-neues-biomasseheizkraftwerk-an/

Thielen, K. (WS 2010/2011). Fachhochschule Gießen-Friedberg. Skript Technische Thermodynamik, https://www.thm.de/wi/images/user/Thielen-72/Downloads/Thermodynamik/TT-A.pdf

UBA (2.4.2024). Umweltbundesamt. Energieverbrauch für fossile und erneuerbare Wärme https://www.umweltbundesamt.de/daten/energie/energieverbrauch-fuer-fossile-erneuerbare-waerme

Urbansky, F. (2024, 6. Juni). Springer Professional. Dänemark taugt nur bedingt als Wärmewende-Vorbild, https://www.springerprofessional.de/en/energiewende/energie---nachhaltigkeit/daenemark-taugt-nur-bedingt-als-waermewende-vorbild-fuer-deutsch/26968932

Vieweger, H.-J. (6. September 2024). EU-Klimadienst Copernicus. 2024: Der heißeste jemals gemessene Sommer, https://www.deutschlandfunknova.de/beitrag/eu-erdbeobachtungsdienst-copernicus-heissester-jemals-gemessener-sommer

Vikjær-Andrese, E. (2024, 3. Dezember). European Energy A/S, Denmark. Power-to-X substitutes fossil-fuels and decarbonises industries, https://europeanenergy.com/green-solutions/ptx/#:~:text=What%20is%20Power-to-X%3F%20Power-to-X%20%28PtX%2FP2X%29%20is%20the%20process,a%20variety%20of%20clean%20fuels%20%28e-fuels%29%20or%20-%20chemicals.

Villa Braslavsky, P.-I. (2023). DGS Deutsche Gesellschaft für Soziologie. Soziale Dimensionen der Energie- und Wärmewende, https://soziologie.de/aktuell/news/soziale-dimensionen-der-energie-und-waermewende

Voß, A. (26.08.2024). Air Liquide weiht 20 MW-Elektrolyseur „Trailblazer" in Oberhausen ein. Air Liquide weiht 20 MW-Elektrolyseur „Trailblazer" in Oberhausen ein | Air Liquide

Wagner, K. (2024). *Bundesministerium für Wirtschaft und Energie (BMWE).* https://www.wettbewerb-energieeffizienz.de/WENEFF/Navigation/DE/Home/home.html

Waldhauser, B. (13.09.2023). „Hessenschau – Wie Rechenzentren zu Fernwärmequellen werden sollen." https://www.hessenschau.de/politik/check-zur-landtagswahl-in-hessen-wie-rechenzentren-zu-fernwaermequellen-werden-sollen-v1,ltw23-rechenzentren-100.html

Wallacher, J. (2021). Stimmen der Zeit, 146 563–572. Wie sozial-ökologische Transformation gelingen kann, https://www.herder.de/stz/hefte/archiv/146-2021/8-2021/wie-sozial-oekologische-transformation-gelingen-kann/

Walter, S. (2024, 23. Februar). EnBW Energie Baden-Württemberg AG. Modernisierung des Kraftwerks in Heilbronn weist den Weg in die Wasserstoff-Zukunft, https://www.enbw.com/energie-entdecken/energieerzeugung/konventionelle-erzeugung/heizkraftwerk.html#:~:text=Heizkraftwerke%20funktionieren%20nach%20dem%20Prinzip,und%20Industriebetriebe%20(Prozessw%C3%A4rme)%20liefert.

Weeber, K.-W. & Gebhardt, E. (1991, Juni). Artemis Verlag, Zürich und München. Smog über Attika. Umweltverhalten im Altertum, https://onlinelibrary.wiley.com/doi/abs/https://doi.org/10.1002/biuz.19910210321

Werner, N. (2022, 28. November). MDR Mitteldeutscher Rundfunk. Horst Teltschik und der Countdown zur deutschen Einheit, https://www.mdr.de/geschichte/ddr/deutsche-einheit/mauerfall/horst-teltschik-helmut-kohl-102.html

Wiebe, F. (2024, 12. April). Handelsblatt. Märkte-Insight. Kehrt die Ölpreiskrise der 1970er-Jahre zurück?, https://www.handelsblatt.com/finanzen/maerkte/boerse-inside/oel-kehrt-die-oelpreiskrise-der-1970er-jahre-zurueck/100029686.html

Wiemann, S. (2018, 28. Mai). Universität Duisburg-Essen. Erzeugung und Verwendung von Synthesegas in Verbrennungsmotoren, https://duepublico2.uni-due.de/servlets/MCRFileNodeServlet/duepublico_derivate_00045779/Diss_Wiemann.pdf

Winkelmeier-Becker, E. (28. Juli 2021). Förderbescheid BMWK – Elektrolyseur für klimaneutralen Wasserstoff | Air Liquide. https://de.airliquide.com/ueber-uns/medien/news/elektrolyseur-fur-klimaneutralen-wasserstoff

Witsch, K. (13. Oktober 2023). BCG Studie. Grüner Wasserstoff ist deutlich teurer als gedacht, https://www.handelsblatt.com/unternehmen/energie/bcg-studie-gruener-wasserstoff-ist-deutlich-teurer-als-gedacht/29443386.html

Wittig, J. (2022, 7. Oktober). VKU Service GmbH, Berlin. Transformation der Netzinfrastruktur in Zeiten der Wärmewende, https://www.kommunaldigital.de/news/transformation-der-netzinfrastruktur

Wolff, M.-L. (aufgerufen am 8.12.2024). ENTEGA AG. „GuD-Kraftwerk Irsching 5. Effizient und systemrelevant", https://www.entega.ag/geschaeftsfelder/erzeugung/konventionelle-energien/gud-kraftwerk-irsching-5/#:~:text=Die%20Anlage%20setzt%20mit%20einer,in%20Punkto%20Klimaschutz%20und%20Energieeffizienz.&text=Das%20GuD%2DKraftwerk%20Irsching%205,die%20Versorgungssicherheit%20der%20Region%20bedeutsam.

Yacek, D. (2022). Springer Verlag. Die transformative Wende in der Erziehungswissenschaft. Eine Einleitung in den Themenkomplex ,,,Bildung und Transformation", https://link.springer.com/chapter/https://doi.org/10.1007/978-3-662-64829-2_1

Zemp, Michael (12. Januar 2023). World Glacier Monitoring Service. Gletscherschmelze weltweit. Viele Berggletscher werden verschwinden, https://www.ardalpha.de/wissen/umwelt/klima/klimawandel/gletscherschmelze-weltweit-gletscher-schmelzen-klimawandel-100.html

Zensus, J.A. (2008, 26. März). Max-Planck-Gesellschaft zur Förderung der Wissenschaften e. V. Gibt es Leben im Universum? https://www.mpifr-bonn.mpg.de/607400/leben

Zentgraf, M. et al. (2024). Fraunhofer-Institut für Solare Energiesysteme ISE. Wärmepumpen – Schlüsseltechnologie für die Energiewende https://www.ise.fraunhofer.de/de/leitthemen/waermepumpen.html

Weiterführende Literatur

BMWK (2024). Bundesministerium für Wirtschaft und Klimaschutz. Eckpunkte der Bundesregierung für eine Carbon Management-Strategie, https://www.bmwk.de/Redaktion/DE/Downloads/E/240226-eckpunkte-cms.pdf?__blob=publicationFile&v=6 Parthier

Barnert S. et al. (1998). Spektrum Akademischer Verlag, Heidelberg. Lexikon der Physik, Wärme, https://www.spektrum.de/lexikon/physik/waerme/15373

Berghegger, A. (2024, 03. Juli). DStGB. Positionspapier. Ein verlässlicher Rahmen für die Wärmewende. https://www.dstgb.de/publikationen/positionspapiere/ein-verlaesslicher-rahmen-fuer-die-waermewende/03072024-positionspapier-waermewende.pdf?cid=zw7

Beselt, J. (2023). BPB Bundeszentrale für Politische Bildung. Primärenergie-Versorgung, https://www.bpb.de/kurz-knapp/zahlen-und-fakten/globalisierung/52741/primaerenergie-versorgung/

Brüggemeier, Franz J. (2024). Verlag C.H.Beck, München. Grubengold. Das Zeitalter der Kohle von 1750 bis heute, https://www.chbeck.de/brueggemeier-j-grubengold/product/23032994

Denker, M. (2024), Samstags-Zeitung, Berlin; Blue Energy Group AG hat einen Förderbescheid aus dem Klima- und Transformationsfonds (KTF) der Bundesregierung erhalten, https://samstags-zeitung.de/blue-energy-group-ag/

Ewers, D. (2024, 16. Oktober). BMWK Bundesministerium für Wirtschaft und Klimaschutz. Abkommen von Paris, https://www.bmwk.de/Redaktion/DE/Artikel/Industrie/klimaschutz-abkommen-von-paris.html

Ferdinand Kamp Verlag Bochum (1981). ISBN 3–592–77030–6, 13. Auflage, deren Quelle wahrscheinlich das Stadtarchiv Bochum. So war Bochum, Bild der Gußstahlfabrik Mayer und Kühne in Bochum im Jahr 1845 https://de.wikipedia.org/wiki/Datei:Mayer_und_Kuehne_1845.jpg

Groß, C., Lohr, M.H.V. (2024, November). Euro Heat & Power. S. 39–43. „Der Weg in die Klimaneutralität – Regenerative Energie aus biogenen Reststoffen für die Zementindustrie"

Grubiši, V. (abgerufen am 10.11.2024) Global Monitoring Laboratory https://gml.noaa.gov/ccgg/trends/

Hauk, A. (Berlin, 22. Juli 2024). VKU. Studie zu Wärmenetzen: Bis 2030 müssen 43,5 Mrd. Euro in die Fernwärme investiert werden, https://www.vku.de/presse/pressemitteilungen/studie-zu-waermenetzen-bis-2030-muessen-435-milliarden-euro-in-die-fernwaerme-investiert-werden/

Ittershagen, M. (2025a). Umweltbundesamt (UBA). Trends der Lufttemperatur, https://www.umweltbundesamt.de/daten/klima/trends-der-lufttemperatur#2023-das-bisher-warmste-jahr-in-deutschland

Ittershagen, M. (2025b). Umweltbundesamt (UBA). Klimaschutz im Verkehr, https://www.umweltbundesamt.de/themen/verkehr/klimaschutz-im-verkehr

Kroehnert, M. et al. (2024). Emissionshändler.com. Das Brennstoffemissionshandelsgesetz (BEHG), https://www.nationaler-emissionshandel.eu/?mtm_campaign=2023_Dezember_brennstoffemissionshandelsgesetz_Search&mtm_kwd=behg&gclid=Cj0KCQjw8pKxBhD_ARIsAPrG45noL3cMohz_G5NP5TlQQqcqxJHKbyWbHFAOPTZ0gZ4_ot34oDD-XZoaAv3LE-ALw_wcB

Maas, H. (21. Dezember 2015). Bundesministerium der Justiz und für Verbraucherschutz. Bundesministerium der Justiz (seit 2021). Gesetz für die Erhaltung, die Modernisierung und den Ausbau der Kraft-Wärme-Kopplung, https://www.gesetze-im-internet.de/kwkg_2016/ (KWKG 2016)

Vuletic, V. (April 2024). BMWSB. Wärmeplanungsgesetz. Unterstützung der Kommunen auf dem Weg zu einer zukunftsfesten und bezahlbaren Wärmeversorgung, https://www.bmwsb.bund.de/SharedDocs/downloads/Webs/BMWSB/DE/veroeffentlichungen/newspaper-wpg.pdf?__blob=publicationFile&v=1

Vuletic, V. (1. Januar 2024). BMWSB. Gesetz für die Wärmeplanung und zur Dekarbonisierung der Wärmenetze, Gesetzgebungsverfahren (am 17. November 2023 vom Deutschen Bundestag beschlossen und am 1. Januar 2024 in Kraft getreten), https://www.bmwsb.bund.de/SharedDocs/gesetzgebungsverfahren/Webs/BMWSB/DE/Downloads/waermeplanung/wpg-bgbl.pdf?__blob=publicationFile&v=2

Yacek, D. (27. April 2023). Cambridge University Press. Handbook of Democratic Education, https://de.douglasyacek.com/

Transformationale Führung im Kontext der Energiewende: eine wirtschaftspsychologische Perspektive

5

Zusammenfassung

Das Kapitel zeigte auf, dass erfolgreiche Unternehmensführung im Kontext der Energiewende untrennbar mit der Entwicklung eines neuen Führungsverständnisses verknüpft ist. Transformationale Führung, angereichert durch humanistische und werteorientierte Elemente, erwies sich dabei als wirksamer Ansatz zur Bewältigung komplexer Herausforderungen in Zeiten ökologischen, gesellschaftlichen und technologischen Umbruchs. Durch die Verknüpfung wirtschaftspsychologischer Erkenntnisse mit organisationaler Praxis wurde belegt, dass ein menschenzentrierter Führungsstil sowohl zur psychischen Gesundheit von Mitarbeitenden als auch zu unternehmerischem Erfolg beiträgt. Die Integration von Persönlichkeitsdiagnostik, Resonanzkonzepten und evolutionärer Organisationsentwicklung ermöglichte eine systemische Betrachtung der Führungsleistung auf Mikro- und Makroebene. Die Analyse wies nach, dass der Übergang von der transaktionalen zur transformationalen Führung nicht nur eine ethische, sondern auch eine strategische Notwendigkeit darstellt. Führung in Resonanz wurde dabei als zentrale Antwort auf den Paradigmenwechsel hin zur Bewusstseins-Ökonomie identifiziert. Die Fähigkeit zur inneren und äußeren Resonanz von Führungskräften förderte nachweislich Motivation,

---

Adressaten

Die Adressaten dieses Textes sind Führungskräfte und Entscheidungsträger aus den Bereichen Energiewirtschaft, Umweltpolitik und Klimaschutz, die sich mit der Gestaltung eines nachhaltigen Energiemarktes befassen. Dazu gehören: Regulierungsbehörden und Politiker auf allen Ebenen, Kommunen, Unternehmen und Investoren im Energiesektor, Forschung und Wissenschaft, Berater, Nichtregierungsorganisationen (NGOs), Interessenverbände und Medien sowie interessierte Privatleute.

Innovationskraft, Kollaboration und Sinnstiftung. Zudem wurde verdeutlicht, dass Unternehmen, die auf die Entwicklung ihrer inneren organisationalen Struktur - im Sinne einer evolutionären Selbstorganisation - setzen, über signifikante Wettbewerbsvorteile verfügen. Humanistische Führung erwies sich in diesem Kontext nicht nur als ethisch fundiertes, sondern auch als betriebswirtschaftlich relevantes Handlungsmodell. Abschließend bestätigten die Ergebnisse, dass Innovation nicht nur als technologischer, sondern auch als sozialer und psychologischer Prozess verstanden werden muss. Humanistisch-transformative Führung erwies sich dabei als Katalysator für resiliente Organisationsentwicklung und nachhaltige Transformation im Rahmen der Energiewende.

Schlüsselwörter
Tranformationale Führung · New Leadership · Führungskraft · Organisationsentwicklung · Transformative Unternehmen · Werteorientierte Führung · Wirtschaftspsychologie · Innovationsmanagement · Humanistische Psychologie · Unternehmensorganisation · Führungsverhalten · Führungsstil · Bewusstseins-Ökonomie · Transformative Narrative

5.1 Einleitung

Die Energie- bzw. Wärmewende – ein tiefgreifender Paradigmenwechsel mit weitreichenden Auswirkungen auf nahezu alle Lebensbereiche menschlichen Daseins. Die erfolgreiche Gestaltung dieses Wandels erfordert nicht nur technologische Innovationen, sondern auch eine visionäre und motivierende Führung. Der Energiemarkt steht vor epochalen Veränderungen, die nicht nur ökonomisch, sondern auch ökologisch und gesellschaftlich relevant sind. Diese Entwicklungen erfordern eine tiefgreifende Neuorientierung im Bereich der Führung, die über herkömmliche Modelle hinausgeht und die Dringlichkeit eines neuen Führungsansatzes berücksichtigt.

In der gegenwärtigen Ära des gesellschaftlichen Umbruchs und der rapiden technologischen Fortschritte stehen wir an der Schwelle zu einer neuen Ära der Innovation. Soziologische, geopolitische, demografische und evolutionäre Entwicklungen haben eine Atmosphäre geschaffen, die den Bedarf an neuen Innovationsmodellen hervorruft, welche einen echten Paradigmenwandel herbeiführen können. In diesem Zusammenhang erlangt der transformative Führungsansatz eine herausragende Bedeutung.

Die Transformation von Gesellschaften, Unternehmen und Organisationen ist ein unumgänglicher Prozess, der sich aus den komplexen Wechselwirkungen zwischen verschiedenen Faktoren ergibt. Die Wirtschaftspsychologie liefert Einblicke in die Strukturen und Dynamiken sozialer Gruppen, während die Demografie die Veränderungen in der Bevölkerungszusammensetzung und -dynamik untersucht. Gleichzeitig beleuchtet die Evolutionsbiologie die zugrunde liegenden Mechanismen und Muster der Veränderung im Laufe der Zeit.

Diese interdisziplinäre Perspektive ermöglicht es, die Herausforderungen und Chancen des gegenwärtigen Wandels umfassend zu verstehen und darauf basierend innovative Ansätze zu entwickeln. Der transformative Führungsansatz ist ein solcher Ansatz, der sich durch seine Fokussierung auf Veränderung, Wandel und Innovation auszeichnet.

Die Grundannahme des transformativen Führungsansatzes besteht darin, dass echte Veränderung von innen heraus entsteht und durch eine transformative Führungskraft geleitet wird. Diese Führungskräfte sind nicht nur darauf bedacht, bestehende Strukturen zu optimieren, sondern streben nach grundlegenden Veränderungen, die neue Paradigmen und Denkweisen einführen. Sie sind Visionäre, die das Unmögliche möglich machen und ihre Organisationen auf einen Pfad der kontinuierlichen Innovation und Entwicklung führen.

Im Rahmen dieses Kapitels werden die theoretischen Grundlagen dieses Ansatzes untersucht, Vorteile illustriert und praktische Anwendungen diskutiert, um ein konkreteres Verständnis für seine Bedeutung und Wirksamkeit zu erlangen.

Adressaten sind Wissenschaftler, Führungskräfte, Unternehmer und alle, die an der Gestaltung einer zukunftsorientierten und innovativen Gesellschaft interessiert sind. Es soll nicht nur dazu dienen, theoretisches Wissen zu vermitteln, sondern Impulse für die praktische Umsetzung transformativer Führungskonzepte in verschiedenen Kontexten geben.

Sowohl die Organisationsforschung als auch die Wirtschaftspsychologie bieten zielführende Lösungsalternativen – insbesondere im Bereich der transformationalen Führung, die vor allem einer humanistischen Grundorientierung bedarf.

Zur schnelleren inhaltlichen Erfassung des Themengebietes werden im Folgenden einige Begriffsdefinitionen durchgeführt:

5.2 Führung

Der Führungsbegriff ist in der Praxis und der Fachliteratur nicht einheitlich definiert. Unter anderem wird er mit Management oder Unternehmensleitung gleichgesetzt. Oftmals wird keine Unterscheidung zwischen Unternehmensführung und Mitarbeitendenführung getroffen. So seien im Nachfolgenden verschiedene Begriffsklärungen genannt: von Rosenstiel & Nerdinger (2011) sehen in der Führungsdefinition die auf das Ziel bezogene, bewusst initiierte Einflussnahme auf Mitarbeitende. Eine weitere Definition für Führung propagiert Haslam (2004) als Prozess, durch den die Führungskraft Einzelpersonen oder Teams vor allem dazu inspiriert, die Ziele zu verfolgen, welche die Führungskraft festlegt.

Dieses Buchkapitel bezieht sich vor allem auf das Führen von Menschen durch Menschen. In diesem Kontext erscheint die Definition von Staehle (1999, S. 328) zielführend:

> Unter Führung verstehe ich die Beeinflussung der Einstellung und des Verhaltens von Einzelpersonen sowie der Interaktionen in und zwischen Gruppen, mit dem Zweck, bestimmte Ziele zu erreichen. Führung als Funktion ist eine Rolle, die von Gruppenmitgliedern in unterschiedlichem Umfang und Ausmaß wahrgenommen wird.

5.2.1 Führungskraft

In der Führungsforschung versteht man Führungskraft als Mensch, der in einem Wirtschaftssubjekt (Unternehmen und Organisationen) für Aufgaben der Personalführung verantwortlich zeichnet. Diese sind laut Neuberger (2002, S. 42) dadurch gekennzeichnet,

> dass sie nicht routiniert oder organisiert [...] bearbeitet werden können. Aus produktions- und kooperationslogischer Perspektive ist Führung nur gefordert, wenn Störungen, Unklarheiten, Widersprüche, Fehler, Mängel, Termin- oder Kostenüberschreitungen etc. auftreten, die nicht in eigener Initiative von den Handelnden selbst bewältigt werden können.

In der populärwissenschaftlichen Managementlektüre wird oftmals die Aussage getroffen, dass Führungskräfte nicht im, sondern am Unternehmen arbeiten sollen. Mit anderen Worten: Sie stellen bspw. kein Auto her, sondern entwickeln die Fabrik, in der das Auto entsteht, in all ihren Facetten und Aufgabengebieten. Im Tagesgeschäft sind jedoch viele Führungskräfte zeitlich zu sehr an fachliche Aufgaben gebunden, um genügend zeitliche Ressourcen für die eigentlichen Führungsaufgaben einsetzen zu können. Erfolgreiche Führungskräfte zeichnen sich weniger durch Fachwissen, sondern durch eine breite Führungskompetenz aus. Je höher eine Führungskraft in der Firmenhierarchie steigt, desto wichtiger ist die systematische Entwicklung von Führungskompetenz, was folgende Abbildung in Anlehnung an Stroebe (2004, S. 21) verdeutlichen soll:

5.2.2 Führungserfolg

Führungserfolg wird in der Regel am Grad der Erreichung vorher festgelegter bzw. geplanter Ziele beschrieben. In der unternehmerischen Praxis wird dies vor allem an quantitativen betriebswirtschaftlichen Größen, wie Umsatz, Kostenstruktur, Gewinn, Steueroptimierung und vieles mehr, festgemacht. Nach Neuberger (1990) zeichnet eine Führungskraft nicht nur für betriebswirtschaftliche Zielsetzungen, sondern auch für weitere Erfolgsfaktoren wie Fluktuationszahlen, Krankenstand, Arbeitszufriedenheit, Arbeitssicherheit oder persönliche Entwicklungsmöglichkeiten zur Beurteilung des Führungserfolges verantwortlich. Erfolg ist also nicht ausschließlich die faktische Zielerreichung, sondern auch die „normativ eingesetzten Kriterien, die erfüllt sein müssen, damit von Ziel-Erreichung geredet werden kann." (Neuberger, 2002, S. 44).

Gerade im Hinblick auf die Wirtschaftspsychologie ist anzuführen, dass die ausschließliche Ursache für Führungserfolg in der charakterlichen Eignung der Führungskraft liegt, mittlerweile nicht mehr zeitgemäß erscheint. Die Person der/des Geführten wird in aktuelleren wissenschaftlichen Ansätzen konzeptionell in den Fokus gestellt. Hinzu kommen weitere Komponenten des Führungsprozesses: die Führungssituation und das Führungsverhalten (Abb. 5.1).

5.2 Führung

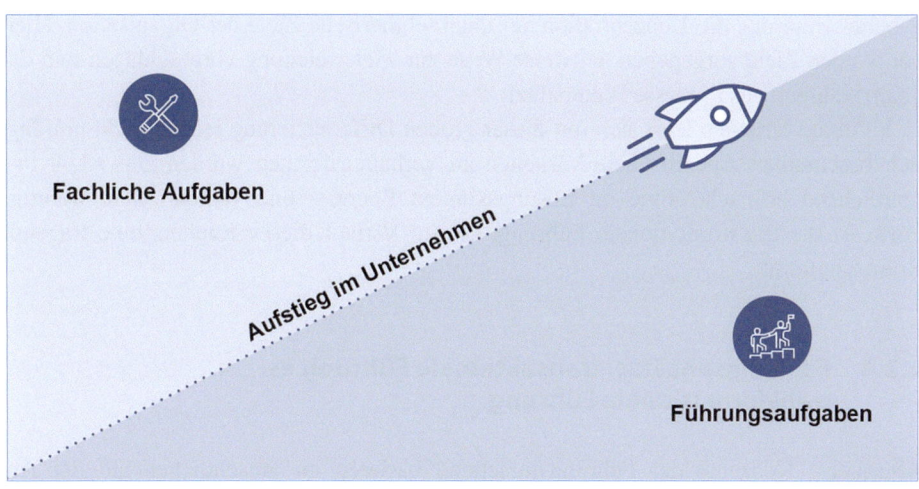

Abb. 5.1 Fachliche Aufgaben vs. Führungsaufgaben auf einer Zeitachse (in Anlehnung an Stroebe, 2004, S. 21)

5.2.3 Führungsverhalten

Grundsätzlich existieren zwei unterschiedliche Formen des Führungsverhaltens: die Mitarbeitendenorientierung und die Aufgabenorientierung (siehe Abb. 5.2). Während bei der Mitarbeitendenrorientierung Rücksichtnahme auf die individuellen Bedürfnisse der Mitarbeitenden, deren Arbeitszufriedenheit oder das Eingehen auf jeweilige Persönlichkeitscharakteristika im Vordergrund des Führungsverhaltens stehen, so ist dies bei der Auf-

Abb. 5.2 Führungsverhalten. (Eigene Darstellung)

gabenorientierung die Konzentration auf unternehmerische Ziele der Organisation. Hierbei werden Ziele vorgegeben, teilweise Wege zur Zielerreichung vorgeschlagen und das Team während des Prozesses unterstützt.

Führungsverhalten lässt sich mit dieser groben Differenzierung jedoch nicht umfänglich beschreiben. Spezifischere Varianten an Verhaltensformen wurden entwickelt und hinreichend erforscht. Eine im Lösungskontext Energie- und Wärmewende wichtige Form ist die transformationale Führung, die im Verlauf dieses Kapitels eine tragende Rolle einnimmt.

5.2.4 Führungsansätze: transaktionale Führung vs. transformationale Führung

Alternative Konzepte der Führungsforschung basieren im Wesentlichen auf der Annahme, dass Wirklichkeitskonstruktionen der Mitarbeitenden aller organisationalen Hierarchiestufen einen wichtigen Einfluss auf das Führungsgeschehen innerhalb der Organisation ausüben (Kirchler, 2011). Diese Annahme wird in vielen Publikationen inhaltlich mit der transaktionalen und transformationalen Führung verknüpft. Einen Vergleich zwischen transaktionaler und transformationaler Führung bietet folgende Abb. 5.3:

Dem transaktionalen Führungsansatz liegt das lerntheoretische Prinzip der Verstärkung zugrunde, das besagt, dass der Führende nicht nur den Weg zur Zielerreichung kontrolliert, sondern auch die Zielerreichung selbst. Transaktion bedeutet „Austausch" – in diesem Sinne funktioniert auch transaktionale Führung: „Geld gegen Leistung", Belohnung für erwünschtes Verhalten und Sanktionierung für unerwünschtes Verhalten. Dieser Ansatz erscheint insbesondere im Hinblick auf die Wertvorstellungen der Generationen X und Y (Schnetzer, 2019) als nicht mehr zeitgemäß, weshalb im Folgenden der Fokus auf den transformationalen Führungsansatz gelegt werden soll.

Beim transformationalen Führungsansatz spielt die Vorbildfunktion der Führungskraft eine zentrale Rolle. Durch sie soll sich die Führungskraft Vertrauen, Respekt, Wertschätzung und Loyalität erwerben (Au, 2016). Ist diese von den Mitarbeitenden erworben, ist das Fundament für transformationale Führung gelegt, die aus verschiedenen Komponenten besteht (siehe Abb. 5.4).

Der innere Wandel des Mitarbeitenden genießt Priorität beim transformationalen Führungsansatz und damit auch individuelle Wertekodizes oder Persönlichkeits- und Wachstumsziele. Transformational Geführte entwickeln sich selbst, damit sie für die Entwicklung im Unternehmen sorgen können. Wachstum und Rentabilität steigen in diesem Fall.

Transformationale Führung wirkt sowohl auf Mitarbeitende als auch auf Führungskräfte. Mitarbeitende bringen mehr kennzahlenorientierte Leistung, verfügen über mehr Kreativität und Teamgeist, sind intrinsisch motiviert und verfügen über eine größere Arbeitszufriedenheit. Führungskräfte haben bessere Beziehungen, mehr Energie, weniger Stress und ein höheres Einkommen, wie aus einer empirischen Studie hervorgeht, die

5.2 Führung

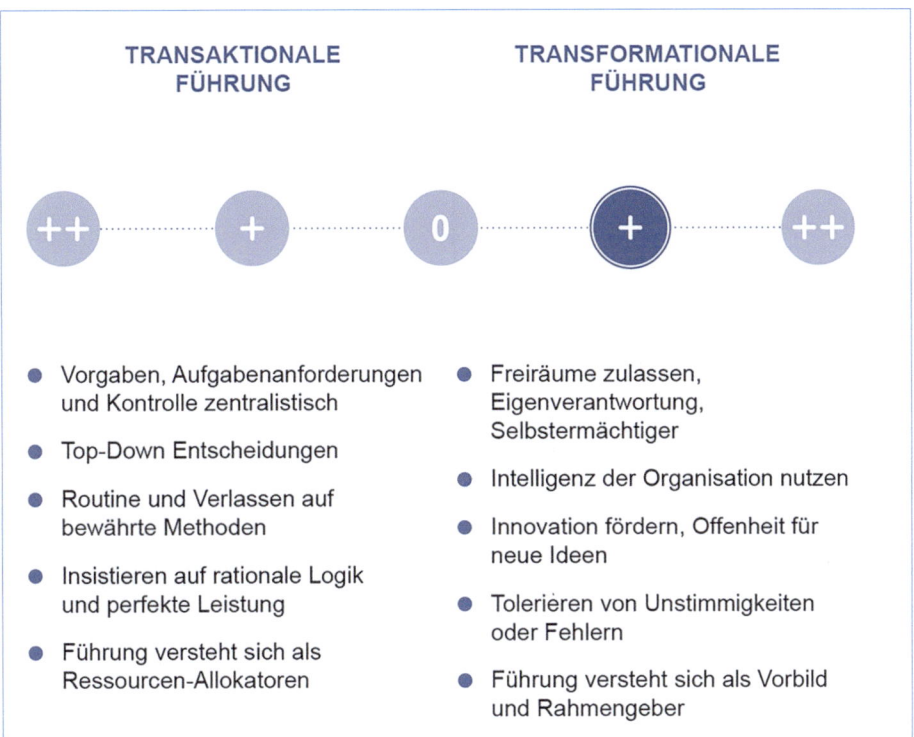

Abb. 5.3 Transaktionale Führung vs. transformationale Führung (in Anlehnung an das Institut für Management-Innovation, 2022)

im Verlauf dieser Ausarbeitung noch detaillierter beleuchtet wird. Weitere Effekte unterschiedlicher Führungsansätze finden sich in Abb. 5.5.

5.2.5 Die Rolle von Narrativen in der transformationalen Führung

Ein starkes Narrativ ist nicht nur ein Kommunikationsmittel, sondern das zentrale Instrument, mit dem Führungskräfte Sinn stiften und nachhaltigen Unternehmenserfolg sicherstellen können. Insbesondere im Zusammenhang mit transformationaler Führung, die auf tiefgreifende und oft disruptive Veränderungen abzielt, sind Narrative von entscheidender Bedeutung. Ein Narrativ ist mehr als nur eine Geschichte – es ist die kollektive Vision, die das Unternehmen prägt und den Zweck und die Richtung verdeutlicht. Es übersetzt komplexe Ziele in verständliche, emotionale Botschaften und dient als Leitstern, der sowohl Führungskräfte als auch Mitarbeitende auf dem Weg der Transformation begleitet.

Transformationale Führungskräfte nutzen Narrative, um ihre Vision in die Herzen und Köpfe der Mitarbeitenden zu pflanzen. Dabei geht es nicht nur um die Vermittlung

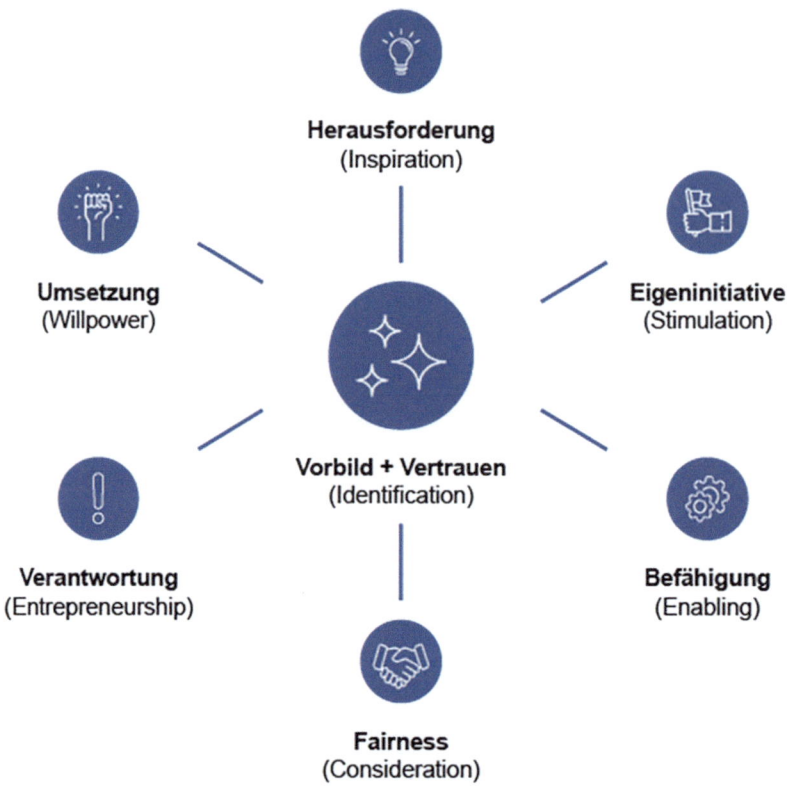

Abb. 5.4 Definition transformationale Führung (in Anlehnung an Au, 2016, S. 95)

von Strategien und operativen Zielen, sondern vielmehr um die emotionale und psychologische Verbindung der Mitarbeitenden mit der Mission des Unternehmens. Ein gut durchdachtes Narrativ schafft diese Verbindung und gibt der täglichen Arbeit Sinn und Bedeutung. Es verankert die persönliche Motivation der Mitarbeitenden in einer größeren Geschichte, die über kurzfristige Erfolge hinausgeht und langfristige, nachhaltige Ziele fokussiert.

Intrinsische Motivation durch Narrativbildung
Eine narrative Führung unterstützt besonders in Phasen des Wandels das Erleben von Zugehörigkeit und Sinnhaftigkeit. In Zeiten wie der Energiewende, die nicht nur technologische, sondern auch gesellschaftliche und wirtschaftliche Umwälzungen mit sich bringt, wird die Bedeutung eines kohärenten, inspirierten Narrativs offensichtlich.

5.2 Führung

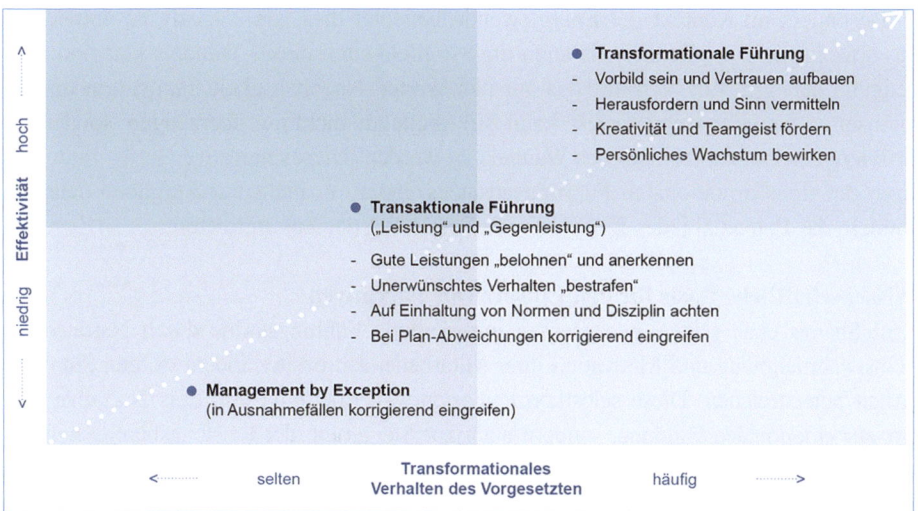

Abb. 5.5 Effektivität von Führungsansätzen (in Anlehnung an das Institut für Management-Innovation, 2022)

Führungskräfte stehen vor der Herausforderung, ein Narrativ zu schaffen, das nicht nur auf kurzfristige Ziele abzielt, sondern eine langfristige Vision von Nachhaltigkeit und Wandel vermittelt. Ein Narrativ, das die Energiewende als unumgänglichen und positiven Schritt hin zu einer besseren Zukunft darstellt, schafft eine emotionale Grundlage, auf der Veränderungen getragen und angenommen werden können.

Ein solches Narrativ bietet den Mitarbeitenden Orientierung und Sicherheit in unsicheren Zeiten. Es reduziert das Gefühl von Bedrohung durch Wandel und vermittelt stattdessen ein Gefühl von gemeinsamer Verantwortung und Gestaltungsfreiheit. Führungskräfte, die in der Lage sind, ihre Mitarbeitenden durch klare und positive Narrative zu inspirieren, fördern intrinsische Motivation. Diese ist nach Deci und Ryan (2000) ein Schlüssel für langfristiges Engagement und Leistung, da sie aus der Überzeugung erwächst, einen sinnvollen Beitrag zu einer wichtigen Mission zu leisten.

Führungsverantwortung und narrative Macht
Die Verantwortung, ein starkes Narrativ zu formen, liegt zentral bei den Führungskräften. Es ist ihre Aufgabe, nicht nur das Unternehmen zu führen, sondern auch als Geschichtenerzähler zu agieren – und zwar nicht im Sinne von Fiktion, sondern von authentischer, werteorientierter Kommunikation. Führungskräfte müssen erkennen, dass Narrative einen tiefgreifenden Einfluss auf die Unternehmenskultur, das Engagement der Mitarbeitenden und die gesamte Unternehmensleistung haben. Sie müssen sich der Macht der Worte bewusst sein und diese gezielt einsetzen, um Vertrauen und Motivation zu schaffen.

Besonders im Kontext der Energiewende bedeutet dies, ein Narrativ zu entwickeln, das sowohl die Dringlichkeit als auch die Möglichkeiten dieses Wandels klar und überzeugend darstellt. Ein Narrativ, das auf den Werten Nachhaltigkeit, Innovation und gemeinsamer Verantwortung basiert, kann Mitarbeitende nicht nur überzeugen, sondern sie aktivieren, selbst zu Treibern des Wandels zu werden. Dieses narrative Gerüst bildet den Kern des transformationalen Führungsansatzes, indem es nicht nur Aufgaben delegiert, sondern das Potenzial jedes Einzelnen zur Gestaltung der Zukunft betont.

Wissenschaftliche Basis für den Einsatz von Narrativen
Laut Shamir et al. (1993) beeinflussen inspirierende Führungskräfte durch Narrative die Selbstwahrnehmung und Motivation ihrer Mitarbeitenden positiv, indem sie den Sinn ihrer Arbeit unterstreichen. Diese selbstkonzeptbasierte Theorie zeigt auf, dass Narrative nicht nur zur emotionalen Bindung, sondern auch zur Steigerung der Leistungsbereitschaft beitragen, weil sie die Arbeit als bedeutungsvoll und zielführend darstellen. Eine solche Erzählung stärkt das Wir-Gefühl und die Identifikation mit der Organisation, was in Zeiten von Unsicherheit und tiefgreifendem Wandel, wie der Energiewende, besonders entscheidend ist.

Darüber hinaus hebt Gabriel (2000) hervor, dass Narrative in Organisationen nicht nur Fakten vermitteln, sondern auch den emotionalen Rahmen für Entscheidungen und Verhaltensweisen setzen. Ein starkes Narrativ schafft Raum für Kreativität, Innovation und Selbstverwirklichung, indem es den Mitarbeitenden erlaubt, sich als Teil einer größeren, bedeutungsvollen Geschichte zu fühlen. In der Energiewende könnten Narrative, die das Unternehmen als Pionier der Nachhaltigkeit positionieren, dazu beitragen, dass Mitarbeitende sich stärker mit den Zielen der Organisation identifizieren und ihr Engagement steigern.

Schlussfolgerung: Narrative als Werkzeug der transformationellen Führung
Narrative sind somit ein mächtiges Werkzeug der transformationalen Führung. Sie schaffen nicht nur Klarheit und Orientierung in Zeiten des Wandels, sondern geben Mitarbeitenden die emotionale Sicherheit und Motivation, die sie brauchen, um sich aktiv am Wandel zu beteiligen. Für Führungskräfte in der Energiewirtschaft bedeutet dies, ein Narrativ zu entwickeln, das sowohl die Dringlichkeit als auch die Möglichkeiten des Wandels hervorhebt und Mitarbeitende dazu befähigt, diesen Wandel nicht nur passiv zu akzeptieren, sondern aktiv zu gestalten. Ein starkes, authentisches Narrativ kann der Schlüssel zum Erfolg einer Organisation sein, da es die Vision einer nachhaltigen, innovativen Zukunft vermittelt und den Weg dorthin emotional untermauert.

5.3 Transformative Unternehmen und Organisationen – Evolution der Unternehmensorganisation

Organisationen (sowohl Non-Profit- als auch For-Profit-) sind weit mehr als die Summe ihrer Teile, es sind lebende, evolutionäre, sich ständig verändernde und wachsende Organismen. Gezielte wirtschaftspsychologische und verhaltensökonomische

Interventionen schaffen Organisationen, die auf Vertrauen, Teamgeist, Offenheit und kontinuierlichem Wachstum fußen. Somit besteht Gestaltungsspielraum für Stabilität, Zukunftsfähigkeit und positive Ergebnisse, kurz: zu nachhaltigem Erfolg. Das sich weitgehend selbst führende Unternehmen mit Purpose und einem übergeordneten Sinnempfinden ist keine Illusion, sondern vielmehr ein Erfolgsmodell für transformational orientierte Führungskräfte in visionären Organisationen mit evolutionären Geschäftsmodellen.

Wir werden mit Werkzeugen von gestern die Zukunft für unsere Unternehmen nicht erfolgreich gestalten können, wenn sich interne Organisationsstrukturen nicht evolutionär entwickeln. Unternehmen zu transformieren, bedeutet Organisationen zu verändern und eine positive Veränderungskultur zu etablieren. Eine flexible, adaptierbare und effiziente Organisationsstruktur ermöglicht dies. Diese Vision geht über herkömmliche Ansätze hinaus, indem sich Führungskräfte von innovativen Konzepten inspirieren lassen, die die Organisationsentwicklung (r)evolutionieren.

5.3.1 Faktoren erfolgreicher Transformation

Die Transformation von Organisationen zu agilen, flexiblen und innovativen Einheiten erfordert das Schaffen bestimmter Rahmenbedingungen, die ein solches Wachstum ermöglichen:

5.3.2 Selbstverantwortung und Selbstorganisation

Selbstverantwortung und Selbstorganisation bilden fundamentale Säulen, um Mitarbeitenden mehr Autonomie und Entscheidungsbefugnisse zu übertragen. Dies nicht nur, um individuelle Stärken zu fördern, sondern auch, um eine schnellere Reaktion auf Kundenbedürfnisse und Marktveränderungen zu ermöglichen. Im Mittelpunkt stehen wegweisende Konzepte, die auf Selbstorganisation und sinnstiftender Arbeit basieren.

5.3.3 Kollaboration und Kommunikation

Zusätzlich wird die Bedeutung von Kollaboration und Kommunikation betont. Moderne Organisationsstrukturen setzen vermehrt auf eine offene Kommunikationskultur und verstärkte Zusammenarbeit zwischen den Abteilungen. Hierbei stehen Prinzipien im Fokus, die hierarchische Barrieren beseitigen und einen reibungslosen Informationsfluss fördern. Dies schafft nicht nur eine effektive Teamarbeit, sondern fördert auch Innovation und den Austausch von kreativen Ideen.

5.3.4 Agilität und Anpassungsfähigkeit

Die Flexibilität und Anpassungsfähigkeit einer Organisation werden ebenfalls als entscheidende Voraussetzungen für eine erfolgreiche Transformation betrachtet. Flexible Organisationsstrukturen ermöglichen agile Reaktionen auf sich verändernde Marktbedingungen. Inspiriert von wegweisenden Ansätzen, setzen Unternehmen vermehrt auf agile Methoden und Prozesse, um schnell auf neue Chancen zu reagieren und gleichzeitig Risiken besser zu managen. Dieser Ansatz verleiht Führungskräften und Unternehmen die notwendige Wendigkeit, um erfolgreich in einem sich ständig verändernden Umfeld zu agieren.

5.3.5 Mitarbeitendenengagement und Motivation

Schließlich legen viele Organisationen großen Wert auf Mitarbeitendenengagement und -zufriedenheit. Durch die aktive Integration von Mitarbeitenden in Entscheidungsprozesse und die Anerkennung ihrer Beiträge streben Unternehmen ein motiviertes Team an, das nicht nur ein Ziel, sondern auch den Schlüssel zu nachhaltigem Erfolg darstellt. Dieser Ansatz orientiert sich an wegweisenden Prinzipien, die eine sinnstiftende Arbeit und die persönliche Entwicklung jedes Einzelnen in den Fokus rücken.

Die kontinuierliche Evolution von Organisationsstrukturen legt nicht nur das Fundament für langfristigen Erfolg, sondern macht Unternehmen und Organisationen auch widerstandsfähiger gegenüber den Herausforderungen einer sich stetig wandelnden Geschäftswelt.

5.4 Faktoren humanistischer, werteorientierter Führung – ein neues Führungsverständnis

5.4.1 Ethische Grundlagen guter Führung

Gute Führung wird definiert als „Dreiklang aus Kultur der Exzellenz, Kultur der Menschenwürde und einer Kultur der Ethikorientierung" (Frey, 2015, S. 16). Voraussetzung für gute Führung sind die gemeinsame Vision und gemeinsame Ziele. Um hierfür Commitment zu erreichen, sind ausgeprägte Kommunikationsfähigkeiten notwendig. Dies im Sinne der Unmöglichkeit der Nichtkommunikation nach Watzlawick et al. (1996), nach der auch nonverbale Botschaften decodiert werden müssen. Die Führungskraft wird als Coach gesehen, der Mitarbeitende auf dem Weg zur Zielerreichung begleitet. Des Weiteren wird eine Kultur der Menschenwürde propagiert, die sich vor allem durch Fairness, Respekt, Anstand und Berücksichtigung der Individualität auszeichnet. Persönliches Wachstum der Mitarbeitenden bedeutet nicht das Aufsteigen in der Organisationshierarchie, sondern die Ausbildung weiterer Kompetenzen und Verantwortlichkeiten. Jeder Mitarbeitende soll die Chance zur Persönlichkeitsentwicklung erhalten, die seinen persönlichen Talenten, Interessen, Zielen und Fähigkeiten entspricht. Mitarbeitende sollen sich nicht nur fachlich, sondern auch menschlich weiterentwickeln.

Ein wesentlicher Erfolgsfaktor guter Führung liegt in der Entwicklung mündiger, d. h. selbstverantwortlicher Mitarbeitender, die ihre Kompetenzen, Fähigkeiten und Handlungsspielräume voll ausschöpfen. Wie sich diese von unmündigen, angepassten Mitarbeitenden unterscheiden, verdeutlicht Abb. 5.6.

Ein unmündiger, angepasster Mitarbeiter...

… wartet ab, bis ihm gesagt wird, was er tun soll

… denkt nur an sein Gebiet

… ist verunsichert

… macht nur das Allernotwendigste

… ist kritikscheu

… fühlt sich nicht verantwortlich

… macht keine Verbesserungsvorschläge

Ein mündiger, selbstständiger Mitarbeiter...

… übernimmt Verantwortung

… denkt mit

… sieht über den Tellerrand hinaus

… hat Selbstvertrauen

… motiviert und begeistert

… übt auch mal Kritik an Kollegen und Vorgesetzten

… fühlt sich verantwortlich für das Ganze

… macht Verbesserungsvorschläge

Abb. 5.6 Fähigkeiten humanistisch orientierter Führungskräfte (in Anlehnung an Frey et al., 2015, S. 65)

Gute Führungsmethoden und gut organisierte Unternehmen erhöhen die Identifikation der Mitarbeitenden auf der Ebene der ihnen übertragenen Aufgaben, in ihrer Beziehung zur Führungskraft und mit dem Unternehmen als solches. Parallel dazu steigt die Motivation und Kreativität – mithin der ökonomische Erfolg. „Die Umsetzung ethischer Prinzipien am Arbeitsplatz sowie das Commitment aller zu klarer Leistungs- und Qualitätskultur gehen also Hand in Hand mit ökonomischem Erfolg" (Frey et al., 2015, S. 80). Frey (2015, S. 82) merkt an:

> Spitzenleistung und Menschlichkeit sind kein Widerspruch, sondern ergänzen und bedingen einander. Wer sich dieser Zusammenhänge nicht bewusst ist, vergeudet sehr viel Potenzial und verhält sich deshalb nicht kaufmännisch. Wir brauchen eine neue Führung – sie ist vereinbar mit dem gesunden Menschenverstand: Leistung mit Menschlichkeit verbinden.

5.4.2 Humanistische und werteorientierte Führung

Fischer (2014) formuliert die Unantastbarkeit der Menschenwürde als absoluten Grundsatz humanistischer Führung. Hierfür verwendet er folgendes Modell nach Frey (2010):

3 Vs stehen für

- Vorbild,
- Verpflichtung und
- Verantwortung.

4 Ms stehen für

- Man
- muss
- Menschen
- mögen.

3 Ks stehen für

- Kommunikation,
- Kooperation und
- Kompetenz.

Folgende Prozesse werden durch humanistische Führung induziert:

- Organisationales Commitment
- Soziale Identität
- Gesundheit auf psychischer und physischer Ebene

- Bilaterales Vertrauen
- Sinnstiftung und Sinnempfinden
- Persönlichkeitsentwicklung

Fischer konstatiert: „Die Erwartungen und das Menschenbild der Führungskräfte sind entscheidend für die Umsetzung humanistischer Führung" (Fischer, 2014, S. 14). Ferner wird Bezug genommen auf das Maslowsche Modell der Bedürfnispyramide, auf das Modell der Positivfokussierung von Frey (2005), welches die Auswirkungen von Negativ- und Positivfokussierung beschreibt, und auf die sechs grundlegenden Faktoren von Macht nach Raven (1992).

Das von Frey (2010) entwickelte Prinzipienmodell findet ebenfalls Beachtung, in der folgende Prinzipien humanistischer Führung propagiert werden.

- Missions- und Visionsentwicklung
- Persönlichkeits- und talentgerechter Einsatz Mitarbeitender
- Transparenzprinzip auf hierfür geeigneten Ebenen
- Handlungsspielräume und Teilhabe
- Zielklarheit und Festlegung von Prioritäten
- Konstruktive kommunikative Feedbacks
- Gerechtigkeit
- Beziehungen und sozialer Support
- Persönliches Wachstum
- Situative Führung
- Vorbildfunktion der Führungskraft
- Faire materielle Vergütung

5.4.3 Humanistisch orientierte Wirtschaftspsychologie

Quitmann (1996) stellt den Begriff der Humanistischen Psychologie in einen Rahmen aus den gegenseitigen Abhängigkeiten von Psychologie im Allgemeinen, der zugrunde liegenden Philosophien und den Anforderungen moderner Organisationsentwicklung. Hier verknüpft der Autor wirtschaftswissenschaftliche Konzepte mit denen der Psychologie und gibt einen umfangreichen Einblick in einzelne humanistische Therapieformen und ihre Auswirkungen auf die psychische Gesundheit und die Organisationsentwicklung.

Quitmann (1996) propagiert den Weg von der „mechanistischen" hin zur „prozessorientierten" Organisationsentwicklung. Er bezeichnet diese auch in Anlehnung an den Existenzialismus als „existenzielle Organisationsentwicklung". Diese versucht er zu erreichen, indem er den wirtschaftswissenschaftlichen Hintergrund mit dem philosophisch-sozialwissenschaftlichen Hintergrund verbindet. So finden die Travistock-Studien und der Taylorismus ebenso Berücksichtigung wie die Gestaltpsychologie oder die Phänomenologie. In Bezug auf das Realisierungspotenzial im Projektmanagement stellt er 4 Leitlinien fest:

1. Humanistische Psychologie als verpflichtendes Element jeglichen unternehmerischen Handelns, wie z. B. den konsequenten Bezug jeder Strukturänderung auf das existenzialistisch und phänomenologisch geprägte Menschenbild.
2. Konsequenter Wandel von der „mechanistischen" zur „prozessorientierten Organisationsentwicklung".
3. Durchführung einer externen und internen Evaluation bei allen Entwicklungsschritten.
4. Überwachung jeglicher Strukturänderungen durch unabhängige Experten.

Der Qualitätssprung hin zu einer existenziellen Organisationsentwicklung als Beitrag zum gesellschaftlichen und Sinneswandel bedarf jedoch eines neuen Verständnisses von Führung. Dieses neue Führungsverständnis betrifft nicht nur diejenigen, die formal eine leitende Rolle innehaben, sondern alle Beteiligten eines solchen Prozesses (Quitmann, 1996, S. 80).

5.4.4 Moderne Führung in Zeiten des Wandels – humanistische Führung für die Praxis

In Organisationen und Unternehmen genießt die Betrachtung der individuellen Unternehmenskultur im Kontext moderner Führung hohe Priorität. Die Herausforderungen der modernen Arbeitswelten liegen in der Individualisierung, im demografischen Wandel, im Wertewandel – insbesondere der Wertvorstellungen der so genannten Generationen X und Y –, in der Mensch-Maschine-Interaktion, in der Globalisierung, in disruptiven Ansätzen bei steigender Geschwindigkeit und in der digitalen Revolution. Grundkomponenten der humanistischen Führung werden nach Frey & Irle (2002) wie folgt definiert:

1. Die Unantastbarkeit der Menschenwürde.
2. Die Ökonomie muss sich dem Menschen unterordnen.
3. Ethisch gelebte Werte der Unternehmenskultur führen mehrdimensional zu besseren betriebswirtschaftlichen Ergebnissen.
4. Führung gelingt nur, wenn Gesetze der wissenschaftlichen Psychologie beachtet werden.

Eine humanistische Führungskultur in Organisationen und Unternehmen setzt voraus, dass

5.4 Faktoren humanistischer, werteorientierter Führung …

- Zuhören können
- Fragen stellen können
- Andere groß werden lassen können
- Sich als Mentor fühlen
- Sich selbst zurückstellen können
- Nicht immer Recht haben müssen
- Eigene Fehler und Schwächen zugeben können
- Nicht den starken Max spielen
- Positive und negative Gefühle zeigen können
- Mitarbeiter an der langen Leine lassen
- Sich auch für Privates interessieren
- EQ = emotionale Qualitäten

Abb. 5.7 Fähigkeiten humanistisch orientierter Führungskräfte (in Anlehnung an GfeO, 2017, S. 22)

1. das Führungsverhalten Leistung, Innovation und Menschenwürde fördert,
2. Menschen unter Berücksichtigung ihrer Sehnsüchte professionell behandelt werden,
3. Menschen professionell und intrinsisch motiviert werden. Arbeit soll möglichst Freude und Spaß machen (GfeO, 2017).

In Bezug auf Führungskräfte wird die Auffassung vertreten, dass diese in der Lage zur Selbstreflektion und Selbstregulation sein sollten. Humanistisch orientierte Führungskräfte verfügen über persönlichkeitsorientierte Fähigkeiten, wie Abb. 5.7 beschreibt.

5.4.5 Die fünf Schlüsselfaktoren des transformationalen Führungsansatzes: eine Analyse

Der transformationale Führungsansatz hat in den letzten Jahrzehnten zunehmend an Bedeutung gewonnen, da er sich als effektive Methode erwiesen hat, um Organisationen zu inspirieren, zu motivieren und zu transformieren. Nachfolgend werden die fünf wichtigsten Aspekte dieses Ansatzes untersucht, nämlich charismatische Führung, inspirierende Motivation, intellektuelle Stimulation, individuelle Beachtung und ideale Beeinflussung.

1. **Charismatische Führung**
   Charismatische Führung ist ein zentraler Bestandteil des transformationalen Führungsansatzes. Ein Beispiel für charismatische Führung in der Arbeitsorganisation könnte ein CEO sein, der durch seine überzeugende Persönlichkeit und seine klare Vision die Mitarbeitende dazu inspiriert, sich mit dem Unternehmen zu identifizieren und ihr Bestes zu geben. Eine Studie von Avolio und Yammarino (2002) unterstützt die Bedeutung charismatischer Führung für die Mitarbeitendenmotivation und Leistung.
2. **Inspirierende Motivation**
   Transformationale Führer sind Meister darin, ihre Mitarbeitenden zu inspirieren und zu motivieren. Ein Beispiel für inspirierende Motivation in der Arbeitsorganisation könnte ein Teamleiter sein, der regelmäßig Meetings abhält, um die Mitarbeitenden über die Bedeutung ihrer Arbeit für das größere Ziel des Unternehmens zu informieren und sie zu ermutigen, innovative Ideen vorzuschlagen. Eine Untersuchung von Bass (1985) unterstreicht die Bedeutung inspirierender Motivation für die Schaffung eines motivierenden Arbeitsumfelds.
3. **Intellektuelle Stimulation**
   Ein weiterer wichtiger Aspekt des transformationalen Führungsansatzes ist die intellektuelle Stimulation. Ein Beispiel dafür in der Arbeitsorganisation könnte eine Abteilungsleiterin sein, die regelmäßig Brainstormingsitzungen abhält und die Mitarbeitenden ermutigt, neue Ideen zu entwickeln und bestehende Prozesse zu hinterfragen. Eine Studie von Bass (1998) hebt die Bedeutung intellektueller Stimulation für die Förderung von Kreativität und Innovation hervor.
4. **Individuelle Beachtung**
   Transformationale Führer zeigen ein starkes Interesse an ihren Mitarbeitenden als Individuen. Ein Beispiel für individuelle Beachtung in der Arbeitsorganisation könnte ein Vorgesetzter sein, der regelmäßige Einzelgespräche mit seinen Mitarbeitenden führt, um ihre persönlichen und beruflichen Ziele zu besprechen und Unterstützung anzubieten. Eine Untersuchung von Dvir et al. (2002) betont die Bedeutung individueller Beachtung für die Mitarbeitendenzufriedenheit und -bindung.
5. **Ideale Beeinflussung**
   Schließlich zeichnen sich transformationale Führer durch ihre ideale Beeinflussung aus. Ein Beispiel dafür in der Arbeitsorganisation könnte ein Geschäftsführer sein,

der durch sein ethisches Verhalten und seine Integrität ein Vorbild für seine Mitarbeitenden ist und dadurch ein Umfeld des Vertrauens und der Zusammenarbeit schafft. Eine Studie von Walumbwa et al. (2008) zeigt die positiven Auswirkungen idealer Beeinflussung auf die organisatorische Leistung.

Der transformationale Führungsansatz bietet eine effektive Methode, um Organisationen zu transformieren und zum Erfolg zu führen. Die fünf Schlüsselfaktoren dieses Ansatzes – charismatische Führung, inspirierende Motivation, intellektuelle Stimulation, individuelle Beachtung und ideale Beeinflussung – sind entscheidend für die Schaffung eines Umfelds, das geprägt ist von Innovation, Motivation und Zusammenarbeit. Indem Führungskräfte diese Aspekte in ihre Führungspraxis integrieren, können sie das volle Potenzial ihrer Mitarbeitenden entfesseln und die Organisation zu neuen Höhen führen.

5.4.6 Praktische Auswirkungen humanistischer Führungsansätze auf den Unternehmenserfolg

Der Begriff der humanistischen Führung ist nicht eindeutig definiert und wird in den untersuchten Publikationen verschiedenartig ausgelegt. Humanistische Psychologie als Führungsansatz ist ebenso nicht definiert. Dies mag an der Heterogenität der Humanistischen Psychologie mit ihren unterschiedlichen Therapieformen liegen. Mit anderen Worten: Die Humanistische Psychologie als in sich geschlossenes System existiert nicht, wohl aber unterschiedliche Konzepte der Humanistischen Psychologie mit ihren unterschiedlichen Therapie- und Arbeitsformen. Lediglich Teilaspekte dieser kommen in der unternehmerischen und organisationalen Praxis zur Anwendung. In Unternehmen und Organisationen institutionalisiert oder implementiert sind diese in der Regel nicht. Festgestellt wurde eine starke inhaltliche Verwandtschaft zwischen humanistischer Führung und den Modellen der transaktionalen und vor allem der transformationalen Führung, welche wissenschaftlich etabliert sind. Letztere sind ressourcen- und aktivitätsorientiert und beeinflussen die Mitarbeitenden und damit indirekt den Unternehmenserfolg positiv (Bass & Avolio, 1994a).

Selbst Fachpublikationen mit eindeutigem Bezug auf humanistische Unternehmensführung wie z. B. die Reihe humanistische Betriebswirtschaftslehre des Verlages für Sozialwissenschaften und Führung (Kasper, 2018) erkennen zwar einen dringenden Handlungsbedarf, bieten jedoch keine konkreten Lösungsvorschläge für die Implementierung humanistisch-psychologischer Aspekte in die Unternehmensführung. Ebenso gibt das im Springer-Verlag erschienene Plädoyer für eine humanistisch geprägte Führung (Koromzay & Looss, 2016) „nur" Denkanstöße und Impulse, bietet jedoch keinen fundierten wissenschaftlichen Erklärungsansatz über die Auswirkungen des Einsatzes Humanistischer Psychologie in Unternehmen und Organisationen. Nicht unerwähnt bleiben soll das Faktum, dass wissenschaftliche Standardwerke zum Thema Unternehmenskultur, wie z. B. „Leitbilder als Instrument der Unternehmensführung – Unternehmensgrundsätze im Kontext von Organisations-, HR- und Diversity Management" (Gutmann, 2006) die Themen psychische Gesundheit und den Einsatz von Psychologie im Allgemeinen weitgehend unberücksichtigt lassen.

Beispiele für Auswirkungen humanistischer Ansätze auf verschiedene Faktoren des Unternehmenserfolgs:

- Sinken der Anzahl von Arbeitsunfähigkeitstagen
- Sinken der Fluktuationsrate
- Höhere intrinsische Motivation der Mitarbeitenden
- Persönlichkeits- und talentgerechter Einsatz von Mitarbeitenden
- Besseres, menschenwürdiges Betriebsklima
- Stärke Gruppenkohäsion in Abteilungen bzw. Projektteams
- Bessere Konfliktprävention und effizientes Konfliktmanagement
- Kongruenz von Unternehmenszielen mit persönlichen Individualzielen
- Stabilere mentale Verfassung der Mitarbeitenden
- Störungsfreie Kommunikation u. a. durch Feedbacksysteme
- Höhere Kreativität bei Führungskräften und Geführten
- Selbstwerterhöhung der Mitarbeitenden
- Deutliches Sinnempfinden bei Mitarbeitenden
- Gegenseitiges Vertrauen zwischen Führungskraft und Geführten
- Empowerment der Mitarbeitenden
- Gestiegener Grad an Selbstverwirklichung
- Wertschätzender gegenseitiger Umgang zwischen Führungskraft und Geführten
- Bessere Selbstregulationsfähigkeiten bei Führungskräften und Geführten
- etc.

Gesunde Selbstführung und gesunde Mitarbeitendenführung führt zur verbesserten Unternehmensleistung – idealerweise unter Einbindung von Elementen bzw. Konzepten der Humanistischen Psychologie.

5.5 Notwendigkeit von Innovation im Kontext eines humanistisch orientierten, transformativen Führungsstils

In der heutigen globalisierten Welt, die von einem stetigen Wandel geprägt ist, gewinnt die Fähigkeit zur Innovation eine zunehmend herausragende Bedeutung für Organisationen, Unternehmen und Gesellschaften. Dieser Aufgabe kommt jedoch nicht nur eine technologische, sondern auch eine soziale Dimension zu, die eng mit dem Führungsstil und der ethischen Ausrichtung von Führungskräften verbunden ist. Insbesondere ein humanistisch orientierter, transformativer Führungsstil kann dabei einen entscheidenden Beitrag leisten, um Innovation voranzutreiben und gleichzeitig die Bedürfnisse und Werte der Menschen zu wahren.

Um die Relevanz dieses Zusammenhangs zu verstehen, ist es zunächst erforderlich, die aktuellen demografischen, politischen und gesellschaftlichen Entwicklungen zu betrachten. In vielen Teilen der Welt vollzieht sich eine demografische Verschiebung, die sich durch eine alternde Bevölkerung und eine zunehmende Vielfalt in Bezug auf Geschlecht, Ethnizität und kulturelle Hintergründe auszeichnet (Beck, 2020). Diese Veränderungen bringen vielfältige Herausforderungen mit sich, darunter die Notwendigkeit, innovative Lösungen für die Bewältigung von sozialen Ungleichheiten, demografischen Herausforderungen und Umweltproblemen zu finden.

Ein humanistisch orientierter, transformativer Führungsstil zeichnet sich durch eine starke Betonung von Werten wie Empathie, Ethik und sozialer Verantwortung aus (Greenleaf, 1977). Führungskräfte, die diesen Ansatz verfolgen, sind bestrebt, eine Arbeitsumgebung zu schaffen, die das Wohlbefinden und die Entwicklung ihrer Mitarbeitenden fördert. Sie erkennen die Bedeutung von Vielfalt und Inklusion an und streben danach, ein Umfeld zu schaffen, das die verschiedenen Perspektiven und Erfahrungen der Belegschaft nutzt, um innovative Ideen hervorzubringen.

Ein konkretes Beispiel für die Verbindung von Innovation und einem humanistisch orientierten, transformativen Führungsstil findet sich in Unternehmen wie Patagonia. Das Outdoor-Bekleidungsunternehmen hat sich nicht nur einen Namen für seine Produkte gemacht, sondern auch für sein Engagement für Umweltschutz und soziale Verantwortung. Unter der Leitung des CEO Yvon Chouinard hat Patagonia innovative Geschäftsmodelle entwickelt, die sowohl ökologisch nachhaltig als auch wirtschaftlich rentabel sind. Durch Investitionen in erneuerbare Energien, Recyclingprogramme und gemeinnützige Initiativen demonstriert das Unternehmen, wie ein humanistisch orientierter, transformativer Führungsstil Innovation fördern und gleichzeitig positive Auswirkungen auf die Gesellschaft haben kann.

Ein weiteres Beispiel ist das Unternehmen Google, das für innovative Produkte und Dienstleistungen bekannt ist. Google hat eine Unternehmenskultur geschaffen, die auf Prinzipien wie Autonomie, Kreativität und Zusammenarbeit basiert. Die Gründer Sergey Brin und Larry Page haben eine Führungskultur etabliert, die Innovation und Experimentierfreude fördert, während sie gleichzeitig den menschlichen Aspekt der Arbeit hervorhebt. Durch die Bereitstellung von Ressourcen für Mitarbeitendenprojekte wie „Google X" (the moonshot factory) und die Einführung von Programmen zur Förderung von Vielfalt und Inklusion demonstriert Google, wie ein humanistisch orientierter, transformativer Führungsstil zur Schaffung einer innovativen Unternehmenskultur beitragen kann.

Insgesamt verdeutlichen diese Beispiele die Bedeutung eines humanistisch orientierten, transformativen Führungsstils für die Förderung von Innovation in Organisationen und Unternehmen. Indem Führungskräfte die Werte des Humanismus und der sozialen Verantwortung in den Mittelpunkt ihres Handelns stellen, können sie nicht nur innovative Lösungen für die Herausforderungen der Zeit entwickeln, sondern auch eine Arbeitsumgebung schaffen, die das Wohlbefinden und die Entwicklung ihrer Mitarbeitenden fördert.

5.5.1 Notwendigkeit von Innovation im Kontext eines humanistisch orientierten, transformativen Führungsstils im Bereich der Energiewende

Die Energiewende steht im Zentrum globaler Bemühungen, die Abhängigkeit von fossilen Brennstoffen zu reduzieren und eine nachhaltige Energieversorgung zu gewährleisten. Dieser Prozess erfordert nicht nur technologische Innovationen, sondern auch eine grundlegende Umstrukturierung von Wirtschaft und Gesellschaft. In diesem Zusammenhang spielt ein humanistisch orientierter, transformativer Führungsstil eine entscheidende Rolle bei der Organisation, Priorisierung und Umsetzung von Innovationsprozessen.

Ein zentraler Aspekt ist die Schaffung einer innovationsfreundlichen Unternehmenskultur, die es den Mitarbeitenden ermöglicht, kreative Ideen zu entwickeln und umzusetzen. Eine offene und unterstützende Arbeitsumgebung erhöht das Engagement der Mitarbeitenden und fördert Innovationen (Amabile, 1998). Ein transformativer Führungsstil, der auf Vertrauen, Offenheit und Wertschätzung basiert, schafft die Voraussetzungen für eine solche Kultur.

Des Weiteren ist die Einbindung der Mitarbeitenden in den Innovationsprozess von entscheidender Bedeutung. Partizipative Entscheidungsfindung und Teamarbeit führen zu besseren Ergebnissen und einer höheren Akzeptanz von Veränderungen (Carmeli et al., 2010). Ein humanistisch orientierter, transformativer Führungsstil befähigt Mitarbeitende, Verantwortung zu übernehmen und aktiv an der Gestaltung von Innovationsprozessen teilzunehmen.

Darüber hinaus ist die Priorisierung von Innovationen auf strategischer Ebene von entscheidender Bedeutung. Unternehmen, die langfristig erfolgreich sein wollen, müssen Innovationen als Kernbestandteil ihrer Geschäftsstrategie betrachten und entsprechende Ressourcen bereitstellen (Tidd & Bessant, 2018). Ein transformativer Führungsstil, der eine klare Vision und einen langfristigen Fokus vermittelt, trägt dazu bei, Innovationen als strategische Priorität zu etablieren.

Schließlich ist die Förderung einer integrativen und diversen Unternehmenskultur ein wichtiger Erfolgsfaktor für Innovationen. Forschung zeigt, dass Vielfalt und Inklusion zu einer größeren Vielfalt von Perspektiven und Ideen führen, was die Innovationsfähigkeit eines Unternehmens steigert (Herring, 2009). Ein humanistisch orientierter, transformativer Führungsstil, der die Wertschätzung von Vielfalt und die Förderung von Inklusion betont, trägt dazu bei, eine solche Kultur zu schaffen.

Insgesamt verdeutlichen diese wissenschaftlichen Erkenntnisse die Bedeutung eines humanistisch orientierten, transformativen Führungsstils für die Förderung von Innovationen im Bereich der Energiewende. Indem Unternehmen auf die Schaffung einer innovationsfreundlichen Unternehmenskultur, die Einbindung der Mitarbeitenden in den Innovationsprozess, die Priorisierung von Innovationen auf strategischer Ebene und die Förderung einer integrativen und diversen Unternehmenskultur setzen, können sie dazu beitragen, die drängenden Herausforderungen im Bereich der erneuerbaren Energien zu bewältigen und einen nachhaltigen Wandel hin zu einer kohlenstoffarmen Zukunft zu fördern.

5.5.2 Transformation mit disruptiver Innovation

Clayton Christensens Theorie der disruptiven Innovation hat das Verständnis darüber revolutioniert, wie Unternehmen erfolgreich sein können, indem sie bestehende Märkte durch innovative Ansätze neugestalten. Seine Arbeit, insbesondere sein Buch „The Innovator's Dilemma" (1997), hebt hervor, wie etablierte Unternehmen durch sogenannte disruptive Technologien oder Geschäftsmodelle von scheinbar weniger leistungsfähigen Konkurrenten herausgefordert werden können. Diese Theorie hat bedeutende Auswirkungen auf das strategische Management und die Führung von Unternehmen.

Transformativer Führungsstil, wie von Bass und Avolio in ihrer Forschung definiert, ist ein Ansatz, der darauf abzielt, Veränderungen durch die Stärkung der Mitarbeitenden zu bewirken, indem ihre Motivation, Moral und Leistung verbessert werden. Dieser Führungsstil konzentriert sich auf die Schaffung einer Vision, die die Mitarbeitenden inspiriert, sowie auf die Förderung von Innovation und Kreativität innerhalb der Organisation.

Die Verknüpfung dieser beiden Konzepte bietet eine vielschichtige Perspektive auf die erfolgreiche Führung und Entwicklung von Unternehmen. Hier sind einige konkrete Aussagen, die diese Verbindung illustrieren:

1. **Antizipation zukünftiger Bedürfnisse durch transformative Führung**: Transformativer Führungsstil legt Wert darauf, eine Vision zu entwickeln und die Mitarbeitenden dazu befähigt, die Zukunft zu gestalten. Diese Vision könnte es Unternehmen ermöglichen, frühzeitig potenziell disruptive Technologien oder Geschäftsmodelle zu erkennen und proaktiv darauf zu reagieren, anstatt von ihnen überrascht zu werden (Brown & Anthony, 2011).
2. **Ermöglichung einer innovationsfreundlichen Kultur**: Transformativer Führungsstil fördert eine offene und unterstützende Umgebung, in der Mitarbeitende dazu ermutigt werden, neue Ideen einzubringen und Risiken einzugehen. Dies kann die Wahrscheinlichkeit erhöhen, dass Unternehmen disruptiven Innovationen gegenüber aufgeschlossener sind und diese sogar selbst vorantreiben (Hargadon & Sutton, 2000).
3. **Agile Anpassung an Veränderungen**: Disruptive Innovationen können unerwartet auftreten und erfordern oft schnelle Anpassungen. Transformativer Führungsstil befähigt Mitarbeitende dazu, flexibel auf Veränderungen zu reagieren und neue Wege zu finden, um Herausforderungen zu bewältigen, anstatt sich starr an bestehende Prozesse zu halten (Bass & Riggio, 2006).
4. **Stärkung der Mitarbeitendenbeteiligung und -empowerment**: Transformativer Führungsstil betont die Bedeutung der Mitarbeitendenbeteiligung und -empowerment. Durch die Einbeziehung der Mitarbeitenden in den Innovationsprozess können Unter-

nehmen ihr Wissen und ihre Fähigkeiten nutzen, um disruptive Ideen zu entwickeln und umzusetzen (Avolio & Yammarino, 2002).

Insgesamt verdeutlichen diese Aussagen, wie die Prinzipien des transformativen Führungsstils dazu beitragen können, dass Unternehmen erfolgreich mit disruptiven Innovationen umgehen. Indem sie eine Umgebung schaffen, die Innovation fördert, Mitarbeitende stärkt und Veränderungen proaktiv angeht, können Unternehmen besser gerüstet sein, um den Herausforderungen der modernen Wirtschaft zu begegnen.

5.5.3 Innovation, Führung und der reziproke Determinismus

Banduras Modell (Bandura, 1999) des reziproken Determinismus bietet einen nützlichen Rahmen für Führungskräfte, um den Erfolg eines Innovationsprojektes im Unternehmen zu fördern. Das Modell besagt, dass das Verhalten eines Individuums von drei Faktoren beeinflusst wird: der Person selbst, der Umgebung und dem Verhalten anderer.

Um das Modell des reziproken Determinismus für den Innovationserfolg eines Unternehmens einzusetzen, müssen Führungskräfte diese drei Faktoren berücksichtigen und aktiv beeinflussen.

Der erste Faktor ist die Person selbst. Eine Führungskraft sollte sich bewusst sein, dass ihre persönlichen Eigenschaften, Erfahrungen und Überzeugungen ihr Verhalten beeinflussen können. Es ist wichtig, dass Führungskräfte sich selbst reflektieren und bewusst handeln, um positive Eigenschaften und Verhaltensweisen zu fördern, die zum Erfolg des Unternehmens beitragen.

Der zweite Faktor ist die Umgebung. Die Umgebung eines Unternehmens, einschließlich der Kultur, der Arbeitsbedingungen und der verfügbaren Ressourcen, kann das Verhalten von Führungskräften und Mitarbeitenden beeinflussen. Eine Führungskraft sollte sicherstellen, dass die Umgebung positiv und unterstützend ist und dazu beitragen kann, dass Mitarbeitende ihr volles Potenzial entfalten.

Der dritte Faktor ist das Verhalten anderer. Das Verhalten von Führungskräften und Mitarbeitenden kann sich gegenseitig beeinflussen und Verhaltensmuster in der Organisation schaffen. Eine Führungskraft sollte das Verhalten der Mitarbeitenden beobachten und positive Verhaltensmuster fördern. Dies kann durch Belohnungen, Schulungen und Feedback erfolgen.

Das Modell des reziproken Determinismus kann auch angewendet werden, um Führungskräfte dabei zu unterstützen, Mitarbeitende zu motivieren und zu engagieren. Angenommen, ein Unternehmen möchte die Produktivität seiner Mitarbeitenden steigern. Der traditionelle Ansatz wäre es, die Arbeitsbedingungen zu verbessern oder die Mitarbeitenden zu motivieren, härter zu arbeiten. Der Ansatz des reziproken Determinismus würde jedoch auch die Persönlichkeit und das Verhalten der Mitarbeitenden berücksichtigen. Eine Führungskraft kann beispielsweise durch gezielte Schulungen die Fähigkeiten und Kompetenzen ihrer Mitarbeitenden verbessern, was zu einem höheren Engagement und einer höheren Motivation führen kann. Durch die Schaffung einer unterstützenden Umgebung und die Förderung positiver Verhaltensmuster kann eine Führungskraft auch dazu beitragen, dass Mitarbeitende stärker in die Organisation investiert sind und sich mehr für den Erfolg des Unternehmens engagieren.

Literatur

Amabile, T. M. (1998). How to kill creativity. Harvard Business Review, 76(5), 76–87.
Carmeli, A., Gelbard, R., & Reiter-Palmon, R. (2010). Leadership, creative problem-solving capacity, and creative performance: The importance of knowledge sharing. Human Resource Management, 49(4), 509-532.
Au, V. C. (2016). *Wirksame und nachhaltige Führungsansätze: System, Beziehung, Haltung und Individualität (Leadership und Angewandte Psychologie)* (1. Aufl. 2016). Springer.
Avolio, B. J., & Yammarino, F. J. (2002). Transformational and charismatic leadership: The road ahead. San Diego, CA: Emerald Group Publishing.
Bakker, A. B., & Demerouti, E. (2007). The Job Demands-Resources model: state of the art. *Journal of Managerial Psychology, 22*(3), 309-328.
Bandura, A. (1999). *A Social cognitive theory of personality*. In L. A. Pervin & O. P. John (Ed.), *Handbook of personality: Theory and research* (2nd ed., pp. 154–196). Guilford Publications.
Bass, B. M., & Riggio, R. E. (2006). Transformational Leadership (2nd ed.). Mahwah, NJ: Lawrence Erlbaum Associates.
Bass, B. M., & Avolio, B. J. (1994a). Improving organizational effectiveness through transformational leadership. Thousand Oaks, CA: Sage Publications.
Bass, B. M. & Avolio, B. J. (1994b). *Improving Organizational Effectiveness Through Transformational Leadership*. SAGE Publications.
Beck, U. (2020). The Age of Disruption: Society in the Digital Age. John Wiley & Sons.
Greenleaf, R. K. (1977). Servant Leadership: A Journey into the Nature of Legitimate Power and Greatness. Paulist Press.
Borghardt, T. & Erhardt, W. (2016). *Buddhistische Psychologie: Grundlagen und Praxis* (Originalausgabe Aufl.). Arkana.
Bortz, J. (2005). *Statistik: Für Human- und Sozialwissenschaftler (Springer Lehrbuch)* (6., vollst. überarb. u. aktualisierte Aufl.). Springer.
Brown, S. L., & Anthony, S. D. (2011). How to lead disruptive change. Harvard Business Review, 89(10), 60-70.
Bruch, H. & Kowalevski, S. (2013). Mitarbeiterführung zwischen Hochleistung und Erschöpfung. Ergebnisse der I.FPM-Studie zum Thema gesunde Führung. *Personalführung*, 52–55. https://www.dgfp.de/hr-wiki/Mitarbeiterführung_ zwischen _Hochleistung_und_Erschöpfung.pdf
Bühler, C. (1962). *Psychologie im Leben unserer Zeit* (1. Ausgabe). Droemer/Knaur, München.
Bugental, J. F. T. (1964). The Third Force in Psychology. *Journal of Humanistic Psychology, 4*(1), 19–26. https://doi.org/10.1177/002216786400400102
Conger, J., Kanungo, R. & Kanungo, R. N. (1998). *Charismatic Leadership in Organizations (Southeastern United States)* (1. Aufl.). SAGE Publications, Inc.
Deci, E. L., & Ryan, R. M. (2000). The „what" and „why" of goal pursuits: Human needs and the self-determination of behavior. *Psychological Inquiry, 11*(4), 227-268.
Döring, N., Bortz, J., Pöschl, S., Werner, C. S., Schermelleh-Engel, K., Gerhard, C. & Gäde, J. C. (2016). *Forschungsmethoden und Evaluation in den Sozial- und* Humanwissenschaften. Springer Publishing.

Englert, M., & Ternès, A. (2019). *Nachhaltiges Management: Nachhaltigkeit als exzellenten Managementansatz entwickeln* (1. Aufl. 2019). Springer Gabler.

Evans, M. G. (1970). The effects of supervisory behavior on the path-goal relationship. *Organizational Behavior and Human Performance*, 5(3), 277–298. https://doi.org/10.1016/0030-5073(70)90021-8

Fischer, P. (2014, 29. April). *Humanistische und werteorientierte Führung* [Vorlesungsfolien]. https://slideplayer.org/slide/2305676/

Fischer, P. (2016, 9. Mai). *Report psychologie*. https://www.gfeo.eu/downloads/Humanistische_Fuehrung.pdf. Abgerufen am 20. Juni 2022, von https://www.gfeo.eu/downloads/Humanistische_Fuehrung.pdf

Frey, D. & Irle, M. (2002). *Theorien der Sozialpsychologie, Bd. 3, Motivation und Informationsverarbeitung* (2., vollst. überarb. und erw. Aufl.). Huber, Bern.

Frey, D., Rosenstiel, L. V. & Hoyos, G. C. (2005). *Wirtschaftspsychologie: Handbuch* (1. Aufl.). Beltz.

Frey, D., Boerner, S. & Roman-Herzog-Institut. (2015). *Ethische Grundlagen guter Führung*. Roman-Herzog-Inst.

Gabriel, Y. (2000). Storytelling in Organizations: Facts, Fictions, and Fantasies. *Oxford University Press*.

Gerrig, R. J., & Zimbardo, P. G. (2014). *Psychologie*. Pearson Deutschland GmbH.

Gesellschaft für empirische Organisationsforschung & Dehe, D. (2017, 6. Mai). *Moderne Führung in Zeiten des Wandels – humanistische Führung für die Praxis* [Vorlesungsfolien]. https://psyche-und-arbeit.de/wp-content/uploads/2017/05/Präsentation-Dörthe-Dehe.pdf. https://www.gfeo.eu

Gutmann, B. (2006). *Leitbilder als Instrument der Unternehmensführung*. VDM, Müller.

Häring, K., & Litzcke, S. (2017). *Führungskompetenzen lernen: Eignung, Entwicklung, Aufstieg* (2. überarbeitete Auflage 2017 Aufl.). Schäffer-Poeschel.

Hargadon, A., & Sutton, R. I. (2000). Building an innovation factory. Harvard Business Review, 78(3), 157-166.

Haslam, A. S. (2004). *Psychology in Organizations* (Zweite Aufl.). SAGE PUBN.

Herring, C. (2009). Does Diversity Pay?: Race, Gender, and the Business Case for Diversity. American Sociological Review, 74(2), 208-224.

Johach, H. (2009). *Von Freud zur humanistischen Psychologie*. Transcript Verlag.

Judge, T. A., Parker, S. K., Colbert, A. E., Heller, D. & Ilies, R. (2002). Job satisfaction: A cross-cultural review. In N. Anderson, D. S. Ones, H. K. Sinangil, & C. Viswesvaran (Eds.). *Handbook of industrial, work and organizational psychology* (S. 25–52). Los Angeles, CA: Sage Publications, Inc.

Karasek, R. A. (1990). *Healthy Work: Stress, Productivity and the Reconstruction of Working Life*. Basic Books.

Kasper, R. P. K. (2018). *Das Menschenbild in der Unternehmensführung (Reihe Humanistische Betriebswirtschaftslehre)* (1. Aufl.). ABAEUS Verlag für Sozialwissenschaften und Führung. Bitte prüfen - muss es 1. Aufl. heißen?Ja.

Kirchler, E. (2011). *Arbeits- und Organisationspsychologie* (3. Aufl.). UTB GmbH.

Koromzay, T. & Looss, W. (2016). *Management und die Liebe: Plädoyer für eine humanistisch geprägte Führung* (1. Aufl. 2016 Aufl.). Springer.

Kreuter-Szabo, S. (1988). *Der Selbstbegriff in der humanistischen Psychologie von A. Maslow und C. Rogers (Europäische Hochschulschriften/European University Studies/. . . Psychology/Série 6: Psychologie, Band 235)*. Peter Lang GmbH, Internationaler Verlag der Wissenschaften.

Kriz, J. (2000). Spektrum.de – *Nachrichten aus Wissenschaft und Forschung*. https://www.spektrum.de/lexikon/psychologie/humanistische-psychologie /6752. Abgerufen am 13. Juli 2022, von https://www.spektrum.de/

Maslow, A. H. (1978). *Motivation und Persönlichkeit*. Walter Verlag.

Mayring, P. (2010a). *Qualitative Inhaltsanalyse* (11. Aufl.). Weinheim: Beltz.

McCrae, R. R. & Costa, P. T. (1987). Validation of the five-factor model of personality across instruments and observers. *Journal of Personality and Social Psychology, 52*(1), 81–90. https://doi.org/10.1037/0022-3514.52.1.81

Metzger, W. (1962). *Schöpferische Freiheit*. W. Kramer.

Myers, D. G., Hoppe-Graff, S., Keller, B., Tübingen, Ü. T. T. Ü., Reiss, M., Dörrenbächer, L., Eilers, S., Fehn, T., & Gackstatter, T. (2014). *Psychologie*. Springer Publishing.

Nerdinger, F. W. (2013). *Arbeitsmotivation und Arbeitshandeln: Eine Einführung* (3. Aufl. 2013). Roland Asanger Verlag.

Nerdinger, F. W. (2019). Führung von Mitarbeitern. In: F. W. Nerdinger, G. Blickle, N. Schaper, *Arbeits- und Organisationspsychologie*. Springer-Verlag.

Neuberger, O. (1990). *Führen und geführt werden* (3. vollständ. überarb. Aufl.). Enke.

Neuberger, O. (2002). *Führen und führen lassen: Ansätze, Ergebnisse und Kritik der Führungsforschung (Uni-Taschenbücher M)* (6., völlig neu bearb. u. erw. Aufl.). UTB, Stuttgart.

Pelz, W. (2022). Institut für Management-Innovation Prof. Dr. Waldemar Pelz. (o. D.). *Transformationale Führung*. www.transformationale-führung.com. Abgerufen am 10. Juli 2022, von https://www.transformationale-fuehrung.com/Transformationale-Fuehrung-Definition.html

Quitmann, H. (1996). *Humanistische Psychologie: Psychologie, Philosophie, Organisationspsychologie: Psychologie, Philosophie, Organisationsentwicklung* (3., überarbeitete und erweiterte Auflage 1996). Hogrefe Verlag.

Rauthmann, J. F. (2017). *Persönlichkeitspsychologie: Paradigmen – Strömungen – Theorien (Springer-Lehrbuch)* (1. Aufl. 2017). Springer.

Raven, B. H. (1992). A power/interaction model of interpersonal influence: French and Raven thirty years later. *Journal of Social Behavior & Personality, 7*(2), 217–244.

Ryan, M. & Haslam, A. (2006). What lies beyond the glass ceiling? *Human Resource Management International Digest, 14*(3), 3–5. https://doi.org/10.1108/096707306 10663150

Schein, E. H. & Schein, P. (2018). *Organisationskultur und Leadership* (5. Aufl.). Vahlen.

Scheler, M. (2011). *Zur Phänomenologie und Theorie der Sympathiegefühle und von Liebe und Hass: Mit einem Anhang über den Grund zur Annahme der Existenz des fremden Ich* (Illustrated Aufl.). Fromm Verlag.

Schnetzer, S. S. (2019). *Junge Deutsche 2019* [Vorlesungsfolien]. https://simon-schnetzer.de. https://simon-schnetzer.com/format/generation-z-vortrag/

Shamir, B., House, R. J., & Arthur, M. B. (1993). The motivational effects of charismatic leadership: A self-concept based theory. *Organization Science, 4*(4), 577-594.

Siegrist, J. (1996). *Soziale Krisen und Gesundheit (Gesundheitspsychologie)*. Hogrefe Verlag.

Staehle, W. H., Conrad, P. & Sydow, J. (1999). *Management: Eine verhaltenswissenschaftliche Perspektive (Vahlens Handbücher der Wirtschafts- und Sozialwissenschaften)* (8., überarbeitete Aufl.). Vahlen.

Steinebach, C. (2006). *Handbuch Psychologische Beratung* (1. Aufl.). Klett-Cotta.

Steptoe, A., Wardle, J., Weiwei, C., Bellisle, F., Zotti, A.-M., Baranyai, R. & Sanderman, R. (2002). Trends in Smoking, Diet, Physical Exercise, and Attitudes toward Health in European University Students form 13 Countries, 1990–2000. *Science Direct*. https://doi.org/10.1006/pmed.2002.1048

Stroebe, R. W. (2004). *Motivation* (9. Aufl.). Fachmedien Recht und Wirtschaft in Deutscher Fachverlag GmbH.

Tidd, J., & Bessant, J. (2018). Managing Innovation: Integrating Technological, Market and Organizational Change (6. Aufl.). John Wiley & Sons.

von Rosenstiel, L., & Nerdinger, F. W. (2011). *Grundlagen der Organisationspsychologie* (7. Aufl.). Stuttgart: Schäffer-Poeschel.

Watson, R. T., & Webster, J. (2020). Analysing the past to prepare for the future: Writing a literature review a roadmap for release 2.0. *Journal of Decision Systems*, 29(3), 129–147. https://doi.org/10.1080/12460125.2020.1798591

Watzlawick, P., Beavin, J. H. & Jackson, D. D. (1996). *Menschliche Kommunikation: Formen, Störungen, Paradoxien (Wissenschaftliches Taschenbuch)* (8., unveränd. Aufl.). Hogrefe AG.

Wenchel, K. T. (2009). *Psychische Gesundheit am Arbeitsplatz*. InfoMedia Verl. https://docplayer.org/124017-Psychische-gesundheit-am-arbeitsplatz.html

Nachwort

Wie die Wärmewende gelingen kann

Dr.-Ing. Christian Groß
Christoph Meineke
Die klimaneutrale Transformation der Wärmeversorgung ist das größte Infrastrukturprogramm seit Jahrzehnten. Damit die Wärmewende gelingt, fordert der Deutsche Städte- und Gemeindebund einen Mix aus Instrumenten, um die Kommunen zu unterstützen.

Das Wärmeplanungsgesetz ist seit dem 1. Januar 2024 in Kraft. Hiermit werden die Länder verpflichtet, dafür zu sorgen, dass auf ihrem Hoheitsgebiet flächendeckend Wärmepläne erstellt werden. Sie können diese Aufgabe auf andere verantwortliche Rechtsträger in ihrem Hoheitsgebiet übertragen. Dies können v. a. die Kommunen, d. h. Städte und Gemeinden sein. In Betracht kommen daneben auch Zweckverbände, Landkreise oder andere Stellen.

Die verfügbaren Quellen zur Erzeugung von Wärme aus erneuerbaren Energien, die Infrastruktur und der Wärmebedarf sind in jeder Kommune, jedem Stadtteil oder Gewerbegebiet unterschiedlich. Deshalb entwickeln die für die Wärmeplanung zuständigen Stellen für ihre Gebiete Strategien für maßgeschneiderte Wärmeversorgungskonzepte, die die jeweiligen regionalen Bedarfe und Potenziale berücksichtigen. Dies gilt insbesondere auch deswegen, weil Wärme – anders als Strom – nur über begrenzte Strecken effizient transportiert werden kann. Die notwendige Wärme soll daher möglichst durch lokal verfügbare Wärmequellen bereitgestellt werden.

Das Wärmeplanungsgesetz muss zum Teil noch in den Ländern umgesetzt werden. Es ist davon auszugehen, dass die Städte und Gemeinden mit der Durchführung der Wärmeplanung beauftragt werden. Immerhin hat der Bund dafür 500 Mio. Euro in Aussicht gestellt (BMWSB, 2024). Mit den Wärmeplänen soll Bürgern und Wirtschaft Orientierung gegeben werden. Ebenso wichtig wird die Umsetzung sein. Dabei dürfen Kommunen und Stadtwerke finanziell nicht überfordert werden.

Die Wärmeplanung als zukünftiger bundesweiter Standard
Das Wärmeplanungsgesetz schafft die rechtliche Grundlage für die verbindliche Einführung einer flächendeckenden Wärmeplanung in ganz Deutschland. Es zeigt als wegweisendes Instrument auf der Grundlage der lokalen Gegebenheiten einen Weg auf, wie zukünftig Schritt für Schritt die Wärmeversorgung auf die Nutzung von erneuerbaren Energien oder unvermeidbarer Abwärme umgestellt werden kann.

In einigen Bundesländern wie Baden-Württemberg oder Schleswig-Holstein wird die Wärmeplanung bereits seit einiger Zeit umgesetzt. Auch viele Gemeinden, in denen es noch keine Vorgaben seitens ihres Bundeslandes gibt, sind vielerorts schon dabei, Wärmepläne aufzustellen. Insgesamt ist bereits jede fünfte Stadt (21 %) mit der Aufstellung oder Umsetzung einer Wärmeplanung befasst. Damit werden deutschlandweit bereits die Weichen für eine moderne, klimafreundliche, verlässliche und bezahlbare Wärmeversorgung gestellt.

Spricht man mit Kommunalpolitikern, bekommt man ein Gefühl dafür, wie wichtig eine gute Kommunikation vor Ort ist. Eine gute Kommunikation geht nur gemeinsam. Die überörtliche Kommunikation der Wärmewende ist Aufgabe von Bund und Ländern. Dazu gehört auch die Botschaft, dass der Einsatz von Energieträgern wie Strom und Gas zukünftig durch steigende CO_2-Abgaben teuer werden wird. Durch gute und transparente Fördermaßnahmen können die Kostenbelastungen der Bürgerinnen und Bürger abgemildert werden. Dabei müssen die unterschiedlichen Interessen von Kommunen und Industrie bzw. Gewerbe differenziert betrachtet werden.

Gründlichkeit vor Schnelligkeit
Alle Gemeinden sollen nach dem neuen Gesetz einen Wärmeplan vorlegen: die Kommunen mit mehr als 100.000 Einwohnern bereits bis Ende Juni 2026, alle anderen bis Ende Juni 2028. Der Deutsche Städte- und Gemeindebund hat stets darauf hingewiesen, dass die Zeiträume für die Erstellung der Pläne realistisch sein müssen. Die kommunale Wärmeplanung ist die maßgebliche Grundlage für die Steuerung und Ausgestaltung der Wärmewende auf kommunaler Ebene. Die Städte und Gemeinden unterstützen den Klimaschutz genauso wie den Abbau von Energieabhängigkeiten. Damit die Kommunen ihre Schlüsselrolle bei der Wärmewende erfüllen können, müssen die erforderlichen planerischen, infrastrukturellen und finanziellen Voraussetzungen geschaffen werden. Dies betrifft die Erstellung der Wärmepläne in den kommenden Jahren, vor allem aber den erforderlichen Umbau der Wärmeversorgungsinfrastruktur in den kommenden Jahrzehnten. Die erforderlichen Maßnahmen muss die Politik in einem verlässlichen und geordneten Prozess zusammen mit den Kommunen und Ländern gestalten und kommunizieren. Durch das Wärmeplanungsgesetz wurde eine flächendeckende Pflicht zur Wärmeplanung zum 01.01.2024 eingeführt. Für Gemeindegebiete mit mehr als 100.000 Einwohnern müssen bis zum 30.06.2026 Wärmepläne erstellt werden. Für alle anderen Gemeindegebiete müssen spätestens bis zum 30.06.2028 Wärmepläne erstellt werden. Im Rahmen der Planung erfolgt eine Einteilung in voraussichtliche Wärmeversorgungsgebiete. Im Einzelnen sind dies Wärme- bzw. Wasserstoffnetzgebiete, Gebiete für die

dezentrale Wärmeversorgung (z. B. über Wärmepumpen) und weitere Prüfgebiete, bei denen die Wärmenutzung noch unbestimmt ist (Berghegger, A., 2024, 3. Juli).

Wirtschaftlichkeit der Wärmewände absichern
Die Erstellung eines Wärmeplans ist ein wichtiger erster Schritt auf dem Weg zu einer klimaneutralen Wärmeversorgung. Allerdings darf die Pflicht der Kommunen zur Wärmeplanung nicht in einen Rechtsanspruch zum Betrieb und Anschluss an ein Wärmenetz umschlagen. Das ist nicht Aufgabe der Kommunen und würde diese vielfach finanziell überfordern. Darüber hinaus gibt es keine wechselseitige Verpflichtung seitens der Versorger und Kommunen, z. B. ein im Wärmeplan ausgewiesenes Wärmenetz tatsächlich zu errichten und seitens der Gebäudeeigentümer, sich an ein geplantes Wärmenetz anzuschließen. Daher muss die Wirtschaftlichkeit von Wärmenetzen abgesichert werden. Auch die Beschleunigung des Ausbaus ist wichtig, um die gesetzten Klimaziele zu erreichen:

Bei einem Ausbauziel von 100.000 Fernwärmeanschlüssen pro Jahr werden die vom Bund bis 2026 gestellten 3 Mrd. Euro (Bundesförderung Effiziente Wärmenetze, BEW) nicht ausreichen. Die BEW muss daher auf mindestens 3 Mrd. Euro jährlich bis 2035 aufgestockt werden.

Ein wesentlicher Baustein für den Ausbau kleiner und mittlerer Wärmenetze ist die Förderung durch das Kraft-Wärme-Kopplungs-Gesetz (KWKG). Um hier Investitionssicherheit zu gewährleisten, muss eine langfristige Verlängerung der KWK-Förderung durch den Bundesgesetzgeber erfolgen.

Finanzierung der Transformation unterstützen
Generell bedarf es einer umfangreichen finanziellen Unterstützung, damit die Transformation für die Kommunen und Stadtwerke bzw. kommunal geprägten Energieversorger leistbar ist. Investitionen in die leitungsgebundene Wärmeversorgung umfassen u. a.

- den Ausbau von Wärmenetzen,
- den Ausbau von Wärmeerzeugungs- und Speicheranlagen,
- die Umwidmung von Gasnetzen zu grünen Gasen/Wasserstoff,
- die Ertüchtigung der Stromnetze,
- die energetische Sanierung und den Umbau von Gebäuden und Quartieren, und diese sind nicht allein von der kommunalen Ebene leistbar.

Gebäudesanierung ist zentral für die Wärmwende
Jetzt muss die Sanierung großer, kommunaler Liegenschaften unterstützt werden, damit die Kommunen als gutes Beispiel vorangehen können. Die Sanierung von Gebäuden und Gebäudekomplexen funktioniert besonders gut im Quartier, denn hier lassen sich echte Synergien erschließen. Quartiersbezogene Sanierungen ermöglichen die schrittweise Umsetzung gesamtheitlicher Lösungen. Ihre Berücksichtigung ist im Ergebnis sowohl

bei der Wärmeplanung als auch bei Effizienzstandards auf nationaler wie europäischer Ebene wesentlich. Deshalb ist die ersatzlose Streichung der Förderung von Maßnahmen zur energetischen Stadtsanierung kontraproduktiv und muss revidiert werden. Die Wärmewende gelingt nur mit einhergehender Gebäudesanierung.

Die richtigen Rahmenbedingungen für neue Geschäftsmodelle setzen
Bei der Dekarbonisierung der Wärmeversorgung ist für viele Kommunen Kreativität gefragt – sie müssen jedes Wärmepotenzial heben und kommunale Unternehmen müssen das Potenzial zur Finanzierung der Transformation vollständig ausschöpfen können.

Die Anforderungen der Wärmewende sind „BANI"
Als Reaktion auf die komplexen Anforderungen von Transformationsprozessen wie der Wärmewende hat der Futuristen Jamais Cascio 2020 den Begriff BANI in einem Artikel „Facing the Age of Chaos" eingeführt (Cascio, 2024). Mit diesem Akronym löst er den Begriff VUCA (Volatility, Uncertainty, Complexity, Ambiguity) ab (Schumacher, 2023) und beschreibt die heutige Situation als:

- Brittle, brüchig
- Anxious, ängstlich
- Non-linear, nicht linear
- Incomprehensible, unfassbar

Nach seiner Auffassung sind die Probleme von Transformationsprozessen weder einfach noch kompliziert oder komplex, sondern vielmehr als chaotisch zu verstehen. Hierfür gibt er folgende Handlungsempfehlungen:

- Ein einfaches Problem bedingt ein klares, eindeutiges Handeln.
- Ein kompliziertes Problem bedingt, dass man die Situation vor dem Handeln analysiert.
- Ein komplexes Problem bedingt, vor dem Handeln zu sondieren. Sprich, mögliche Lösungsansätze auszuprobieren.
- Das Chaos bedingt aber erst eine Stabilisierung der Situation, bevor das Problem begriffen und gehandelt werden kann.

Zukunftsgerichtete Regional- und Strukturförderung für starke Städte und Gemeinden

Das zum Download zur Verfügung stehende Positionspapier des DStGB fasst die maßgeblichen Forderungen des DStGB zur Regional- und Strukturpolitik zusammen und adressiert dabei die Akteure auf Ebene der EU, des Bundes und der Länder. Dieses Nachwort gibt auszugsweise einige im Positionspapier des DStGB vertretene Position wieder (DSTGB 2024).

Fazit

Fünf Akteure der Wärmewende haben jeweils aus ihrer Sicht klimaneutrale Wege für die dezentrale Transformation der Wärmewende beschrieben. Hierbei stehen die kommunale und landespolitische Perspektive, Management und Wirtschaftspsychologie, Wirtschaftsgeschichte Wissenschaft und Technik, Ökonomie und Ökologie, aber auch die Bedarfe und Bedürfnisse der Bürger und der mittelständischen Unternehmen und KMU im Fokus. Bewusst ist dieses Buch als ein Konglomerat von selbstständigen, vernetzten Beiträgen geschrieben worden. Allen Autoren ist im Rahmen ihrer intensiven Auseinandersetzung mit dem Thema Wärmewende klar geworden, dass es für dieses komplexe Thema keine einfachen und banalen Lösungsansätze gibt. Aus ihrer unterschiedlichen Perspektive bewerten sie die Komplexität der Wärmewende als Grundproblem, dessen Bewältigung strategisches Denken voraussetzt.

Die Umsetzung von wirksamen Maßnahmen kann auf verschiedene Weisen erfolgen. Konventionelle Kraftwerke z. B. haben die Möglichkeit, ihre fossilen Brennstoffe durch Ersatzbrennstoffe (EBS) zu ersetzen. Moderne Erneuerbare-Energie-Anlagen können durch intelligente Vernetzung von Energieproduktion und -verbrauch gleichermaßen industrielle als auch kommunale Energiebedarfe (Wärme und Strom) regelungstechnisch besser bedienen. Dies ist eine zwingende Voraussetzung für die Senkung der Energiekosten, die Reduktion des CO_2-Ausstoßes und die Ablösung der Abhängigkeit von „Putins Gas". Das Buch benennt eine Reihe von praktischen Maßnahmen für die erfolgreiche Umsetzung der Transformation der Wärmewende und versteht sich deshalb als eine Praxishilfe für Entscheider und Treiber der Wärmewende.

Frankfurt am Main, den 16. Dezember 2024

Literatur

Berghegger, A. (3. Juli 2024). DStGB. Positionspapier. Ein verlässlicher Rahmen für die Wärmewende. https://www.dstgb.de/publikationen/positionspapiere/ein-verlaesslicher-rahmen-fuer-die-waermewende/03072024-positionspapier-waermewende.pdf?cid=zw7

BMWSB. (2024). https://www.bmwsb.bund.de/SharedDocs/pressemitteilungen/Webs/BMWSB/DE/2024/04/waermeplanung.html

Cascio, J. (29.04.2024). Medium.com. „Facing the Age of Chaos". https://medium.com/@cascio/facing-the-age-of-chaos-b00687b1f51d

Schumacher, S. (2023). Contur GmbH. „BANI statt VUCA? Zusammenarbeit in Projekten unter Unsicherheit" https://www.contur-online.de/bani-statt-vuca/

If you have any concerns about our products,
you can contact us on
ProductSafety@springernature.com

In case Publisher is established outside the EU,
the EU authorized representative is:
**Springer Nature Customer Service Center GmbH
Europaplatz 3, 69115 Heidelberg, Germany**

Printed by Libri Plureos GmbH
in Hamburg, Germany